世界银行贷款资助项目　　上海市教育委员会组编

机械制造工程实训

上海市高校《工程材料及机械制造基础》编写组　编
主编：胡大超　　张学高

上海科学技术出版社

内 容 提 要

《机械制造工程实训》(原名《金工实习》)是由上海市教育委员会组织上海市高等院校的金工教师,根据原国家教育委员会1995年颁布的"《工程材料与机械制造基础》课程教学基本要求"编写的。1996年的第一版获得了"1997年上海市普通高校优秀教材奖",2000年的第二版列为"上海市普通高校'九五'重点教材"、"世界银行贷款资助项目",并获得了"2001年上海市优秀教学成果奖"。本次修订版被列为"十五"期间"上海市教育委员会高校重点教材建设项目"。

本次修订时,对《机械制造工程实训》内容进行了全面精选和更新,在删除陈旧内容的同时增加一些新技术、新工艺和新方法,并充实了综合性、应用性和实践性教学内容。文中的插图也作了更新。对配套出版的《机械制造工程实训报告》(含电子光盘),增加了题库内容,并对题库软件进行再次完善,其整个软件系统由文字处理、图形编辑、题库管理、试卷与解答生成、帮助与查找五大模块组成,使用功能和开放性更强。

本书共十四章,主要内容有:机械工程材料与热处理、铸造、锻压、焊接与胶接、钳工、管工、车工、铣工、刨工、磨工、数控机床操作、特种加工、塑料成形加工和零件的表面处理等基础知识,它包括各工种常用的设备、工具、夹具及量具,以及各种机械加工的基本工艺方法等。

本书作为工程类高等院校本科、专科、高职和成人教育等层次院校的通用教材,并可作为教学基本要求相接近的职工大学、电视大学,函授大学和中等专科、职业学校使用。

图书在版编目(CIP)数据

机械制造工程实训/上海市高校《工程材料及机械制造》编写组编. —上海:上海科学技术出版社,2004.8(2025.1重印)
ISBN 978-7-5323-7551-6

Ⅰ.机… Ⅱ.上… Ⅲ.机械制造工艺 Ⅳ.TH16

中国版本图书馆 CIP 数据核字(2004)第 035412 号

上海世纪出版(集团)有限公司
上 海 科 学 技 术 出 版 社   出版、发行
(上海市闵行区号景路159弄A座9F-10F 邮政编码201101 www.sstp.cn)
上海新华印刷有限公司印刷
开本:787×1092 1/16 印张:23.75 字数:554 000
2004年8月第1版 2025年1月第22次印刷
ISBN 978-7-5323-7551-6/TH·96
定价:38.90元

本书如有缺页、错装或坏损等严重质量问题,
请向承印厂联系调换

高等学校试用教材编委会

主　任　李　进
副主任　张跃进　傅建勤　徐国良
委　员　苏德敏　周玉刚　王　刚
　　　　计春雷　李　春　韦　钢
　　　　刘百祥　卢康道

机械制造工程实训

主　编　胡大超　张学高
主　审　孙以安　盛善权

前　言

　　《机械制造工程实训》（原名《金工实习》）是由上海市教育委员会组织上海市高等院校的金工教师，根据原国家教育委员会1995年颁布的"《工程材料与机械制造基础》课程教学基本要求"编写的。1996年的第一版获得了"1997年上海市普通高校优秀教材奖"，2000年的第二版列为"上海市普通高校'九五'重点教材"、"世界银行贷款资助项目"，并获得了"2001年上海市优秀教学成果奖"。本次修订版又被列为"十五"期间"上海市教育委员会高校重点教材建设项目"。

　　本次修订时，在保留原教材体系和特色的基础上，根据国家教育部新颁布的"重点高等工科院校《工程材料及机械制造基础》系列课程改革指南"，结合上海市各高等院校多年来本课程教学经验和改革成果，研究了国内外科技发展，特别是现代机械制造行业的发展，对《机械制造工程实训》内容进行了全面精选和更新，以适应培养21世纪人才的需要。

　　1. 本着"少、精、严"的原则，对基本的传统的内容进行筛选和优化，删除和压缩了现代工业生产中已较少用的操作方法工艺设备，如"钳工"中的錾削、"铸造"中的冲天炉熔炼，"锻压"中的反射炉加热设备等，并对各章中一些过于简单的操作说明、复杂的设备结构图等都作了删减。对部分章节内容进行扩展，如在"机械工程材料"中增加塑料、合成橡胶、陶瓷、复合材料等，"焊接"部分增加了胶接内容等。

　　2. 本着"宽、新、浅"的原则，在处理好传统工艺和现代技术的关系的基础上，继续适当地介绍了当前机械加工中的新工艺、新技术和新方法，对各章中本工种先进工艺方法、"特种加工"、"塑料成形加工"和"零件的表面处理"内容进行补充和更新。

　　3. 随着现代机械制造行业的发展，数控机床的使用越来越广泛，本次修订中增加"数控机床操作"一章，内容含数控车床、数控铣床、电火花加工等。

　　4. 在修订中，保持原教材特色，充实实践性教学内容，各工种除了一般的操作步骤、操作要领外，还有工艺方法选择、缺陷原因和加工质量分析，并都有典型综合件工艺实例，让学生掌握各工种操作技能的同时，充分动脑，加强分析，以突出能力培养和素质教育。

　　5. 对配套出版的《机械制造工程实训报告》（含电子光盘）文字教材作了相

应的调整、更新和充实,对电子版(光盘)教材进行了较大的改进,增加了题库内容,并对题库软件进行再次完善,其整个软件系统由文字处理、图形编辑、题库管理、试卷与解答生成、帮助与查找五大模块组成,使用功能和开放性更强。

6. 本教材在修订时,力求做到基本概念阐述清楚,重点突出,文字简练,对于繁琐的内容采用表格形式,并设计绘制了一些新的插图。对于书中出现的材料牌号、名词术语等标准均采用了最新颁布的国家标准。

本教材共有十四章,主要内容有:机械工程材料与热处理、铸造、锻压、焊接与胶接、钳工、管工、车工、铣工、刨工、磨工、数控机床操作、特种加工、塑料成形加工和零件的表面处理等基础知识,它包括各工种常用的设备、工具、夹具及量具,以及各种加工的基本工艺方法等。

本教材作为工程类高等院校本科、专科、高职和成人教育等层次院校的通用材料,并可作为教学基本要求相接近的职工大学、电视大学、函授大学和中等专科、职业学校使用。

本教材由上海应用技术学院胡大超教授任主编,上海交通大学孙以安教授任主审。

参加本教材修订编写的有上海应用技术学院胡大超(第十章、第十二章、第十三章、第十四章第七节),上海理工大学张学高(第一章、第二章),上海应用技术学院刘兆祥(第三章),华东理工大学李筱涛(第四章),上海应用技术学院陆兆民(第五章),上海应用技术学院郭时明(第六章),上海电机技术高等专科学校陈肇元、杨若凡(第七章),上海理工大学贺国贤(第八章、第九章),上海应用技术学院程奕鸣、朱慧婷、沈文渊,上海电机技术高等专科学校陈肇元、洪伟,东华大学叶丽明(第十一章),华东理工大学汤胜常(第十四章第一~第六节)。

本教材第一版、第二版出版后,多年来受到广大使用者的关心并提出宝贵的修改意见,谨此表示衷心的感谢。

由于修订时间仓促,书中仍有不妥和错误之处,恳请读者批评指正。

编　者

2004 年 1 月

目　　录

第一章　机械工程材料 ………………………………………………………………… 1
第一节　概述 ……………………………………………………………………… 1
第二节　金属材料的性能 ………………………………………………………… 1
一、力学性能 …………………………………………………………………… 1
二、工艺性能 …………………………………………………………………… 1
第三节　常用金属材料 …………………………………………………………… 2
一、碳素钢 ……………………………………………………………………… 2
二、合金钢 ……………………………………………………………………… 3
三、铸铁 ………………………………………………………………………… 4
四、有色金属 …………………………………………………………………… 5
五、硬质合金 …………………………………………………………………… 6
六、常用钢材的供应 …………………………………………………………… 7
第四节　非金属材料 ……………………………………………………………… 7
一、塑料 ………………………………………………………………………… 7
二、合成橡胶 …………………………………………………………………… 9
三、陶瓷 ………………………………………………………………………… 10
四、复合材料 …………………………………………………………………… 10
第五节　热处理 …………………………………………………………………… 11
一、热处理基本知识 …………………………………………………………… 11
二、常用热处理方法 …………………………………………………………… 11
三、热处理主要设备 …………………………………………………………… 13
第二章　铸造 ……………………………………………………………………………… 14
第一节　概述 ……………………………………………………………………… 14
一、铸造的特点 ………………………………………………………………… 14
二、砂型铸造基本工艺 ………………………………………………………… 14
三、铸型名称 …………………………………………………………………… 16
第二节　造型材料和模样 ………………………………………………………… 16
一、型砂和芯砂的组成、性能及其制备 ……………………………………… 16
二、模样和型芯盒 ……………………………………………………………… 17
第三节　手工造型和造芯 ………………………………………………………… 18
一、砂箱及造型工具 …………………………………………………………… 18

　　二、整模造型和分模造型 …………………………………………………… 18
　　三、其他造型方法 …………………………………………………………… 19
　　四、造芯 ……………………………………………………………………… 21
　　五、综合工艺分析举例 ……………………………………………………… 21
　第四节　机器造型和造芯 ………………………………………………………… 22
　　一、气动微震造型机 ………………………………………………………… 23
　　二、射压式造型机 …………………………………………………………… 24
　　三、射芯机 …………………………………………………………………… 24
　第五节　合金的熔炼和浇注 ……………………………………………………… 25
　　一、合金的熔炼 ……………………………………………………………… 25
　　二、浇注系统和冒口 ………………………………………………………… 25
　　三、浇注时的安全操作规程 ………………………………………………… 27
　第六节　铸件清理和常见缺陷分析 ……………………………………………… 27
　　一、铸件的落砂 ……………………………………………………………… 27
　　二、铸件的清理 ……………………………………………………………… 27
　　三、常见铸件缺陷分析 ……………………………………………………… 27
　第七节　特种铸造方法 …………………………………………………………… 29
　　一、金属型铸造 ……………………………………………………………… 29
　　二、压力铸造 ………………………………………………………………… 30
　　三、离心铸造 ………………………………………………………………… 30
　　四、熔模铸造 ………………………………………………………………… 31
　　五、其他特种铸造方法 ……………………………………………………… 31
第三章　锻造与板料冲压 ……………………………………………………………… 33
　第一节　概述 ……………………………………………………………………… 33
　第二节　金属的加热与锻件的冷却 ……………………………………………… 34
　　一、锻造温度范围的确定 …………………………………………………… 34
　　二、加热缺陷及其预防方法 ………………………………………………… 35
　　三、加热设备 ………………………………………………………………… 36
　　四、锻件的冷却 ……………………………………………………………… 37
　第三节　锻造的常用工具和设备 ………………………………………………… 37
　　一、常用工具 ………………………………………………………………… 37
　　二、自由锻造设备 …………………………………………………………… 38
　　三、模锻设备 ………………………………………………………………… 40
　第四节　机器自由锻造的基本工序 ……………………………………………… 41
　　一、拔长 ……………………………………………………………………… 41
　　二、镦粗 ……………………………………………………………………… 42
　　三、冲孔 ……………………………………………………………………… 43
　　四、其他工序 ………………………………………………………………… 44
　　五、典型锻件自由锻造工艺示例 …………………………………………… 45

第五节 模型锻造 …… 47
一、胎模锻 …… 47
二、模锻 …… 48
第六节 板料冲压概述 …… 48
第七节 冲压设备与冲模 …… 49
一、剪床 …… 49
二、冲床 …… 50
三、冲模 …… 51
第八节 板料冲压基本工序 …… 54
一、分离工序 …… 54
二、变形工序 …… 55
三、典型冲压件工艺示例 …… 55
第九节 锻压先进工艺 …… 57
一、精密模锻 …… 57
二、回转成形工艺 …… 57

第四章 焊接及胶接 …… 60
第一节 概述 …… 60
第二节 手工电弧焊 …… 61
一、手工电弧焊的基本知识 …… 61
二、手工电弧焊设备 …… 61
三、电焊条 …… 62
四、手工电弧焊操作要点 …… 64
五、手工电弧焊的工艺 …… 65
六、对接平焊的典型操作 …… 68
七、焊接缺陷及分析 …… 68
八、焊接质量检验 …… 70
九、手工电弧焊的安全操作 …… 70
第三节 气焊及气割 …… 70
一、气焊的基本知识 …… 70
二、气焊用气源 …… 71
三、气焊设备 …… 71
四、气焊火焰的性质 …… 72
五、气焊操作要点 …… 73
六、气割 …… 73
七、气焊及气割的安全操作 …… 74
第四节 其他焊接方法 …… 74
一、埋弧焊 …… 74
二、气体保护焊 …… 75
三、电阻焊 …… 77

  四、钎焊 …………………………………………………………………………… 78
  五、等离子焊接与切割 …………………………………………………………… 79
  六、特种焊接方法简介 …………………………………………………………… 80
 第五节 胶接 ……………………………………………………………………… 82
  一、胶接基本知识 ………………………………………………………………… 82
  二、胶黏剂 ………………………………………………………………………… 82
  三、胶接接头型式 ………………………………………………………………… 83
  四、胶接工艺 ……………………………………………………………………… 84
  五、胶焊 …………………………………………………………………………… 84

第五章 钳工 …………………………………………………………………………… 85
 第一节 概述 ……………………………………………………………………… 85
 第二节 划线 ……………………………………………………………………… 85
  一、划线概念 ……………………………………………………………………… 85
  二、划线工具 ……………………………………………………………………… 86
  三、划线基准及其选择 …………………………………………………………… 89
  四、划线步骤和示例 ……………………………………………………………… 90
 第三节 锯切 ……………………………………………………………………… 92
  一、手锯构造 ……………………………………………………………………… 93
  二、锯切方法和示例 ……………………………………………………………… 93
  三、锯条损坏原因及锯切质量分析 ……………………………………………… 95
  四、其他锯切方法 ………………………………………………………………… 96
 第四节 锉削 ……………………………………………………………………… 96
  一、锉削工具 ……………………………………………………………………… 96
  二、锉削方法和示例 ……………………………………………………………… 99
  三、锉削质量分析 ………………………………………………………………… 100
 第五节 孔和螺纹加工 …………………………………………………………… 101
  一、钻床种类和用途 ……………………………………………………………… 101
  二、钻孔、扩孔、铰孔和锪孔 …………………………………………………… 102
  三、攻丝和套丝 …………………………………………………………………… 108
 第六节 刮削和研磨 ……………………………………………………………… 114
  一、刮削 …………………………………………………………………………… 114
  二、研磨 …………………………………………………………………………… 117
 第七节 装配 ……………………………………………………………………… 120
  一、装配常识 ……………………………………………………………………… 120
  二、装配工艺过程 ………………………………………………………………… 122
  三、装配示例 ……………………………………………………………………… 123
  四、拆卸的基本要求 ……………………………………………………………… 127
 第八节 典型综合件钳工示例 …………………………………………………… 128
  一、手锤头的制作 ………………………………………………………………… 128

二、手锤柄的制作 ·· 130

第六章 管工 ·· 132
第一节 概述 ·· 132
第二节 管工基本知识 ·· 132
一、管材和管接件的公称直径 ·· 132
二、管材的种类 ·· 133
三、管螺纹 ·· 133
四、常用管件 ·· 134
五、常用阀门 ·· 136
六、管道连接 ·· 138
第三节 管工操作 ··· 139
一、管材切割 ·· 139
二、管材套丝 ·· 140
三、管材的弯曲 ·· 142
四、管道安装 ·· 143
五、管道系统的试压 ·· 146
六、典型管道系统安装示例 ··· 147

第七章 车工 ·· 149
第一节 概述 ·· 149
第二节 普通车床 ··· 150
一、普通车床型号 ··· 150
二、普通车床的组成 ·· 150
三、普通车床的传动路线 ·· 152
四、车床的安全操作技术 ·· 152
五、车床操作实习 ··· 152
第三节 车刀 ·· 153
一、车刀的组成 ·· 153
二、车刀的几何角度 ·· 153
三、车刀的种类和结构型式 ··· 155
四、刀具材料 ·· 156
五、卷屑和断屑 ·· 158
六、车刀的刃磨与安装 ··· 159
第四节 工件的安装及所用附件 ·· 160
一、三爪卡盘装夹工件 ··· 160
二、四爪卡盘装夹工件 ··· 161
三、双顶尖装夹工件 ·· 162
四、卡盘和顶尖装夹工件 ·· 163
五、心轴安装工件 ··· 163
六、中心架和跟刀架 ·· 164

　　七、花盘、压板及角铁 ………………………………………………… 165
 第五节　车削加工 ………………………………………………………… 165
　　一、车端面 ……………………………………………………………… 165
　　二、车外圆及台阶 ……………………………………………………… 166
　　三、车圆锥 ……………………………………………………………… 168
　　四、切断与切槽 ………………………………………………………… 171
　　五、车螺纹 ……………………………………………………………… 174
　　六、孔加工 ……………………………………………………………… 181
　　七、其他车削加工 ……………………………………………………… 183
 第六节　典型零件车削工艺 ……………………………………………… 184
　　一、零件加工工艺的制定 ……………………………………………… 184
　　二、典型零件车削加工示例 …………………………………………… 185
 第七节　其他类型车床 …………………………………………………… 190
　　一、立式车床 …………………………………………………………… 190
　　二、六角车床 …………………………………………………………… 191
　　三、自动和半自动车床 ………………………………………………… 192

第八章　刨工 ………………………………………………………………… 193
 第一节　概述 ……………………………………………………………… 193
 第二节　刨床 ……………………………………………………………… 194
　　一、牛头刨床 …………………………………………………………… 194
　　二、龙门刨床和插床 …………………………………………………… 196
 第三节　刨刀 ……………………………………………………………… 197
　　一、刨刀结构 …………………………………………………………… 197
　　二、刨刀的种类 ………………………………………………………… 198
　　三、刨刀的安装 ………………………………………………………… 198
 第四节　刨削加工方法 …………………………………………………… 199
　　一、切削用量 …………………………………………………………… 199
　　二、刨水平面 …………………………………………………………… 200
　　三、刨垂直面 …………………………………………………………… 201
　　四、刨斜面 ……………………………………………………………… 201
　　五、刨T形槽 …………………………………………………………… 202
　　六、典型刨削示例 ……………………………………………………… 202
 第五节　拉削加工 ………………………………………………………… 203

第九章　铣工 ………………………………………………………………… 206
 第一节　概述 ……………………………………………………………… 206
 第二节　铣床及主要附件 ………………………………………………… 207
　　一、万能卧式铣床 ……………………………………………………… 207
　　二、立式铣床 …………………………………………………………… 208
　　三、铣床主要附件 ……………………………………………………… 208

　　第三节　铣刀和工件安装 212
　　　一、铣刀的分类 212
　　　二、铣刀的安装 213
　　　三、工件的安装 213
　　第四节　铣削加工方法 215
　　　一、铣削用量 215
　　　二、铣平面 216
　　　三、铣斜面 219
　　　四、铣沟槽 220
　　　五、典型铣削示例 222
　　第五节　齿形加工 223
　　　一、成形法 223
　　　二、展成法 224
　　第六节　铣削工艺的发展 226

第十章　磨工 228
　　第一节　概述 228
　　第二节　磨床 228
　　　一、磨床类型与型号 228
　　　二、外圆磨床主要组成 229
　　　三、其他类型磨床 230
　　第三节　砂轮 232
　　　一、砂轮的特性与选用 232
　　　二、砂轮的检查、平衡、安装和修整 236
　　第四节　磨削加工 237
　　　一、磨削运动 237
　　　二、磨外圆 239
　　　三、磨内孔 242
　　　四、磨圆锥面 244
　　　五、磨平面 244
　　　六、典型磨削示例 246
　　第五节　光整加工 248
　　　一、光整磨削 248
　　　二、研磨 248
　　　三、珩磨 248
　　　四、超精加工 249
　　第六节　磨削先进技术 249
　　　一、新型和超硬磨料磨具 249
　　　二、高精度、小粗糙度磨削和高效磨削 250
　　　三、超精度、高刚度磨床和磨削加工中心 252

第十一章 数控机床操作 ... 253
第一节 数控机床概述 ... 253
一、数控机床简介 ... 253
二、数控加工的基本方法 ... 258
三、数控机床的坐标系 ... 264
第二节 数控车床 ... 268
一、数控车床简介 ... 268
二、数控车床加工指令及编程 ... 271
三、数控车床的基本操作 ... 279
四、数控车床加工操作实例 ... 287
第三节 数控铣床 ... 292
一、数控铣床简介 ... 292
二、数控铣床刀具及找正工具 ... 293
三、数控铣床加工常用指令 ... 295
四、数控铣床面板操作及注意点 ... 300
五、数控铣床加工操作实例 ... 306
第四节 电火花加工 ... 311
一、电火花加工简介 ... 311
二、电火花穿孔、成型加工及操作实例 ... 314
三、电火花线切割加工及操作实例 ... 318

第十二章 特种加工工艺 ... 328
第一节 概述 ... 328
一、特种加工产生背景 ... 328
二、特种加工的特点 ... 328
三、特种加工的分类 ... 328
四、各种特种加工方法的比较 ... 329
五、特种加工对机械制造的变革 ... 330
第二节 电火花加工 ... 331
第三节 电解加工 ... 331
一、电解加工的基本原理 ... 331
二、电解加工的特点与应用 ... 332
第四节 超声波加工 ... 332
一、超声波加工的基本原理 ... 332
二、超声波加工的特点与应用 ... 333
第五节 激光加工 ... 334
一、激光加工的基本原理 ... 334
二、激光加工的特点与应用 ... 334
第六节 电子束加工 ... 335
一、电子束加工的基本原理 ... 335

二、电子束加工的特点及应用…………………………………………………………335
　第七节　离子束加工……………………………………………………………………336
　　一、离子束加工的基本原理……………………………………………………………336
　　二、离子束加工的特点与应用…………………………………………………………336
　第八节　电铸加工………………………………………………………………………336
　　一、电铸加工的基本原理………………………………………………………………336
　　二、电铸加工的特点和应用……………………………………………………………337

第十三章　塑料成形加工……………………………………………………………338
　第一节　概述……………………………………………………………………………338
　第二节　塑料的注射成形………………………………………………………………339
　第三节　塑料的挤出成形………………………………………………………………339
　第四节　塑料的压缩成形和压注成形…………………………………………………340
　　一、压缩成形……………………………………………………………………………340
　　二、压注成形……………………………………………………………………………341
　第五节　塑料的吹塑成形………………………………………………………………342
　　一、中空塑件吹塑成形…………………………………………………………………342
　　二、薄膜吹塑成形………………………………………………………………………343
　第六节　塑料的板、片材成形…………………………………………………………343
　　一、真空成形……………………………………………………………………………343
　　二、气压成形……………………………………………………………………………344
　　三、板、片材模压成形…………………………………………………………………345
　第七节　塑料的其他成形方法…………………………………………………………345
　　一、层压成形……………………………………………………………………………345
　　二、泡沫塑料成形………………………………………………………………………346
　　三、压延和涂层成形……………………………………………………………………346
　　四、铸塑成形……………………………………………………………………………346
　　五、旋转成形……………………………………………………………………………347
　　六、烧结成形……………………………………………………………………………347
　　七、缠绕成形……………………………………………………………………………347
　　八、喷射成形……………………………………………………………………………347

第十四章　零件的表面处理…………………………………………………………349
　第一节　概述……………………………………………………………………………349
　　一、零件的表面…………………………………………………………………………349
　　二、零件表面处理………………………………………………………………………350
　第二节　表面氧化处理…………………………………………………………………350
　　一、表面氧化处理基本原理……………………………………………………………350
　　二、表面氧化处理的工艺步骤…………………………………………………………350
　　三、表面氧化处理的特点与应用………………………………………………………351
　第三节　表面镀覆处理…………………………………………………………………351

  一、化学镀覆处理基本原理·· 351
  二、化学镀覆处理的工艺步骤·· 352
  三、化学镀覆处理的特点与应用·· 352
 第四节 表面磷化处理··· 353
  一、表面磷化处理基本原理·· 353
  二、表面磷化处理的工艺步骤·· 353
  三、表面磷化处理的特点与应用·· 354
 第五节 表面渗镀处理··· 354
  一、表面渗镀处理基本原理·· 354
  二、表面渗镀处理的工艺步骤·· 355
  三、表面渗镀处理的特点与应用·· 356
 第六节 表面处理先进工艺·· 356
  一、电刷镀·· 356
  二、喷涂··· 357
  三、真空镀膜·· 358
 第七节 塑料制品表面处理·· 360
  一、机械整饰·· 360
  二、涂装··· 361
  三、印刷··· 361
  四、箔压印·· 362
  五、植绒··· 363
  六、镀金属·· 363
主要参考书··· 364

第一章 机械工程材料

第一节 概　　述

　　机械工程材料包括金属材料和非金属材料两大类。由于金属材料(如钢铁、铜合金、铝合金等)具有良好的力学性能和工艺性能,还能通过热处理工艺改变其内部组织,延长使用寿命,从而成为制造各类机械零件的常用材料(如机床床身、支架、底座、箱体、主轴、齿轮、弹簧、螺钉、车刀、钻头、锉刀、丝锥、量规等)。

　　非金属材料是指除金属材料以外的一切材料的总称。它包括塑料、橡胶、陶瓷及复合材料等。鉴于非金属材料具有某些特异的性能,加上它们的原料来源广泛,自然资源丰富,成型工艺简便,因此,这些年来正愈来愈多地应用于各类工程结构中。用它来取代部分金属材料已取得了巨大的技术经济效果。例如:用玻璃纤维增强塑料制造汽车车身,在相同强度下,其重量较钢板车身降低67%,造价减少20%;塑料制动片寿命较铸铁提高7~9倍;塑料轴承造价较青铜低80%~90%;陶瓷发动机的出现,使热效率提高30%~40%,并使发动机体积和重量减小,同时还可以取消整个冷却系统和通风系统。由此可见,非金属材料的生产和应用,是当代科学技术革命的重要标志之一,如今它已发展成为一类独立的材料体系。

第二节　金属材料的性能

一、力学性能

　　金属材料的力学性能通常是指材料抵抗外力作用的能力。它是通过各种力学性能试验(如:拉伸试验、压缩试验、弯曲试验、疲劳试验等)测得的,是选择材料的重要依据。由于各种零件或工具在使用过程中的受力情况不同,对材料的性能要求也不相同。最主要的力学性能指标有:强度、硬度、塑性、韧性及疲劳强度等,这些指标的名称、代表符号、单位及其涵义见表 1-1。

二、工艺性能

　　金属材料的工艺性能是指材料在冷、热加工过程中的工艺适应性,即加工成形的难易程度。材料的工艺性能一般可分为冷加工工艺性(如切削加工性),热加工工艺性(如铸造性)及热处理工艺性等。这些工艺性能直接影响到制造零件或工具的工艺方法,它对于保证产品质量、降低成本、提高生产率有着重要的作用,故在选材时也必须加以考虑。例如:低碳钢

表1-1 金属材料的力学性能指标及其涵义

力学性能	性能指标			
	名称	代表符号	单位	涵义
强度	抗拉强度	σ_b	MPa	材料拉断前所能承受的最大应力。当材料单位面积上承受的力$\geqslant \sigma_b$时,材料将被拉断
	屈服点	σ_s	MPa	材料对微量塑性变形的抵抗能力。当材料单位面积上承受的力$\geqslant \sigma_s$或$\geqslant \sigma_{0.2}$时,材料将会出现塑性变形
	屈服强度	$\sigma_{0.2}$		
硬度	布氏硬度	HBS或HBW		材料表层抵抗硬物压入的能力。HBS用于软材料硬度的测试(HBS:<450);HBW用于硬材料硬度的测试(HBW:450~650)
	洛氏硬度	HRC		材料表层抵抗硬物压入的能力。HRC用于材料经热处理后高硬度的测试(HRC:20~67)
塑性	伸长率	δ或δ_5	%	外力作用下材料变形能力的度量,它表示试样纵向相对伸长的变形量(δ表示试样标距是直径10倍的长试样,δ_5表示试样标距是直径5倍的短试样)
	断面收缩率	ψ	%	外力作用下材料变形能力的度量,它表示试样横向相对收缩的变形量
韧性	冲击韧度	a_k	J/cm²	冲断试样时,材料单位面积上消耗的冲击吸收功
	冲击功	A_k	J	冲断试样时,材料所消耗的冲击吸收功
疲劳强度	疲劳强度	σ_{-1}	MPa	材料在对称交变应力作用下,抵抗断裂的能力($\sigma_{-1}<\sigma_b$)

具有优良的锻压性和焊接性;铸铁具有优良的铸造性;中碳钢具有较好的切削加工性;而高碳钢的铸造性、锻压性和焊接性均较差等。

第三节 常用金属材料

一、碳素钢

碳素钢(简称碳钢)是指含碳量小于2%,并含有少量冶炼过程中残存下来的硅、锰、磷、硫等杂质元素所组成的铁碳合金。其中锰、硅有一定强化作用,是有益的元素,而磷、硫的存在将会造成钢材的塑性、韧性急剧下降,性能变脆(硫造成热脆性,磷造成冷脆性),是有害元素,应对其含量严格限制。

1. 碳钢的分类

(1) 按含碳量多少分 低碳钢,含碳量≤0.25%;中碳钢,含碳量>0.25%~0.6%;高碳钢,含碳量>0.6%~1.3%。

(2) 按质量高低分 普通钢,含磷、硫量均≤0.05%;优质钢,含磷、硫量均≤0.04%;高级优质钢,含磷、硫量均≤0.03%。

(3) 按用途分 碳素结构钢:主要用于工程结构(如桥梁、船舶、建筑件等)和机器零件。碳素工具钢:主要用于各类工具(如刀具、模具、量具等)。

2. 碳素结构钢的牌号、性能和用途

碳素结构钢的牌号根据 GB700—88 规定,由屈服点字母、屈服点数值、质量等级代号及脱氧方法四部分按顺序组成。例如:Q235-A.F 表示该碳素结构钢的最低屈服强度(σ_s)为 235MPa,质量等级为 A 级的沸腾钢。这类钢的含碳量<0.3%,强度、硬度较低,但塑性、韧性较高。主要适用于制造各类型钢(如钢板、钢管、角钢、槽钢等)和不重要的机械零件(如铆钉、螺栓、小轴、键、销及焊接件等)。

3. 优质碳素结构钢的牌号、性能和用途

优质碳素结构钢的牌号根据 GB699—88 规定,由两位数字表示钢中的平均含碳量,以 0.01% 为单位。如 45 钢,表示平均含碳量为 0.45% 的优质碳素结构钢。这类钢的牌号由 10 钢开始,逢 5 进位,直至 85 钢止,表示其平均含量由 0.10%~0.85% 止。其中 10、15、20、25 钢属低碳钢,强度、硬度较低,但塑性较高,具有较好的冷变形能力和焊接性能,常用作冲压件和受力不大的零件(如螺钉、垫圈等)。其中 30、35、40、45、50 钢属中碳钢,若配以合适的热处理方法(如调质:淬火+高温回火),可获得最佳的综合力学性能,常用作制造轴、连杆、齿轮、丝杠等零件;其中 55、60、65 钢因其含碳量较高,若配以合适的热处理方法(如淬火+中温回火),则可获得较高的强度和弹性,可用于制造弹簧等弹性零件。

4. 碳素工具钢的牌号、性能和用途

碳素工具钢的牌号根据 GB1298—86 规定,用"T"(碳字汉语拼音字首)表示,后面的数字表示钢中的平均含碳量,以 0.10% 为单位。如 T12(或 T12A)钢表示平均含碳量为 1.2% 的碳素工具钢。"A"表示高级优质钢。这类钢牌号由 T7 钢开始,逢 1 进位,直至 T13 钢止。表示其平均含碳量由 0.7%~1.3% 止,这类钢因其含碳量较高(属高碳钢),故强度、硬度高,塑性、韧性低,若配以合适的热处理方法(淬火+低温回火),可用于制造各类手用工具,其中 T7(或 T7A)~T9(或 T9A)主要用作冲击工具(如冲头、手钳等)。T10(或 T10A)~T13(或 T13A)主要用作切削工具和测量工具(如手锯条、锉刀、刮刀、量具等)。

二、合金钢

随着现代工业的发展,对金属材料的性能提出了更高的要求,虽然碳钢通过增减含碳量和采取不同的热处理方法,可以改善其性能,但还是不能满足各种性能的要求。为了进一步提高钢的力学性能,改善工艺性能,特别是热处理性能,在碳钢基础上有目的地加入一些其他合金元素,经熔炼而获得的钢称为合金钢。常加入的合金元素主要有:Si、Mn、Cr、Ni、W、Mo、Ti、V、Al、Re(稀土元素)等。合金钢在制造力学性能要求高的、形状复杂的大截面零件或工具方面,获得了广泛的应用。

1. 合金钢的分类与编号原则

(1) 按合金元素总量分 低合金钢,合金元素总量≤5%;中合金钢,合金元素总量 5%~10%;高合金钢,合金元素总量>10%。

(2) 按用途分 合金结构钢:低合金结构钢、合金渗碳钢、合金调质钢、合金弹簧钢和滚动轴承钢等。合金工具钢:合金刃具钢、合金模具钢、合金量具钢等。特殊性能钢:不锈钢、耐热钢、耐磨钢等。

(3) 编号原则 合金钢的牌号根据 GB3077—88 规定,用"数字+元素化学符号+数字"来表示。

2. 合金结构钢的牌号表示

合金结构钢牌号前的两位数字,表示钢中的平均含碳量,以 0.01% 为单位,中间为所加元素的化学符号,后面的数字表示所加元素平均含量的百分数,当其含量小于 1.5% 时,一般不标明含量。含量在 1.5%~2.5% 时标 2,含量在 2.5%~3.5% 时标 3,依此类推。对于滚动轴承专用钢例外,在钢号前加"G"(滚字汉语拼音字首),铬含量用千分之几表示。

例如:40Cr 钢,表示含碳量为 0.4%,含铬量<1.5% 的合金结构钢;60Si2Mn 钢,表示含碳量为 0.6%,含硅量为 2%,含锰量<1.5% 的合金结构钢;GCr15 钢,表示含碳量为 1%,含铬量为 1.5% 的滚动轴承钢。

3. 合金工具钢的牌号表示

合金工具钢牌号前的数字为一位数字(表示钢中平均含碳量,以 0.10% 为单位)或不标出数字(表示钢中平均含碳量≥1%),其余同合金结构钢。

例如:9SiCr 钢,表示含碳量为 0.9%,含硅、铬量分别<1.5% 的合金工具钢。CrWMn 钢,表示含碳量≥1%,含铬、钨、锰量分别<1.5% 的合金工具钢;Cr12MoV 钢,表示含碳量≥1%,含铬量为 12%,含钼、钒量分别<1.5% 的合金工具钢。

这类钢中高速钢有些例外,其中平均含碳量<1% 时,也不予标出,如 W6Mo5Cr4V2 钢。

4. 特殊性能钢的牌号表示

特殊性能钢的牌号表示基本上与合金工具钢相同。但当钢中平均含碳量≤0.03% 时,钢号前以"00"表示,当钢中平均含碳量≤0.08% 时,钢号前以"0"表示,如 0Cr18Ni9Ti(不锈钢)。

三、铸铁

铸铁是指含碳量大于 2%,含杂质比钢多的铁碳合金。常用铸铁的化学成分:含碳量 2.5%~4.0%,含硅量 1.0%~3.5%,含锰量 0.5%~1.5%,含磷量<0.2%,含硫量<0.5%。由于铸铁中存在石墨(即游离碳),使铸铁的抗拉强度和伸长率都不如钢,而且性能较脆。但石墨的存在又使铸铁具有耐磨、耐压、减震、低的缺口敏感性及优良的铸造性能等。铸铁的熔炼过程简便,成本较低,所以是目前用得最为广泛的铸造合金材料。据不完全统计,在各类机械中,铸铁件约占机器总重量的 45%~90%。

根据铸铁中石墨存在的形态不同,铸铁可分为灰铸铁、可锻铸铁、球墨铸铁和蠕墨铸铁等。

1. 灰铸铁

石墨呈粗大片状形态出现的铸铁称灰铸铁,其断口呈暗灰色。

灰铸铁的牌号根据 GB9439—88 规定,用"灰铁"两字汉语拼音字首"HT"加一组数字组成,该数字表示铸铁的最低抗拉强度值 σ_b(MPa)。例如 HT150、HT200、HT250、HT300、HT350。主要用于制作机床床身、主轴箱、尾座、减速机箱盖、箱座、轴承盖、手轮、泵体、阀体等。

2. 可锻铸铁

石墨呈团絮状形态出现的铸铁称可锻铸铁(或马铁),其断口心部有呈黑色与白色,故有黑心可锻铸铁和白心可锻铸铁之分。可锻铸铁的力学性能比灰铸铁好,适宜制作薄壁、形状复杂的小型铸件,如管接头、低压阀门、纺织机械、缝纫机械等。由于其工艺复杂,部分已被球墨铸铁所代替。可锻铸铁虽有一定的伸长率和冲击韧度，但实际上是不能锻造成形的。

可锻铸铁的牌号根据GB9440—88规定，用"可铁"两字汉语拼音字首"KT"加两组数字组成，这两组数字分别表示该铸铁的最低抗拉强度值σ_b（MPa）和最低伸长率δ（%）。例如：KTH300-06表示最低抗拉强度为300MPa，最低伸长率为6%的黑心可锻铸铁；KTB400-05，表示最低抗拉强度为400MPa，最低伸长率为5%的白心可锻铸铁。

3. 球墨铸铁

石墨呈球状形态出现的铸铁称球墨铸铁。球墨铸铁是铸铁中强度最高的一种，其抗拉强度、冲击韧度可与中碳钢相媲美。与钢一样，通过热处理可进一步提高力学性能，用于代替钢在静载荷或冲击不大的条件下工作的零件，如曲轴、凸轮轴等。

球墨铸铁的牌号根据GB1348—88规定，用"球铁"两字汉语拼音字首"QT"加两组数字组成。这两组数字的含义同可锻铸铁。例如：QT450-10表示最低抗拉强度为450MPa，最低伸长率为10%的球墨铸铁。常用的球墨铸铁牌号有QT400-18、QT400-15、QT500-7、QT700-2、QT800-2等。

4. 蠕墨铸铁

蠕墨铸铁是近20多年来发展起来的一种新型铸铁，其石墨呈蠕虫状，是一种介于球墨铸铁和灰铸铁之间的铸铁。

蠕墨铸铁的牌号根据JB440—87规定，用"蠕铁"两字汉语拼音字首"RuT"加一组数字组成，该数字表示铸铁的最低抗拉强度值σ_b（MPa）。

例如：RuT420，表示最低抗拉强度为420MPa的蠕墨铸铁。

常用的蠕墨铸铁牌号有RuT380、RuT340、RuT300、RuT260。

四、有色金属

1. 铜合金

（1）黄铜 黄铜是以锌为主加元素的铜合金，它具有很好的抗蚀能力，工艺性能也较好。根据黄铜组成成分及加工成形方式不同，有适于变形加工的加工黄铜和用于铸造成形的铸造黄铜。

① 加工黄铜 加工黄铜的代号根据GB5232—85规定，用"黄"字汉语拼音"H"加一组数字组成，该数字表示合金中铜的百分含量。例如：H70，表示含铜量为70%，余量为锌的黄铜，又名三七黄铜。适于制造弹壳、热交换器等零件。

为了改善黄铜的某些性能（如强度、耐蚀性、耐磨性等），常加入少量的Al、Si、Mn、Pb等合金元素，这类黄铜称为特殊黄铜，其代号为在H后面除Zn以外的主加合金元素符号，其后的数字依次为铜，主加合金元素含量的百分数。例如HPb59-1表示含铜量为59%，含铅量为1%，余量为锌的铅黄铜。适于制造轴套、螺钉等零件。

② 铸造黄铜 如代号为ZHCuZn38，代号为ZHCuZn25AlFe3Mn3都是典型的铸造黄铜。适于制造船用螺旋桨等零件。

（2）青铜 青铜有普通青铜（锡青铜）和特殊青铜（无锡青铜）之分，前者为Cu-Sn合金，后者为改善锡青铜的力学性能和工艺性能而加入其他一些合金元素（如Al、Be等）而组成的青铜。

根据青铜加工成形方式的不同,也有加工青铜和铸造青铜之分。

① 加工青铜　加工青铜的代号根据 GB5233－85 规定,用"青"字汉语拼音字首"Q"加锡的百分含量和其他合金元素含量组成。例如:QSn4-3 表示含锡量为 4%,含锌量为 3%(查表得知),余量为铜的锡青铜;QBe2 表示含铍量为 2%,余量为铜的特殊青铜(又名铍青铜)。适用于制造弹簧、钟表零件、波纹管等。

② 铸造青铜　如代号为 ZQCuSn10P1、代号为 ZQCuPb30 都是典型的铸造青铜。适用于制造轴承、轴套、涡轮等。

2. 铝合金

根据铝合金的组成成分及加工成形方式的不同,有适于变形加工的变形铝合金和用于铸造成形的铸造铝合金两类。

(1) 变形铝合金　变形铝合金的牌号根据 GB/T16474－1996 规定,分防锈铝合金(牌号为 3A21 等),主要用于油箱、油管、铆钉等;硬铝(牌号为 2A11 等);超硬铝(牌号为 7A04 等)和锻铝(牌号为 2A14 等)四种。后三种经热处理(淬火＋时效)后具有较高的力学性能,可用于制造飞机大梁、桁架、起落架及发动机风扇叶片等高强度构件。

(2) 铸造铝合金　铸造铝合金的牌号或代号根据 GB1173－86 规定,分四种合金系列编号(它们分别是 Al-Si 系,Al-Cu 系,Al-Mg 系,Al-Zn 系)。其中使用最广泛的是 Al-Si 系铸造铝合金。

铸造铝合金的牌号由铝和主要合金元素的化学符号及其百分含量的数字组成,并在合金牌号前冠以字母"Z"(铸字汉语拼音字首)。例如:ZAlSi12 表示含硅量为 12%余量为铝的铸造铝合金,其代号为 ZL102(其中"ZL"为"铸铝"汉语拼音字首,"1"为 Al-Si 系,"02"为顺序号),主要用于形状复杂的零件,如仪表零件、各类壳体等。

五、硬质合金

硬质合金是一种重要的工具材料,其主要成分是由一种或几种高硬度高熔点的碳化物粉末(如碳化钨、碳化钛等),加以金属钴作黏合剂,经粉末冶金法(对金属粉末进行配料,压制成形、烧结和后处理等)制成的材料。

常用硬质合金有以下三类:

1. W-Co 类硬质合金

牌号用"硬"、"钴"两字汉语拼音字首"YG"加钴的百分含量表示。如 YG6 表示含钴量为 6%,余量为碳化钨的含量,含钴量多的硬质合金刀具用于冲击震动较大的粗加工,含钴量少的硬质合金刀具用于精加工。此外,该合金具有较好的强度和韧性,刃磨性也较好,故适宜于加工铸铁和有色金属材料。

2. W-Ti-Co 类硬质合金

牌号用"硬"、"钛"两字汉语拼音字首"YT"加碳化钛的百分含量表示。如 YT15 表示含碳化钛量为 15%,余量为碳化钨和钴的含量。含碳化钛量多的硬质合金刀具用于工作条件比较稳定的精加工,含碳化钛量少的硬质合金刀具用于粗加工。此外,该合金具有较好的耐磨性和耐热性,故适宜于加工钢材。

3. W-Ti-Ta(或 Nb)类硬质合金

这类硬质合金既可加工钢材,又可加工铸铁和有色金属,称为通用硬质合金。常用牌号有 YW1 和 YW2,前者用于半精加工和精加工,后者用于粗加工和半精加工。

近年来,在硬质合金刀具上,常采用化学气相沉积法涂上 5～10μm 的 TiC 薄膜、TiC＋TiN 双层薄膜或 TiC＋Al$_2$O$_3$＋TiN 三层薄膜,使刀具的使用寿命比不涂层的提高 2～10 倍。

此外,硬质合金也用作拉丝模等耐磨工具。

六、常用钢材的供应

常用钢材的品种、规格繁多。它们的供应状态主要有以下几类:

1. 板材和型材类

板材和型材的生产是将钢锭通过轧钢机轧制而成的。用圆柱形的光轧辊,可以轧制板材,按板材厚度不同,有薄板、中板和厚板之分。若在圆柱形光轧辊上加工出各种孔型,则可以轧制成各种型材。如圆钢、方钢、扁钢、角钢、槽钢、工字钢等。

2. 管材类

管材的成形可以通过成形轧辊把带钢弯成管形,再通过焊接辊焊成管材(即焊接钢管);也可以先用斜轧穿孔机将实心圆钢(管坯)穿孔,然后再通过整径、定径的方法将其轧制成所需要的尺寸(即无缝钢管)。

3. 线材类

直径在 6mm 以下的线材难以轧制成形,常通过一系列的拉拔模拉至所需要的尺寸。在拉拔过程中材料会发生硬化现象,则可以通过中间加热使材料软化,以继续拉拔成形。

第四节 非金属材料

一、塑料

塑料是以高分子合成树脂为主要成分,在一定温度和压力下,可塑制成一定形状、且在一定条件下保持不变的材料。塑料特性是:重量轻、比强度高、有良好的耐蚀性、电绝缘性、减振减磨性和加工成形性,但强度、硬度较低,耐热性也差,易产生老化和蠕变等。

1. 塑料的组成

工业上用作成形塑料的有粉状、粒状、溶液和分散体(糊状)等,无论是哪种形态的物料都不单纯是聚合物(树脂),或多或少都有添加剂(助剂),加入添加剂的目的是改善成形工艺性能,提高塑料性能和降低成本等。由此可见塑料一般由树脂和添加剂组成,合成树脂是其主要成分,因此塑料基本性能主要取决于树脂的性质,但也不能忽视添加剂的重要影响。塑料按其成分不同可分为简单组分和多组分的塑料。

简单组分的塑料由合成树脂加入少量的辅助材料(如着色剂、润滑剂和增塑剂等)组成。这类材料主要有聚乙烯、聚苯乙烯、聚甲基苯烯酸甲酯等等,也有的除树脂外不加任何添加剂,如聚四氟乙烯等。

多组分的塑料由多种组分组成,除树脂外,还加入填料、增塑剂、染料、稳定剂、润滑剂等多种添加剂,因此也称多组分材料。这类材料主要有聚氯乙烯、酚醛塑料等。

一般来说,多组分塑料成分如下:

(1) 树脂　塑料主要使用人工合成树脂，并由树脂特性来决定塑料的类型（热固性或热塑性）和主要性能。塑料中树脂含量约为 40%～100%。

(2) 填充剂　添加填充剂（填料）的主要目的是改善塑料的成形性能和降低成本。常用的填料有木粉、纸浆、云母、石棉、碳黑、玻璃纤维等。填料在塑料中的用量约占 10%～50%。

(3) 增塑剂　为了使塑料增加柔韧性能，改善流动性，常在聚合物中加入液态或低熔点固态的增塑剂。常用的增塑剂有邻苯二甲酸二丁酯、邻苯二甲酸二辛酯等。

(4) 着色剂　为了获得塑料所需的色彩，在塑料组分中加入着色剂，而且着色剂应在塑件使用中长期保持稳定。着色剂用量一般为 0.01%～0.02%。

(5) 润滑剂　添加润滑剂的目的是改善成形塑料的流动性，并减小和防止塑料熔体对设备和模具的黏附与摩擦。常用的润滑剂有烃类、酯类、金属皂类、脂肪酸类和脂肪酸酰胺类等，一般用量为 0.05%～0.15%。

(6) 稳定剂　为了防止或抑制塑料在成形、储存和使用过程中，因受外界因素（如热、光、氧、射线等）作用所引起的性能变化，即所谓"老化"，需加入稳定剂。稳定剂可分为热稳定剂、光稳定剂、抗氧化剂等。常用的稳定剂为硬脂酸盐类、铅的化合物、环氧化合物等。稳定剂用量一般在 2% 左右，少数高达 5%。

(7) 硬化剂　又称固化剂、交联剂。在热固性塑料成形时，线性分子结构的合成树脂需转变成体型分子结构（称交联反应或硬化、固化）。添加硬化剂的目的是促进交联反应，例如在环氧树脂中加入乙二胺、三乙醇胺、咪唑等。

(8) 发泡剂　制作泡沫塑料制品时，需要预先将发泡剂加入塑料中，以便在成形时放出气体，形成具有一定孔形的泡沫塑料制品。常用的发泡剂有氯二乙丁腈、石油醚、碳酸铵等。

此外还有阻燃剂、防静电剂、防霉剂等。

2. 塑料的分类

塑料的品种很多，可以从不同角度对塑料进行分类。

(1) 根据塑料中树脂的分子结构及热性能不同分类

① 热塑性塑料　这种塑料中树脂的分子是线型或支链型结构，它在加热时软化并熔融，成为可流动的黏稠液体（即聚合物熔体），成形冷却后保持已成形的形状。如果再次加热，又可以软化并熔融，可再次成形为一定形状的塑件，如此可反复多次。在上述过程中，一般只有物理变化而无化学变化。热塑性塑料在成形加工过程中产生的边角料及废品可以回收掺入原料中使用。

属于热塑性塑料的有聚乙烯、聚丙烯、聚氯乙烯、聚苯乙烯、ABS、有机玻璃、尼龙、聚甲醛、聚碳酸酯等。

② 热固性塑料　这类塑料中树脂的分子最终呈体型结构。它在受热之初，因分子呈线型结构，故具有可塑性和可溶性，可成形为一定形状。当继续加热时，线型高聚物分子主链间形成化学键结合（即交联），分子呈网状结构，当温度达到一定值后，交联反应进一步发展，分子变为体型结构，树脂变得既不熔融，也不溶解，形状固定下来不再变化，称为固化。如果再加热，不再软化，不再具有可塑性。在上述成形过程中，既有物理变化又有化学变化。因此塑料一旦损坏便不能回收再用。

属于热固性塑料的有酚醛塑料、氨基塑料、环氧塑料、聚邻苯二甲酸二烯丙酯、有机硅塑料、硅铜塑料等。

(2) 按塑料性能及用途分类

① 通用塑料　指产量大、用途广、价格低的塑料。酚醛塑料、氨基塑料、PVC、PS、PE、PP 等六大品种在目前塑料总产量中占大部分,属通用塑料。

② 工程塑料　指在工程技术中作结构材料的塑料。由于它具有一定的金属特性,又具有塑料的优良性能,所以在机械、轻工、电子、日用和军工等部门得到广泛的应用。

目前,在工程上使用较多的工程塑料有 PA、PC、POM、ABS、PSF、PPO、氯化聚醚等。

③ 增强塑料　在塑料中加入玻璃纤维等填料作为增强材料,以进一步改善塑料的力学性能和电性能。这种新型的复合材料通常称为增强塑料。增强塑料分为热塑性增强塑料和热固性增强塑料。热固性增强塑料又称为玻璃钢。

④ 特殊用途的塑料　指塑料具有特殊用途,如环氧塑料等。

3. 塑料应用举例

(1) ABS 塑料　它是由丙烯腈、丁二烯、苯乙烯共同聚合而成的共聚物,是热塑性塑料。它具有硬、韧、刚的混合特性,综合力学性能较好。广泛用于制造齿轮、泵的叶轮、管道、电机外壳、仪表壳、汽车上的挡泥板、扶手、小轿车车身、电冰箱外壳及内衬等。

(2) 聚酰胺(PA)　它是由二元胺与二元酸经缩聚而成,或由氨基酸脱水成内酰胺再聚合而成,又名尼龙,是热塑性塑料。它具有较高的强度及韧性,良好的耐磨、耐疲劳、耐油、耐水、耐蚀等综合性能。广泛用于制造轴承、齿轮、蜗轮、螺栓、螺母、垫圈等。

(3) 酚醛塑料(PF)　它是由酚类和醛类经缩聚而成,又名电木(胶木),是热固性塑料。它具有优良的耐热、绝缘、化学稳定性及尺寸稳定性。缺点是较脆。用酚醛塑料粉模压成型后可制成电器零件,如开关、插座等。用布片、纸浸渍酚醛塑料,制成层压塑料(胶木),可用作轴承、齿轮、垫圈及电工绝缘体等。

(4) 环氧塑料　它是由环氧树脂加入固化剂后形成的热固性塑料。它具有较高的强度、韧性、较好的电绝缘性、化学稳定性和尺寸稳定性,成型性好。可用于制作塑料模具,电气、电子元件及线圈的灌封与固定,机械零件的修复等。

环氧塑料还是一种很好的胶黏剂,对各种材料(金属及非金属)都有很强的胶黏能力。

二、合成橡胶

橡胶是一种天然的或人工合成的高聚物的弹性体。工业上使用的橡胶制品是在橡胶中加入各种配合剂(如硫化剂、硫化促进剂、软化剂、防老化剂和填充剂等),经过硫化处理后所得到的产品。它具有高的弹性,优良的伸缩性和积储能量的能力,成为常用的弹性材料、密封材料、减振、抗振材料和传动材料。此外,还具有良好的耐磨性、隔音性和阻尼特性。

常用的合成橡胶有以下几种:

(1) 丁苯橡胶(SBR)　用于制造轮胎、胶鞋、胶布、胶管等制品,是目前应用最广的一种。

(2) 顺丁橡胶(BR)　不能单独用于制造轮胎,常与其他橡胶混合使用,制造胶管、减振器、刹车皮碗等。

(3) 氯丁橡胶(CR)　又称"万能橡胶",其耐油性、耐热性、耐燃性、耐老化性等均优于天然橡胶。因此,既可作为天然橡胶的代用品,又可作特种橡胶使用(如胶管、胶带、电线包皮等)。

除此之外,某些橡胶因具有特殊的性能而著称。例如:丁腈橡胶具有优异的耐油性;硅橡胶既耐热又耐寒;氟橡胶的耐蚀性在各类橡胶中最为突出。

三、陶瓷

陶瓷是一种无机非金属材料,它分普通陶瓷和特种陶瓷两大类。前者是以黏土、长石和石英等天然原料,经过粉碎、成型和烧结而成,主要用作日用、建筑和卫生用品,以及工业上的低压电器、高压电器、耐酸、过滤器皿等。后者是以人工化合物为原料(如氧化物、氮化物、碳化物、硅化物、硼化物及氟化物等)制成的陶瓷,其性能特点是:硬度和抗压强度高,耐磨损,但塑性和韧性差,不能经受冲击载荷,抗急冷性能较差,易碎裂;此外,陶瓷材料还具有耐高温、抗氧化、耐腐蚀等优良性能;大多陶瓷材料是良好的绝缘体。

常用的陶瓷材料有以下几种:

(1) 氧化铝陶瓷　它是以 Al_2O_3 为主要成分的陶瓷,用于制造高温测温热电偶绝缘套管,耐磨、耐蚀用水泵,拉丝模等。

(2) 氮化硅陶瓷　它是将硅粉经反应烧结而成或将 Si_3N_4 经热压烧结而成的一种陶瓷。用于制造耐蚀水泵密封环、电磁泵管道、阀门、热电偶套、高温轴承材料及转子发动机刮片、燃气轮机转子叶片等。

(3) 氮化硼陶瓷　它是由 BN 粉末经冷压或热压烧结而成的一种陶瓷。用于制造冶炼用的坩埚、器皿、管道、半导体容器和各种散热绝缘件、玻璃制品模具等。

陶瓷刀具是以氧化铝或氮化硅为基体再添加少量金属,经高温下烧结而成的一种刀具材料。其主要特性是:高的硬度与耐磨性,常温硬度达 91～95HRA,超过硬质合金,可用于切削 60HRC 以上的硬材料;高的耐热性,在 1200 ℃下硬度为 80HRA,强度、韧性降低较小;高的化学稳定性,热磨损较少;较低的摩擦因数,不易粘刀和产生积屑瘤。但其强度、韧性低,使用中应避免承受冲击载荷,以防崩刃和破损。

四、复合材料

复合材料是由两种或两种以上材料,即基体材料和增强材料经人工复合而成。它不仅保留了组成材料各自的优点,还能获得单一材料无法具备的优良综合性能。例如:玻璃和树脂组成的复合材料(玻璃钢),不仅重量轻,而且具有很高的强度和韧性;黄铜片和铁片组成的双金属复合材料,具有可控温度的功能;以钢为基体,烧结铜网为中间层,塑料为表面层的塑料-金属多层复合材料,它具有金属基体的力学、物理性能和塑料的耐摩擦、磨损性能,可用于制造各种机械、车辆等的无润滑或少润滑条件下的各种轴承。所以,复合材料已成为当前结构材料中的一种新型材料。

复合材料的种类繁多,按基体材料分,有金属基和非金属基两类。前者主要有铝、镁、钛、铜等和它们的合金,后者主要有合成树脂、碳、石墨、橡胶、陶瓷等。按增强材料分,有纤维增强复合材料(如玻璃纤维、碳纤维、硼纤维、芳纶纤维、碳化硅纤维、氮化硅纤维和难熔金属丝等)、粒子增强复合材料(如金属粒、陶瓷粒等)和层叠复合材料(如双层金属、塑料-金属多层叠合等),其中以纤维增强材料均匀分布在基体材料内所组成的复合材料应用最广。表1-2 所列为纤维增强复合材料的种类、特性和应用。

表 1-2 纤维增强复合材料的种类、特性和应用

纤维种类	基体	特性	用途
聚芳酰胺纤维（芳纶纤维）	合成树脂	韧性好、弹性模量高、密度低。但耐压强度及弯曲疲劳强度较差	可制造雷达天线罩,高强度绳索（如降落伞）,高压防腐蚀容器,游艇的船体等
玻璃纤维	合成树脂	有优良的抗拉、抗弯、抗压及抗蠕变性能,耐冲击性、电绝缘性好	可制作减摩、耐磨的机械零件,密封件、仪器仪表零件、管道、泵阀、汽车船舶壳体,以及建筑结构、飞机制造等
碳纤维	合成树脂 陶瓷 金属	密度小、强度和弹性模量高,耐磨,自润滑性好。热膨胀系数小,可经受剧烈的加热或冷却,且可耐2000°C以上的高温	在航天、航空、原子能工业中用作燃汽轮机叶片,发动机体,轴瓦、齿轮、卫星结构。还可作人工关节
硼纤维	合成树脂 金属	弹性模量高 耐热性能好	可作航天、航空、飞行器结构件,涡轮机、推进器零件
碳化硅纤维	合成树脂	有极高的强度,高温下的化学稳定性好	可制作涡轮叶片
石棉纤维	合成树脂	耐热、耐酸、耐磨、吸湿性小,绝缘性好	可制作密封件、制动件,及作为绝热材料

第五节 热 处 理

一、热处理基本知识

热处理是指材料在固态范围内,在不改变工件形状的前提下,通过一定温度的加热、保温和冷却,改变其内部组织,从而获得所需性能的一种工艺方法。通常热处理工艺过程可用热处理工艺曲线来表示(图 1-1)。

热处理可分为普通热处理和表面热处理两大类。前者有退火、正火、淬火、回火。后者有表面淬火、化学热处理(渗碳、渗氮等)。

热处理在机械制造业中有着极为广泛的应用。经过热处理的工件,不仅能充分发挥材料内部潜力,提高使用性能,延长使用寿命,还能改善材料的加工工艺性能,扩大使用范围,减轻结构重量,节省金属材料,从而取得明显的经济效益。据统计,在汽车、拖拉机、机床制造业中,约有70%以上的工件要进行热处理。至于各种刀具、模具、量具及滚动轴承等几乎都要进行热处理。

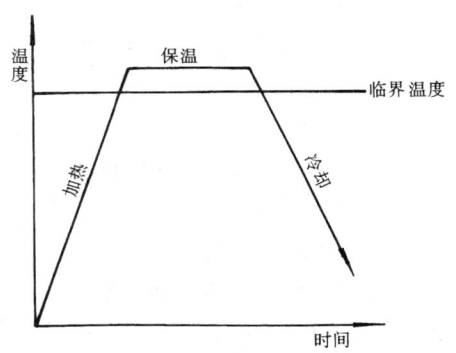

图 1-1 热处理工艺曲线

二、常用热处理方法

1. 退火

将工件加热到一定温度,保温一段时间,然后给予缓慢冷却下来(通常采用随炉冷却至

400 ℃以下出炉空冷)的热处理方法。退火主要目的是降低材料硬度,改善其切削加工性;细化材料内部晶粒,均匀组织及消除毛坯在成形(铸造、锻造、焊接)过程中所造成的内应力。如 45 钢需采用加热到 810～830 ℃的完全退火,T12 钢采用加热到 750～760 ℃的球化退火,对于毛坯件则采用加热到 500～650 ℃的去应力退火。

2. 正火

将工件加热到一定温度,保温一段时间。然后取出工件于空气中冷却下来的热处理方法。正火的目的与退火相似,由于正火的冷却速度稍快于退火,故正火后材料的硬度略高于退火,在不影响切削加工性的前提下,可用正火代替退火(如含碳量＜0.5％的碳钢),这对于缩短生产周期,提高劳动生产率及加热炉使用率均有较好的实用意义。

3. 淬火

将工件加热到一定温度,保温一段时间,然后给予快速冷却下来(对碳钢件常采用水作为淬火冷却介质,合金钢件则采用油作为冷却介质)的热处理方法。淬火的主要目的是提高工件的硬度与耐磨性。它是热处理中使用最广泛的一种,也是决定产品质量的关键。如:45 钢需采用加热到 820～840 ℃的淬火,T12 钢采用的是加热到 760～780 ℃的淬火。

4. 回火

由于淬火件的组织不稳定,内应力大,脆性大,所以淬火件一般不能直接使用,必须给予及时回火。回火就是将淬火件重新加热到一个较低的合适温度,保温一段时间,然后给予空气冷却或油冷却的热处理方法。淬火件通过回火,可以使淬火组织趋于稳定,在降低内应力和脆性的同时,获得所需的性能。根据具体回火温度的不同,回火有以下三种:① 低温回火(150～250 ℃),通过回火,材料的硬度保持在 58～62HRC 范围内,主要用于要求具有高硬度高耐磨性的各类工具、滚动轴承及渗碳件等;② 中温回火(250～500 ℃),通过回火,材料的硬度在 35～50HRC 范围内,主要用于各类弹性零件。③ 高温回火(500～650 ℃),通过回火,材料的硬度在 20～30HRC 范围内,同时具有较好的综合力学性能(即高的强度与韧性相结合),主要用于各类重要结构件如主轴、齿轮、连杆等。

5. 表面淬火

某些零件如凸轮轴、曲轴、机床导轨、齿轮等,它们是在冲击载荷与强烈摩擦条件下进行工作,故要求其表面应具有较高的硬度和耐磨性,而心部仍应保持足够的塑性和韧性,这样的要求可通过表面淬火来实现。

表面淬火法有火焰加热表面淬火和电感应(常采用 100～500kHz 的高频交流电)加热表面淬火两种。前者质量不够稳定,主要用于单件、小批生产;后者质量较好,主要用于机械化的大批量生产。

6. 化学热处理

化学热处理是将工件置于一定温度的某种活性介质中加热和保温,使一种或几种元素的活性原子渗入工件的表面,从而改变表层成分与组织,达到改变其性能的热处理方法。常用的化学热处理有渗碳、渗氮、碳氮共渗等。其中尤以渗碳最为常见,低碳钢或低碳合金钢经过渗碳后,还需给予淬火加低温回火处理,只有这样才能使渗碳件表层具有高硬度、高耐磨性,心部保持高韧性的特性,以满足承受强烈摩擦和冲击条件下进行工作的零件,如活塞销、凸轮轴、汽车齿轮等。

7. 其他热处理

(1) 真空热处理 在低于一个大气压的环境中进行的热处理称为真空热处理。其特点是：工件在真空中加热不会产生氧化、脱碳现象；有利于工件表面净化（去除氧化物、脱脂、脱气），表面质量好；加热时无对流传热，升温速度快，工件截面温差小，热处理后变形小；减少了工件的清理和磨削工序，生产率较高。

(2) 激光热处理 它是利用激光对工件表面扫描，在极短的时间内工件被加热到淬火温度，由于表面高温迅速向基体内部传导而冷却，使工件表面淬硬。其特点是：加热速度快；不需要淬火冷却介质；工件变形小；硬度均匀且可高达60HRC；硬化深度能精确控制；改善了劳动条件，减少了环境污染。

(3) 形变热处理 它是将热加工成形后的锻件（或轧制件、挤压件等），从锻造温度锻打到淬火温度时，即进行淬火冷却的热处理。其特点是：工件同时受形变和相变，使内部组织更为细化；有利于位错密度增高和碳化物弥散度增大，使工件具有较高的强韧性；简化生产流程，节省能源、设备，还能减少工件烧损等，具有很好的经济效益。

(4) 离子氮化 它是在真空室内高压直流电场作用下进行的热处理（图1-2）。工件为阴极，炉壁为阳极，当炉内抽真空后，即通入氨气，并在阴、阳极之间加以高压(500～800V)直流电。在高压电场的作用下，工件周围氨气被电离出氮和氢的正离子和电子，此时工件表面形成一层"紫色辉光"，高能量的氮离子高速轰击工件表面，使其表层温度升高至500～700℃，同时，氮离子在阴极上夺取电子后还原成氮原子渗入工件表层，经扩散形成一定深度的氮化层。这种方法大大缩短了氮化时间，一般仅为普通气体渗氮方法的1/2～1/4，还能降低工件表面渗氮层的脆性，明显地提高韧性和疲劳强度。

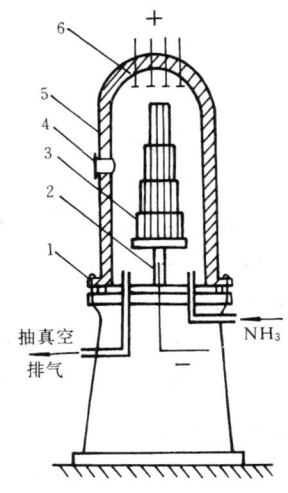

图1-2 离子渗氮装置示意图

1—密封橡皮棒；2—阴极；3—工件；4—观察孔；5—真空室外壳；6—阳极

三、热处理主要设备

1. 加热炉与控温仪表

(1) 加热炉 主要有箱式电阻炉、井式炉和盐浴炉。

(2) 控温仪表 加热温度的测量和控制，主要有热电偶、温度控制仪表等。

2. 专用工艺设备

它是专门用于某具体热处理工艺的设备。如气体渗碳炉、井式回火炉、高频淬火装置等。

3. 冷却设备与质检设备

冷却设备主要有水槽、油槽等。质检设备有洛氏硬度计(HRC)；金相显微镜；探伤仪以及测量变形与校正变形用的仪器和机械装置等。

第二章 铸造

第一节 概述

铸造是将金属液浇入预先制备好的铸型中，凝固后获得具有一定形状、尺寸的毛坯或零件的一种成形方法。此法所获得的毛坯或零件统称铸件。铸件一般是毛坯，经切削加工后才能成为零件。

用于铸造成形的金属材料有铸铁、铸钢和有色金属，其中以铸铁最多。

铸造的种类可分砂型铸造和特种铸造两大类。前者铸型采用的是以原砂为主，加入适量黏结剂、附加物和水，按一定比例混制而成。因其成本低廉，适应性广，是目前铸造生产中应用最广泛的一种方法。后者铸型采用的是少用砂或不用砂的特殊工艺装备，获得比砂型铸造表面光洁、尺寸精确、力学性能较高的铸件。常用的有：金属型铸造、压力铸造、离心铸造、熔模铸造等。

一、铸造的特点

1. 能铸造各种铸件

铸造能够制造出形状复杂（尤其是内腔）的铸件，如各种箱体、机架、床身等，并使其形状和尺寸与零件接近，从而节省金属，减少切削加工工时。

2. 适应性广

这不仅表现在对各种形状的适应性，还表现在铸件的重量和材质几乎不受限制，对于某些塑性很差的材料（如铸铁、青铜等），铸造则是制造零件毛坯的唯一方法。

3. 成本低

通常情况下，铸造不需要昂贵的设备，原材料来源广泛，价格低廉，故铸件的成本较低。例如一台金属切削机床的铸件重量约占75％，而其成本仅占机床的15％～30％。

铸造作为制造毛坯的基本方法之一，在机械制造业中获得了广泛的应用。但是，传统的砂型铸造，无论在产品质量、生产率、劳动条件、环境污染方面都存在不少问题，铸件的力学性能不如锻件高，特别是对于承受动载荷或交变载荷的重要零件一般不宜采用铸件。近年来，铸造在机械化、自动化方面取得新发展，新工艺、新技术得到推广应用，使铸件的质量和性能均取得了显著的改善和提高。

二、砂型铸造基本工艺

以法兰盖的铸造为例，工艺过程如图2-1所示。

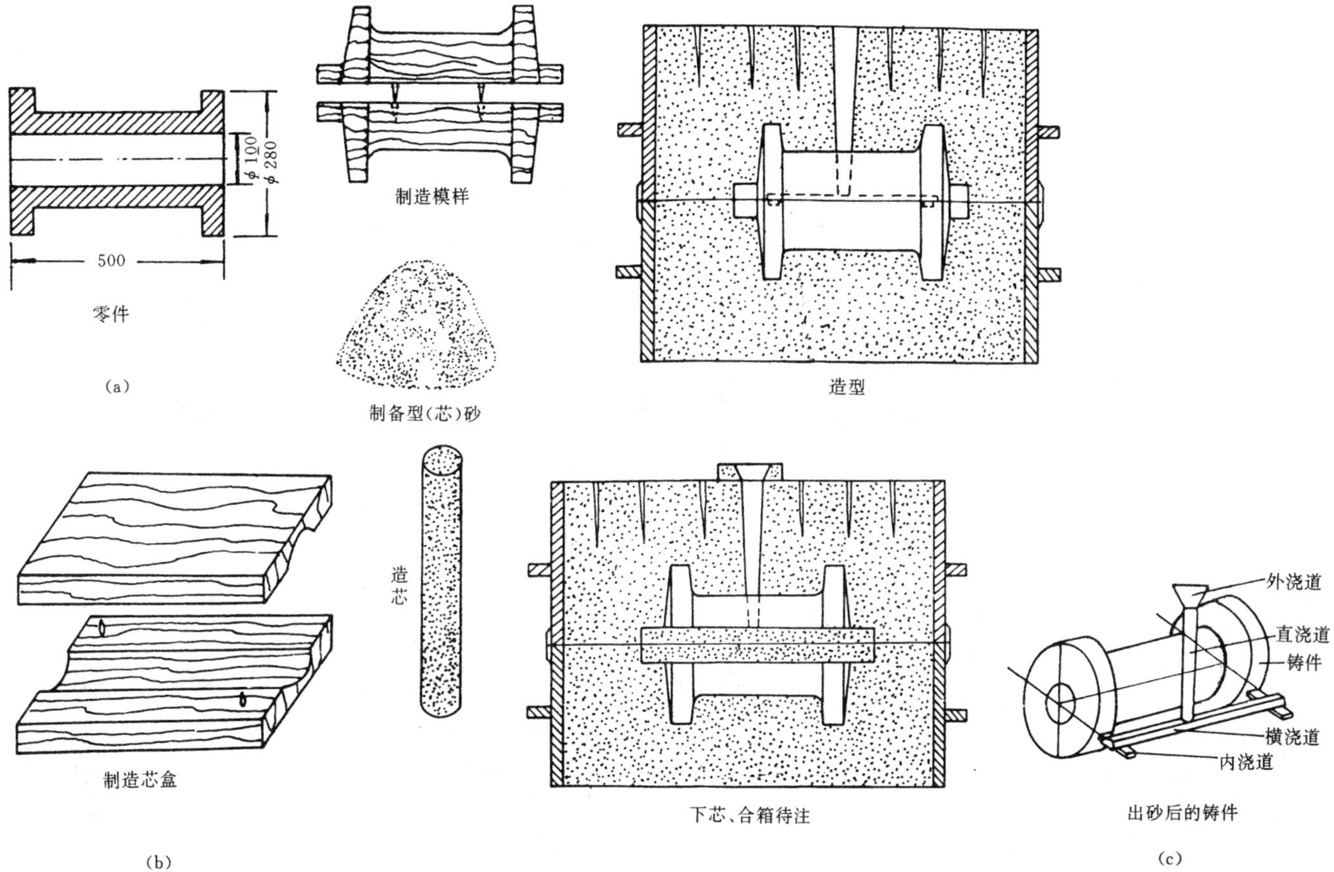

图 2-1 法兰盖的铸造工艺过程
(a) 零件图样; (b) 工艺过程; (c) 出砂后的铸件

第二章 铸 造　15

① 根据零件图制造模样和型芯盒；
② 配制出性能符合要求的型砂和型芯砂；
③ 用模样和型芯盒进行造型和造芯；
④ 烘干型芯（或砂型）与合箱；
⑤ 熔炼金属并进行浇注；
⑥ 出砂、清理和检验。

三、铸型名称

砂型（铸型）的各部分名称如图 2-2 所示。

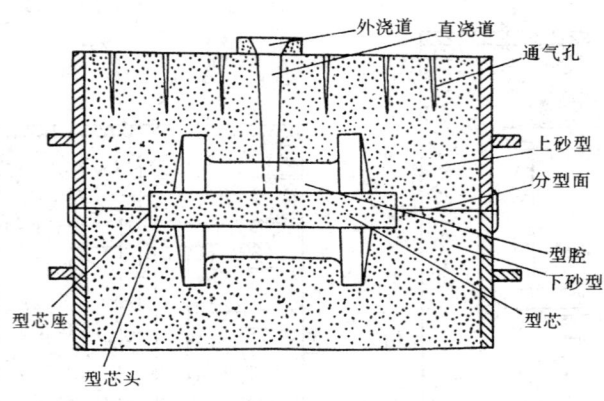

图 2-2　砂型的各部分名称

（1）分型面　铸件上位于上、下砂箱的分界面。它使起模时不损坏型腔的完整性。其上为上砂型，其下为下砂型。

（2）型腔　起出模样后在砂型中保留下来的空腔。

（3）型芯　砂型中获得铸件内孔的部分。型芯的外伸部分称型芯头，用以定位和支承型芯。砂型中专为放置型芯头的空腔称型芯座。

（4）浇注系统　金属液从外浇道（即浇口杯）进入型腔的通道。通常它由直浇道、横浇道、内浇道组成。

（5）通气孔　排出型腔（或型芯）中产生的气体，避免铸件出现气孔缺陷。

第二节　造型材料和模样

一、型砂和芯砂的组成、性能及其制备

型砂和芯砂是制造砂型和型芯的原材料，它由原砂（砂粒的主要成分是 SiO_2）、黏结剂（有黏土、水玻璃、桐油等）、附加物（有煤粉、木屑等）和水按一定比例混制而成。

型砂和芯砂的主要性能有：强度、透气性、耐火性和退让性等，若不符合性能要求，则将直接影响铸件质量。这些性能的测试通常在型砂实验室内的专门仪器上进行。

型砂和芯砂的制备,应根据铸造合金种类和铸件大小来确定配比,然后放在混砂机中混拌均匀。

二、模样和型芯盒

模样和型芯盒是制造砂型和型芯的模具。模样用来造型制得型腔以形成铸件的外形。型芯盒用来造芯,大多以形成铸件的内腔为主。在单件、小批量生产中其材质广泛采用木材来制造,故又称木模。在大批量生产中其材质常用铝合金(又称金属模)或塑料来制造。

模样和型芯盒形状与尺寸的制作,必须以零件图为依据,考虑到铸造工艺的特点来加以确定的。图2-3为锥齿轮的零件图、模样图和铸造工艺图。

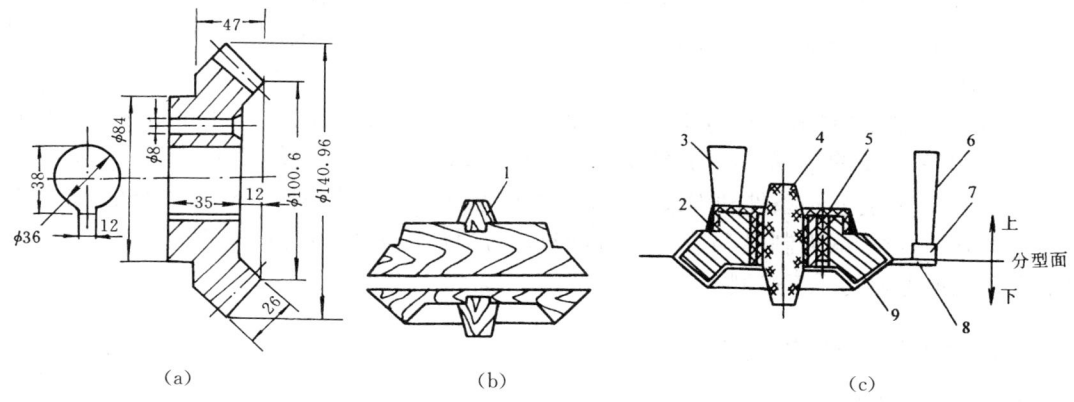

图2-3 锥齿轮的铸造工艺图
(a)零件图;(b)模样图;(c)铸造工艺图
1—型芯头;2—起模斜度;3—冒口;4—型芯;5—加工余量;6—直浇道;7—横浇道;8—内浇道;9—收缩量

1. 分型面

为了便于造型、起模,保证铸件的质量,一般应选择铸件截面尺寸最大处为分型面,并用线条和箭头加以标出如图2-3(c)所示。

2. 起模斜度

为了起模方便又不损坏砂型,凡垂直于分型面的壁上应有一定的倾斜度,称为起模斜度。木模的起模斜度为$1°\sim3°$,金属模的起模斜度为$0.5°\sim1°$。壁高取下限,反之取上限。

3. 机械加工余量

铸件上凡需进行切削加工的表面均应留有合适的加工余量。加工余量的大小与造型方法、铸件尺寸、合金种类、生产批量及加工面在浇注时的位置等因素有关,具体可通过查阅有关手册来确定。一般小型灰铸铁件的加工余量为$3\sim5$mm。

除此之外,铸件上的小孔(孔径小于$20\sim30$mm)或小的凹槽、台阶等,可以不予铸出,留待机械加工来完成。

4. 收缩量

金属液注入砂型后,在冷却凝固时要发生收缩,使尺寸减小。为了补偿这部分的收缩,模样和型芯盒尺寸应比铸件大一个收缩量。

收缩量的大小应根据合金的线收缩率来确定。对于灰铸铁约为1%,铸钢约为2%,铜与铝合金约为1.5%。

5. 铸造圆角

它是指模样或型芯盒上两表面之间的交角应做成圆弧过渡,以防止金属液在冷凝时产生应力集中和起模时损坏砂型或型芯。铸造圆角半径的大小可查阅有关手册。

6. 型芯头和型芯座

合型时为便于安放和固定型芯,在型芯和砂型上应分别做出相应的型芯头和型芯座。型芯座比型芯头稍大些,对于一般中小型芯,其间隙约为 0.25～1.5mm。

第三节 手工造型和造芯

造型和造芯是铸造生产中最主要的工序,它对于保证铸件精度和铸件质量有着极其重要的影响。在单件、小批量生产中,常采用手工造型和造芯;在大批、大量生产中,则采用机器造型和造芯。

造型时,填砂、紧砂和起模等工序均由手工操作来完成的称为手工造型。这种方法具有操作灵活、工艺装备简单、适应性强等优点。但生产率低,劳动强度大,铸件质量较差。

实际生产中,受各种条件和因素的影响,手工造型的方法是多种多样的。但是,合理的选择造型方法,对于减少制模和造型工时,缩短生产周期,降低铸件成本都是非常重要的。以下介绍几种主要的手工造型方法。

一、砂箱及造型工具

砂箱及造型工具如图 2-4 所示。

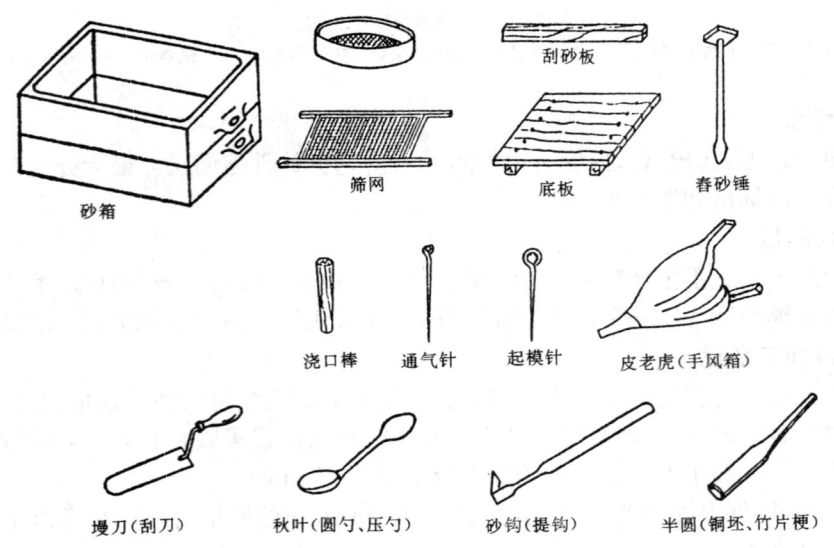

图 2-4 砂箱及造型工具

二、整模造型和分模造型

1. 整模造型

整模造型是将模样做成与零件形状相应的整体结构来进行造型,如图 2-5 所示。其特点是把整体模样放在一个砂箱内,并以模样一端的最大表面作为分型面。此法操作方便,不会出现上、下砂型错位(错箱)的缺陷,铸件的形状与尺寸容易得到保证,它适用于形状简单的铸件。

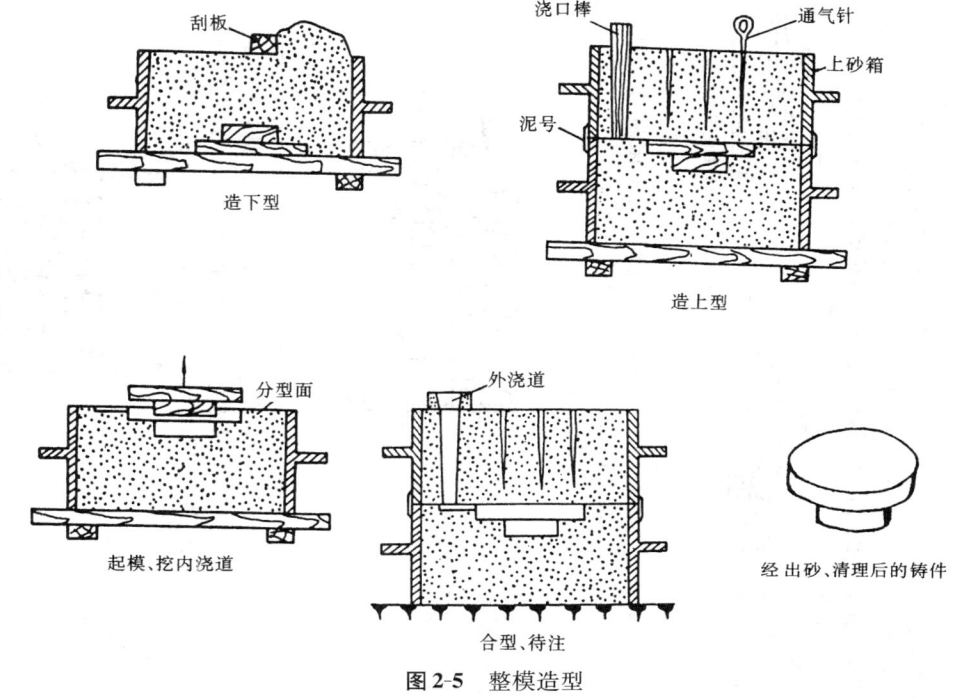

图 2-5 整模造型

整模造型的操作步骤

(1) 造下型 将模样放在底板上,放好下砂箱,加入厚度约 20mm 的面砂,再加填充砂(背砂),然后用舂砂锤均匀紧实每层型砂,直至用刮砂板刮去砂箱表面多余的型砂。

(2) 造上型 翻转下砂箱,用墁刀修光分型面,放好上砂箱,撒分型砂,放置浇口棒,加填充砂并舂紧,刮去多余型砂,扎通气孔,拔出浇口棒,作出合型线的标记。

(3) 起出模样,挖出内浇道 把上砂箱拿下,在下砂箱上对应浇口棒的部位挖出内浇道。然后用毛笔沾水将模样边缘湿润,用起模针起出模样,修型后用皮老虎吹去型腔内多余的砂粒并撒上石墨粉。

(4) 合型、待注 按标记将上砂型合在下砂型上,紧固上、下砂箱或在上砂箱放上压铁。用专用工具做出外浇道(如漏斗形)并放置在直浇道上,等待浇注。

(5) 铸件 将金属液浇入型腔,经一段时间冷凝后,通过落砂、清理等工序即可得到铸件。

2. 分模造型

当铸件的最大截面不在端面时,为了从砂型中取出模样,需将模样沿最大截面处分成两半,并用销钉定位,型腔则被位于上、下砂箱内,这种造型方法叫分模造型,如图 2-1 所示。此法广泛用于最大截面在模样中部且带有内腔或孔的铸件,如套筒、阀体等。

三、其他造型方法

除整模造型和分模造型外,根据铸件结构特点、形状及尺寸、生产批量及车间的具体条件,还有以下几种造型方法可供选择,以确定最佳方案,如表 2-1 所示。

表 2-1

造型方法	简　图	铸件结构特点	应　用
挖砂造型	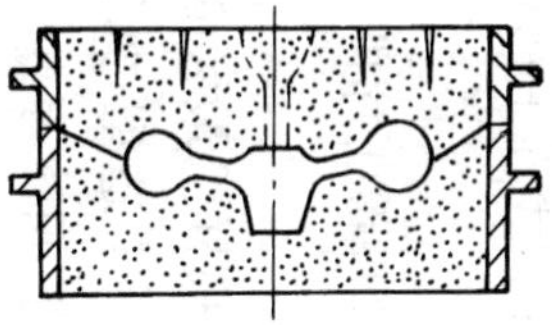	当铸件的外部轮廓为曲面或阶梯面（如手轮）时，其最大截面不在端部，且模样又不便分成两半，这时就只能将模样整体放在一个砂箱内，为了能方便起模，需将阻碍起模的那部分砂挖去，从而使其分型面成为一个曲面。在修分型面时，必须修到模样的最大截面处，并用墁刀压紧，注意分型面的坡度不宜过大	如果生产批量较大时，为省去挖砂操作，可用成型底板（金属、木材或砂质制成）代替平面底板，并将模样放在成型底板上造型。这种方法又称假箱造型，如下图所示 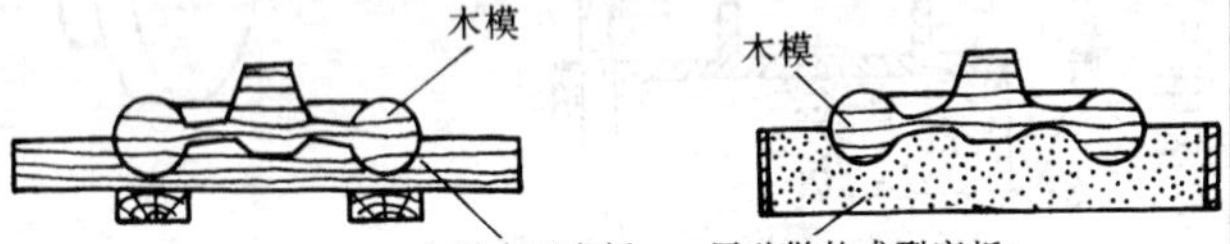
活块造型	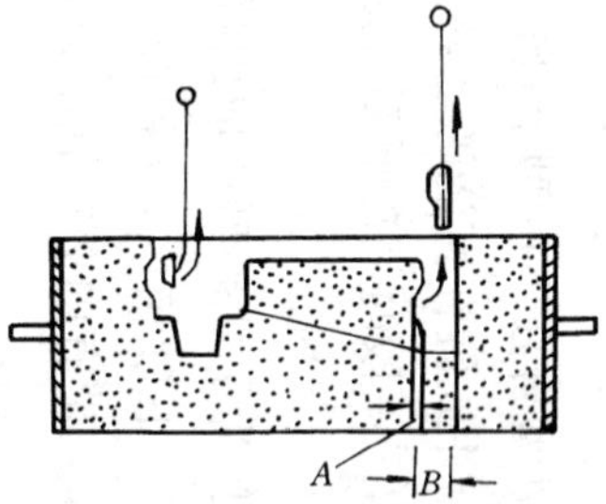	将模样上阻得起模的部分（如凸台、筋条等）做成活动块，活动块用销子或燕尾榫与模样主体连接，造型后先取出模样主体，然后再从侧面将活动块取出	这种方法活动块的厚度降低到一定的限制，故在生产批量较大时，会使铸件精度降低，故在生产批量较大时，可用加上活块的移位，以替活块，如图所示 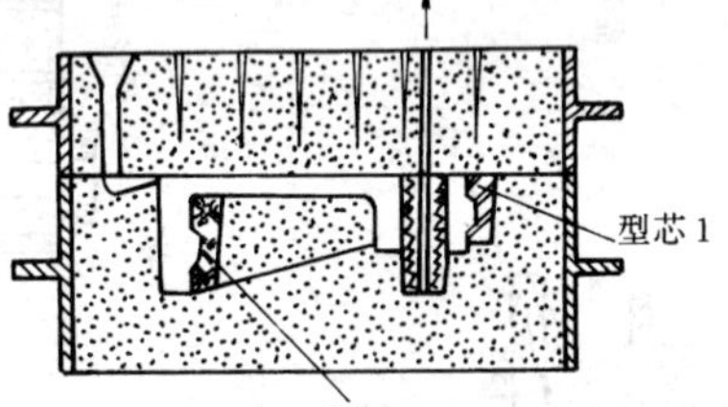
三箱造型	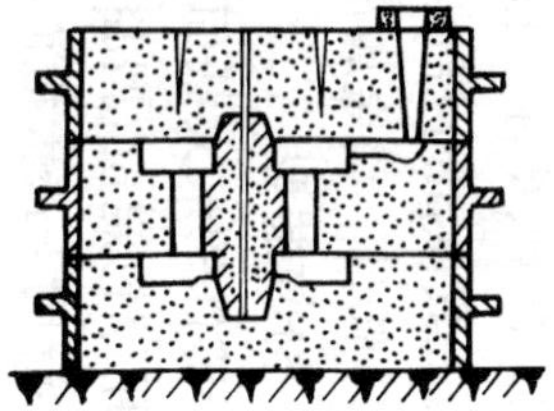	当铸件形状较为复杂时，用一个分型面不能取出模样，则可用两个或两个以上的分型面来造型。如简图中铸件具有两头截面大而中间截面小的特点，则需用两个分型面来造型	这种方法通常是先做下型，再做中型，最后做上型。如果生产批量较大时，可用增加型芯的方法（改为两箱造型）来解决，如图所示 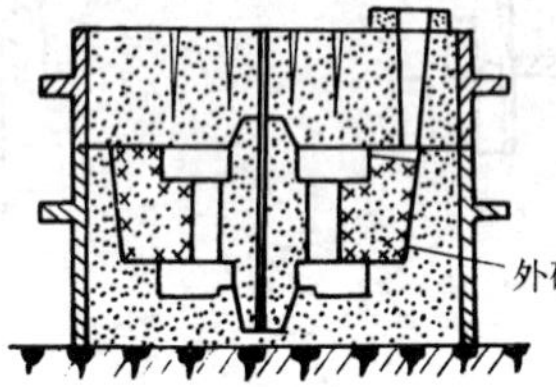

四、造芯

1. 对型芯的工艺要求

型芯的主要作用是用来获得铸件的内腔,有时也可用来组成铸件外形。由于型芯大部分处于金属液包围之中,在浇注过程中条件较差,故除了对型芯砂要求有更好的使用性能外,在制作型芯时还应有一些特殊的工艺要求。

(1) 安放芯骨以增加型芯的强度和刚度 芯骨可用铁丝、铁钉和铸铁制成,但应注意铸件落砂后能方便地从其内腔中取出和回用。图 2-6 为带吊环的芯骨。

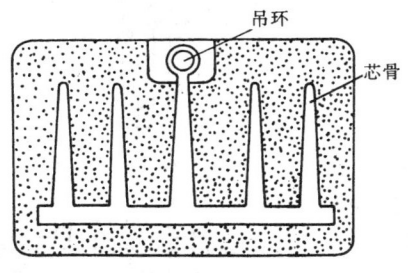
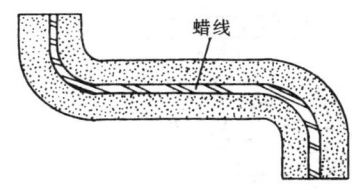

图 2-6 带吊环的芯骨　　　　　　　　图 2-7 埋蜡线通气

(2) 开设通气道以顺利排出型芯中的气体 根据型芯的结构、形状和大小,分别可采用扎通气孔、埋放蜡线、填放焦炭等方法来达到。如图 2-7 所示,为埋蜡线通气。

(3) 型芯表面涂料和烘干 前者为防止粘砂,降低铸件表面粗糙度;后者经一定温度(如桐油砂芯取 180～240 ℃)烘干后,进一步提高了型芯的强度和透气性。

2. 造芯方法

单件、小批量生产,大多采用手工型芯盒造芯。根据型芯结构的复杂程度不同,型芯盒的种类有整体式芯盒、对开式芯盒和可拆式芯盒,如图 2-8 所示。

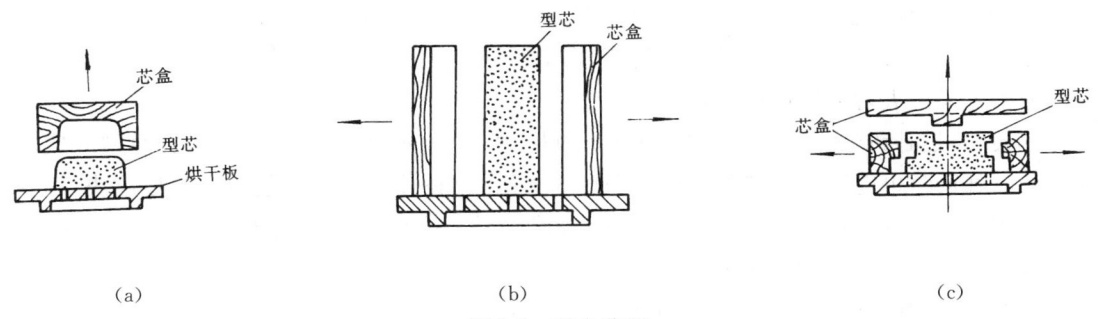

(a)　　　　　　　　　(b)　　　　　　　　　(c)

图 2-8 芯盒造芯

(a) 整体式芯盒造芯;(b) 对开式芯盒造芯;(c) 可拆式芯盒造芯

五、综合工艺分析举例

如图 2-9(a)所示为某支架的零件图,材料为灰铸铁,大批量生产。试确定其铸造工艺方案。

1. 工艺分析

该零件为尺寸不大的一般支承件，无特殊质量要求的表面。按常规，零件上 2×φ16mm 孔和 M18mm 螺孔不要求铸出，可直接进行钻孔、攻螺纹。但 φ35mm 孔不进行机械加工，必须放型芯铸出。问题是该孔较深，且不贯穿，因此需要采用悬臂型芯，增加了铸造的难度。

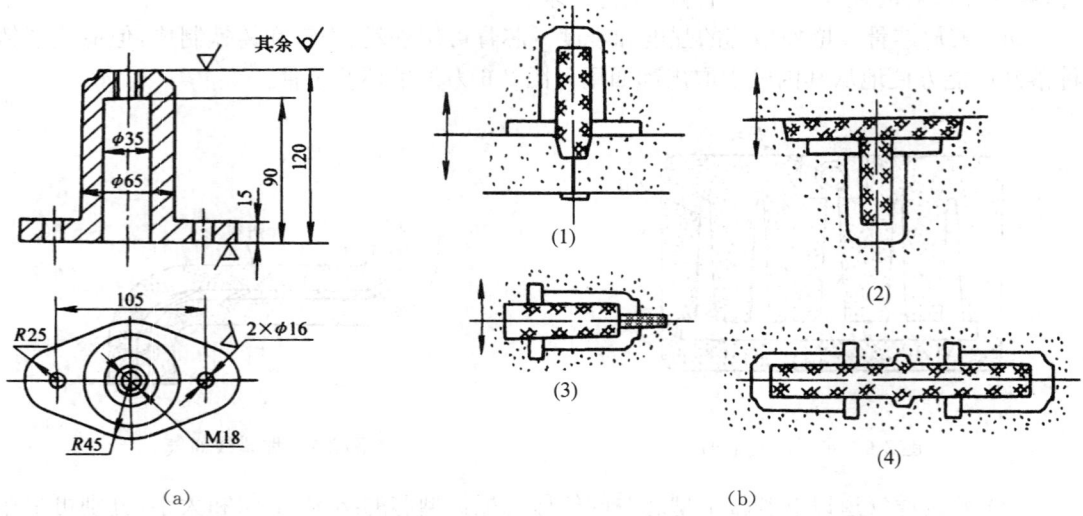

图 2-9 支架的铸造工艺方案
（a）零件图；（b）铸造工艺方案

2. 方案选择

经过分析，该零件可有四种铸造工艺方案供选择，如图 2-9（b）所示。

方案（1）为立铸，优点是采用整模造型，不会产生错箱。缺点是型芯在金属液的冲击下不够稳固，有可能发生偏斜或浮起，型芯上部又不宜采用芯撑加固（影响以后的螺孔加工）。为此，必须采用较长的芯头，并用铁丝将型芯固定在下箱，这种方法比较费时。

方案（2）是采用吊芯，将铸件全部置于下箱，它不仅具有立铸的前述优点，且便于排气。缺点是型芯头过大，铸件的成本较高。

方案（3）是卧铸（分模造型），在 M18mm 螺孔处铸出 φ10mm 左右的小孔，使型芯成为双支承。卧铸时可能产生的错箱缺陷，可通过砂箱的精确定位（采用定位销）加以解决。

方案（4）为对称卧铸法，采用挑担式型芯，使之受力平衡。此法由于造芯、下芯简便，一型铸双件，生产率高，铸件成本低。

综上所述，方案（3）、（4）均可采用，但以方案（4）为最佳。

第四节　机器造型和造芯

随着现代化大生产的发展，机器造型和造芯已代替了大部分的手工造型和造芯。机器造型和造芯不但生产率高，而且铸件尺寸精确、表面光洁、质量稳定、劳动强度低，是成批大量生产铸件的主要方法。机器造型和造芯的实质是用机器（其动力大多采用气压或液压）进行紧砂和起模,根据紧砂和起模方式不同,有各种不同种类的造型机和造芯机。

一、气动微震造型机

气动微震造型机(图 2-10)工作时震动和噪声小,且采用多触头压实,效果较好。目前主要用于成批大量生产中、小型铸件。

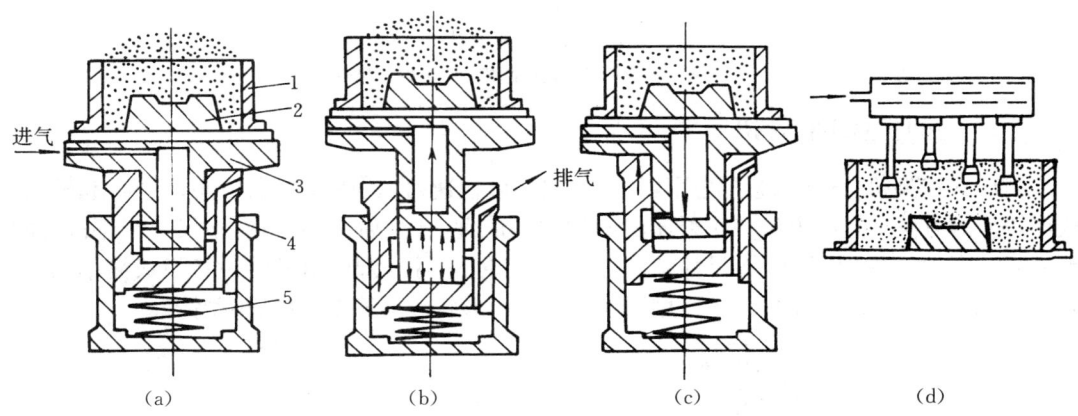

图 2-10 气动微震造型机工作原理图
(a) 进气;(b) 微震活塞上升,微震气缸下降,排气;(c) 活塞与气缸撞击;(d) 多触头压实;
1—砂箱;2—模板;3—微震活塞;4—微震气缸;5—弹簧

除此之外,根据铸件形状、大小和批量等不同,还有抛砂压实、橡皮膜压实、成型压头压实等,如图 2-11 所示。

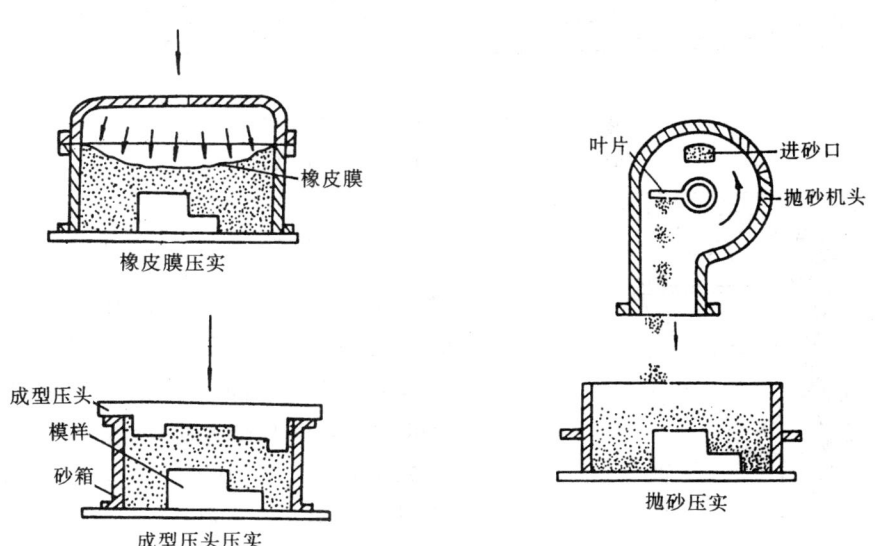

图 2-11 其他形式的压实造型

造型机上大多装有起模机构,其动力都是采用压缩空气。常用的起模方法有:顶箱起模、漏模起模和翻转起模等,如图 2-12 所示。

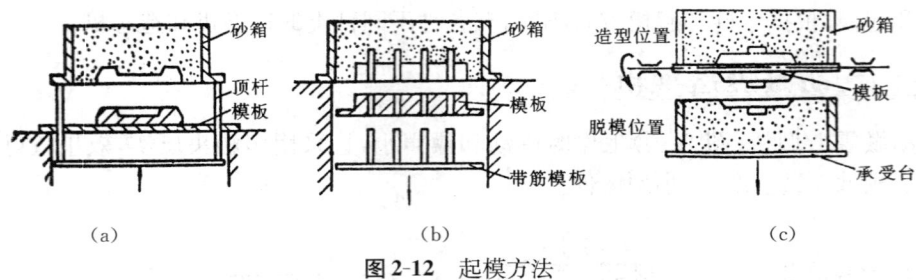

图 2-12　起模方法
(a) 顶箱起模；(b) 漏模起模；(c) 翻转起模

二、射压式造型机

射压式造型机(图 2-13)是利用压缩空气将型砂快速射入射腔,并进行辅助压实,起模后以获得铸型的方法。这种方法一次射压的砂型两面成型,合型后不用砂箱,不仅生产率高,而且砂型紧实度大,型腔表面光洁,尺寸精确,并可使造芯、浇注、冷却、落砂等设备组成简单的直线系统,占地省,易实现自动化。主要用于大批量生产形状较为简单的中、小型铸件。

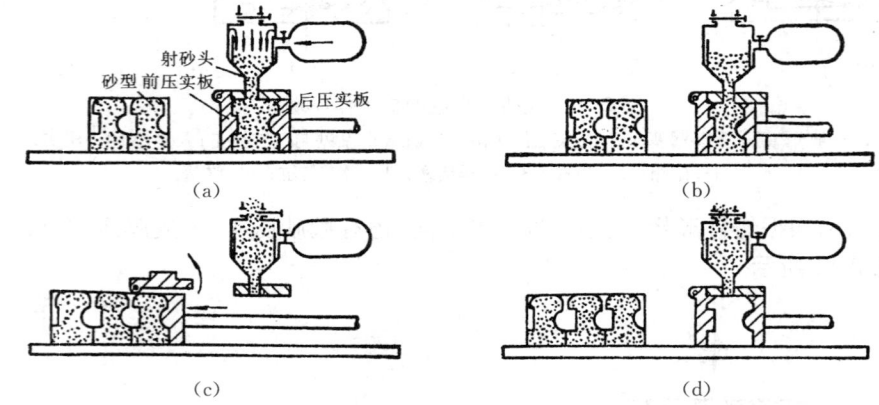

图 2-13　射压式造型机工作原理图
(a) 射砂；(b) 压实；(c) 合型；(d) 复位

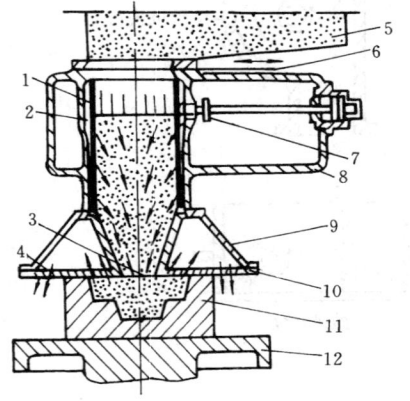

图 2-14　射芯机工作原理图
1—射砂筒；2—射腔；3—射砂孔；4—排气孔；5—砂斗；6—砂闸板；7—射砂阀；8—储气包；9—射砂头；10—射砂板；11—型芯盒；12—工作台

三、射芯机

射芯机(图 2-14)是目前应用最广泛的一种造芯机械,其工作原理是:首先打开砂闸板 6,芯砂由砂斗 5 落入射砂筒(筒壁上开有通气窄缝)1 内,装完定量的芯砂后合上砂闸板。然后由气缸动作打开射砂阀 7,使储气包 8 中的压缩空气迅速进入射砂筒,将筒内的芯砂经射砂孔 3 射入型芯盒 11 而制得型芯,压缩空气则经射砂板 10 上的排气孔 4 排出。因在射砂过程中同时完成填砂和紧实,故具有极高的生产率。该射芯机必须使用流动性较好的芯砂,如油砂、合脂砂等。如采用树脂砂时,需在造芯后及时加热使之硬化,也可在型芯盒上设置电阻等加热装置,这就是热芯盒射芯机。

第五节　合金的熔炼和浇注

一、合金的熔炼

合金熔炼的目的是要获得一定成分和足够高温度的金属液,以得到高质量的铸件。

1. 铸铁与铸钢的熔炼设备

铸铁与铸钢的熔炼设备主要有冲天炉,中频或工频感应电炉等。其中因环境污染等原因,目前冲天炉已逐渐被感应电炉所取代。

2. 铝合金的熔炼设备

生产中常用的铝硅合金因具有密度小、熔点低、液态流动性好、收缩和热裂倾向小等优点,故广泛用于缸体、阀体、壳体等形状较为复杂的薄壁铸件。

铝合金的熔炼设备采用坩埚炉。按热源不同,常用的是感应坩埚炉和电阻坩埚炉(图2-15)。

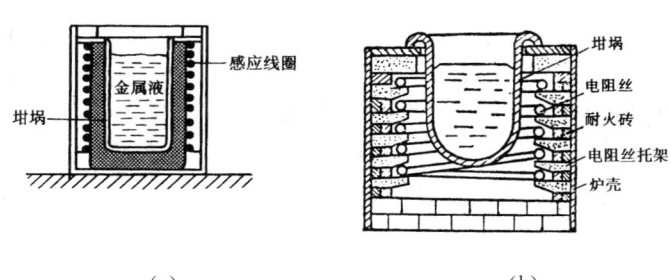

图 2-15　坩埚炉

(a)感应坩埚炉；(b)电阻坩埚炉

铝合金在熔炼时极易氧化和吸气,故熔炼最好能在熔剂(如 KCl 等盐类)覆盖层下进行。若熔炼后期再予以精炼(如通入氯气等),使铝液进一步得到净化,必要时再进行变质处理,则铸件的质量和性能将会有明显的提高。

二、浇注系统和冒口

1. 浇注系统的作用

为将金属液引入型腔而在铸型中开出的通道称浇注系统,其作用大致有以下几个方面:
(1) 使金属液能连续、平稳、均匀地进入型腔,避免冲坏型壁和型芯;
(2) 防止熔渣、砂粒或其他杂质进入型腔;
(3) 调节铸件各部分的凝固顺序和补给铸件在冷凝收缩时所需的金属液;
(4) 有利于排气。

2. 浇注系统的组成

浇注系统一般由外浇道(浇口杯)、直浇道、横浇道和内浇道四部分组成,如图 2-16 所示。但并非每个铸件都要这四部分,应根据铸件结构、合金种类和性能要求而定。如对于形状简单、要求不高的小铸件,就可以只有直浇道和内浇道,而无横浇道。

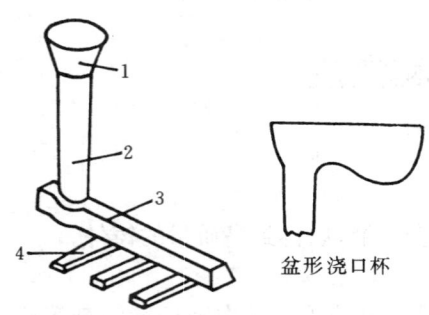

图 2-16 浇注系统的组成
1—浇口杯；2—直浇道；3—横浇道；4—内浇道

（1）外浇道　外浇道功能是承受从浇包倒出来的金属液，减轻金属液对铸型的冲击和分离熔渣，并引导金属液平稳流入直浇道。形状大多为漏斗形或盆形（用于大、中型铸件）。

（2）直浇道　直浇道通常是一个上大下小的圆锥形垂直通道。利用其高度所产生的静压力，可以控制金属液流入铸型的速度和提高充型能力。直浇道越高，金属液越容易充满型腔的细薄部分。

（3）横浇道　横浇道通常是一个开设在直浇道下方、内浇道上方（即位于上箱分型面上）的水平通道，其截面形状多为梯形。浇注时，主要起减缓金属液的流速，使熔渣与气体能充分上浮起挡渣作用，还能使金属液平稳流入内浇道。

（4）内浇道　将金属液直接引入型腔的通道，通常开设在下箱的分型面上，其截面形状多为扁梯形或三角形。内浇道的作用是控制金属液流入型腔的速度和方向，调节铸件各部分的冷却速度。通常情况下，对于壁厚相差不大的铸件，内浇道多开在铸件薄壁处，以达到铸件各处冷却均匀；对于壁厚相差大、特别是收缩率大的合金铸件，内浇道多开在铸件厚壁处，以保证金属液对铸件的补偿。对于大平面的薄壁件，应多开几个内浇道，以利金属液迅速充满型腔。

根据铸件形状、大小、合金种类、性能要求等的不同，生产中经常可以见到多种形式的浇注系统（图 2-17）。

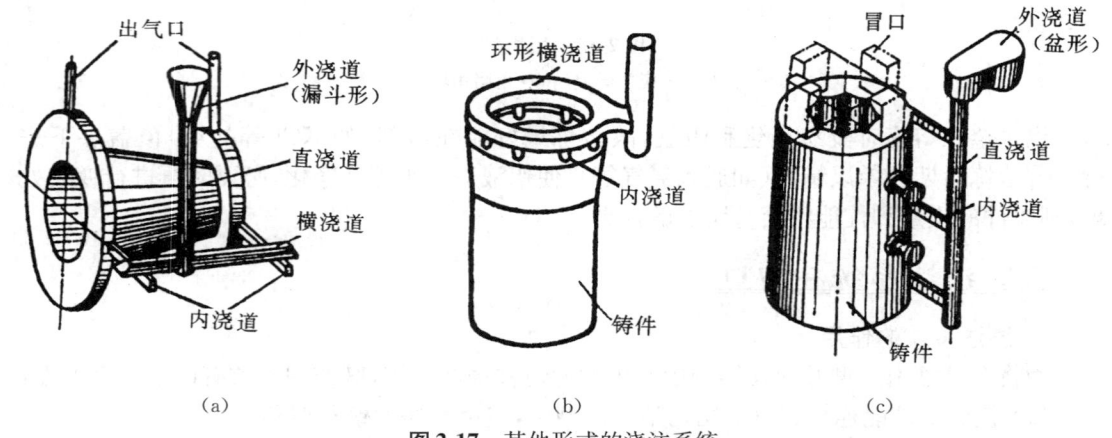

图 2-17 其他形式的浇注系统
(a) 典型浇注系统；(b) 雨淋式浇注系统；(c) 阶梯式浇注系统

3. 冒口

对于收缩率大的合金铸件（如钢、铜合金等），会在最后凝固部位（一般是铸件的厚壁部分）形成缩孔或缩松缺陷。为了能及时补给铸件凝固收缩时所需要的金属液而增设的补缩部分称冒口。冒口的位置通常设在铸件的最厚、最高处，其顶面敞露在铸型外面（又称明冒口），除了起补缩作用外，还有排气、集渣和观察铸型是否浇满的作用。另一种为暗冒口，它被埋在铸型中,由于其散热较慢,补缩效果比明冒口好,但制造麻烦。这时可以改用在该处安置冷铁(用碳钢或铸铁制成)。由于冷铁处的金属液冷却较快,从而使厚截面处加速凝固,以实现自下而上的凝固顺序(图2-18)。

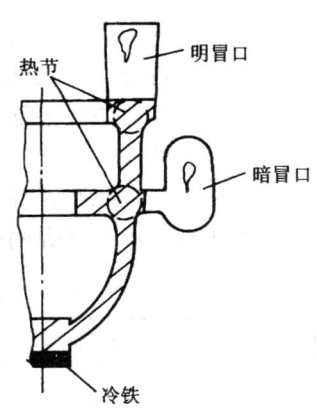

图 2-18　某阀体的冒口与冷铁设置

三、浇注时的安全操作规程

将金属液从浇包浇入铸型的过程叫浇注。为确保铸件质量、提高生产率和浇注时的安全,应严格遵守下列操作规程。

(1) 浇包是用来盛放、输送和浇注金属液用的容器,使用前必须经过烘干。同时,浇包内的金属液不能太满,以免抬运时溢出伤人。

(2) 浇注场地必须要有通畅的走道,地上无积水。浇注人员必须穿戴好防护用品和防护眼镜。

(3) 浇注速度要适中,且保持连续,不能中断。过快或过慢都将会造成铸件缺陷的产生。对于形状复杂和薄壁铸件,浇注速度可适当快些。

(4) 浇注温度与合金种类、铸件大小和壁厚有关。过高或过低同样会导致铸件缺陷的产生。对于形状复杂和薄壁铸件,浇注温度可适当高些。

(5) 合型后的铸型必须予以紧固(上箱放压铁或用卡子、螺栓紧固),以防出现抬箱或跑火缺陷。

(6) 浇注时应及时将铸型中逸出的气体点燃,以防 CO 等有害气体污染空气,损害人体健康。

第六节　铸件清理和常见缺陷分析

一、铸件的落砂

将浇注成形后的铸件从型砂和砂箱中分离出来的操作叫落砂。落砂应在铸件充分冷却后进行。过早会使铸件冷却太快,表面易产生硬化,铸铁件会出现表面白口,严重时还会因内应力大而出现变形、裂纹等缺陷。但也不能太迟,以免影响生产率。通常铸铁件的落砂温度不得大于 500 ℃。对于形状简单、质量小于 10 kg 的铸件,一般在浇注后 1h 左右即可进行落砂。

为了改善劳动条件与提高生产率,目前已广泛采用震动落砂机进行机械落砂。

二、铸件的清理

落砂后的铸件必须进行清理才能达到表面质量的要求。清理的内容主要包括:切除浇冒口、清除砂芯及铸件表面粘砂、飞翅和氧化皮等。机械清理的方法有滚筒清理、喷砂或喷丸清理、水力或水爆清理等。

三、常见铸件缺陷分析

清理后的铸件还要进行质量检验,合格的铸件验收后入库;个别有不太严重缺陷的铸件经修补后仍可作次品使用;缺陷严重或出现在铸件重要部位的则将成为废品。检验后,应对铸件缺陷进行分析,找出原因,提出预防措施。

常见铸件缺陷的名称、特征及形成原因如表 2-2 所示。

除此之外,铸件的形状、尺寸不合格,大多由于抬箱、错箱与偏芯所造成;成分、组织、性能不合格,大多因炉料配制不当,熔炼过程操作不当或热处理工艺不当所引起。铸件常用的修补方法有电焊和气焊两种。

表 2-2 常见铸件缺陷的名称、特征及形成原因

名 称	图 例	特 征	形 成 原 因
气孔	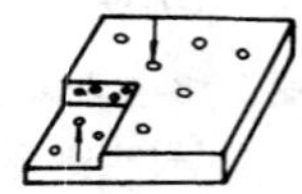	分布在铸件表面或内部的一种圆形光滑的孔洞	① 春砂太紧、型砂透气性差; ② 型砂含水过多或起模、修型时刷水过多; ③ 型芯通气孔被堵塞、型芯未烘干; ④ 浇冒口设置不当,气体难于排出; ⑤ 浇注温度过高或浇注速度过快
砂眼		铸件表面或内部有型砂充填的孔洞	① 型腔或浇口内的散砂未吹净; ② 型砂、芯砂强度不够,被金属液冲坏而带入; ③ 浇注速度过快,内浇口方向不对; ④ 合型时砂型被局部损坏
夹渣		铸件表面有不规则的并含有熔渣的孔洞	① 浇注时挡渣不良; ② 浇注温度过低,渣未上浮; ③ 浇注系统不合理,熔渣未除净
缩孔与缩松	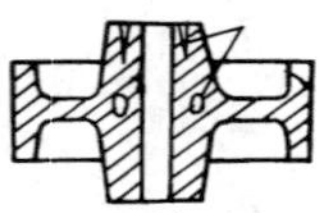 	铸件的厚壁处分布有形状不规则,内表面不光滑的孔洞	① 铸件结构设计不合理,壁厚不均匀,壁厚处未放置冒口或冷铁; ② 浇冒口位置不当; ③ 合金收缩率大,冒口太小; ④ 浇注温度过高
粘砂		铸件表面粘有砂粒,外观粗糙	① 型砂耐火性差,浇注温度过高; ② 型砂粒度太大,不符要求; ③ 未刷涂料或涂料太薄
冷隔		铸件上出现未被完全融合在一起的缝隙	① 合金流动性差,铸件太薄; ② 浇注温度过低; ③ 浇注速度太慢或浇注时曾有中断; ④ 浇注位置不当或浇口太小; ⑤ 包内金属液不够用

(续表)

名　称	图　例	特　征	形　成　原　因
浇不足		铸件未被浇满	同上
裂纹		热裂是在高温下形成的,裂纹形状曲折,断面呈氧化色。冷裂是在较低温度下形成的,裂纹细小平直,没有分叉,断面未氧化	① 铸件结构设计不合理,冷却不均匀; ② 型砂,芯砂退让性差; ③ 浇口位置不当,各部分收缩不均匀; ④ 浇注温度太低,浇注速度太慢; ⑤ 春砂太紧或落砂过早; ⑥ 合金中含P,S量偏高

第七节　特种铸造方法

一、金属型铸造

将金属液浇入用金属材料(铸铁或钢)制成的铸型来获得铸件的方法称金属型铸造,又称硬模铸造。

根据铸件结构特点,金属型的结构类型可分为垂直分型式、水平分型式和复合分型式三种(图 2-19)。其中垂直分型式开设浇口和取出铸件都较方便,易实现机械化,故应用较多。

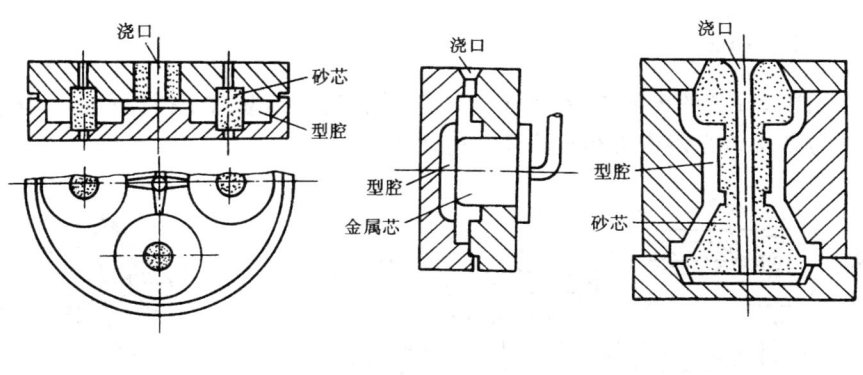

(a)　　　　　　　　(b)　　　　　　　　(c)

图 2-19 金属型的种类

(a) 水平分型式; (b) 垂直分型式; (c) 复合分型式

金属型铸造的主要特点如下:
(1) 一型多铸,生产率高。
(2) 金属液冷却快,铸件内部组织致密,力学性能较高。
(3) 铸件的尺寸精度和表面粗糙度较砂型铸件好。

由于金属型成本高,无退让性和冷速快,主要适用于大批量生产形状简单的有色金属铸件。如铝合金活塞、铝合金缸体等。

二、压力铸造

将金属液在高压下高速注入铸型,并在压力下凝固成形的铸造方法称压力铸造。图 2-20 为一种常用压铸机的工作过程。

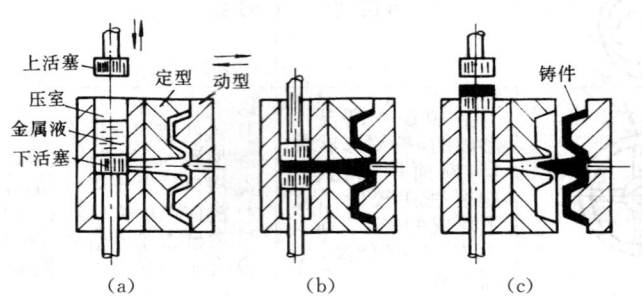

图 2-20　压铸机的工作过程
(a) 合型浇注；(b) 压射；(c) 开型顶出铸件

压力铸造的主要特点如下：
(1) 生产率极高。
(2) 铸件表面质量好,特别是能铸出壁很薄、形状很复杂的铸件。

因铸件内部易产生细小分散气孔,故压铸件不能热处理和在高温条件下工作。此法主要用于大批量生产形状复杂的有色金属薄壁件,在航空、汽车、电器、仪表工业得到广泛应用。

为进一步提高压铸件的内在质量,近年来又出现了真空压铸、吹氧压铸、低压铸造等压铸新工艺。

三、离心铸造

将金属液浇入旋转的铸型中,在离心力的作用下充填铸型以获得铸件的方法称离心铸造。图 2-21 为卧式离心铸造机和立式离心铸造机。

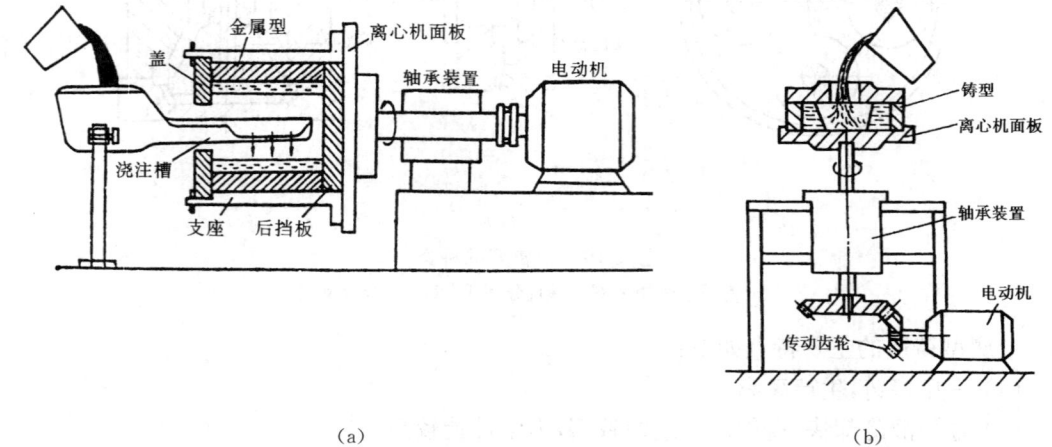

图 2-21　离心铸造机种类
(a) 卧式；(b) 立式

离心铸造的主要特点如下：
（1）铸件组织细密，无缩孔、气孔等缺陷。
（2）不用型芯便可制得中空铸件。
（3）不需要浇注系统，提高了液体金属的利用率。

但存在着内表面质量较差，对成分上易产生偏析的合金不宜采用。目前主要用于圆形空心铸件的生产，也可铸造成形铸件及双金属铸件。如铸铁管、轴瓦（钢套铜衬）等。

四、熔模铸造

熔模铸造又称失蜡铸造。它是用易熔材料（如蜡料）制成零件的模样，在蜡模上涂挂几层耐火材料，经硬化、加热，将脱掉蜡模后的模壳经高温焙烧装箱加固后，趁热进行浇注，从而获得铸件的一种方法。图 2-22 为一组蜡模组合体和模壳在浇注成形。

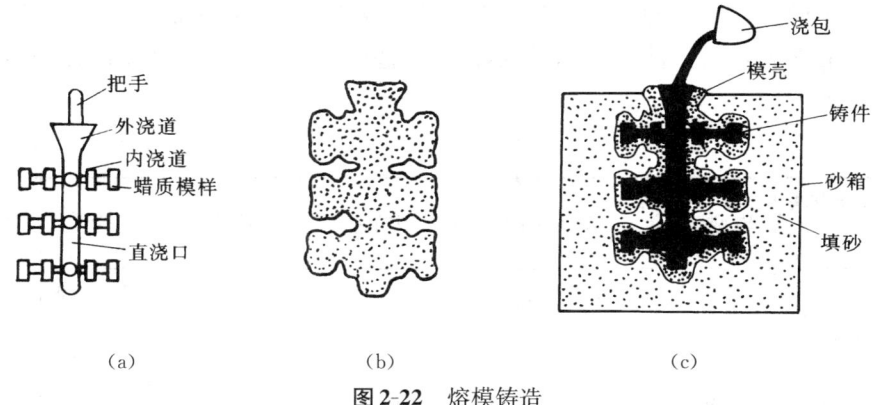

图 2-22 熔模铸造
（a）蜡模组合体；（b）模壳；（c）浇注金属液

熔模铸造的主要特点如下：
（1）此法无起模、分型、合型等操作，能获得形状复杂、尺寸精度高、表面粗糙度低的铸件。故又有精密铸造之称。
（2）适用于各种铸造合金，尤其是高熔点、难加工的耐热合金。

此法由于受蜡模强度的限制，目前主要用于生产形状复杂、精度要求高或难以进行锻压、切削加工的中小型铸钢件、不锈钢件、耐热钢件等。如汽轮机叶片、成形刀具、锥齿轮等。

五、其他特种铸造方法

除上述四种特种铸造方法外，其他特种铸造方法还有以下几种：

（1）**实型铸造**　又称气模铸造。它是采用聚苯乙烯泡沫塑料制成整体模样代替普通模样。造型后不取出模样就浇入金属液，在高温金属液的热作用下，泡沫塑料即被气化、燃烧而消失，金属液取代原来泡沫塑料的位置而凝固成铸件的方法。此法模样无分型面，不起模，没有铸造斜度和活块等，故铸件尺寸精度较高。可用于形状结构复杂，难以起模或活块、外型芯较多的大、中型铸件。

（2）**陶瓷型铸造**　在陶瓷型的型腔表面，有一层用灌浆方法成形，经过胶结、喷燃和烧结等工序制成陶瓷层，该层洁白致密，表面粗糙度较小，尺寸精度高且耐高温。陶瓷层通常由优质耐火材料、黏结剂(硅酸乙酯水解液)加催化剂组成。可用于各类碳钢和合金钢制成的成形模具。

(3) 石墨型铸造　用高纯度的人造石墨块经机械加工成形或以石墨砂作骨架材料添加其他附加物制成铸型,经浇注凝固后获得铸件的方法。该铸型激冷能力强,晶粒细化;热化学稳定性好,铸件表面质量好;受热尺寸变化小,不易发生弯曲、变形等,故铸件尺寸精度高。大多用于锌合金、铜合金、铝合金等铸件。也可用于离心、低压浇注。

(4) 挤压铸造　又称液态模锻。它是一种铸、锻结合的少、无切削新工艺,是一种介于压力铸造和模锻之间的生产方法。这种方法是借助于压力机压头的机械压力,把定量浇入金属型腔中的液态金属(或半固态金属)挤压成形,并在压力下完成结晶和塑性变形,从而获得优质的铸件。适用于多种合金材料,可用于真空泵、铝合金连杆等致密度要求高的零件。

上述各种铸造方法的选择,必须根据铸件的重量、形状与尺寸、合金种类、质量要求、生产批量和生产条件等具体情况,进行全面的分析比较而定。各种铸造方法都有其一定的适用范围,只有在某特定的条件下,才能显示出其优越性。表 2-3 为几种铸造方法的比较,可供选择时参考。

表 2-3

铸造方法 比较项目	砂型铸造	熔模铸造	金属型铸造	压力铸造	低压铸造	离心铸造
铸件尺寸公差(mm)	100±1.0	100±0.3	100±0.4	100±0.3	100±0.4	—
铸件表面粗糙度 $R_a (\mu m)$	粗糙	12.5～1.6	12.5～6.3	3.2～0.8	12.5～3.2	
铸件内部晶粒大小	粗	粗	细	细	细	细
适用金属	不限制	以铸钢为主	以有色合金为主	以有色合金为主	以有色合金为主	黑色金属及铜合金
铸件的大小及重量范围	不限制	一般<25kg	一般以中小铸件为主	一般以中小铸件为主	一般以中小铸件为主	一般以中小铸件为主
铸件能达到的尺寸精度(CT)	9	4	6	4	6	—
金属利用率(%)	70	90	70	95	80	70～90
铸件最小壁厚范围(mm)	灰铸铁件3 铸钢件5 有色合金3	通常0.7 孔ϕ1.5～2.0	铝合金2～3 铸铁>4 铸钢>5	铜合金2 其他有色合金0.5～1.0 孔ϕ0.7	通常2～5 最小0.7	孔ϕ7
生产率(取决于机械化程度)	低或中	中等	中或高	高	中或高	中或高

第三章 锻造与板料冲压

第一节 概 述

金属材料在外力作用下产生塑性变形,从而得到具有一定形状、尺寸和力学性能的型材、毛坯或零件的加工方法,统称为压力加工。

根据施力设备和材料受力性质的不同,压力加工的基本方式有以下几种:

(1) 轧制 传统方式主要生产板材、型材和无缝管材等原材料(图 3-1)。而近年发展的横轧、斜轧(图 3-44)、楔横轧(图 3-45)又可生产回转体零件或毛坯。

(2) 挤压 主要生产低碳钢、有色金属及其合金的型材、管材或零件(图 3-2)。

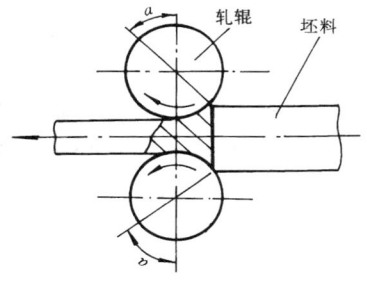

图 3-1 轧制示意图 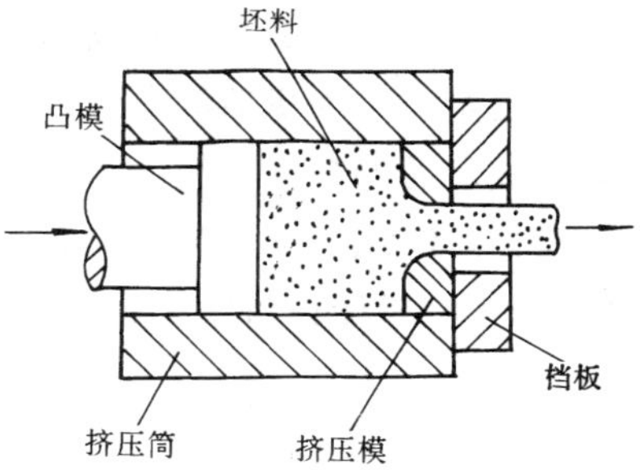　　　　图 3-2 挤压示意图

(3) 拉拔 主要生产低碳钢、有色金属及其合金的细线材、薄壁管或特殊形状的型材等(图 3-3)。

(4) 锻造 主要生产力学性能要求较高的各种机器零件的毛坯或成品(图 3-4)。

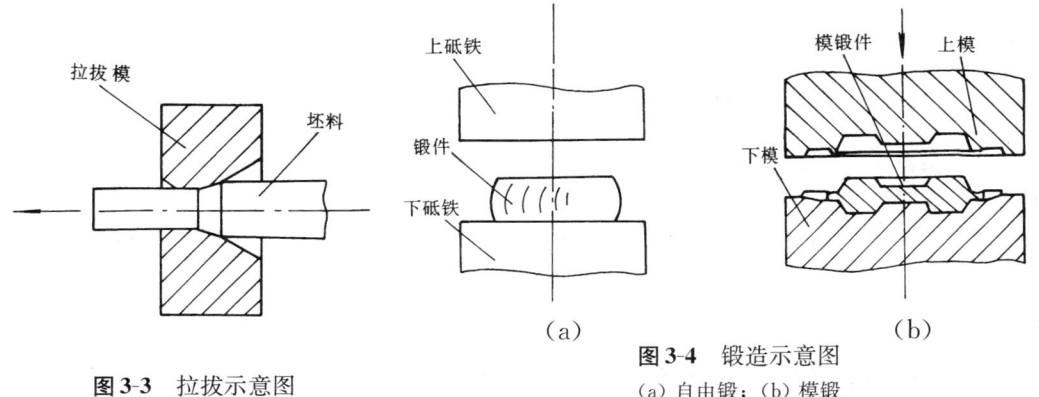

图 3-3 拉拔示意图

图 3-4 锻造示意图
(a) 自由锻；(b) 模锻

(5) 辊压 主要生产毛坯或零件,其中摆动辊压是最近发展起来的常用方式(图3-5)。

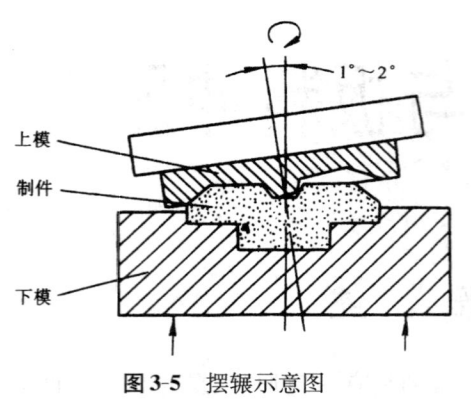

图3-5 摆辗示意图

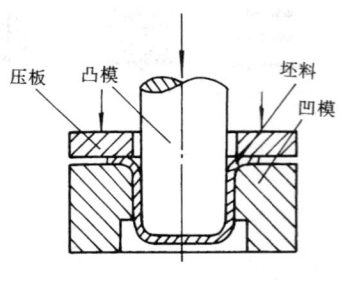

图3-6 板料冲压示意图

(6) 板料冲压 主要生产汽车、电器、仪表及日用工业品中的薄板结构(图3-6)。

根据本课程教学的基本要求,本章只讲述锻造与板料冲压。

锻造是通过锻锤、压力机等设备或工具施加外力实现的,其产品统称锻件。

根据设备和工具不同,锻造可分为自由锻造和模型锻造两大类(图3-4)。

在自由锻造中有手工锻造和机器锻造两种方法,手工锻造是传统的、原始的生产方式,在现实生产中已基本上为机器锻所取代,故本章只涉及机器锻。

经过锻造成形后的锻件与铸件相比较,其内部组织得到改善,如气孔、疏松、微裂纹被压合,夹杂物被压碎,组织更为致密,从而使力学性能得到提高,因此通常作为承受重载或冲击载荷的零件,如各种机械设备中的轴和齿轮等的毛坯。此外,锻造与板料冲压通常都具有较高的生产率。

第二节 金属的加热与锻件的冷却

用于锻造的原材料必须具有良好的塑性。除了少数具有良好塑性的金属在常温下锻造成形外,大多数金属均需通过加热来提高塑性和降低变形抗力,达到用较小的锻造力来获得较大的塑性变形,称为热锻。热锻的工艺过程包括下料、坯料加热、锻造成形、锻件冷却和热处理等主要过程。

一、锻造温度范围的确定

锻造温度范围是指金属开始锻造的温度(称始锻温度)和终止锻造的温度(称终锻温度)之间的温度间隔。

始锻温度的确定原则是:在金属加热过程中不产生过热和过烧的前提下,始锻温度应取高一些,以便有较充裕的时间进行锻造成形,减少加热次数,降低材料、能源消耗,提高生产率。

终锻温度的确定原则是:在保证金属停锻前有足够塑性的前提下,终锻温度应取低一些,以便停锻后能获得较细密的内部组织,从而获得力学性能较高的锻件。但终锻温度过低,则金属难以继续变形,易出现锻裂现象和损伤锻造设备。

常用钢材的锻造温度范围如表3-1所示。

表3-1 常用钢材的锻造温度范围　　　　　　　　　　　　单位:℃

钢　　类	始锻温度	终锻温度	钢　　类	始锻温度	终锻温度
碳素结构钢	1200～1250	800	高速工具钢	1100～1150	900
合金结构钢	1150～1200	800～850	耐　热　钢	1100～1150	800～850
碳素工具钢	1050～1150	750～800	弹　簧　钢	1100～1150	800～850
合金工具钢	1050～1150	800～850	轴　承　钢	1080	800

金属加热的温度可用仪表来测量,但在实习中或单件小批生产的条件下,一般都由锻工用观察金属坯料火色的方法来确定,即用火色鉴别法。碳素钢加热温度与火色的关系如表3-2所示。

表3-2 碳素钢加热温度与火色的关系

火色	黄白	淡黄	黄	淡红	樱红	暗红	赤褐
温度(℃)	1300	1200	1100	900	800	700	600

二、加热缺陷及其预防方法

金属在加热过程中可能产生的缺陷有:氧化、脱碳、过热、过烧和裂纹。

1. 氧化

加热时,坯料表层金属与炉气中的氧化性气体(O_2、CO_2、H_2O 和 SO_2 等)发生化学反应生成氧化皮,这种现象称为氧化。氧化造成金属烧损,每加热一次(火次),坯料因氧化的烧损量约占总重量的2%～3%。严重的氧化会造成锻件表面质量下降,模锻时还会加剧锻模的磨损。减少氧化的措施是在保证加热质量的前提下,应尽量采用快速加热并避免坯料在高温下停留时间过长。此外还应控制炉气中的氧化性气体,如严格控制送风量或采用中性、还原性气氛加热等。

2. 脱碳

加热时,金属坯料表层的碳与炉气中的氧或氢产生化学反应而烧损,造成金属表层碳分的降低,这种现象称为脱碳。脱碳后,金属表层的硬度和强度会明显降低,影响锻件质量。减少脱碳的方法与减少氧化的措施相同。

3. 过热

当坯料加热温度过高或高温下保持时间过长时,其内部组织会迅速长大变粗,这种现象称为过热。过热组织的力学性能变差,脆性增加,锻造时易产生裂纹,所以应当避免产生。如锻后发现过热组织,可用热处理(调质或正火)方法使之细化。

4. 过烧

当坯料的加热温度过高到接近熔化温度时,其内部组织间的结合力将完全失去,这时坯料锻打会碎裂成废品,这种现象称为过烧。过烧的坯料无法挽救,避免发生过烧的措施是严格控制加热温度和保温时间。

5. 裂纹

对于导热性较差的金属材料如采用过快的加热速度,则将引起坯料内外的温差过大,同一时间的膨胀量不一致而产生内应力,严重时会导致坯料开裂。为防止产生裂纹,应严格制定和遵守正确的加热规范(包括入炉温度、加热速度和保温时间等)。

三、加热设备

按照热源的不同,加热设备可分为火焰加热炉和电加热炉两大类,在锻工实习中常用的是简易锻造炉,也称手锻炉,其大致构造如图 3-7 所示。手锻炉常用烟煤作燃料,其结构简单,容易操作,但生产率低,加热质量不高。在现实生产中已基本淘汰。

目前工业生产中,常用的锻造加热炉有烧油或煤气的室式油炉(图 3-8)和箱式电阻炉(图 3-9)。

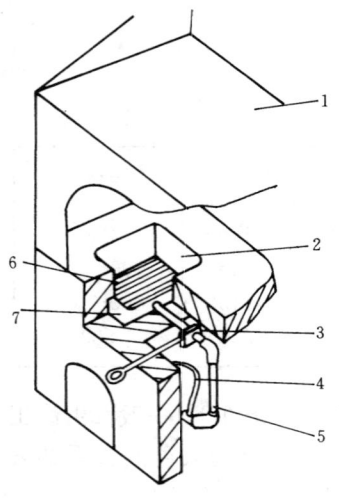

图 3-7 手锻炉
1—烟罩;2—炉膛;3—风门;
4—鼓风机;5—风管;6—炉栅;
7—灰洞

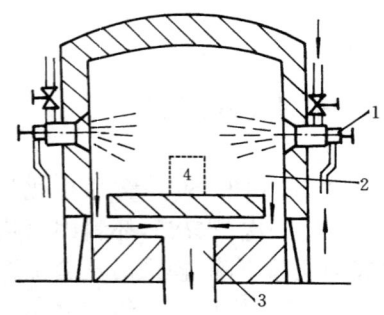

图 3-8 室式油炉结构示意图
1—喷嘴;2—加热室;3—烟道(排废气);
4—坯料

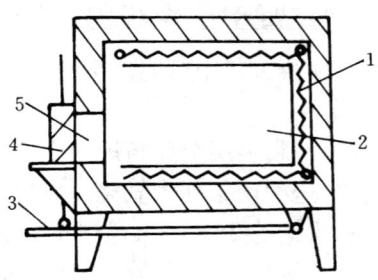

图 3-9 箱式电阻炉结构示意图
1—电热体;2—加热室;3—脚踏传动装置(控制炉门升降);4—炉门;5—装出料炉口

现代化的锻造厂普遍采用中频感应加热(图3-10)。感应加热的原理是利用交变电流通过感应线圈(感应线圈的形状是根据坯料形状而制作的)产生交变磁场,使置于线圈中的坯料内部产生交变涡流而升温加热,这种方法加热速度快、质量好、温度控制准,便于组成机械化、自动化的生产线。但这种设备较复杂,投资大,适用于加热要求高的中、小型特定型坯料的大批量生产场合。

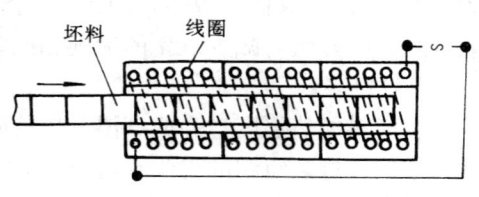

图 3-10 中频感应加热示意图

四、锻件的冷却

锻件的冷却方法大致有三种：空冷、坑冷和炉冷。

1. 空冷

锻件锻后散放于空气中冷却。此法最为简便，但只适合于含碳和合金成分较低的小型锻件。散放时必须注意行人与周围环境的安全。

2. 坑冷（堆冷）

锻件锻后放于有干砂的坑内或堆在一起冷却。此法冷却速度大大低于空冷，适合于中碳或含碳与合金元素较多的中小型锻件，或某些锻后需直接进行切削加工的锻件。

3. 炉冷

锻件锻后立即放入加热炉内随炉冷却。此法的冷却速度最为缓慢，适合于某些单件大型的合金钢或高碳钢锻件。

第三节　锻造的常用工具和设备

一、常用工具

机器自由锻的常用工具如图 3-11～图 3-15 所示。

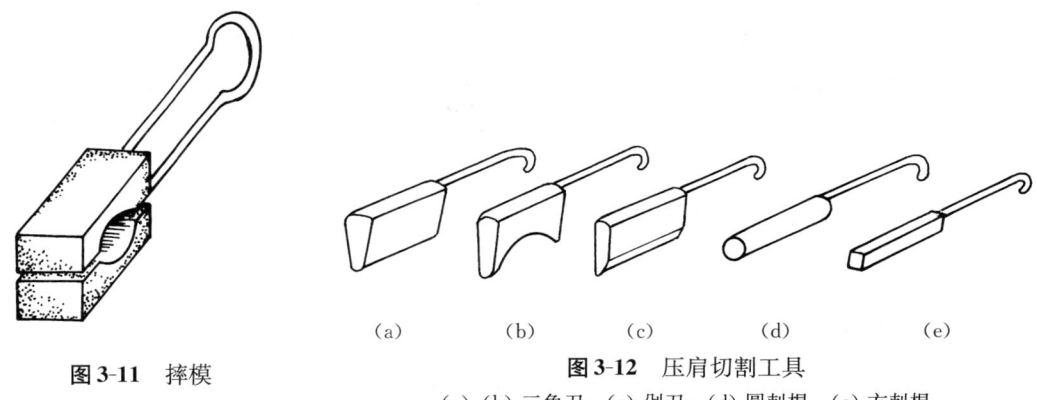

图 3-11　摔模

图 3-12　压肩切割工具
(a)、(b) 三角刀；(c) 刹刀；(d) 圆剋棍；(e) 方剋棍

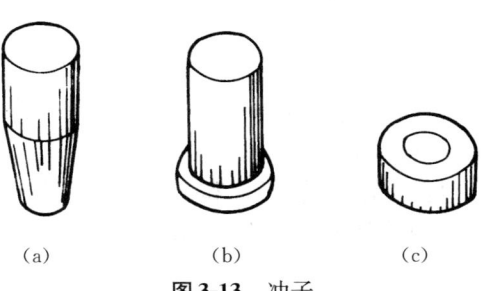

图 3-13　冲子
(a) 单面冲子扩孔冲子；(b) 踏孔冲子；(c) 空心冲子

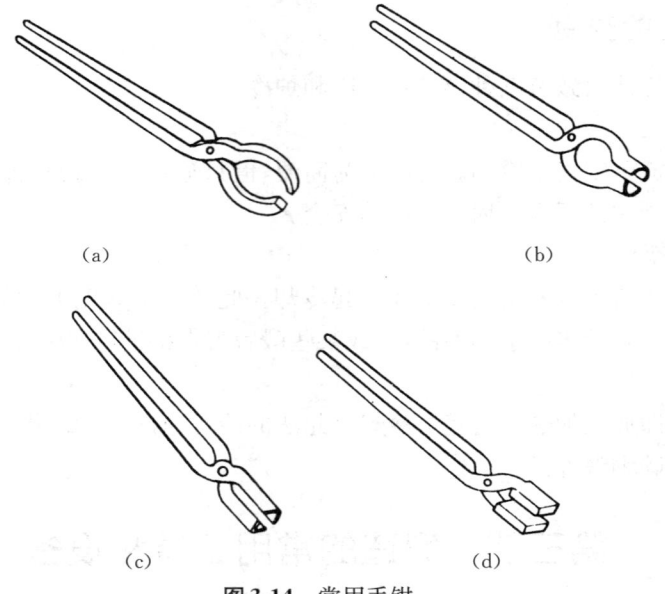

图 3-14 常用手钳
(a) 圆钳；(b) 圆口钳；(c) 方口钳；(d) 平口钳

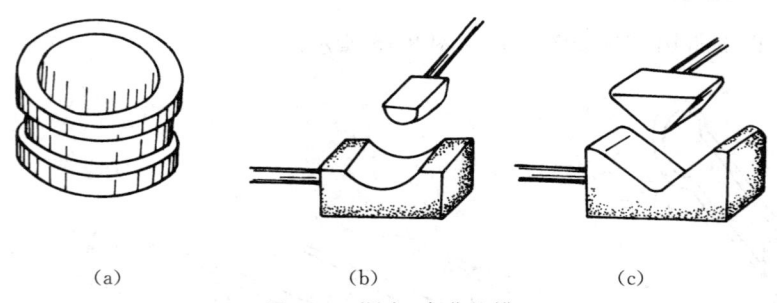

图 3-15 漏盘、弯曲垫模
(a) 漏盘；(b) 弯曲垫模（Ⅰ）；(c) 弯曲垫模（Ⅱ）

二、自由锻造设备

一类是以冲击力使金属材料产生塑性变形的称之为锻锤，如空气锤等；另一类是以静压力使金属材料产生塑性变形的液压机，如水压机。金工实习用的大多是可生产小型锻件的空气锤。

1. 空气锤

（1）空气锤的结构与规格　空气锤的结构由锤身、传动部分、落下部分、操纵配气机构及砧座等几部分组成，如图 3-16 所示。

空气锤是以落下部分（包括工作活塞、锤杆和上砧铁，也可合称为锤头）的总质量来表示其规格的，国内生产的空气锤规格从 65kg 到 750kg。锻锤产生的冲击力（N），一般是落下部分质量（kg）的 10000 倍。

空气锤一般用于单件、小批生产的中、小型自由锻件和胎模锻件制造或制坯、修理场合，在现实生产中已逐渐减少应用。

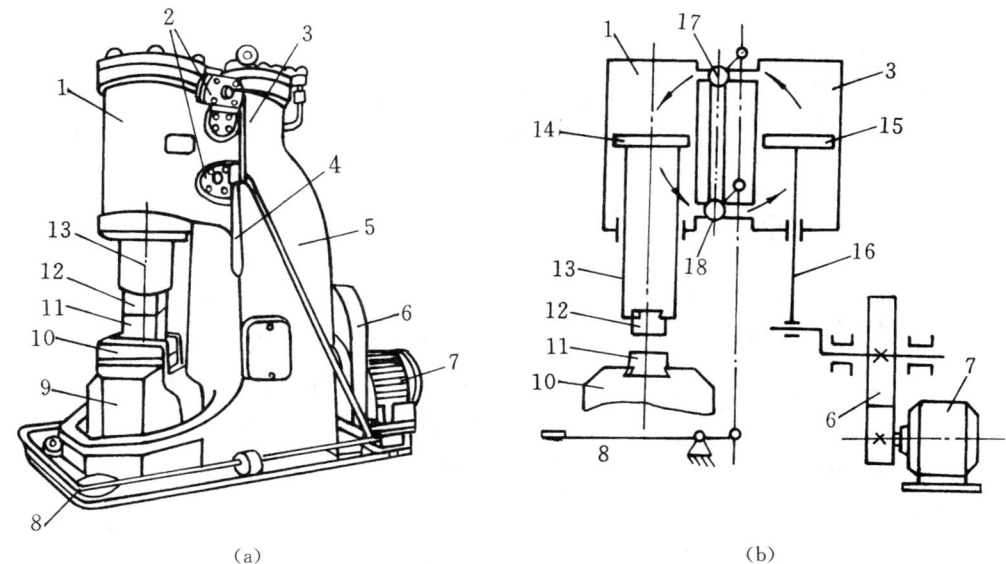

(a)　　　　　　　　　　　　　(b)

图 3-16　空气锤结构示意图

(a) 外形图；(b) 工作原理图

1—工作缸；2—旋阀；3—压缩缸；4—手柄；5—锤身；6—减速机构；7—电动机；
8—脚踏杆；9—砧座；10—砧垫；11—下砥铁；12—上砥铁；13—锤杆；14—工作活塞；
15—压缩活塞；16—连杆；17—上旋阀；18—下旋阀

(2) 空气锤的基本动作　为了适应各种生产上的需要，空气锤可实现空转、锤头上悬、锤头下压，连续打击和单次打击五种动作。

① 空转　锤头靠自重停在下砥铁上，此时电机与传动部分空转，锻锤不工作。

② 锤头上悬　锤头保持上悬状态，这时可做各种更换砥铁，放置锻坯、工具或调整、检查、清扫等工作。

③ 锤头下压　锤头向下压紧锻件，在这种状态下可进行锻件弯曲、扭转等操作。

④ 连续打击　锤头上下往复运动，进行连续打击。

⑤ 单次打击　锤头由上悬位置进到连续打击位置，再迅速退回到上悬位置，使锤头打击后又迅速回到上悬位置，形成单次打击。

连续打击和单次打击力的大小，是通过踏杆转角大小来控制的。

(3) 空气锤的安全操作

① 操作前穿戴好工作服，手套和工作鞋等劳防用品。

② 检查锤杆、砥铁、砧垫等有否损伤、裂纹或松动。

③ 操作时手钳或其他工具的柄部应置于体侧，不可正对人体。

④ 严禁用锤头空击下砥铁，不准锻打过烧或已冷的工件，锻件及冲子，剁刀等工具必须放平放正，以防飞出伤人。

⑤ 不得将手伸进上下砥铁之间，清除氧化皮要用扫帚或手钳，锻造时必须用手钳放置或取出工件。

2. 水压机

水压机的外形结构如图 3-17 所示，其工作原理是：根据帕斯卡液体静压定律，将 20～

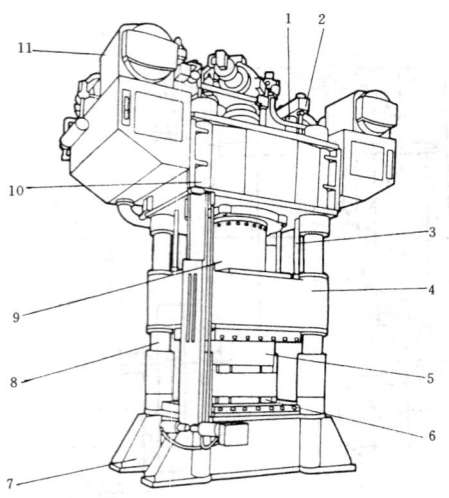

图 3-17 水压机结构示意图
1—回程柱塞；2—回程横梁；3—回程杆；
4—活动横梁；5—上砧铁；6—下砧铁；
7—下横梁；8—立柱；9—工作缸；10—上横梁；11—液压泵及控制系统

40MPa 的高压水通入工作缸 9，推动工作活塞使活动横梁 4 沿立柱 8 下压；回程时，将高压水通入回程缸，由回程柱塞 1 和回程杆 3 拉起活动横梁。活动横梁的上、下运动就形成了对坯料的施压运动，使坯料变形。

水压机的规格是以标称压力的大小来表示，常用的为 8000～125000kN（800～12500tf）。

水压机主要用于单件、小批量生产中、大型锻件。水压机主体庞大，有供水和操纵系统、另外还要配备大型加热、起重设备和操作机，因此投资较大。但由于其作用于坯料的静压力时间较长，有利于将锻件整个截面锻透，且工作时振动小，劳动条件好，因此逐步得到广泛应用，尤其生产大型锻件时必不可少。

三、模锻设备

模锻时，较精密的锻模要固定在模锻设备上，因此模锻设备与自由锻设备相比，其机身刚度较大，上下模的导轨运动精度较高，还具有顶出机构等。模锻设备种类很多，大致可分锤、液压机、机械式曲柄压力机、螺旋压力机等，其中压力机模锻代表了发展方向，因此其使用比重逐年加大。本节介绍目前应用较广的热模锻压力机，其结构见图 3-18，机械式曲柄压力机工作原理见图 3-19，其规格是以能产生的标称压力来表示的，如 25000kN（2500tf）、63000kN（6300tf）等。

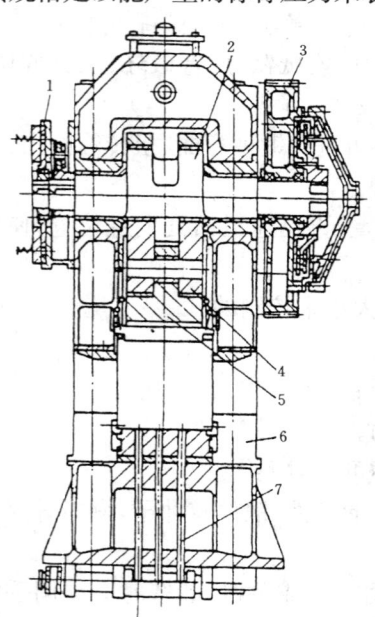

图 3-18 热模锻压力机外形结构图
1—制动器；2—曲轴；3—大齿轮及离合器；4—连杆；5—滑块；6—机身；7—下顶杆

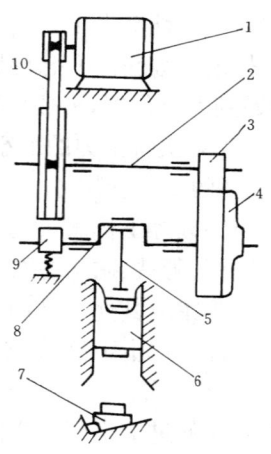

图 3-19 机械式曲柄压力机工作原理图
1—电动机；2—传动轴；3—齿轮；4—离合器；5—连杆；6—滑块；7—工作台；8—曲轴；9—制动器；10—三角皮带

第四节　机器自由锻造的基本工序

由于手工自由锻比较原始,生产率极低,故目前除了在修配或制作零星简单工具时尚有应用外,实际生产中已极少应用,况且手工自由锻的各种工序都可以在机锻中完成,所以本节所述各基本工序都是在机器锻造中采用的。自由锻的基本工序,在模锻中也都存在,只不过是通过模具结构和特殊模锻机械来完成的,此外对于单件、小批生产或大型、特大型锻件,机器自由锻也是唯一可采用的锻造方法,因此对于自由锻的基本工序必须熟悉、掌握。

一、拔长

拔长又称为延伸,它是使坯料横截面减小,长度增加的工序。拔长可分为完全拔长,局部拔长,空心坯料套心轴拔长等形式。

1. 拔长的操作方法

坯料在平砧铁上拔长时应作 90°翻转。对于一般小型坯料采用来回翻转 90°的方法锻打,对于大型坯料则采用先顺轴线锻完一遍后,翻转 180°锻打校直,再翻转 90°顺次锻打。

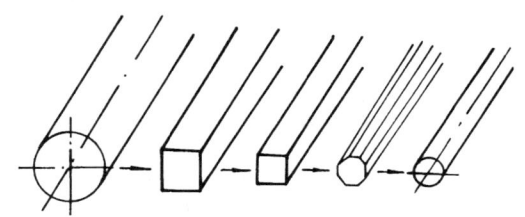

图 3-20　圆截面坯料拔长成形过程

圆截面坯料拔长成形过程见图 3-20。最后用摔模摔圆。

2. 拔长的操作要点

(1) 拔长时工件要放平,翻转 90°要准确,以免锻弯或锻成菱形截面。

(2) 掌握好送进量的大小,坯料应沿砧铁宽度方向送进,每次送进量 l 与砧铁宽度 B 的关系为 $l=(0.3\sim0.7)B$。若 l 大,坯料展宽多,延伸小,拔长效率低;若 l 小于单面压下量 $\Delta h/2$,就会出现折叠(图 3-21)。

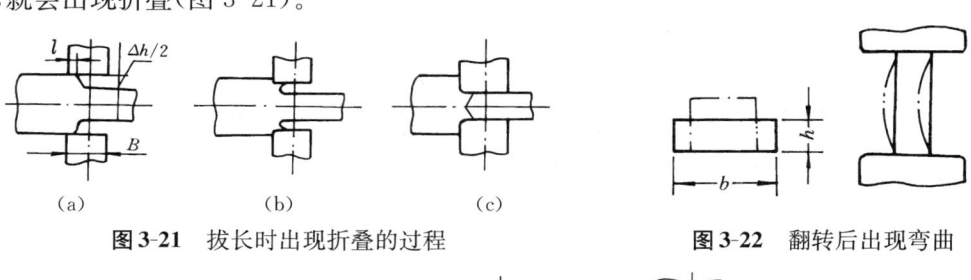

图 3-21　拔长时出现折叠的过程　　　图 3-22　翻转后出现弯曲

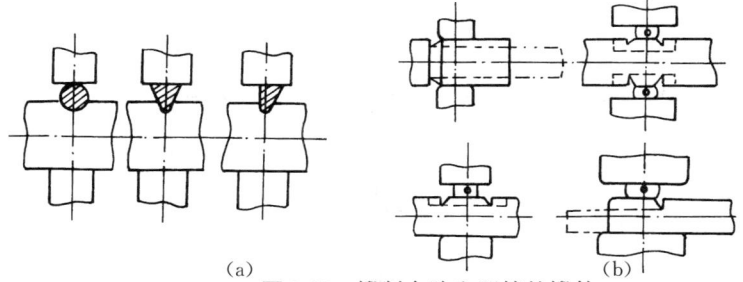

图 3-23　锻制台阶和凹档的锻件
(a) 用圆棒或三角刀压痕或切肩;(b) 锻制台阶或凹档

(3)每次锻打后,坯料的宽度和高度之比 b/h 应小于2.5否则翻转90°锻打时易产生弯曲(图3-22)。

(4)锻造具有台阶或凹档的锻件,必须在坯料上先用圆棒压痕或用三角刀切肩,然后再局部拔长(图3-23)。

二、镦粗

镦粗是使坯料横截面增大,高度减小的工序。

1. 镦粗的种类

(1)完全镦粗　将坯料直立在下砧铁上锻打,使其沿整个高度产生变形(图3-24)。

(2)局部镦粗　又分端部镦粗和中间镦粗,这需借助漏盘或胎模等工具来实现(图3-25)。

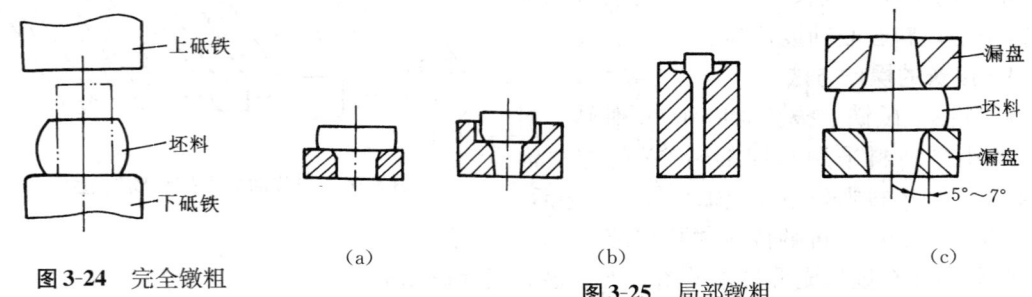

图3-24　完全镦粗

图3-25　局部镦粗

(a)利用漏盘端部镦粗；(b)利用胎模端部镦粗；(c)利用双漏盘中间镦粗

2. 镦粗的操作要点

(1)为防止镦粗时产生纵向弯曲,坯料镦粗部分的高度 H 与直径 D 之比不应超过2.5,即 $H/D \leqslant 2.5$[图3-26(a)]。坯料两端面要平整且垂直于轴线。

(2)坯料加热要均匀,锻造时坯料要放平,否则易产生镦弯和镦偏,如图3-26(a)、(b)所

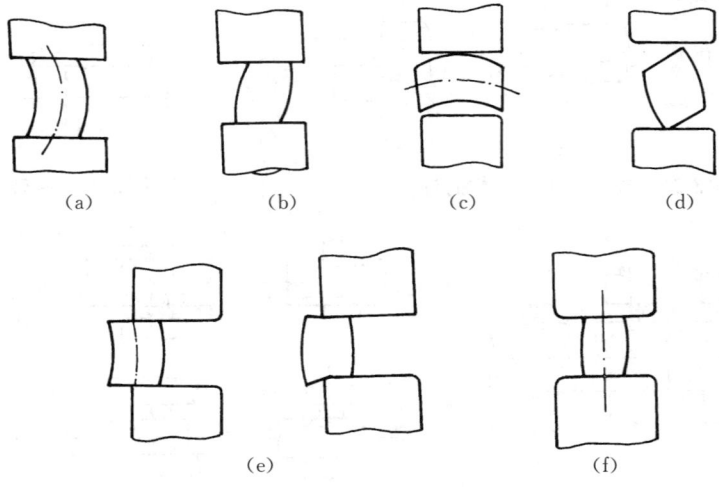

图3-26　镦弯、镦偏及校正

(a)镦弯；(b)镦偏；(c)放平校正；(d)侧立校正；(e)锤砧边缘校正；(f)继续镦粗

示;产生镦弯、镦偏后的校正方法如图 3-26(c)、(d)、(e)所示。校正操作时锤击力要轻,要特别注意将坯料夹牢放平,防止飞出伤人。

(3) 镦粗时若锤击力太轻,或 H/D 偏大,就容易产生双鼓形,这时要将坯料及时校形,一般是镦粗和校形反复进行,防止形成折叠(图 3-27)。

(4) 坯料表面不得有凹坑和裂纹,否则镦粗时会使缺陷扩大成为废品,因此在镦粗前应将上述缺陷铲掉。

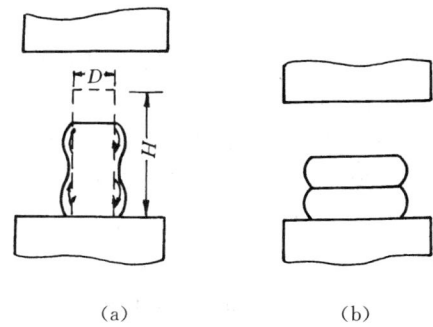

图 3-27 镦粗出现双鼓形和折叠

(a) 双鼓形;(b) 折叠

三、冲孔

冲孔是用冲头在坯料上冲出通孔或不通孔的工序。

1. 实心冲头冲孔

分双面冲孔和单面冲孔,单面冲孔适用于坯料较薄场合(图 3-28)。

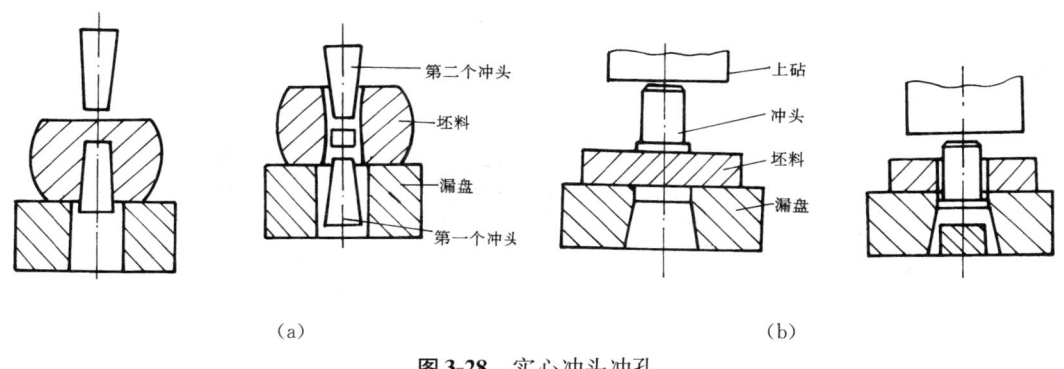

图 3-28 实心冲头冲孔

(a) 双面冲孔;(b) 单面冲孔

2. 空心冲头冲孔

冲头是一个空心圆环,大多用于孔径大于 400mm 的孔(图 3-29)。

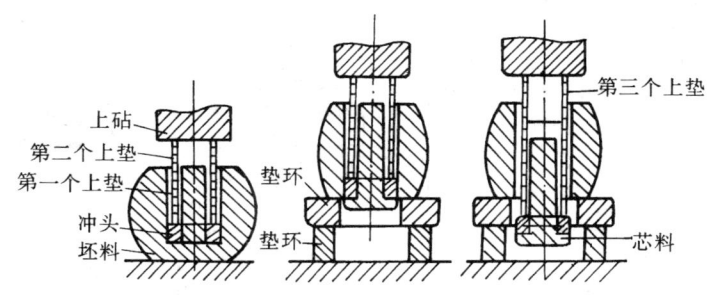

图 3-29 空心冲头冲孔

冲孔的操作要点

(1) 坯料加热要均匀,防止因塑性变形不匀而将孔冲歪。因冲孔时坯料局部变形量大,应将坯料加热到允许的最高温度,防止冲裂锻件和损坏冲头。

(2) 冲孔前先镦粗，以求坯料端面平整，并减少冲孔深度。

(3) 冲孔前先检查冲头，冲头不得有裂纹，且端面要平整并与中心线垂直。冲孔时，冲头要放正，使其与冲孔端面相垂直，防止歪斜冲入，既影响质量，又不安全。

(4) 双面冲孔时先轻轻试冲，检查位置正确后，再冲出浅坑，在坑内撒些煤粉，以便冲头容易从深坑中拔出，然后将孔冲至工件厚度约 2/3 的深度，拔出冲头，将工件翻转，根据暗影找正孔中心，从反面在漏盘上将孔冲通。在冲孔过程中，冲头应随时浸水冷却，以免受热变软。

(5) 单面冲孔或空心冲头冲孔时，只要试冲找正后，在漏盘上将孔冲穿即可，如冲头不够长，可加上垫辅助冲通（图 3-29）。

四、其他工序

自由锻造的基本工序除前述拔长、镦粗、冲孔之外，还有扩孔、弯曲、扭转、切割和错移等，如表 3-3 所示。

表 3-3　自由锻造的其他工序

工序名称	工序内容	基本方法	图　　例
扩孔	增加有孔坯料的内径或增加其内径与外径	(a) 冲头扩孔； (b) 芯棒扩孔	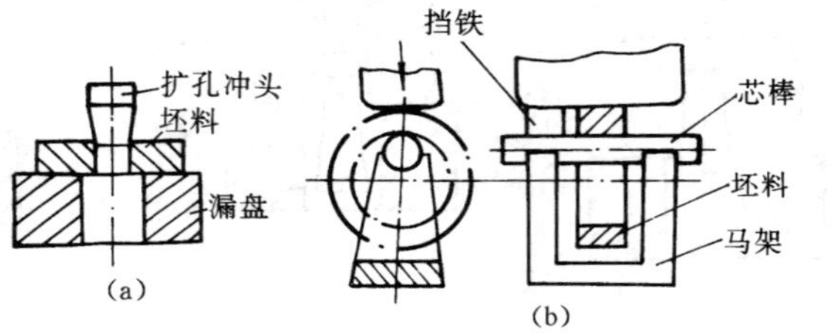
弯曲	使坯料弯成一定的角度或形状，弯曲部分局部加热即可	(a) 坯料的一端压紧在上、下砧铁间，另一端用大锤打弯或用吊车拉弯； (b) 在胎模中弯曲	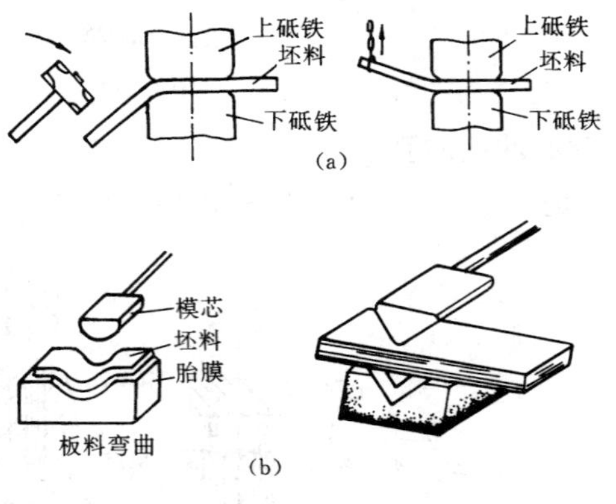
扭转	将坯料的一部分相对另一部分旋转一定角度	将坯料一头压紧在上、下砧铁间，另一端用大锤打击扭转	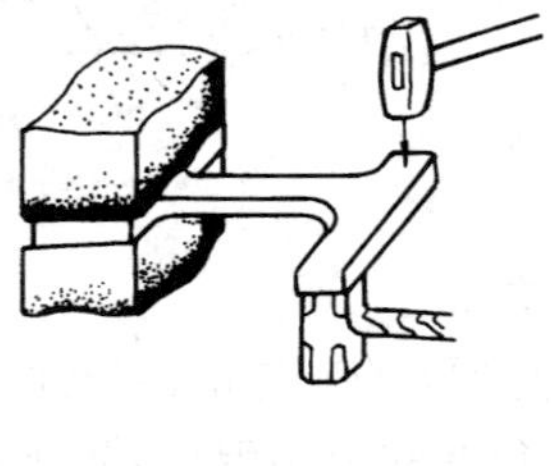

(续表)

工序名称	工序内容	基本方法	图例
切割	将坯料分割开或部分割裂	(a) 单面切割 (b) 双面切割 用于截面较大的坯料	
错移	将坯料的一部分相对另一部分错开,但两部分轴线仍保持平行	先两面压肩,再加垫块锻打最后修整	

五、典型锻件自由锻造工艺示例

自由锻件种类很多,锻造时都是由各种基本工序组合完成的。同一种自由锻件可以采用几种基本工序组成多种工艺方案来完成,但在一定条件下总有一种相对较合理。下面列举了两个典型锻件的自由锻造工艺过程,表 3-4 是六角螺栓毛坯的两种自由锻造工艺过程比较。

表 3-4 六角螺栓自由锻造过程

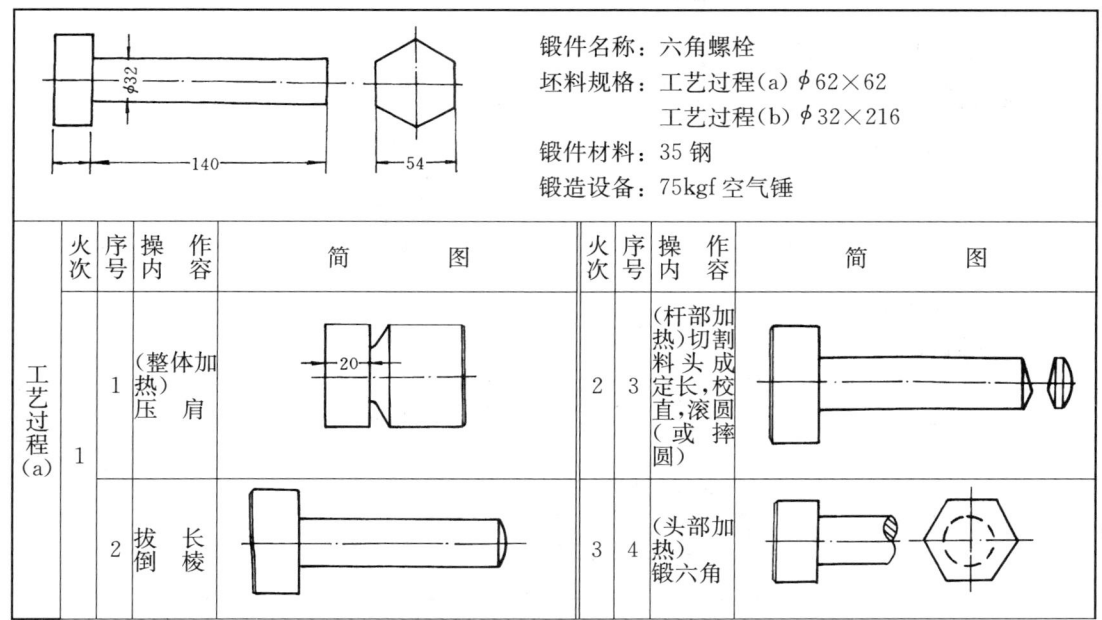

锻件名称:六角螺栓
坯料规格:工艺过程(a) $\phi 62 \times 62$
　　　　　工艺过程(b) $\phi 32 \times 216$
锻件材料:35 钢
锻造设备:75kgf 空气锤

(续表)

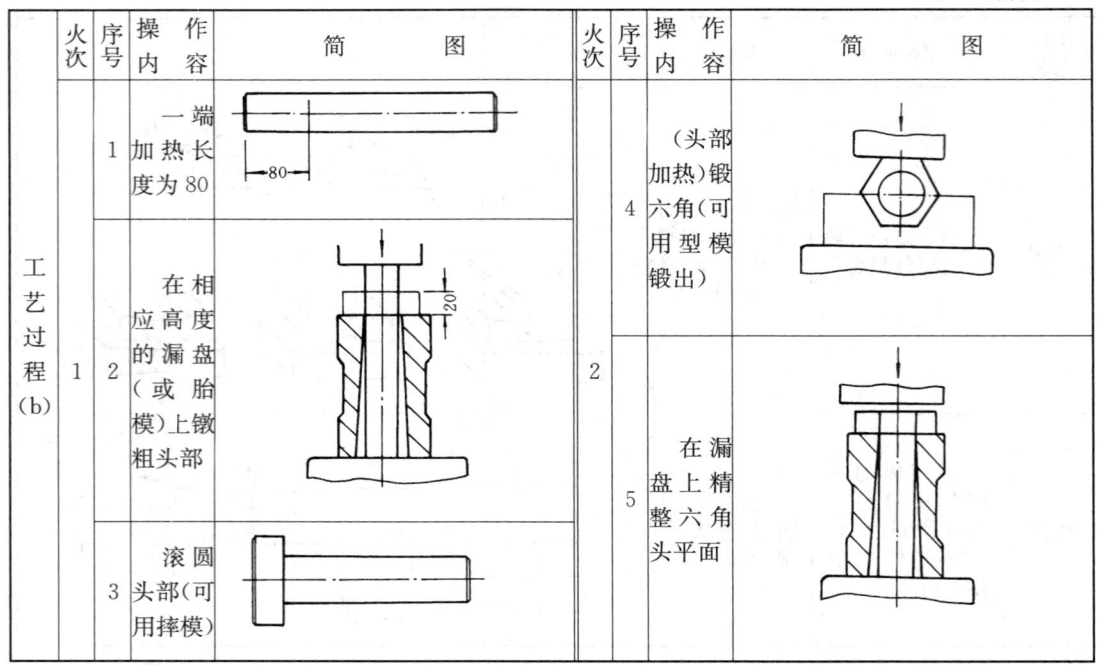

对于上述两种自由锻造过程各有其不同的适用情况。其中工艺过程(a)，全部采用通用工具，因此适用于单件或小批量生产场合。工艺过程(b)，需要相应高度的漏盘(或胎模)以及锻六角的型模，这样生产效率较高，加热火次也可减少，因此适用于成批生产场合。

表3-5　齿轮坯自由锻造过程

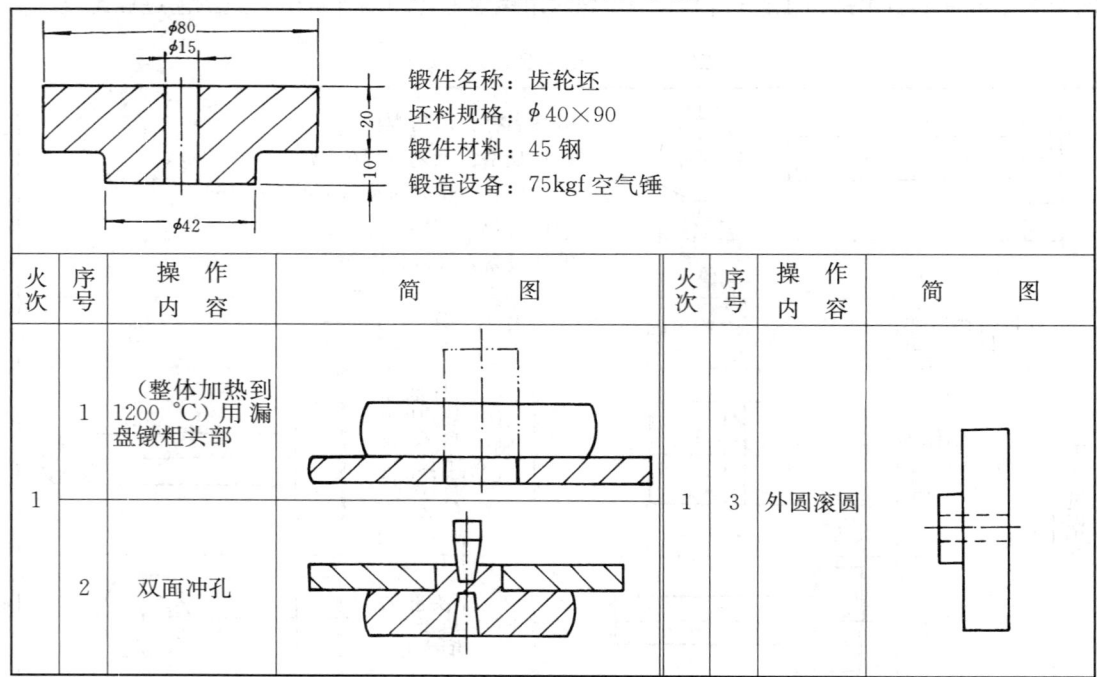

锻件名称：齿轮坯
坯料规格：$\phi 40 \times 90$
锻件材料：45钢
锻造设备：75kgf空气锤

表 3-5 是齿轮毛坯的自由锻造过程,该例也可与后述齿轮毛坯胎模锻和模锻进行对比分析。

第五节 模型锻造

模型锻造简称模锻。模锻是在高强度模具材料上加工出与锻件形状一致的模膛(即制成锻模),然后将加热后的坯料放在模膛内受压变形,最终得到和模膛形状相符的锻件。模锻与自由锻相比有下列特点:

(1) 能锻造出形状比较复杂的锻件。
(2) 模锻件尺寸精确,表面粗糙度较小,加工余量小。
(3) 生产率较高。
(4) 模锻件比自由锻件节省金属材料,减少切削加工工时,因此在批量足够的条件下可降低零件成本。
(5) 劳动条件得到一定改善。

但是,模锻生产受到设备吨位的限制,模锻件的尺寸不能太大。此外,锻模制造周期长,成本高,所以模锻适合于中小型锻件的大批量生产。

按所用设备不同,模锻可分为:胎模锻、锤上模锻、压力机上模锻等。

一、胎模锻

胎模锻是在自由锻造设备上使用简单的模具(胎模)来生产模锻件的工艺。胎模锻一般采用自由锻方法制坯,然后在胎模中终锻成形。胎模不固定在设备上,锻造时根据工艺过程可随时放上或取下。胎模锻生产比较灵活,它适合于中小批量生产,在缺乏模锻设备的中小型工厂大多采用。

六角螺栓的胎模锻过程如图 3-30 所示。齿轮坯的胎模锻过程如图 3-31 所示。

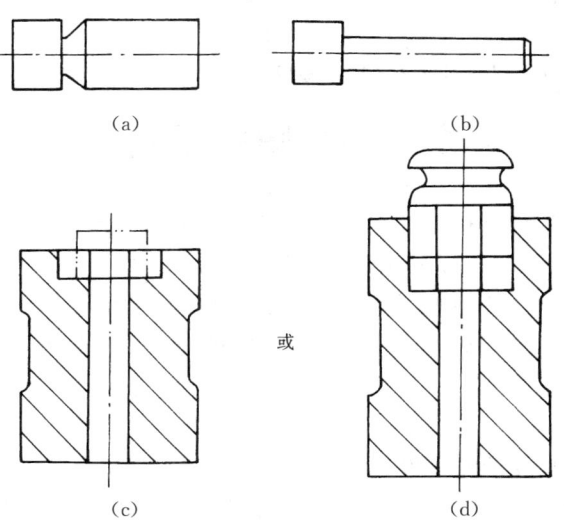

图 3-30 六角螺栓胎模锻过程
(a) 切肩;(b) 拔长;(c) 成形;(d) 带上模成形

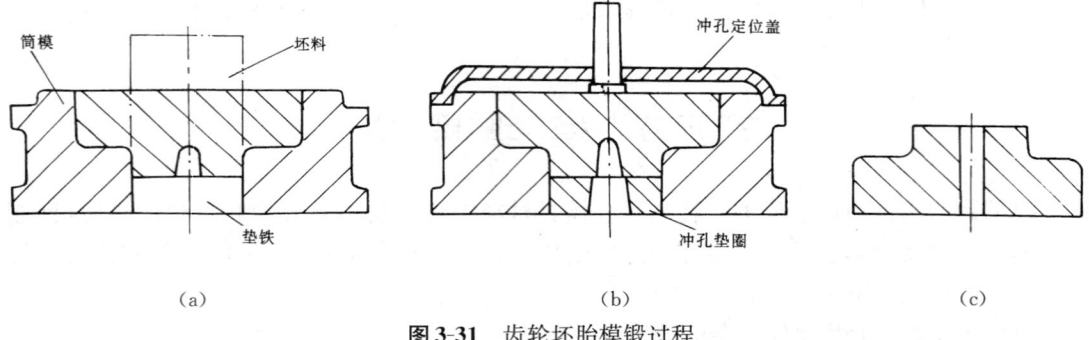

图 3-31 齿轮坯胎模锻过程
(a) 镦粗；(b) 冲孔；(c) 锻件

二、模锻

这里所述的是除胎模锻之外的锤上模锻或压力机上模锻。通常锻模做成上下两部分，固定在锻造设备上，锻模上有导柱导套或定位块保证上下模对准，通常制坯和终锻都在一副锻模的不同模膛内完成。这类模锻适合于大批量生产。

前述齿轮坯模锻简图（图 3-32）。

通常模锻设备都配有吨位较小的压力机，以完成锻件的冲孔、切边和校正等工艺过程。

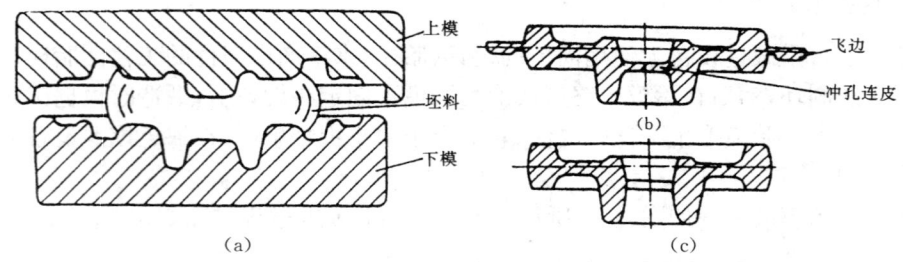

图 3-32 齿轮坯模锻过程
(a) 镦粗坯料成形；(b) 脱模后锻件；(c) 冲孔切边后锻件

第六节 板料冲压概述

板料冲压是利用冲模使金属或非金属板料产生分离或变形的压力加工方法。这种加工方法通常是在常温下进行的，所以又叫做冷冲压。

板料冲压通常是用来加工具有足够塑性的金属材料（如低碳钢、铜及其合金、铝及其合金、镁合金及塑性高的合金钢）或非金属材料（如石棉板、硬橡皮、胶木板、皮革等）。用于加工的金属板料厚度小于 6mm。

板料冲压具有下列特点：

（1）可以冲压出形状复杂的零件。

（2）产品具有足够高的精度，较低的表面粗糙度，质量稳定，互换性好，一般不需要再经过切削加工便可使用。

（3）产品还具有重量轻、强度高和刚性好的特点，材料消耗少。

(4) 冲压操作简单,生产率高,易于实现机械化和自动化。
(5) 冲模精度要求高,结构较复杂,制造成本较高,故适用于大批量生产。

板料冲压可应用于一切有关制造金属或非金属薄板成品的工业部门中,特别是在汽车、拖拉机、航空、电器、电机、仪表和日用工业品等生产部门,得到了广泛的应用。

第七节　冲压设备与冲模

板料冲压所用的设备主要是剪床和冲床。

一、剪床

剪床的用途是将板料切成一定宽度的条料,以供给冲压所用。

剪床的外形和传动原理如图3-33所示。电动机1带动皮带轮使轴2转动,通过齿轮传动及牙嵌离合器3带动曲轴4转动,使装有上刀片(刃口斜角 $\alpha=2°\sim8°$)的滑块5上下运动,完成剪切动作。6是工作台,其上装有下刀片。制动器7与离合器配合可使滑块停在最高位置。

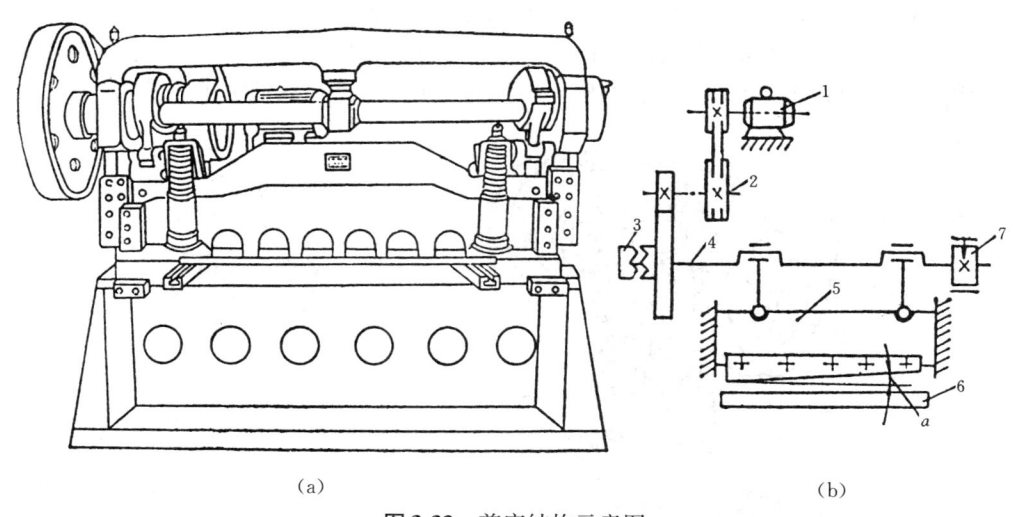

图3-33 剪床结构示意图
(a)外形图;(b)传动示意图
1—电动机;2—轴;3—牙嵌离合器;4—曲轴;5—滑块;6—工作台;7—制动器

剪床的主要技术参数是能剪板材的厚度和长度,如Q11-2×1000型剪床,表示能剪厚度为2mm,长度为1000mm的板材。剪切宽度大的板材用斜刃剪床,当剪切窄而厚的板材时,应选用平刃剪床。

1. 剪床的操作步骤

开启剪床前应根据板料厚度和材质调整好上下刀口的间隙,通常板材厚度越大,材质越硬则应取的间隙就越大。再初步调整好宽度定尺,然后开机。先用同种废料试剪,检查切边质量,如毛刺太大,则再精调间隙,接着检查板条宽度,精确调整好后锁紧定尺,至此即可进行正式剪切生产。

2. 剪床的安全操作

（1）剪裁的板材厚度应小于或等于剪床允许剪裁的最大厚度。并调整到与板材相符的厚度规范，即调整刃口间隙。

（2）开机前应紧固所有调整或紧固螺栓，清除工作台上一切杂物，通常工作台上不应放置工具。

（3）开机后严禁将手和其他工具放入刃口之间。

（4）剪床一般应由一人操作，如有两人以上操作，应由专人操作踏杆，以免误剪甚至发生安全事故。

二、冲床

冲床又称曲柄压力机。除剪切之外，板料冲压的基本工序都是在冲床上进行的。冲床按其结构可分为单柱式和双柱式两种。冲床的工作机构主要由曲轴、连杆、滑块组成。

开式双柱可倾斜式冲床的外形和传动示意图见图 3-34。电动机 1 通过三角小带轮 2 和大带轮 3 带动传动轴和小齿轮 4 转动，再通过小齿轮 4 带动大齿轮 5 转动。当踩下踏脚板 17 时离合器 6 闭合，大齿轮 5 带动曲轴 7 再通过连杆 9 带动滑块 10，作上下往复运动，上下往复一次称一个行程，冲模的上模装在滑块上，随滑块上下运动，上、下模结合一次即完成一次冲压工序。松开踏脚板时离合器脱开，大齿轮 5 即在曲轴上空转，借助制动器 8 的作用，曲轴就停在上极限位置，以便下一次冲压。冲床可单行程工作，也可实现连续工作。

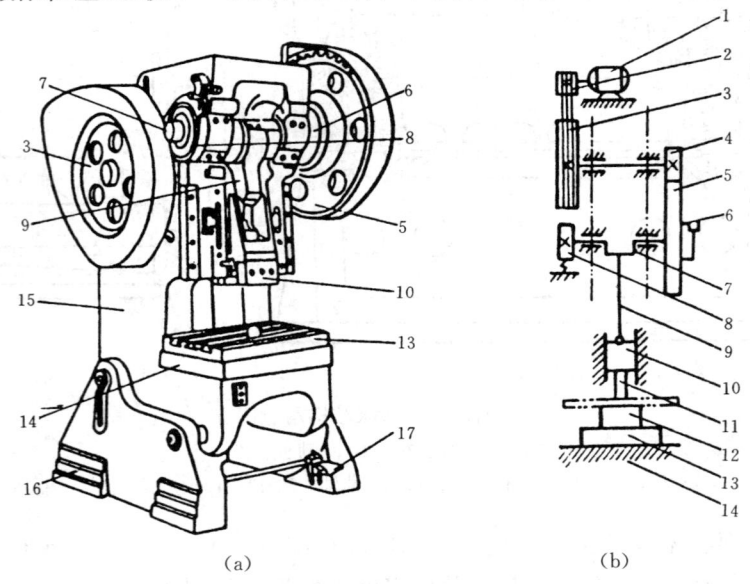

图 3-34 开式双柱可倾斜式冲床
(a) 外形图；(b) 传动示意图

1—电动机；2—小带轮；3—大带轮；4—小齿轮；5—大齿轮；6—离合器；7—曲轴；8—制动器；
9—连杆；10—滑块；11—上模；12—下模；13—垫板；14—工作台；15—床身；16—底座；17—脚踏板

冲床的主要技术参数有公称压力（10kN，俗称吨力）、滑块行程距离（mm）、滑块行程次数（str/min）和封闭高度（mm）。

冲床的安全操作：

(1) 冲压工艺所需的冲剪力或变形力要低于或等于冲床的公称压力。

(2) 开机前应锁紧一切调节和紧固螺栓,以免模具等松动而造成设备、模具损坏和人身安全事故。

(3) 开机后,严禁将手伸入上下模之间,取下工件或废料应使用工具。冲压进行时严禁将工具伸入冲模之间。

(4) 两人以上共同操作时应由其中一人专门控制踏脚板,踏脚板上应有防护罩,或将其放在隐蔽安全处,工作台上应取尽杂物,以免坠落于踏脚板上造成误冲事故。

(5) 装拆或调整模具应停机进行。

三、冲模

1. 冲模结构

冲模是板料冲压的主要工具,其典型结构如图 3-35 所示。

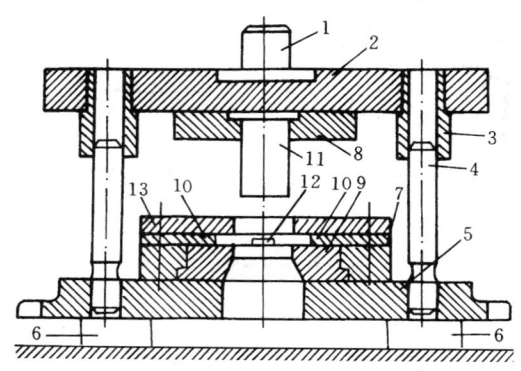

图 3-35 简单冲模

1—模柄;2—上模板;3—导套;4—导柱;5—下模板;6—垫块;7—压板;
8—压板;9—凹模;10—导板;11—冲头;12—定位销;13—卸料板

冲模由上模和下模两部分组成。上模借助模柄 1 固定在冲床滑块上,下模借助下模板用压板螺栓固定在冲床工作台上。冲模的核心部分是凸模 11(冲头)和凹模 9,两者共同作用使板料分离和成形,它们分别固定在上、下模板 2 和 5 上。

导套 3 和导柱 4 分别固定在上、下模板上,用来引导凸模和凹模对准,是保证模具运动精度的重要部件。导尺(或导板)10 用以控制坯料进给方向。定位销 12 用以控制坯料进给量。条料的定位示意如图 3-36 所示。

卸料板 13 是当凸模回程时,将工件或坯料从凸模上卸下。

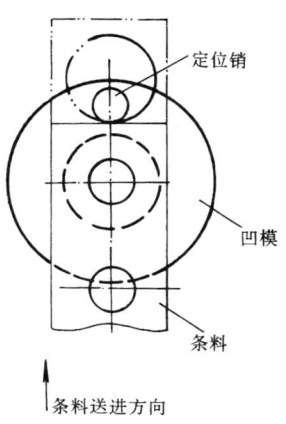

图 3-36 条料的定位

2. 冲模类型

冲模按工序的复合程度可分为简单模、连续模和复合模。

(1) 简单模　冲床在一次冲程中,只能完成一道冲压工序的模具,也称为单工序模,如图 3-35、图 3-37、图 3-38 所示。

(2) 连续模　在模具的不同位置上能同时完成数道工序,其完成的冲压工序均匀分布在坯料的送进方向上(图 3-39)。

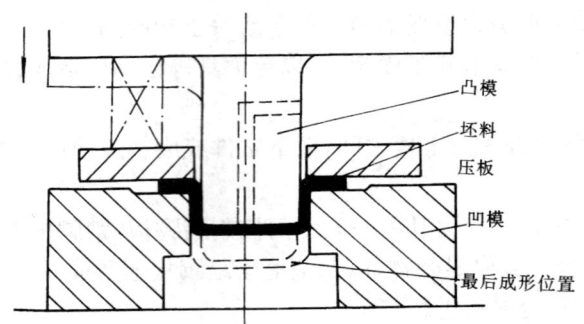

图 3-37 拉深变形模示意图

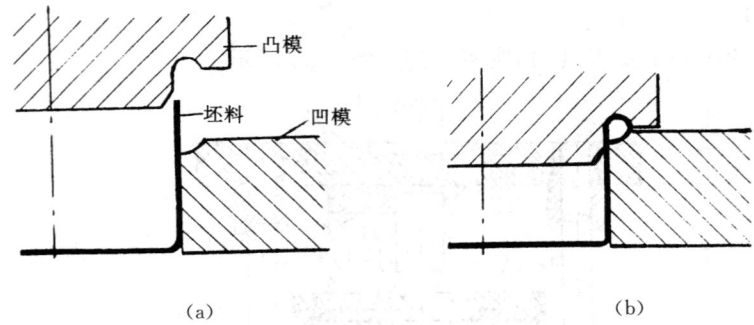

图 3-38 卷边成型模示意图
(a) 闭合前；(b) 闭合后

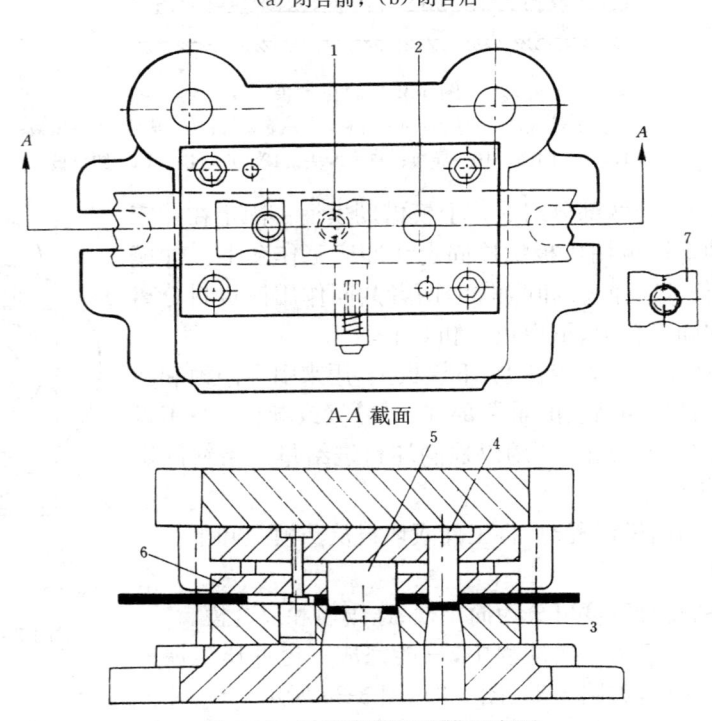

图 3-39 冲孔落料连续模示意图

1—工位 2；2—工位 1；3—凹模；4—冲孔凸模；5—落料凸模；6—卸料板；7—冲件

(3) 复合模 在模具的同一位置上能同时完成数道工序(图 3-40、图 3-41)。

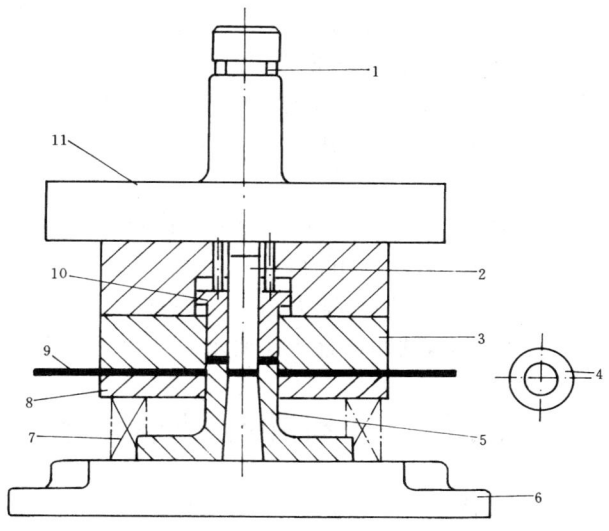

图 3-40 冲孔落料复合模示意图
1—脱模杆；2—冲孔凸模；3—落料凹模；4—成品；5—落料凸模及冲孔凹模；6—下模板；7—卸料弹簧；8—卸料板；9—条料板；10—脱模冲头；11—上模板

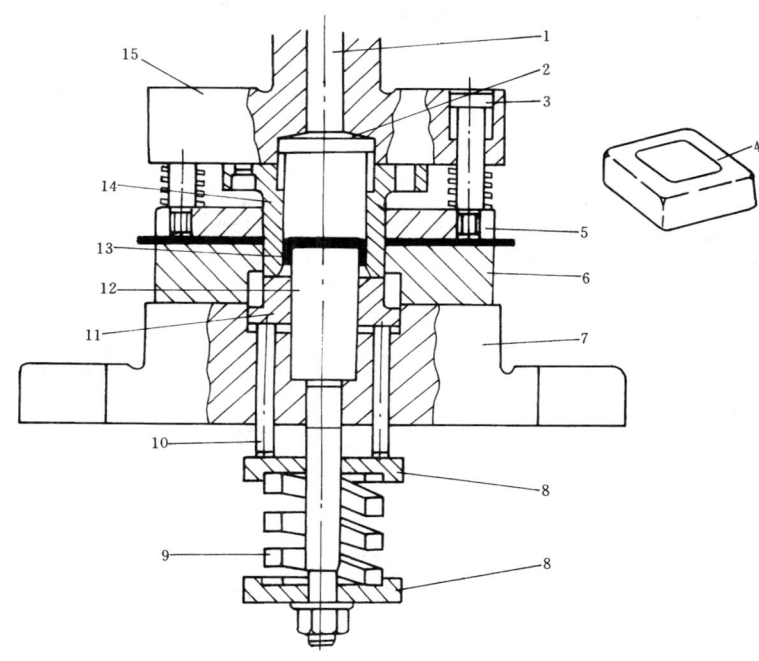

图 3-41 落料成形复合模示意图
1—脱模杆；2—脱模垫；3—卸料板螺栓；4—成品；5—卸料板；6—落料凹模；7—下模板；8—顶杆板；9—顶杆弹簧；10—脱模顶杆；11—脱模垫；12—成型凸模；13—工件；14—落料凸模；15—上模板

3. 冲模的安装调试要点
(1) 用厚度合适的纸在冲头四周包裹一层，然后放入凹模内，有导柱导套结构的上、下模应套装在一起准备安装。

（2）套在一起的冲模放在冲床工作台上后，盘动大齿轮带动曲轴旋转，使滑块向下达最低位置。将上模柄伸入滑块安装孔，按要求紧固各螺栓。

（3）根据封闭高度，事先算出冲模下模应垫什么高度的垫块（或不垫），如需加垫块，则应取两垫块等高（图3-36），并在下模与垫块，垫块与工作台之间放上砂皮等物防滑。在下模四角初装好压板。

（4）调节制成螺杆的连杆，改变其长度来改变封闭高度，使上下模处于正确的相对位置，按对角轮流逐步紧固压板螺栓来压紧下模。

（5）去掉冲头包纸，撤去工具，来回盘动大齿轮。检查上下模有否碰擦，用塞尺等检查四周间隙，待一切正常后就可开机，试冲符合产品要求后即可正式生产。

第八节　板料冲压基本工序

板料冲压的基本工序有分离工序和变形工序两大类。

一、分离工序

分离工序是使坯料的一部分与另一部分相分离的工序。如剪裁、落料、冲孔和修整等。其中剪裁工序通常是在剪床上完成，其余工序在冲床上完成。落料和冲孔又统称为冲裁。表3-6

表3-6　分离工序

工序名称	工作性质及应用	简　　图
落料	用冲模沿封闭轮廓曲线分离的工序，冲下部分是成品，余下部分是废料。用于制造各种形状的平板零件，或是作为成形工序前的下料工序	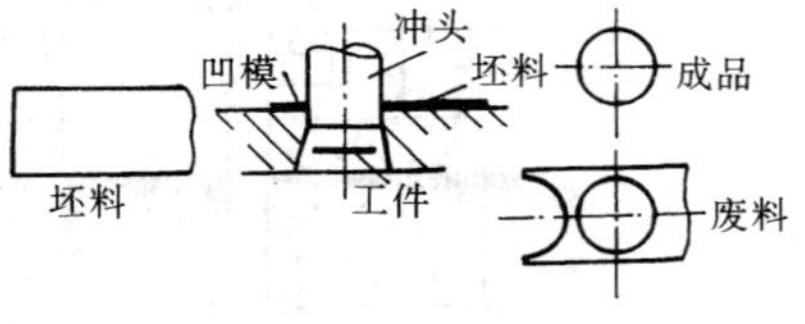
冲孔	用冲模沿封闭轮廓曲线分离的工序。冲下部分是废料，冲孔后的板料本身是成品。用于制造各种带孔形的冲压件	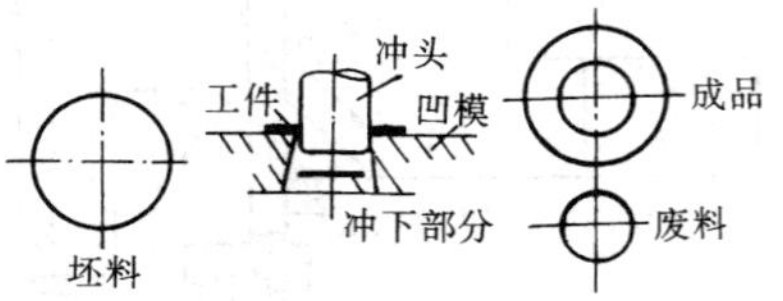
剪裁	用剪刀或冲模沿不封闭曲线切断，多用于加工形状简单的平板零件，或是用于板材的下料	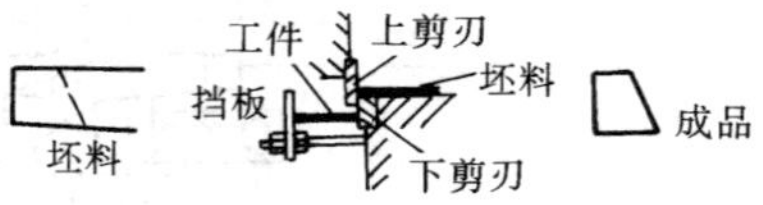
修整	利用修整模沿冲裁件外缘或内孔刮削一薄层金属，以切掉工件断面上的剪裂带和毛刺，从而提高冲裁件的尺寸精度和降低表面粗糙度	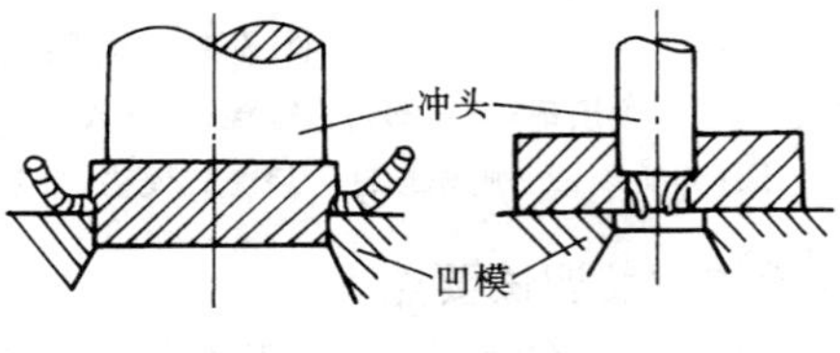

列出了分离工序的工作性质和应用。

二、变形工序

变形工序是使坯料的一部分相对另一部分产生位移而不破坏的工序。如弯曲、拉深、翻边、成型等。其中弯曲也可在折弯机上加工，其余工序均在冲床上完成，如表 3-7 所示。

表 3-7　变形工序

工序名称	工作性质及应用	简　图
弯曲	用冲模将平直的板料弯成一定角度或圆弧的成形工序，用于制造各种弯曲形状的冲压件	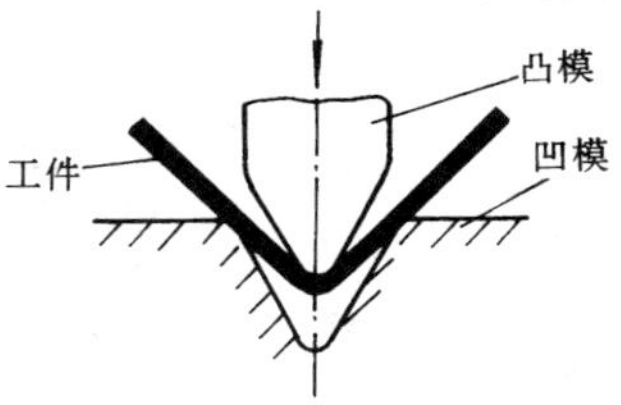 凸模、工件、凹模
拉深又称拉延	用冲模将平板状的坯料加工成中空形状零件的成形工序，用于制造各种形状的中空冲压件	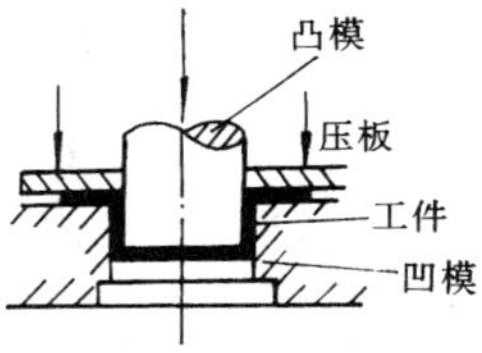 凸模、压板、工件、凹模
翻边	用冲模在带孔的平板工件上用扩孔的方法获得凸缘的成形工序，或者把平板料的边缘按曲线或圆弧弯成竖立的边缘的成形工序。用于制造带凸缘或具有翻边的冲压件	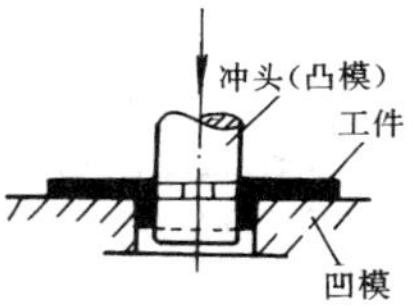 冲头（凸模）、工件、凹模（内孔翻边）；工件、上模、下模（外缘翻边） 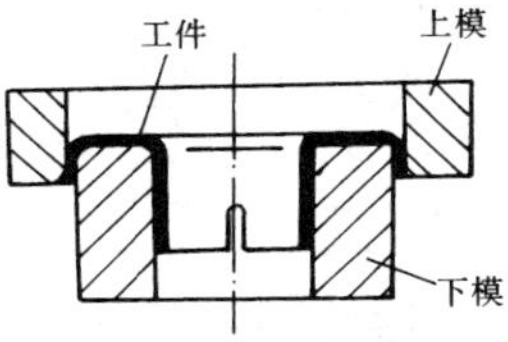
成型	利用局部变形使坯料或使半成品改变形状的工序。主要用于制造刚性的筋条，或增大半成品的部分内径等	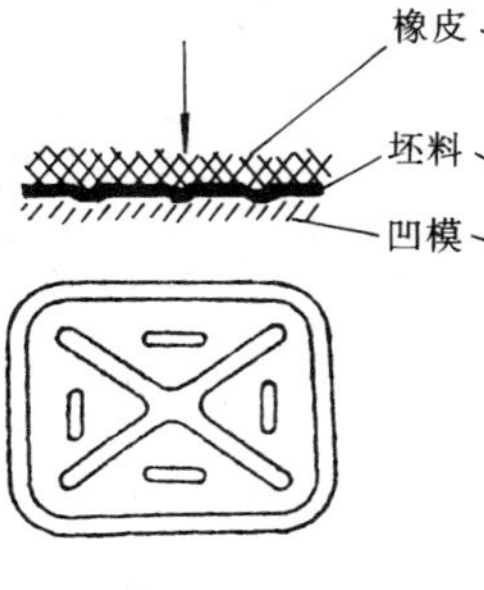 橡皮、坯料、凹模（橡皮压筋、胀形） 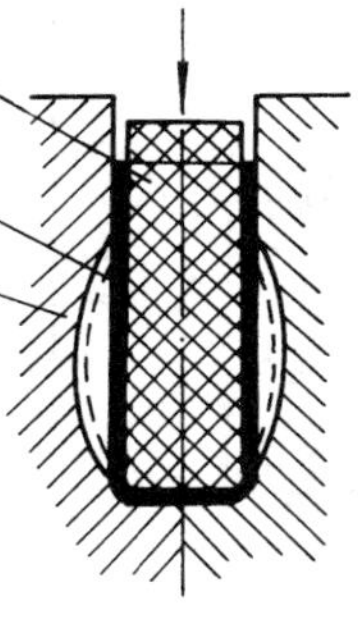

三、典型冲压件工艺示例

1. 平垫圈

如表 3-6 中冲孔栏中的成品，该产品可用图 3-39 的连续冲模冲制，也可用图 3-40 所示的复合冲模一次冲成。如用简单冲模,则需先冲孔再落料,模具如图 3-35 所示,这时条料送进定位如图 3-36 所示。

2. 铝质滤水容器

该产品的典型生产过程如表 3-8 所示,原料为无孔铝板条。

表 3-8 滤水容器生产过程

	序号	名称	简图及说明	序号	名称	简图及说明
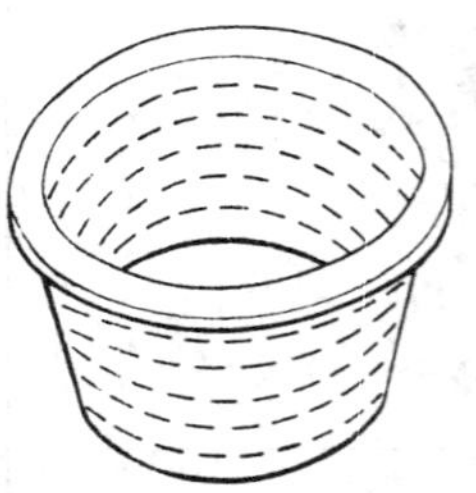	1	落料	落料同时冲好滤水孔	4	卷边	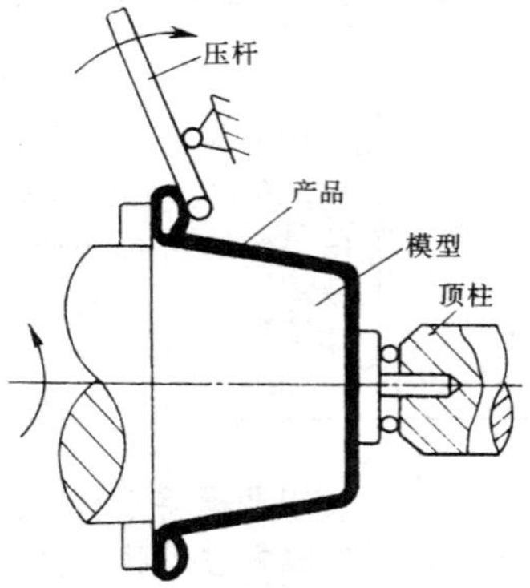 此工序可用冲模完成(图 3-38),也可如图示用旋压法完成
	2	拉深	 方法如图 3-37 所示			
	3	外翻边	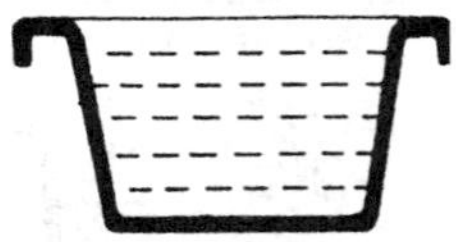 方法见表 3-8 中图			

3. 易拉罐

典型的易拉罐生产过程如表 3-9 所示。

表 3-9 易拉罐生产过程

	序号	简图及说明	序号	简图及说明
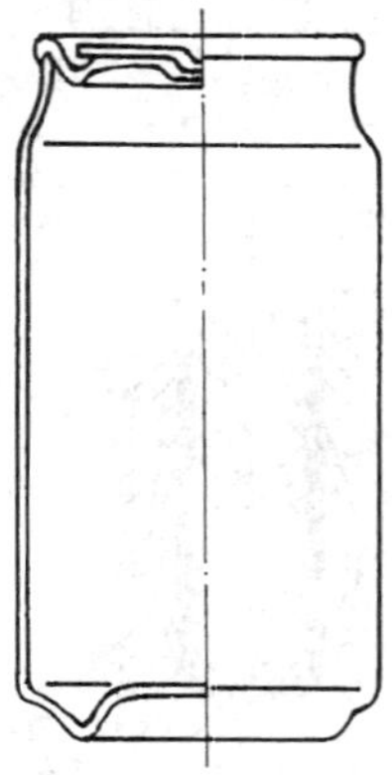	1. 罐盖	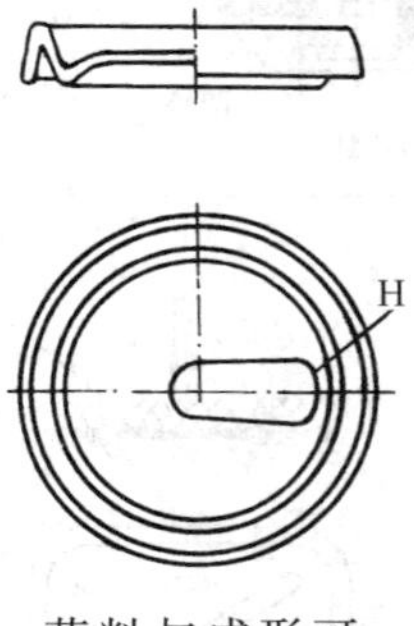 落料与成形可一次完成,H 是深为板厚一半的刻痕	2. 罐身	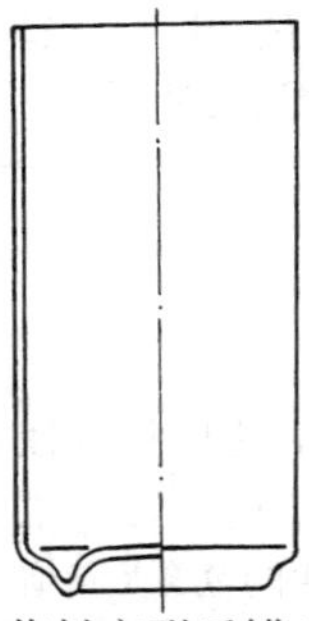 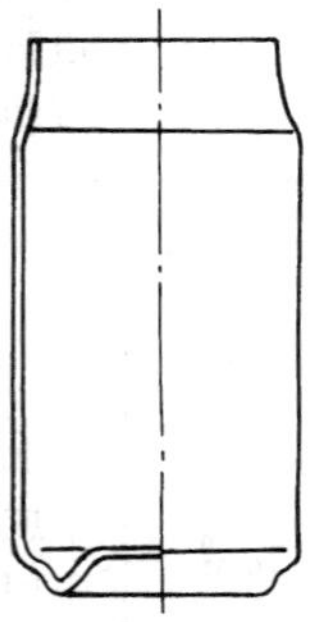 落料变形后罐身再经三次冷拉深成形 / 罐身用收口模或旋压法收口(缩口)
组件装配说明: ① 罐身外印花,内壁防腐处理 ② 拉环罐盖先压合 ③ 装入饮料后罐身、罐盖互卷后咬合	3. 拉环	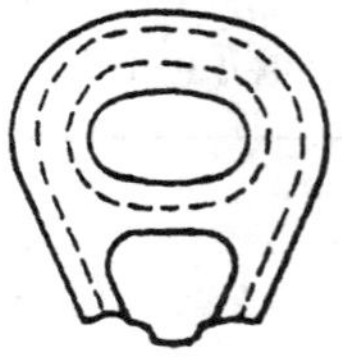 落料冲孔一次完成,再用模具沿虚线卷边		  卷边后反面形状 / 卷边后正面形状

（续表）

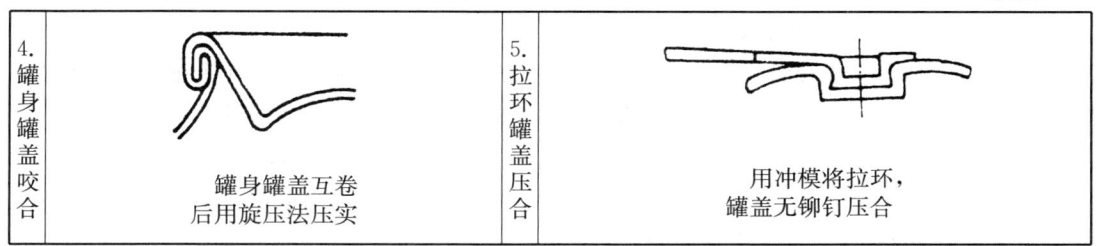

| 4.罐身罐盖咬合 | 罐身罐盖互卷后用旋压法压实 | 5.拉环罐盖压合 | 用冲模将拉环，罐盖无铆钉压合 |

第九节　锻压先进工艺

随着工业的不断发展，生产技术的进步，锻压加工出现了许多先进的工艺方法，并得到了较快的发展和应用。总的趋势是向毛坯生产精密化、高速化、以轧代锻及超塑性成形等方向发展。例如：精密模锻；高速自动镦锻；零件的辊锻、横轧、斜轧、楔横轧；板料超塑性拉深等。

这些先进工艺的共同特点是：

(1) 锻压件的形状、尺寸几乎与零件一致，做到了少切削和无切削，既可以节省原材料和机加工工作量，又能获得合理的纤维组织，提高了零件的力学性能。

(2) 在大批量生产条件下，能以高速、高效率的方法代替传统的锻压方式。

(3) 广泛采用电加热和少氧化、无氧化加热，提高锻件表面质量，改善劳动条件。

下面择要介绍若干种锻压先进工艺。

一、精密模锻

精密模锻是在模锻设备上锻造出形状复杂，锻件精度高的模锻工艺。如发动机叶片见图3-42，这种精密模锻的叶片不仅表面不再经过切削加工，而且纤维组织合理，力学性能好，此外还节约了价格高的铝合金材料。

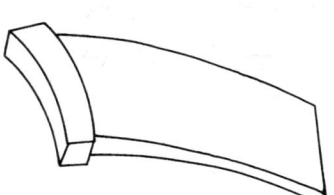

图3-42 发动机叶片

要锻出精密模锻件必须采取以下措施：

(1) 采用刚度大，精度高的模锻设备和精密制造的锻模。

(2) 下料重量要精确，坯料表面要经过清理。

(3) 采用无氧化或少氧化加热法。

(4) 对锻模要进行良好的润滑与冷却。

二、回转成形工艺

所谓回转成形，是指加工时，或工具回转，或工件回转，或两者均相对回转，其共同特点是：成形过程是局部变形的连续累积，因而这类方法生产率高，设备吨位小，生产较灵活。这类加工方式中有几种较为成熟和应用较广的形式介绍如下。

1. 辊锻

辊锻实质是一种纵向轧制，是使坯料(热态或冷态)在装有扇形模块的一对相反旋转的轧辊中通过，受压变形而获得锻件或锻坯的先进工艺（图3-43）。根据不同的锻件，可以一次成形，也可在几个模槽中辊锻多次。

辊锻工艺所用设备吨位小，尺寸稳定，生产效率高，材料消耗少，劳动条件好，适应大批量生产场合。辊锻适用于截面变小的变形工序，用来生产长轴、长杆类锻件或锻坯。

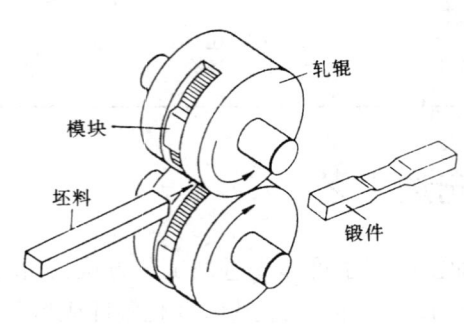

图 3-43　辊锻示意图

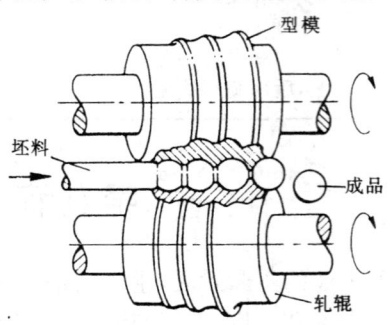

图 3-44　斜轧示意图

2. 斜轧

斜轧时圆柱形坯料在两个同向旋转、轴线交叉一个不大角度轧辊的作用下，既旋转、又同时作直线前进运动，在不同孔型的轧辊作用下，局部连续成形获得所需毛坯或零件（图3-44）。

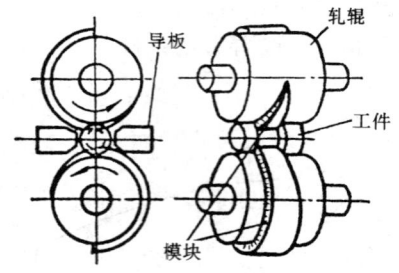

图 3-45　楔横轧示意图

斜轧工艺生产率高，节省材料，模具寿命高，易实现机械化操作，劳动条件好，目前广泛用于生产钢球和轴承滚子，还可轧制麻花钻头，空心轴类零件或毛坯。

3. 楔横轧

轧制时，圆柱形坯料在两个同向旋转上带楔形模具的轧辊作用下旋转，坯料受压直径逐步变小，长度增加，轧辊转一周，形成一件锻件（图3-45）。

该工艺与斜轧一样具有相同的优点，它适用于大批量生产轴类零件，如汽车、摩托车上的多根轴，也可用于其他轴类模锻件的制坯。楔横轧的部分产品如图3-46所示。

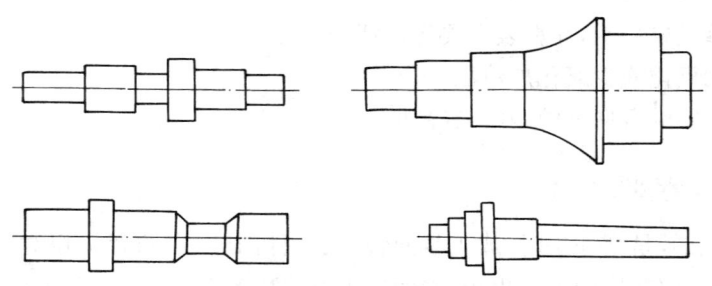

图 3-46　楔横轧部分产品

4. 摆动辗压

辗压时，坯料在有摆角的上模旋转挤压下，连续局部变形，高度减少，直径增大，成为盘状或局部盘状锻件。

该工艺所用设备吨位小,产品质量好,劳动条件好,适用于制造薄盘形锻件,如铣刀片、汽车半轴等(图3-47)。

此外各种边缘工艺或复合工艺如粉末锻造、液态模锻、超塑成形、爆炸成型、电磁成形等也不断形成和应用。

除了新工艺之外,在锻压生产领域中新设备、新技术也应运而生、层出不穷。

在设备方面,冲压设备向大型、精密、机械化、自动化方向发展,如高速压力机,精密冲裁压力机等。在通用设备方面,传统的锻锤正逐步被各类压力机所替代。

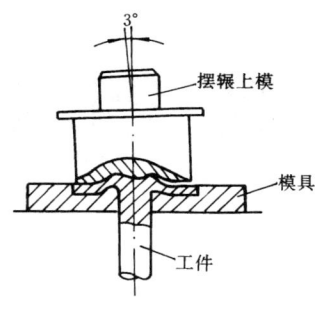

图3-47 摆辗示意图

在配套技术方面,模具计算机辅助设计(CAD)和计算机辅助制造(CAM)技术及新材料不断发展;中央计算机管理的,由一组自动化设备和工艺装备组成的制造系统,与物料自动储运和信息控制等系统结合的锻压柔性制造系统也逐步扩大应用范围;污染严重的煤加热也被煤气、重油,尤其是优质高效的电加热所替代。

第四章 焊接及胶接

第一节 概 述

焊接是将两个分离的金属工件通过局部加热或加压（或两者同时运用），使其连接成为一个不可拆卸的整体的加工方法。焊接具有省时、省料，接头致密性好、生产率高、易于机械化自动化等优点。焊接工艺是制造金属结构件和机械零件的一种基本方法。此外，焊接还是一种修补机械零件的方法。

焊接的方法有许多种。按焊接过程的工艺特点和母材金属所处的表面状态，大致可作如下的分类：

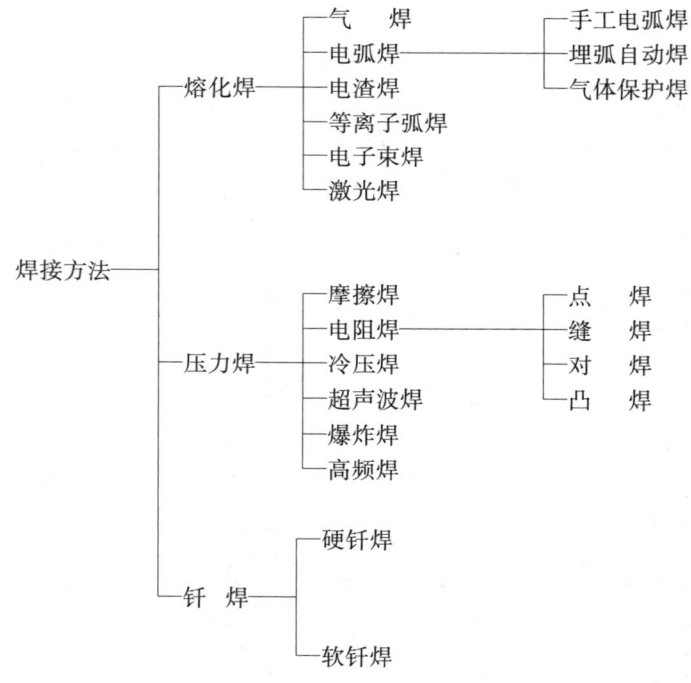

胶接（又称黏结）是另一类连接技术，它是用胶黏剂（又称胶接剂、黏接剂等）作为中间连接体，通过化学反应或物理凝固等作用，将两个物体紧密结合在一起的连接方法。胶接技术是一种古老的连接技术，但是，随着高强度合成胶黏剂的发展，胶结技术得以迅速地发展，目前应用极广，几乎遍及整个工业部门。

第二节 手工电弧焊

一、手工电弧焊的基本知识

1. 焊接电弧

焊接电弧是一种发生在焊条(电极)与焊件(电极)之间气体介质的放电现象。在焊接开始(引弧)时,焊条与焊件接触而发生短路,强大的短路电流使接触处的温度升高,当焊条被迅速提起时,焊件与焊条之间的气体在电场的作用下,产生大量的带电粒子,由于这些带电粒子的互相碰撞,又使气体粒子进一步电离。这些带电粒子在电场的作用下作定向运动,并继续不断地碰撞和复合,便产生了大量的热和光,形成焊接电弧。

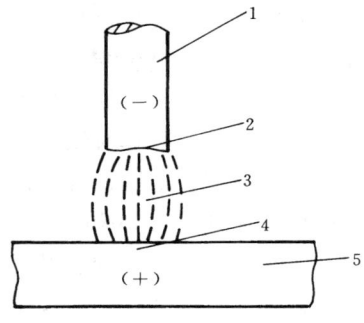

图 4-1 焊接电弧示意图
1—焊条;2—阴极区;3—弧柱;
4—阳极区;5—焊件

焊接电弧由阴极区、弧柱和阳极区组成,如图 4-1 所示。弧柱的中心温度可达 4500～7800 ℃。

2. 焊接过程

手工电弧焊是利用焊条与焊件之间产生的电弧热将焊条和焊件熔化、熔合、冷凝后形成焊缝的一种手工操作方法。

手工电弧焊的焊接过程如图 4-2 所示,当焊条与焊件之间形成电弧时,电弧热使焊条端部和焊件的局部熔化,形成熔池;焊条上的药皮被熔化燃烧,产生大量的气体和熔渣。这种气体和熔渣具有一定的保护作用,能有效地防止空气中的氧侵入熔池。当焊条持续不断地向前移动时,焊条与焊件之间不断产生新的熔池,而旧的熔池迅速地冷却,最后形成一条完整的焊缝。

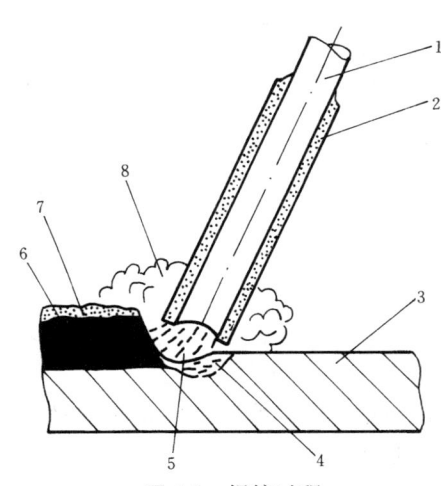

图 4-2 焊接过程
1—焊芯;2—药皮;3—焊件;4—熔池;
5—电弧;6—焊缝;7—熔渣;8—保护气体

二、手工电弧焊设备

手工电弧焊所使用的设备有交流弧焊机和直流弧焊机两大类。

1. 交流弧焊机

交流弧焊机是一种特殊的降压变压器。它具有以下的特性:引弧后,随着电流的增加,电压急剧下降;而当焊条与工件短路时,则短路电流并不很大;它能提供很大的焊接电流,并可根据需要进行调节。空载时,弧焊机的电压为 60～70V。电弧稳定时的电压为 20～30V,这是电弧正常的工作电压范围。

交流弧焊机焊接电流的调节分粗调和细调两种。粗调是通过改变线圈抽头的接法来调节;细调是通过转动调节手柄来实现的。

交流弧焊机具有结构简单、制造和维修方便、噪声小、价格低等优点,应用相当普遍。但缺点是电弧不够稳定。

交流弧焊机有各种型号,如:BX1-160、BX3-500等。其中,1和3分别表示动铁心式和动圈式,160和500分别为弧焊机额定电流的安培数。

2. 直流弧焊机

直流弧焊机可分为弧焊发电机、弧焊整流器和逆变弧焊机三种。

弧焊发电机实际上是一种直流发电机,在电机或柴油机的驱动下,直接发出焊接所需的直流电。弧焊发电机结构复杂、效率低、电能消耗多、噪声大,目前已逐渐淘汰。

弧焊整流器是一种通过整流元件(如:硅整流器或晶闸管桥等)将交流变为直流的弧焊电源。弧焊整流器具有结构简单、坚固、耐用、工作可靠、噪声小、维修方便和效率高等优点,已被大量应用。常用弧焊整流器的型号有:ZX3-160、ZX5-250等。其中,3和5分别表示动圈式和晶闸管式,160和250为额定电流的安培数。

逆变弧焊机是一种新型、高效、节能的直流焊接电源,它是将交流整流后,又将直流变成中频交流,经再次整流后,输出所需的焊接电流和电压。逆变弧焊机具有电流波动小、电弧稳定、焊机重量轻、体积小、能耗低等优点,得到了越来越广泛的应用。它不仅可用于手工电弧焊,还可用于各种气体保护焊、等离子弧焊、埋弧焊等多种弧焊方法。逆变弧焊机有ZX7-315等型号,其中7为逆变式,315为额定电流安培数。

直流弧焊机有两种接法:正接法和反接法。如图4-3所示。焊件接正极、焊条接负极,称为正接法;反之,为反接法。由于电弧阳极区的温度高于阴极区,因此,正接法适合于黑色金属和较厚钢板的焊接,反接法适合于有色金属和薄板的焊接。

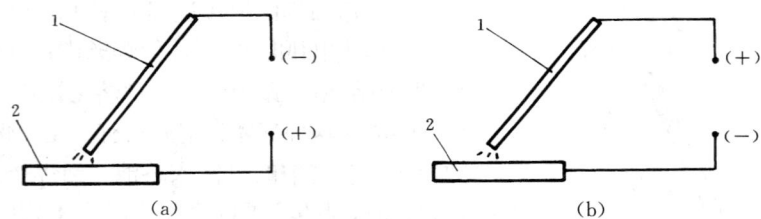

图4-3 直流弧焊机的不同接法
(a)正接法;(b)反接法
1—焊条;2—焊件

三、电焊条

手工电弧焊使用的焊条是由焊芯和药皮两部分组成(图4-4)。焊芯是一根金属棒,它既是焊接电极,又作为填充金属而与焊件熔合在一起形成焊缝。

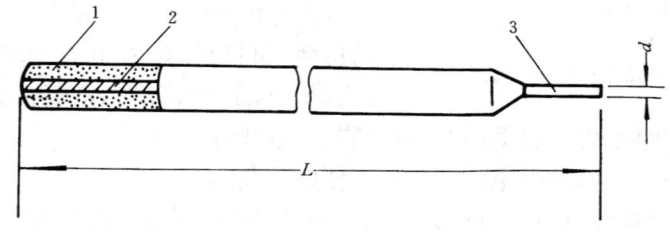

图4-4 电焊条结构
1—药皮;2—焊芯;3—焊条夹持部分

焊芯的外部涂有药皮,它是由矿物质、有机物、铁合金等粉末和水玻璃(黏结剂)按一定比例配制而成,其作用是便于引弧及稳定电弧;保护熔池内的金属不被氧化及弥补被烧损的合金元素以提高焊缝的力学性能。药皮黏涂在焊芯上经烘干后使用。

焊条的直径和长度规格如表 4-1 所示。

表 4-1 焊条的直径和长度规格

焊条直径(mm)	1.6	2.0；2.5	3.2；4.0；5.0	5.6；6.0；6.4；8.0
焊条长度(mm)	200~250	250~350	350~450	450~700

电焊条按药皮类型不同,可分为酸性焊条和碱性焊条两类。

凡药皮成分以酸性氧化物为主的焊条,称为酸性焊条。常用的酸性焊条有钛钙型焊条。使用酸性焊条时,电弧较稳定、适应性较强,故酸性焊条适用于交、直流弧焊机。但是,酸性焊条焊缝的力学性能一般,抗裂性较差。

凡药皮成分以碱性氧化物为主的焊条,称为碱性焊条。常用的碱性焊条是以碳酸盐和萤石为主的低氢型焊条。使用碱性焊条引弧较困难,电弧不够稳定,适应性较差,故仅适用于直流弧焊机,但是,碱性焊条焊缝的力学性能和抗裂性较好,适用于中碳钢和高碳钢的焊接。

另外,根据被焊接金属种类的不同,电焊条还可分为碳钢焊条、铸铁焊条、铜及铜合金焊条、铝及铝合金焊条、不锈钢焊条等。

焊条有多种类型,以各种型号表示,型号反映焊条的主要特性,即焊条类别和焊条特点(如金属抗拉强度、使用温度、焊芯金属类型和熔敷金属的化学组成等)。焊条型号有国家标准为依据。

根据 GB/T5117—1995 的规定,碳钢焊条的型号是在英文字母 E 的后面加四位数字来表示。如 E4303。其符号和数字的含义如下:

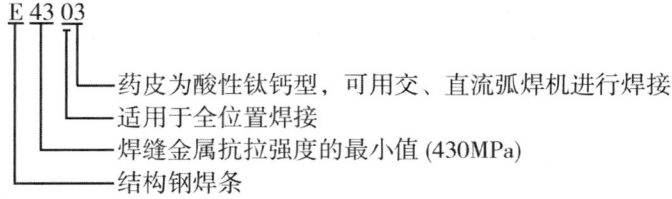

几种常见的碳钢焊条的型号和相应的牌号及其用途如表 4-2 所示。

表 4-2 几种常见碳钢焊条的型号和相应的旧牌号

型号	对应牌号	药皮类型	焊接位置	焊接电源	主 要 用 途
E4303	J422	钛钙型	平、立、仰、横	交流或直流正反接	焊接较重要的低碳钢结构
E4315	J427	低氢钠型	平、立、仰、横	直流反接	焊接重要的低碳钢结构及强度相当的低碳钢结构
E4316	J426	低氢钾型	平、立、仰、横	交流；直流反接	同 上
E4320	J424	氧化铁型	平、角焊	交流；直流正接	焊接低碳钢结构
E5015	J507	低氢钠型	平、立、仰、横	直流反接	焊接中碳钢及 16Mn 等重要低合金钢结构

四、手工电弧焊操作要点

1. 引弧

引弧是指焊接开始时在焊条与焊件之间产生稳定的电弧。

引弧的操作是先将焊条的末端与焊件相接触形成短路,然后迅速将焊条提起并保持2～4mm的距离,即可引燃电弧。常用的引弧方法有两种:摩擦法和敲击法(图4-5)。

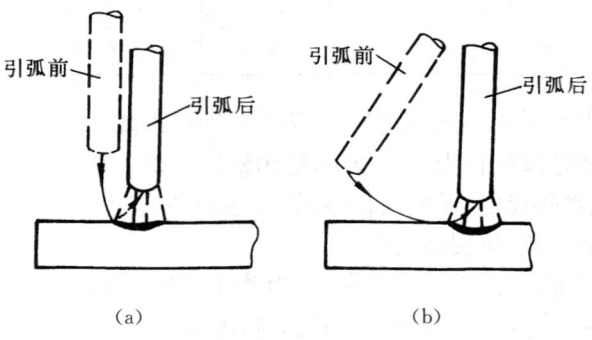

图4-5 引弧方法
(a)敲击法;(b)摩擦法

摩擦法的优点是操作方便、引弧效率高,但容易损坏焊件表面,故较少采用。

敲击法的优点是不会损坏焊件表面,是生产中常用的引弧方法,但是引弧的成功率较低。

引弧时,若发生焊条与焊件粘在一起,可将焊条左右摇动后拉开。如果拉不开,则可先松动焊钳,切断电源,待冷却后再将焊条拉开。焊条的端部如存有药皮时,应在引弧前应敲去,否则会影响导电而妨碍起弧。

2. 焊条角度与运条方法

焊接时,必须掌握好焊条的角度(图4-6)和运条的基本动作(图4-7)。

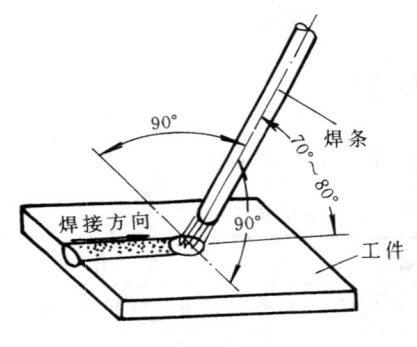
图4-6 平焊的焊条角度

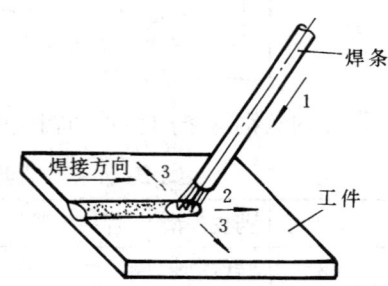
图4-7 运条基本动作
1—向下送进;2—沿焊接方向移动;3—横向移动

在焊接操作中,应注意保持电弧的长度,电弧的长度大约等于焊条的直径;同时焊条与焊缝平面两侧的夹角应保持相等;焊条的送进速度要均匀。

运条方法有几种(图4-8),焊薄板时,焊条可作直线移动;焊厚板时,焊条在作直线移动的同时还要有横向移动。以保证得到一定的熔宽和熔深。

3. 焊缝的收尾

收尾是指焊接结束时的熄弧方法。如果收尾时立即拉断电弧，则容易产生弧坑，从而降低收尾处的焊缝强度，甚至产生裂纹。常见的收尾方法有三种(图4-9)。

(1) 划圈收尾法　利用手腕动作做圆周运动，直到弧坑填满后再拉断电弧。

(2) 反复断弧收尾法　在弧坑处连续多次反复地熄弧和引弧，直到填满弧坑为止。

(3) 回焊收尾法　当焊条移到焊缝收尾处即停止移动，但不熄弧，仅适当地改变焊条的角度，待弧坑填满后再拉断电弧。

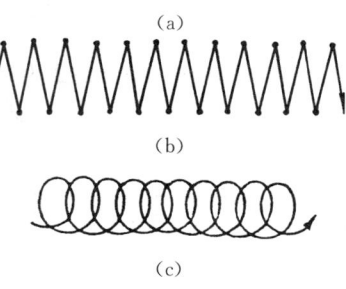

图4-8　运条方法
(a) 直线运条法；(b) 锯齿型运条法；
(c) 圆圈型运条法

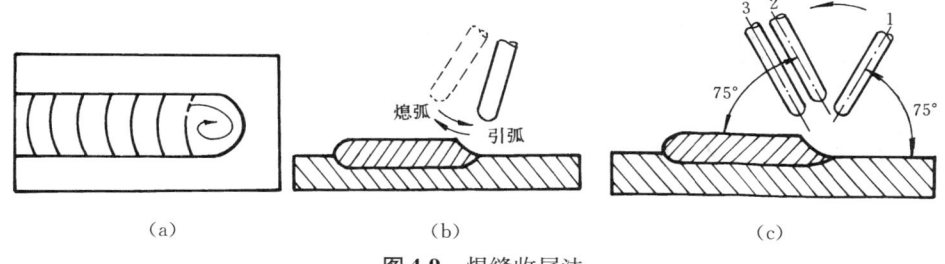

图4-9　焊缝收尾法
(a) 划圈收尾法；(b) 反复断弧收尾法；(c) 回焊收尾法

五、手工电弧焊的工艺

为保证焊缝质量，焊接时必须选择合理的工艺参数，所选定的工艺参数总称为焊接工艺规范。手工电弧焊的工艺规范包括：焊接电流、焊条直径、焊接速度、电弧长度和焊缝层数等。其中电弧长度和焊接速度一般是由焊工视实际情况自行掌握，而其他参数均在焊接前确定。

1. 焊条直径

焊条直径主要取决于焊件的厚度。影响焊条直径的其他因素还有接头型式、焊接位置和焊缝层数等。平焊对接时焊条直径的选用如表4-3所示。

表4-3　焊条直径的选择

工件厚度(mm)	2	3	4～5	6～12	>13
焊条直径(mm)	2	3.2	3.2～4	4～5	4～6

一般厚度较大的焊件、搭接和T形接应选用直径较大的焊条。平焊选用较粗焊条，而立、仰焊选用较细的焊条。

2. 焊接电流

焊接电流对焊缝质量有很大影响。若焊接电流过大，将会使熔宽和熔深增大、飞溅增多、焊条发红发热；并使药皮失效、而易造成气孔、焊瘤和烧穿等缺陷。当焊接电流过小时，则电弧不稳定；熔宽和熔深均减小；易造成未熔合、未焊透及夹渣等缺陷。

确定焊接电流时，应考虑到焊条的直径、焊件厚度、接头型式和焊接位置等因素，其中主要是焊条直径。焊接低碳钢时,焊接电流和焊条直径的关系可由下列经验公式确定：

$$I = (20 \sim 50)d$$

式中：I 为焊接电流(A)；d 为焊条直径(mm)。

焊接电流也可按表 4-4 选择。

表 4-4 焊接电流的选择

焊条直径(mm)	1.6	2.0	2.5	3.2	4.0	5.0	6.0
焊接电流(A)	25～40	40～60	50～80	100～130	160～210	200～270	260～300

一般平焊的焊接电流可以偏大些,非平焊位置的焊接电流比平焊小 10%～20%。

选择焊接电流的原则是：在保证焊接质量的前提下,尽量采用较大的焊接电流,并配以较大的焊接速度,以提高生产率。焊接电流初步确定后,一般需要经过试焊,检查焊缝质量和缺陷后,才能确定。

3. 焊接接头型式

常见的焊接接头型式有：对接、搭接、角接和 T 形接等,如图 4-10 所示。

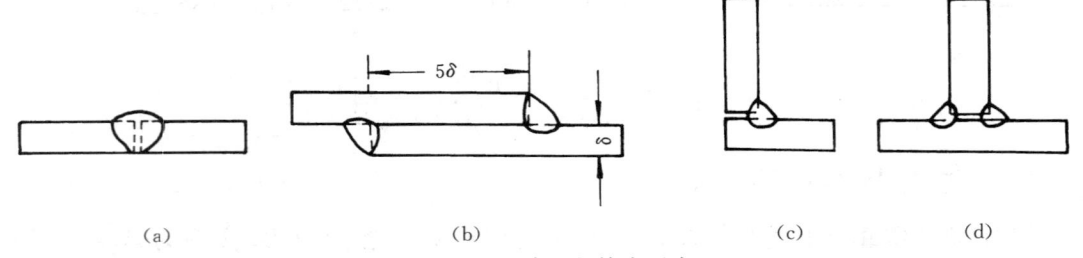

图 4-10 常见的接头型式
(a) 对接；(b) 搭接；(c) 角接；(d) T 形接

选择焊接接头型式,主要从产品结构、受力条件及加工成本等方面考虑。对接与搭接相比,具有受力简单、均匀,节省金属材料等优点,所以应用较多。

4. 焊接接头的坡口形状

为保证焊透,改善焊缝成形质量,当焊件的厚度大于 6mm 时,在焊缝处应先开出坡口。坡口形状一般由板厚决定,同时与焊接方法、焊接位置等因素有关。对接接头的几种坡口形状如图 4-11 所示。薄板(1～6mm)焊接,可在接缝处留出一定的间隙,即 I 形坡口。板厚大于 6mm 时可选 V 形坡口、X 形坡口或 U 形坡口。

I 形坡口、V 形坡口和 U 形坡口都可根据焊件的厚度进行单面焊或双面焊,而 X 坡口必须双面焊(图 4-12)。

5. 焊缝层数

焊接厚板时,在开好坡口后,一般还应根据焊缝的厚度,考虑焊缝层数。即采用多层焊或多层多道焊(图 4-13),以得到较细的显微组织,提高焊缝力学性能(如伸长率)。

6. 焊缝的空间位置

按焊缝在空间所处的位置,可分为平焊、立焊、横焊和仰焊等四种(图 4-14)。其中平焊操作简单、劳动条件好、生产率高,焊接质量容易保证。因此,应尽量在平焊位置施焊。

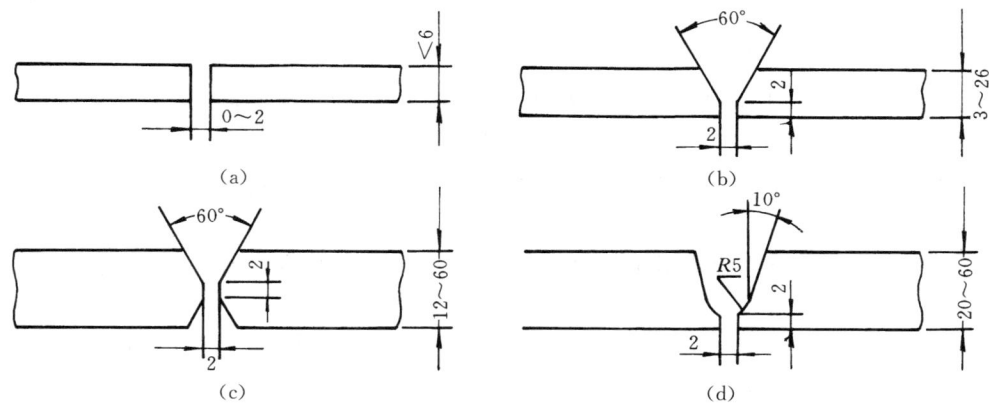

图 4-11 对接接头的坡口形状
(a) I 形坡口；(b) V 形坡口；(c) X 形坡口；(d) U 形坡口

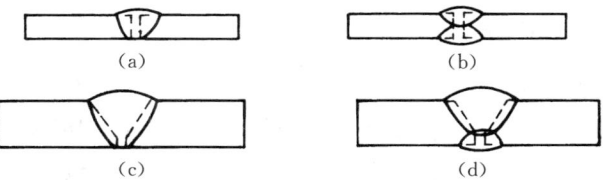

图 4-12 单面焊和双面焊
(a) I 形坡口单面焊；(b) I 形坡口双面焊；(c) V 形坡口单面焊；(d) V 形坡口双面焊

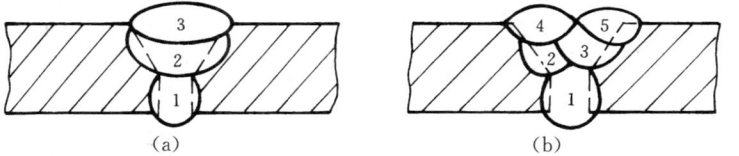

图 4-13 焊缝层数
(a) 多层焊；(b) 多层多道焊

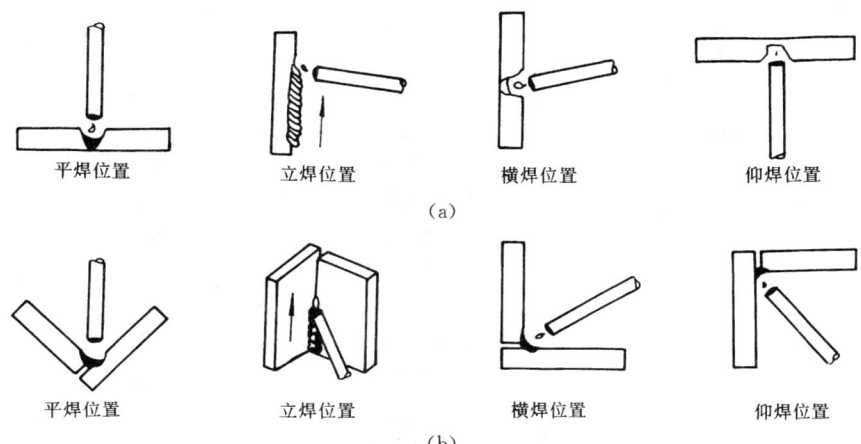

图 4-14 焊缝的空间位置
(a) 对接；(b) 角接

第四章 焊接及胶接　　67

六、对接平焊的典型操作

生产中,对接平焊最常见。钢板对接平焊的操作步骤如下:

(1) 备料　包括划线、下料及调直钢板等。

(2) 开坡口　根据具体情况,选择I形、V形、X形或U形坡口。

(3) 装配定位

(4) 点固　在焊缝的两端先各焊一个约10～15mm的焊点,固定两个工件的相对位置。如工件较长,一般每隔300mm点固一次。

(5) 焊接　在确定合适的工艺规范后,先焊点固的反面,使熔深大于板厚的一半,除渣后,翻转工件,焊另一面。

(6) 清理　用钢丝刷等工具把焊件表面的飞溅焊渣等清理干净。

(7) 检验　检验焊缝的外观质量,若有缺陷,予以修补。

七、焊接缺陷及分析

1. 对焊接质量的要求

焊接质量一般包括三个方面的要求,即焊缝的外形尺寸、焊缝的连续性和性能等。

对焊缝外形和尺寸的要求是:焊缝与母材金属之间应平滑过渡,以减少应力集中。没有烧穿、未焊透等缺陷。对焊缝的宽度、余高等尺寸都要符合国家标准或是符合图纸要求。焊缝的余高为0～3mm左右,不应太大。

焊缝的连续性是指焊缝中是否有裂纹、气孔与缩孔、夹渣、未熔合与未焊透等缺陷。

接头性能是指焊接接头的力学性能及其他性能(如耐蚀性等)。它应符合图纸的技术要求。

2. 常见的焊接缺陷

焊接缺陷的类型很多,常见的有:夹渣、气孔、裂纹和未焊透等。形成缺陷的原因及其预防措施如表4-5所示。

表4-5　常见焊接缺陷类型、成因及预防措施

缺陷类型	特　征	产生原因	预防措施
夹渣	呈点状或条状分布	① 前道焊缝除渣不干净; ② 焊条摆动幅度过大; ③ 焊条前进速度不均匀; ④ 焊条倾角过大	① 应彻底除锈、除渣; ② 限制焊条摆动的宽度; ③ 采用均匀一致的焊速; ④ 减小焊条倾角
气孔	呈圆球状或条虫状分布	① 焊件表面受锈、油、水分或脏物污染; ② 焊条药皮中水分过多; ③ 电弧拉得过长; ④ 焊接电流太大; ⑤ 焊接速度过快	① 清除焊件表面及坡口内侧的污物; ② 在焊前烘干焊条; ③ 尽量采用短电弧; ④ 采用适当的焊接电流; ⑤ 降低焊接速度

(续表)

缺陷类型	特 征	产 生 原 因	预 防 措 施
裂纹	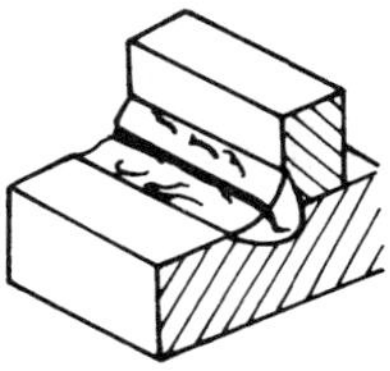 裂纹形状和分布很复杂,有表面裂纹,内部裂纹等	① 熔池中含有较多的 C、S、P 等有害元素; ② 熔池中含有较多的氢; ③ 结构刚性大; ④ 接头冷却速度太快	① 在焊前进行预热; ② 限制原材料中 C、S、P 的含量; ③ 尽量降低熔池中氢的含量; ④ 采用合理的焊接顺序和方向
未焊透	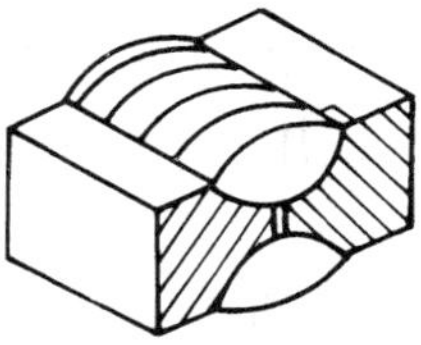 接头根部未完全熔化	① 焊接速度太快; ② 坡口钝边过厚; ③ 装配间隙过小; ④ 焊接电流过小	① 正确选择焊接电流和焊接速度; ② 正确选用坡口尺寸
烧穿	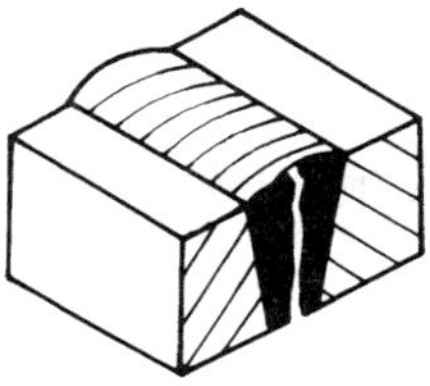 焊缝出现穿孔	① 焊接电流过大; ② 焊接速度过小; ③ 操作不当	① 选择合理的焊接工艺规范; ② 操作方法正确、合理
咬边	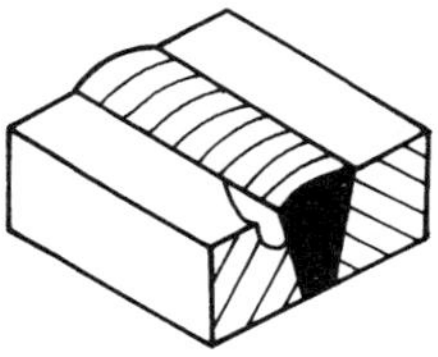 母材上被烧熔而形成凹陷或沟槽	① 焊接电流过大; ② 电弧过长; ③ 焊条角度不当; ④ 运条不合理	① 选用合适的电流,避免电流过大; ② 操作时,电弧不要拉得过长; ③ 焊条角度适当; ④ 运条时,坡口中间的速度稍快,而边缘的速度要慢些
未熔合	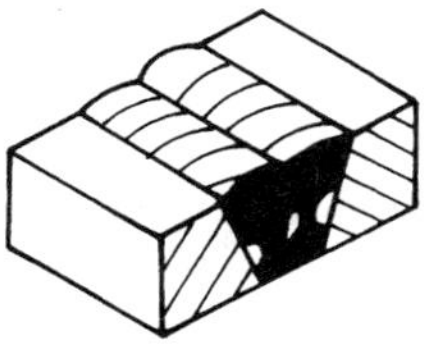 母材与焊缝或焊缝与焊缝未完全熔化结合	① 焊接电流过小; ② 焊接速度过快; ③ 热量不够; ④ 焊缝处有锈蚀	① 选较大电流,放慢焊速; ② 运条合理; ③ 焊缝要清理干净

3. 焊接变形

焊接时,由于焊件局部受热,温度分布不均匀,会造成变形。焊接变形的主要形式有:纵向变形、横向变形、角变形、弯曲变形和翘曲变形等几种。

为减小焊接变形,应采取合理的焊接工艺,如选择正确的焊接顺序或机械固定等方法。焊接变形可以通过手工矫正、机械矫正和火焰矫正等方法予以解决。

八、焊接质量检验

一般情况下,焊缝的质量检验方法有两类。

一类是非破坏性检验,包括:

(1) 外观检验 即用肉眼、低倍放大镜或样板等检验焊缝的外形尺寸和表面缺陷(如裂纹、烧穿、未焊透等);

(2) 密封性检验或耐压试验 对于一般压力容器,如锅炉、化工设备及管道等设备要进行密封性试验,或根据要求进行耐压试验。耐压试验有水压试验、气压试验、煤油试验等。

(3) 无损检测 如用磁粉、射线或超声波检验等方法,检验焊缝的内部缺陷。

另一类是破坏性试验,包括力学性能试验;金相检验;断口检验和耐压试验等。

九、手工电弧焊的安全操作

1. 防止触电

操作前应检查设备和工具的完好情况,如电焊机是否接地,电缆、焊钳是否绝缘。穿戴好绝缘鞋和手套。

2. 防止弧光伤害和烫伤

工作前必须穿戴好防护用品(如工作服、手套、面罩、护脚套等)。焊接过程中不得用肉眼直接观察电弧;更换焊条时要带好电焊手套;不得用手直接触摸热焊件等。

3. 防止火灾和爆炸

在焊接现场的周围(不应小于 10m)不得存放易燃易爆物品。如:木材、棉纱、棉丝、汽油、油漆,以及不得有油品库、乙炔站等。

4. 防止有毒气体

工作地点要有通风排烟装置。

第三节 气焊及气割

一、气焊的基本知识

利用气体燃烧的火焰作热源进行焊接的方法称之为气焊。常用的气焊是氧-乙炔焊,其他还有氧-丙烷(液化石油气)焊等。

与电弧焊相比,气焊的热源温度较低;热量较分散;生产率低;焊件变形严重;接头质量不高。但是,气焊具有火焰温度容易控制;操作简便、灵活;不需要电能等优点。

气焊适宜于焊接 3mm 以下的低碳钢薄板、有色金属以及铸铁的焊补等。

二、气焊用气源

1. 乙炔气

乙炔气在纯氧中的燃烧温度可达 3150 ℃左右,热量比较集中,可用于焊接。乙炔气易爆炸,但是,当它溶解在某种溶液(如丙酮)中,其爆炸性大为降低。

2. 液化石油气

液化石油气主要成分为丙烷,在纯氧中的燃烧温度达 2800 ℃左右,比乙炔焰低。液化石油气完全燃烧所需的氧气量比乙炔大一倍,在氧气中的燃烧速度为乙炔的一半。

3. 氧气

乙炔和液化石油气只有在纯氧中燃烧才能达到最高温度。焊接用氧气的纯度应在99.5%以上。

三、气焊设备

气焊设备主要有乙炔瓶、液化石油气瓶、氧气瓶、气体减压器、回火防止器和焊炬等。图 4-15 为气焊用设备及其工作示意图。

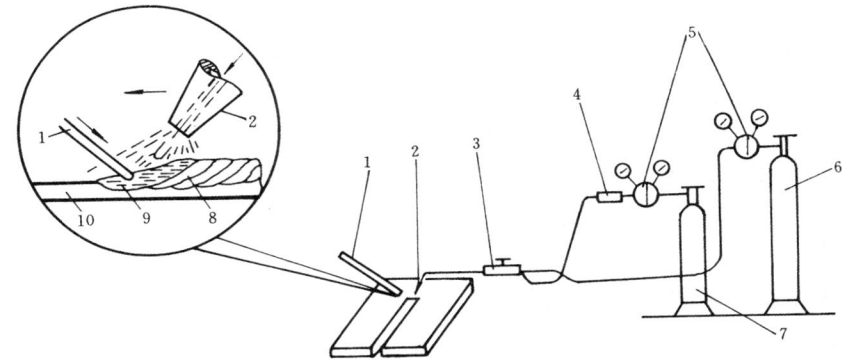

图 4-15 气焊工作及设备连接示意图

1—焊丝;2—焊嘴;3—焊炬;4—回火防止器;5—减压器;6—氧气瓶;7—乙炔瓶;8—焊缝;9—熔池;10—焊件

1. 乙炔瓶

乙炔瓶是用于储存和运输乙炔气的容器。乙炔瓶的工作压力为 1.5MPa,容积为 40L。乙炔瓶的外表漆成白色,并用红漆写上"乙炔"和"火不可近"等字样。乙炔瓶内装有浸满丙酮的多孔性填料(活性炭、木屑、浮石及硅藻土等合成物或硅酸钙)。利用乙炔能溶解于丙酮的特性,将乙炔储存在钢瓶中。

乙炔瓶在搬运、装卸和使用时要注意安全。乙炔瓶应保持直立和平稳;勿暴晒;不得靠近热源。乙炔瓶与明火间的距离不得小于 10m。瓶中的乙炔气不能全部用完,其剩余气压一般控制在 0.1~0.3MPa。

生产中使用乙炔瓶经济、安全、并无污染;而且便于运输,应用越来越普遍。

2. 液化石油气瓶

常用的液化石油气瓶有能够充装 15kg 和 30kg 两种规格。钢瓶外表漆成灰色,并写有"液化石油气"字样。液化石油气瓶设计压力为 1.6MPa。

液化石油气瓶不得充满液体,必需留出10%～20%容积的气化空间,以防止液体随环境温度升高而膨胀时,导致气瓶破裂;另外,气瓶不得暴晒,应放置在通风良好的储存室,室内严禁明火。

3. 氧气瓶

氧气瓶是用于储存和运输氧气的高压容器。氧气瓶的工作压力为15MPa,容积为40L。在15MPa的压力下可储存$6m^3$的氧气,瓶身漆成蓝色,并用黑漆写上"氧气"字样。

使用氧气瓶要注意安全:氧气瓶的安放必须平稳可靠;勿暴晒;不得与其他气瓶混在一起;氧气瓶与气焊工作地及其他火源的距离应保持在10m以上;氧气瓶严禁撞击、要有防震圈;氧气瓶严禁沾染油污;瓶中的氧气不能全部用完,其剩余气压一般控制在0.1～0.2MPa。

4. 气体减压器

气体减压器是将氧气瓶和乙炔瓶内的高压气体变成低压气体的装置。通常又称为氧气表或乙炔表。分别安装在氧气瓶和乙炔瓶的瓶口处。气体减压器同时还具有调节压力与稳定压力的功能。

气体减压器上有两个气压表:高压表和低压表。高压表反映气瓶内的压力,低压表反映气焊时的工作压力。气焊时的工作压力可用调压螺母进行调节。

5. 回火防止器

在正常的情况下,氧-乙炔火焰应在焊嘴外燃烧。如果供气不足或管路、焊嘴发生堵塞时,焊嘴外面的火焰会突然熄灭,而在管内向气源方向燃烧,这就是回火现象。

回火气体温度高、压力大。如果回火蔓延到乙炔瓶,就将引起爆炸。回火防止器的作用就是截住回火气体,防止乙炔瓶爆炸。

6. 焊炬

焊炬又称焊枪(图4-16),是气焊主要工具之一。通过焊炬将氧气和乙炔气按比例均匀混合,然后从焊嘴喷出,点火后形成氧-乙炔火焰。

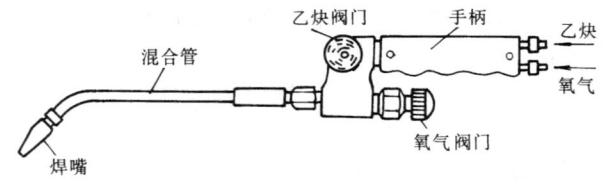

图4-16 射吸式焊炬

焊嘴的口径有多种规格,可根据需要进行更换。

按气体混合方式的不同,焊炬分为射吸式和等压式两种。其中射吸式焊炬应用较为广泛。

气焊时,若以液化石油气替代乙炔气,需对原焊炬结构稍加改进。

四、气焊火焰的性质

氧-乙炔火焰由三个部分组成,即焰心、内焰和外焰。

控制氧气和乙炔气的体积比,可得到以下三种不同性质的火焰(图4-17)。

1. 中性焰 ($V_氧 / V_{乙炔} = 1.1 \sim 1.2$)

又称正常焰。其内焰的温度达 3000～3150 ℃。焊接时熔池和焊丝的端部应位于焰心前 2～4mm。中性焰适用于低碳钢、中碳钢、合金钢及铜合金的焊接。

2. 碳化焰 ($V_氧 / V_{乙炔} < 1.0$)

碳化焰中氧气偏少而乙炔气过多，故燃烧不完全。碳化焰的火焰长度大于中性焰，温度稍低，最高温度约为 2700～3000 ℃。碳化焰的内焰中有过多的一氧化碳，具有一定的还原作用。碳化焰适用于高碳钢、铸铁和硬质合金等材料的焊接。

3. 氧化焰 ($V_氧 / V_{乙炔} > 1.2$)

氧化焰中氧气较多，燃烧较为剧烈。氧化焰的火焰长度较短，但温度可达 3100～3300 ℃。氧化焰对熔池有氧化作用，一般不常采用，仅适于黄铜的焊接。

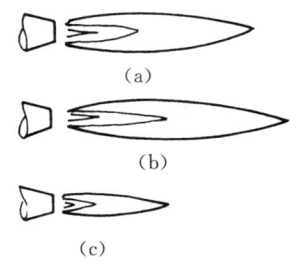

图 4-17　气焊火焰
(a) 中性焰；(b) 碳化焰；
(c) 氧化焰

五、气焊操作要点

1. 点火前，先微开氧气阀门，接着打开乙炔阀门，然后点燃火焰。开始时的火焰应该是碳化焰，然后逐步打开氧气阀门，将碳化焰调节成中性焰。熄火时，应先关掉乙炔阀门，后关氧气阀门。

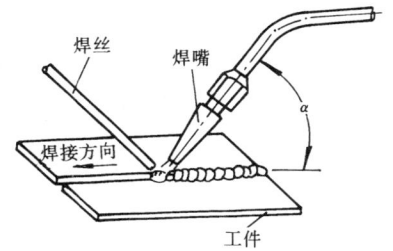

图 4-18　焊炬角度示意图

2. 气焊操作时，左手拿焊丝，右手拿焊炬。沿焊缝向左或向右移动，两手动作要协调。焊嘴轴线的投影应与焊缝相重合，焊炬与焊件的夹角 α 一般为 30°～50°（图 4-18）。焊接将近结束时，α 角应适当减小，以便将焊缝填满及避免烧穿。焊件的厚度增大时，α 角也应相应增大。

3. 焊接时，应先将焊件熔化形成熔池，然后再将焊丝适量地熔入熔池内，形成焊缝。焊炬移动的速度以能保证焊件熔化并使熔池具有一定的形状为准。

六、气割

利用气体火焰的热能进行工件切割称之为气割。气割是用割炬进行的。

气割所用的气体及供气设备是与气焊完全相同，而割炬的结构与焊炬是不同的（图 4-19）。在结构上，割炬比焊炬多一根切割氧气管和一个切割氧气阀。割嘴的结构与焊嘴也

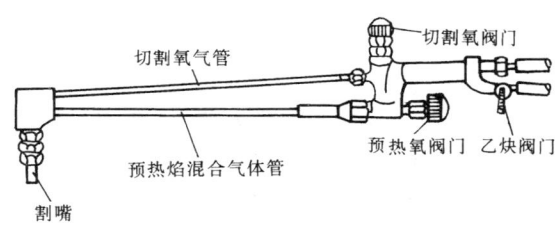

图 4-19　割炬

不同。氧-乙炔的混合气体是通过割嘴的环形通道喷出,而切割所用的氧气是通过割嘴的中心通道喷出的。

1. 氧气切割过程

气割过程实际上是被切割金属在纯氧中的燃烧过程,而不是熔化过程。

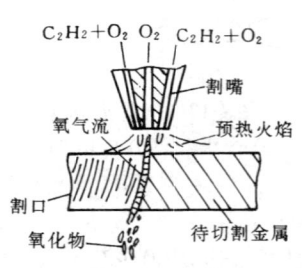

图 4-20　气割过程

氧气切割过程如图 4-20 所示。开始时,先用氧-乙炔焰将割口始端处的金属预热至高温(燃点),然后打开切割氧气阀门,送出氧气,将高温金属燃烧成氧化渣,与此同时,氧化渣被氧气流吹走,从而形成割口。金属燃烧时产生的热量以及氧-乙炔火焰同时又将割口旁的金属预热到燃点,切割氧气又使其燃烧,生成的氧化渣又被氧气流吹走,这样,只要割炬连续不断地沿切割线以一定的速度移动,即可形成所需的割口。

2. 氧气切割所需要条件

用氧气切割的金属,需具备一定的条件。即该金属的燃点应低于其熔点;其导热性较低;以及该金属氧化物生成热较高,这样的金属才适合于气割。在常用的金属材料中,低碳钢及普通低合金钢都符合气割的要求;而含碳量大于 0.7% 的高碳钢、铸铁和有色金属不能进行气割。

七、气焊及气割的安全操作

1. 操作前应带好防护眼镜和手套。
2. 点火前应检查气路各连接处的严密性、焊嘴或割嘴有无堵塞现象,如有堵塞,则用针捅通。
3. 氧气瓶及各个气路部分均不得沾染油脂,以防燃烧爆炸。
4. 严格按规定程序点火、熄火及关闭气焊设备。
5. 气焊操作中如发生回火现象应先关闭乙炔阀门,然后关闭氧气阀门,待回火熄灭后,将焊嘴用水冷却,然后打开氧气阀门,吹去焊炬内的烟灰后,再重新点火使用。
6. 气割操作中若遇到回火时,应先关闭切割氧气调节阀,然后再关闭乙炔和氧气调节阀。
7. 气焊结束时,减压器的卸压顺序应该是:先关闭高压气瓶阀门,然后放出减压器内全部余气,松开压力调节杆,使表针回零位。

第四节　其他焊接方法

一、埋弧焊

埋弧焊是一种电弧在焊剂层下面进行的焊接方法(图 4-21)。当电弧被引燃以后,电弧热将焊件、焊条和焊剂熔化,并使部分金属和焊剂蒸发而形成一个气泡,熔化了的熔剂(熔渣)覆盖在气泡的上部,这一层熔剂不仅将电弧和熔池与空气隔开,有效地起到保护的作用,还可阻挡电弧光散射出来。

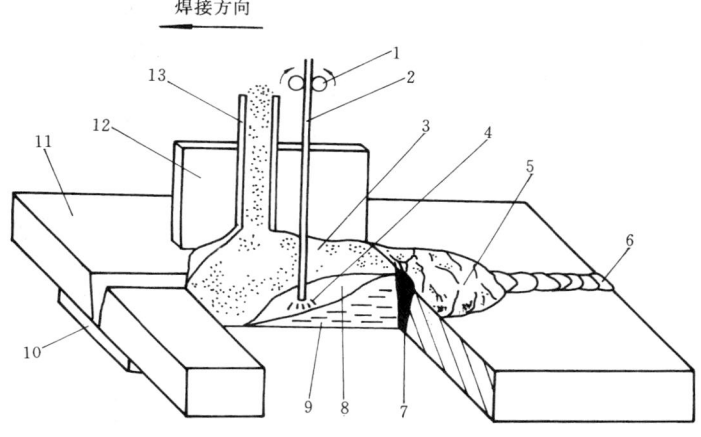

图 4-21 埋弧焊焊接过程示意图

1—送丝辊轮;2—焊丝;3—焊剂;4—电弧;5—渣壳;6—焊缝;7—焊缝金属;8—已熔焊剂;9—熔融金属;
10—焊接衬板;11—焊件;12—焊剂挡板;13—送焊剂管

埋弧焊有半自动焊和自动焊两大类,后者的焊接参数可以自动调节,是一种高效率的焊接方法。埋弧焊生产率高,可以采用大的焊接电流,熔深大,不开坡口一次可焊透20～25mm的钢板,而且焊缝接头质量高,成形美观,力学性能好,很适合于中、厚板的焊接,但不适于薄板焊接。在造船、锅炉、化工设备、桥梁及冶金机械制造中获得广泛应用。它可焊接的钢种包括碳素结构钢、低合金钢、不锈钢、耐热钢及复合钢材等。但是,埋弧自动焊只适于平焊位置对接和角接的平、直、长焊缝或较大直径的环焊缝。

二、气体保护焊

气体保护焊是用某种气体来保护电弧和焊接区的一种电弧焊。常用的保护气体有:氩气、氦气、氮气、二氧化碳等。生产中常见的有氩弧焊和二氧化碳气体保护焊等。

1. 氩弧焊

氩弧焊有熔化极氩弧焊和非熔化极氩弧焊两种。

非熔化极氩弧焊是用钨-铈的合金棒作电极,又称钨极氩弧焊(图4-22)。在钨极氩弧焊中,电极不易被熔化。钨极氩弧焊的焊接过程稳定。由于氩气的保护作用,钨极氩弧焊更适合于易氧化金属、不锈钢、高温合金、钛及钛合金以及难熔金属(如钼、铌、锆等)材料的焊接。

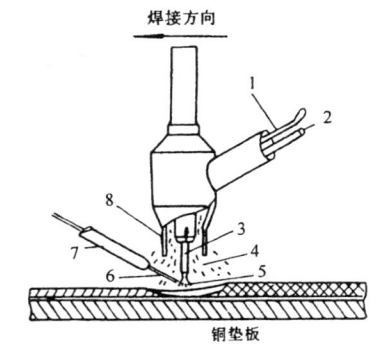

图 4-22 钨极氩弧焊示意图

1—电流导体;2—通入保护气体;3—非熔化钨极;4—保护气体;5—电弧;6—焊接填充丝;7—焊接填充丝导管;8—气体喷嘴

由于钨极的载流能力有限,电弧的功率受到一定的限制,所以焊缝的熔深较浅、焊接速度较慢。钨极氩弧焊一般仅适用于焊接厚度小于6mm的焊件。目前,钨极氩弧焊广泛用于飞机制造、化工、石化及纺织工业中。

钨极氩弧焊的设备配置如图4-23所示,它主要有焊接电源、焊炬、供气系统、焊接控制装置等部分组成。当冷却不充分而需要水冷时,还可备有供水系统。

氩弧焊机按电源的性质不同,可分直流、交流和脉冲氩弧焊机三种类型。

为了适应厚件的焊接,在钨极氩弧焊的基础上发展了熔化极氩弧焊(图 4-24)。在熔化极氩弧焊中,焊丝既是电极,又是填充金属。熔化极氩弧焊允许采用大电流,因而焊件熔深较大,焊接速度快,生产率高,变形小。它可用于铝及铝合金、铜及铜合金、不锈钢、低合金钢等材料的焊接。

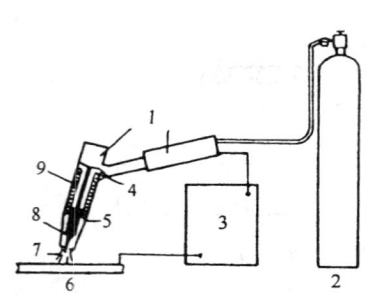

图 4-23 钨极氩弧焊设备布置图

1—电极夹;2—惰性气体源;3—焊机;
4—电导体;5—绝缘外套;6—工件;
7—保护气体;8—气体通道;9—钨极

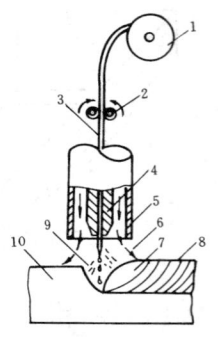

图 4-24 熔化极氩弧焊示意图

1—焊丝盘;2—送丝滚轮;3—焊丝;4—导电嘴;5—保护气体喷嘴;6—保护气体;7—熔池;8—焊缝金属;9—电弧;10—母材

2. 二氧化碳气体保护焊

二氧化碳气体保护焊是一种高效率的熔化极气体保护焊。与其他电弧焊相比,有以下的优点:在二氧化碳气体的保护下,电弧的穿透力强、熔深大、焊丝的熔化率高,所以其生产率可比手工电弧焊高 1～3 倍。同时,二氧化碳气体来源广,价格低、能耗少,故焊接成本低。但是,它的主要缺点是电弧稳定性较差,金属飞溅严重,弧光强烈。同时由于二氧化碳气体有一定的氧化性,必须配合含硅、锰等脱氧元素较多的焊条才能正常焊接。

目前,二氧化碳气体保护焊在造船、汽车、石油化工等工业中得到广泛应用。主要用于低碳钢和低合金钢等黑色金属的焊接。

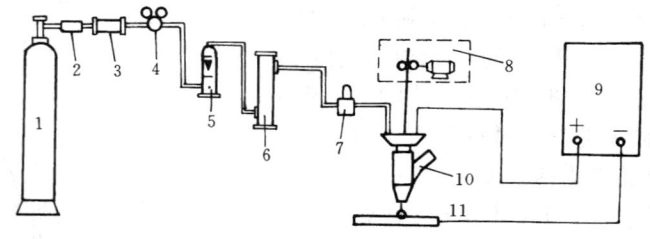

图 4-25 二氧化碳气体保护焊

1—CO_2 气瓶;2—高压预热器;3—干燥器;4—减压器;5—流量计;6—低压干燥器;7—电磁气阀;8—送丝机构;9—电源控制箱;10—焊炬;11—焊件

二氧化碳气体保护焊的设备如图 4-25 所示。它主要由焊接电源、焊炬、送丝机构、供气系统和控制电路等部分组成。焊丝由送丝机构送出,二氧化碳气体以一定的压力和流量从焊炬的喷嘴喷出。电弧被引燃后,焊丝的末端、电弧及熔池都被二氧化碳气体所包围,防止空气的侵入而起到保护的作用。

按操作方式的不同,二氧化碳气体保护焊分自动焊和半自动焊两种。目前,半自动焊应用较多。

三、电阻焊

焊件经组合后,在外加压力的作用下,利用电流通过焊件接头的接触处所产生的电阻热进行焊接的方法称之为电阻焊。

电阻焊具有下列优点:

(1) 由于加热时间短,热量集中,故热影响区较小,焊接应力与变形也小,焊接后不再需要校正和热处理;

(2) 电阻焊不需要焊丝、焊条等填充金属,焊接成本低;

(3) 操作简单,易于机械化、自动化,生产率高,劳动条件好。

但是,也有下列缺点:

(1) 设备功率大,由于自动化程度高,一次性投资大;

(2) 目前尚无可靠的检测方法,只能依靠工艺试样或破坏性试验来检验。

电阻焊有四种类型:点焊、凸焊、缝焊和对焊(图 4-26)。

点焊是用两个柱状电极在焊件上加压并通电,在接触处因电阻热的作用而形成一个熔

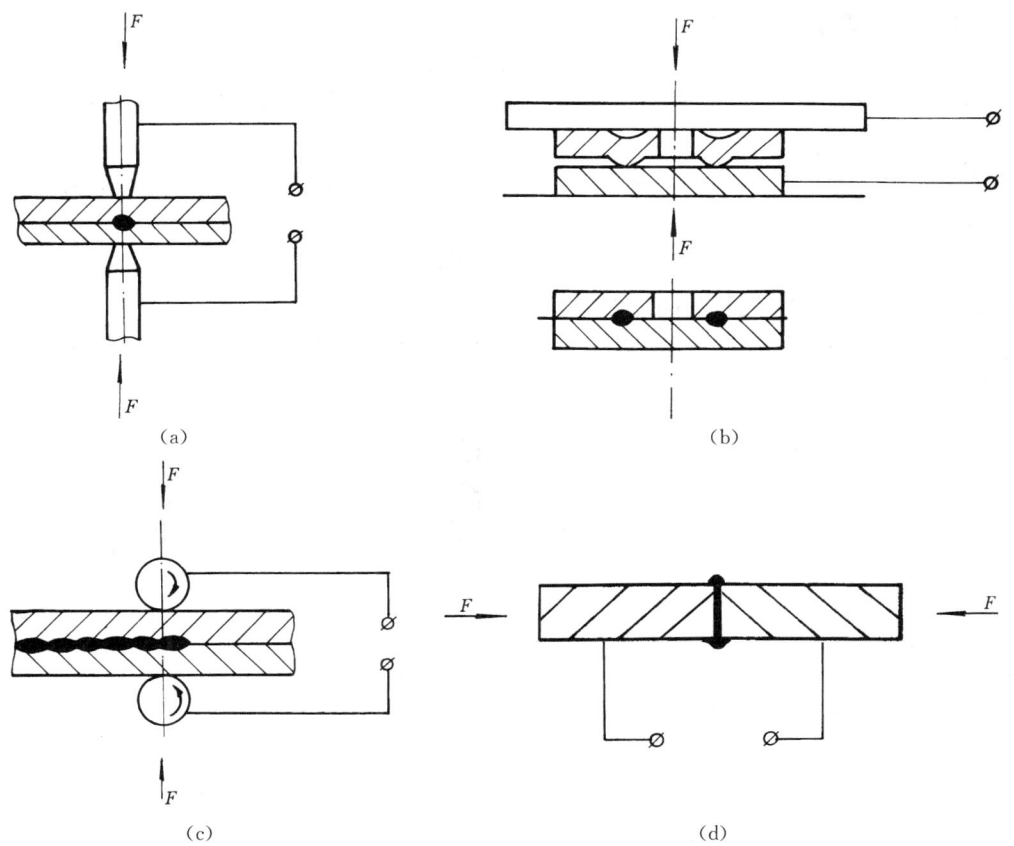

图 4-26 电阻焊
(a) 点焊;(b) 凸焊;(c) 缝焊;(d) 对焊

核,冷却后即成一个焊点,由多个焊点将焊件连接在一起。点焊适用于制造接头处不要求密封的搭接结构和厚度小于 3mm 的冲压、轧制的薄板构件。它广泛用于如汽车驾驶室等低碳钢产品的焊接。

凸焊是点焊的一种变形。首先在工件上预制好一些凸出点,然后与另一焊件表面相接触,并通电加压,最后形成焊点。

缝焊是用一对滚轮电极代替点焊的柱状电极,当它与焊件作相对运动时,经通电加压,在接缝处形成一个一个相互重叠的熔核,冷却后即成密封的焊缝。缝焊用于焊接油桶、罐头、暖气片、飞机和汽车油箱等有密封要求的薄板焊件。

对焊是将两个工件的端面相互接触,经通电和加压后,使其整个接触面焊合在一起。对焊有电阻对焊和闪光对焊两种类型,主要区别在于它们的加压和通电的方式不同。对焊用于石油、天然气输送管道、钢轨、锅炉钢管、自行车摩托车轮圈、锚链及各种刀具等。也可用于各种部件的组合及异种金属的焊接。

四、钎焊

钎焊是用低熔点的钎料将两个焊件连接成一个整体的方法。与熔焊不同,钎焊时,母材不熔化,而钎料熔化并填充在两母材的连接处的间隙(钎缝)中,钎料与母材相互溶解和扩散,凝固后形成牢固的结合体。

根据钎料熔点的不同,钎焊可分为软钎焊和硬钎焊两种。

使用熔点低于 450 ℃的钎料的钎焊称之为软钎焊,常用的软钎料有锡基、铋基、铟基、钼基合金等。

使用熔点高于 450 ℃的钎料的钎焊称之为硬钎焊,常用的硬钎料有铝基、银基、铜基、锰基合金等。

钎焊的过程如图 4-27 所示。先将表面干净的焊件以搭接形式装配好,然后将钎料放在间隙内或间隙的附近,当焊件与钎料同时被加热至稍高于钎料的熔点时,钎料被熔化(焊件不熔化),并借助于润湿作用和毛细作用渗入间隙内,待钎料充满间隙并冷却后,便形成了钎焊接头。

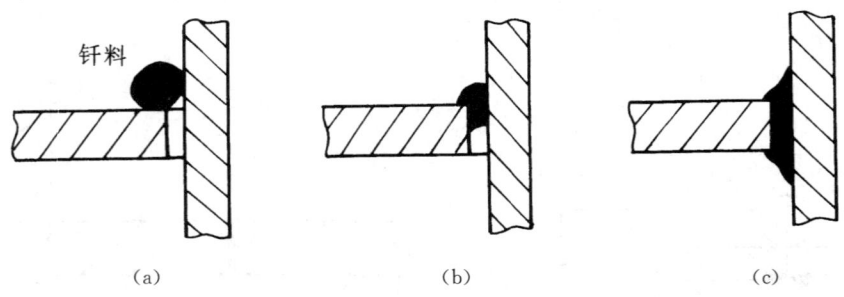

图 4-27 钎焊过程示意图
(a) 在接头处安置钎料,并对焊件及钎料进行加热;(b) 钎料熔化并开始流入钎缝间隙;
(c) 钎料填满整个钎缝间隙,凝固后形成钎焊接头

钎焊时,一般要使用钎剂(或称之为钎焊熔剂)。钎剂的作用是清除焊件表面的氧化膜及其他杂质;改善钎料的润湿性;保护钎料和焊件不被氧化;提高钎焊接头的质量。软钎焊常用的钎剂为松香(中性)或氯化锌溶液(酸性)。硬钎焊用的钎剂有硼砂、硼酸、氯化物等。

钎焊方法繁多,按热源不同可分为:火焰钎焊、盐浴钎焊、金属浴钎焊、电阻钎焊和感应钎焊等。

钎焊的优点是加热温度低、焊件的显微组织和力学性能变化不大；变形小；接头光整；生产率高。钎焊不仅适于同种金属的焊接，也适于异种金属的焊接。但是，钎焊接头的强度较低，承载能力有限，而且耐热性较差，故不适于一般钢结构的焊接。软钎焊仅适用于受力较小或工作温度较低的焊件；硬钎焊适于受力稍大或工作温度较高的焊件。

五、等离子焊接与切割

等离子焊接是另一种形式的电弧焊。在前面所提的电弧焊中，电弧是没有受到外界条件约束的，这种电弧称之为自由电弧。当自由电弧在压缩喷嘴的作用下，弧柱区的横截面受到压缩后，就成为等离子弧。与自由电弧相比，等离子弧的能量密度和温度显著增大。等离子焊接就是利用高能量的等离子弧进行焊接的，因此，等离子焊接的焊接速度快、焊缝的深宽比大、焊薄板时变形小、焊厚板缩孔倾向小等的优点。

等离子焊接时，电极周围的气体被电弧电离而形成等离子气（图4-28），它具有一定的保护作用。但等离子弧焊同时还用惰性气体（如氩气等）来保护熔池不受污染。

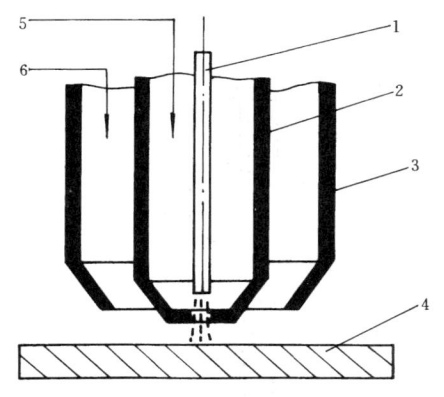

图4-28 等离子弧焊枪示意图
1—电极；2—压缩喷嘴；3—保护气罩；
4—焊件；5—等离子气；6—保护气体

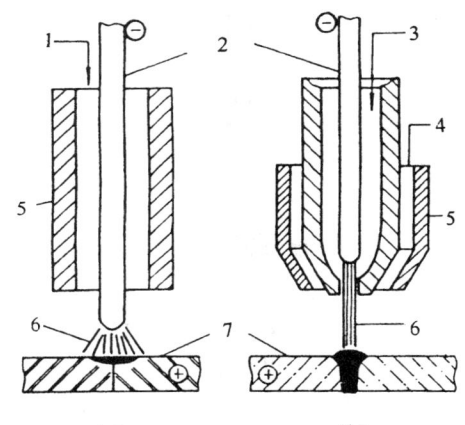

图4-29 钨极氩弧焊和等离子弧焊的比较
(a) 钨极氩弧焊；(b) 等离子弧焊
1—保护气体；2—电极；3—等离子气；4—保护气体；
5—保护气罩；6—电弧等离子体；7—工件

等离子焊接实际上也是钨极氩弧焊的发展。如图4-29所示。不同的是，钨极氩弧焊焊炬内的电极是伸出气体保护罩之外，电弧是可见的，而且电弧不受压缩，呈圆锥形。而在等离子焊接的焊炬内，电极是在压缩喷嘴以内，电弧被压缩成圆柱形。所以，与钨极氩弧焊相比，等离子焊接具有焊接速度快、生产率高、热影响区小、焊接变形小、焊接质量高等优点。

等离子焊接适用于高熔点、易氧化的合金钢、不锈钢、镍和镍合金、钛及钛合金等零件的焊接。

等离子弧也可以用来切割金属，即等离子切割。它是利用高温、高速和高能量的等离子电弧来加热和熔化被切割材料，并借助高速的气流将熔化的材料吹除，形成一条狭窄的切口。所以，等离子切割与氧-乙炔气割根本的不同点，在于它并不是利用氧化（燃烧）反应，而是依靠金属的熔化实现切割的。

等离子切割所用的等离子弧温度一般在10000～14000 ℃之间,远远超过所有金属和非金属的熔点,所以它不仅适用于不锈钢、铸铁、钛及钛合金、铝及铝合金、铜及铜合金、钼及钨合金等难于切割的材料,同时也可用于如花岗石及碳化硅等非金属材料的切割。

六、特种焊接方法简介

随着科学技术的不断发展,陆续地出现了许多利用某些高新技术进行焊接的特种方法,并在一定的范围内得到了推广和应用。这些方法效率高、质量好,同时也扩大了焊接技术的应用范围。现简单介绍几种特种焊接方法。

1. 电子束焊

图4-30为电子束焊的示意图。从电子枪中射出的电子束,以极高的速度(0.3～0.7倍的光速)撞击焊件表面,电子的动能转变成热能,使金属迅速熔化,冷却后即成焊缝。

电子束焊的特点是穿透力强、熔深大、焊接速度快、热影响区小、变形小、焊接精度高、易于自动化,但是设备复杂、投资大、电子束受到电磁场的干扰会影响焊接质量。

电子束焊适于高熔点、高活性材料的焊接,如不锈钢、沉淀硬化钢、超高强度钢、镁和镁合金、铝和铝合金、钨、钼等材料。

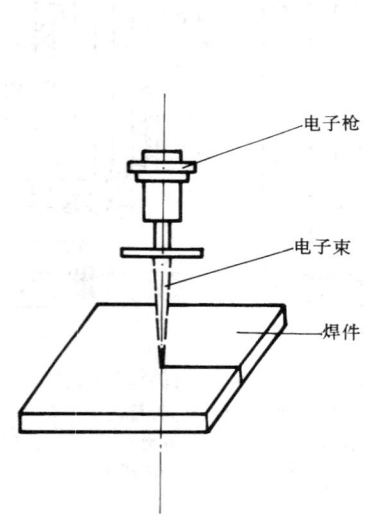

图4-30 电子束焊示意图

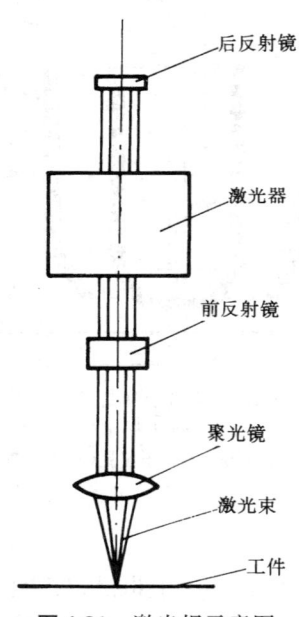

图4-31 激光焊示意图

2. 激光焊接与切割

图4-31为激光焊的示意图。当激光射到金属表面时,光能被金属表面吸收,使焊件温度升高直至熔化,最后形成焊缝。

激光焊具有很高的能量密度,焊接速度高,热影响小,变形小,材料不易氧化,没有熔渣,焊缝质量好,不需要真空设备。可远距离焊接,精度高。激光焊适用于晶体管元件及微型精密焊接。它可以透过玻璃进行焊接。激光焊接不仅能焊同种金属材料,而且可以焊接不同的金属材料,或金属材料与非金属材料,例如用陶瓷作基体的集成电路,由于陶瓷熔点很高,又不宜施加压力,采用其他焊接方法很困难,而用激光焊接是比较方便的。但激光焊接设备昂贵投资大。

激光焊还适于高熔点、易氧化的金属,如钛及钛合金、铝及铝合金、不锈钢、耐热合金等。

激光也可同样用于切割,它具有切割速度高、割缝小、变形小等优点。它不仅可用于金属切割,同时也可用于非金属(如木材、塑料、橡胶等)的切割。

3. 爆炸焊

图 4-32 为爆炸焊的示意图。利用炸药爆炸所产生的高温高压的冲击波使焊件的表面之间发生高速的猛烈撞击,一方面由于喷射效应将表面氧化膜清除,另一方面使金属产生塑性变形,从而将两焊件紧密焊接起来。

爆炸焊工艺简单、易掌握、能源价廉易得。安全方便。

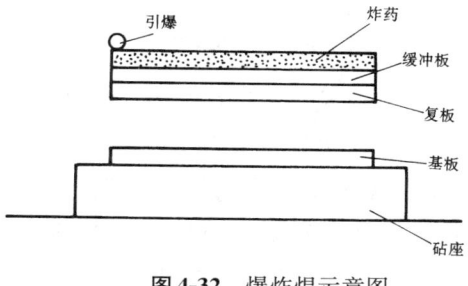

图 4-32 爆炸焊示意图

爆炸焊可焊接异种金属。可生产复合板、复合管、复合棒等复合材料。如压力容器中钛和钢板的复合材料,热交换器管板结构(钛管和钢板)等。

4. 摩擦焊

图 4-33 为摩擦焊的示意图。由于相对摩擦而产生的热量,使焊件表面温度达到锻压的温度范围内,在外加压力的作用下两焊件被顶锻而结合在一起。

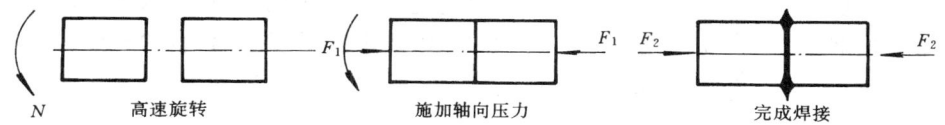

图 4-33 摩擦焊示意图

摩擦焊热影响区小、电功率低、节省材料、易于自动化、焊缝处无杂质、焊缝质量高、生产率高。但要求零件形状便于高速旋转。在摩擦焊的顶锻处会有飞边产生。

摩擦焊适于任何可以锻压的金属,如碳钢、合金钢、工具钢、不锈钢和铝、铜、镍、钼及其合金。在电力、电气、电机、变压器、刀具、汽拖拉机等方面得到应用。

5. 高频焊

图 4-34 为高频焊的示意图。当高频电流流经焊件时,由于高频电流的集肤效应和邻近效应,使焊件表面快速加热,并在顶锻力的作用下,两焊件被焊在一起。

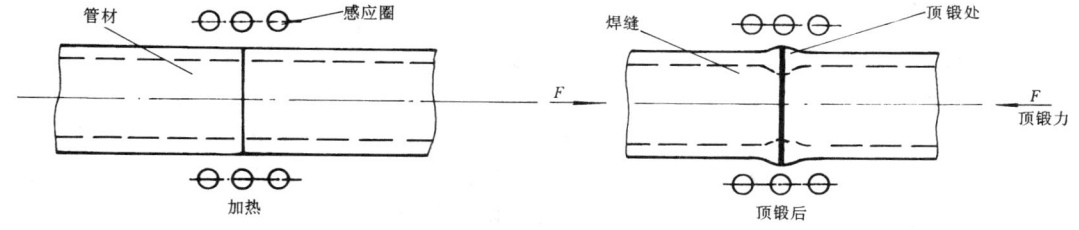

图 4-34 高频焊的示意图

高频焊焊接速度高、热影响区小、能焊的金属种类广。但是投资大、维修费用高。

高频焊可焊碳钢、合金钢、不锈钢、铜及铜合金、钛及钛合金等。可生产有缝管、异型管、散热片等。

第五节 胶 接

一、胶接基本知识

胶接是将胶黏剂涂在两个物体的胶接表面上,依靠胶黏剂本身的物理凝固及化学反应所产生的黏附力把两个物体结合在一起的连接方法。

按应用情况,胶接可分为非结构胶接和结构胶接两种。非结构胶接是指密封、定位、修补、封装等非承受载荷的胶接。结构胶接是指胶接接头处于受力状态,能承受和传递较大的静、动载荷。胶接技术用于金属结构时,与铆、焊、螺钉连接相比,具有下列优点:

(1) 结构重量可减轻,从而使金属结构具有高的强度重量比和刚度重量比。同时,应力分布均匀、无应力集中现象能提高静强度和刚度;

(2) 工艺简单、方便、容易操作、成本低;

(3) 胶接处表面光滑、美观,并具有多种性能(如密封性、绝缘性、减震性及隔音等);

(4) 工艺性好,加工温度低,所以一般对材质本身的机械性能没有影响;

(5) 适用范围广,不仅适用于同种金属材料的连接,也适用于异种金属及不同类型的材料(如金属与各种非金属材料)之间的连接。同时也可用于不同厚度材料的连接。

但是胶接技术也存在下列缺点:

(1) 胶接接头处的力学性能较差,一般远不及母材的性能;

(2) 耐热老化和耐气候老化性能差;

(3) 机械化生产程度差。同时,检测(尤其是无损检测)手段少。

胶接技术几乎遍于整个工业部门,应用极广。如木材、建筑、纺织、机械等工业部门有广泛应用。如机械制造中用于刀具(车刀、铣刀的胶结,钻头的接长等)、模具等。从减轻结构重量的角度出发,在汽车、飞机、导弹、舰船及电子工业中日益受到越来越多的重视,如我国自行设计研制的歼 8 飞机上采用了胶结蜂窝结构,在某导弹头部结构中采用铝合金与玻璃钢的胶结。

二、胶黏剂

1. 分类

胶黏剂种类繁多,分类如下:

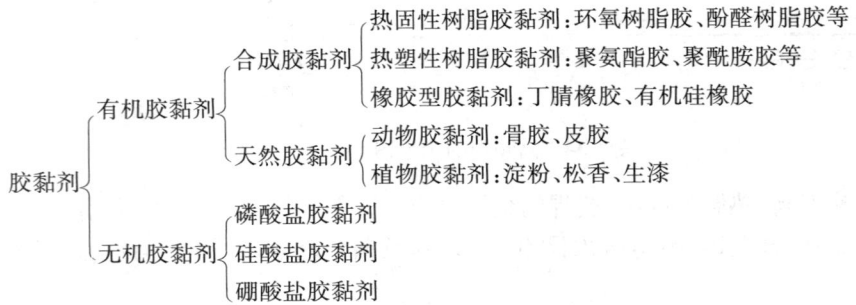

2. 常用胶黏剂

（1）环氧树脂胶　又称环氧胶。目前使用量很大，黏结强度高，工艺性能良好，可黏多种材料，使用范围广，可用于钢、铝合金、铜合金、钛合金及玻璃钢等材料。但耐温性能不高。

（2）酚醛树脂胶　黏结力强，适用于多种材料，其耐热性及耐湿热老化性能较好，具有较大的刚性，长期使用有较好的尺寸稳定性。但是，脆性较大、疲劳强度较差，用于钢、铝合金、钛合金等。

（3）聚氨酯胶　具有和环氧胶相似的优点，但耐温性能不够高，耐湿热老化性能差。

（4）丙烯酸酯胶（厌氧胶）　具有固化温度低、固化速度快、黏结强度高、毒性小等优点。在与空气隔绝的条件下，能迅速固化，它主要用于螺纹、法兰面、螺栓的套接、加固和密封。

选择胶黏剂时，应考虑下列几点：

（1）胶黏剂必须与被黏结材料的种类和性质互溶；

（2）满足胶接接头的力学性能和其他性能（如耐蚀性、耐热性）的要求；

（3）考虑胶接工艺简单、方便、经济、合理。

三、胶接接头型式

常用的胶接接头型式有：对接、搭接、嵌接、角接、L型接、T型接和管材接等（图 4-35）。需要注意的是无论何种接头型式，接头处都必须是面接触，这样才能保证一定的接头强度。

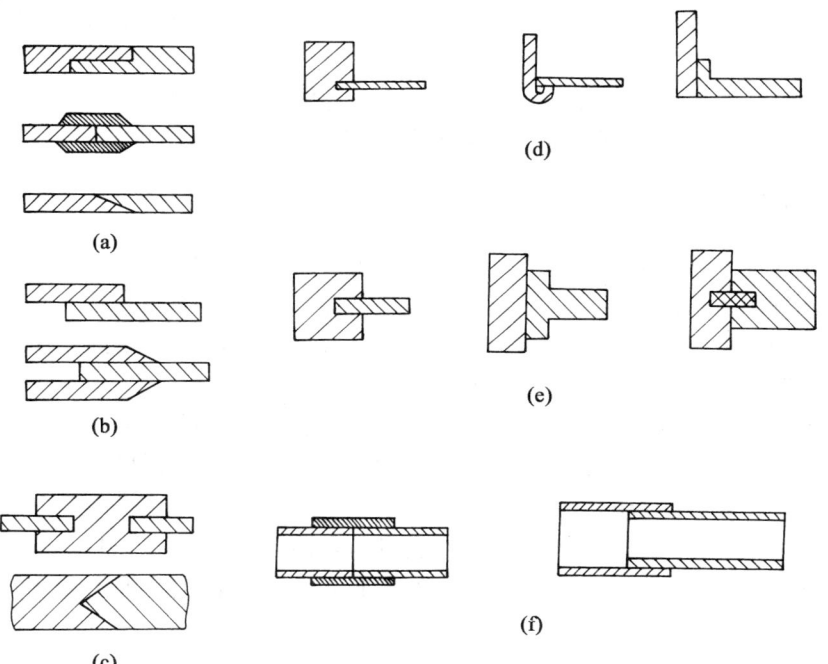

图 4-35　胶接接头型式
(a) 对接；(b) 搭接；(c) 嵌接；(d) L型接头；(e) T型接；(f) 管材接

四、胶接工艺

为保证胶接接头的质量,必须要有一个合理的胶接工艺。典型的胶接工艺过程大致如下:

(1) 胶接零件预装配;
(2) 胶接零件表面处理;
(3) 涂胶;
(4) 零件装配定位;
(5) 固化;
(6) 整修、密封;
(7) 性能试验;
(8) 质量检验。

胶接零件的表面处理是很重要的一个工序,这是因为胶接零件的表面状态直接影响胶接质量,所以,在胶接前必须进行表面处理,使零件的胶接表面保持清洁、无污染,有一定的粗糙度,并具有一定的活性。经表面处理后,接头的力学性能会有不同程度的提高。

零件的表面处理工艺包括有溶剂脱脂、机械打磨或喷砂、化学腐蚀处理及阳极化处理、涂底胶处理等。

手工黏结时,须要注意的是:

(1) 根据胶黏剂的种类和性质,选择合适的涂胶工具,如毛刷、喷枪或注塑针,涂胶时要求均匀而不含气泡,胶膜厚度控制在 0.05~0.2mm 之内;
(2) 涂胶后,工件的晾置时间应控制在胶黏剂允许的适用范围内,同时应避免开放状态的胶膜吸附灰尘或被污染;
(3) 组装定位要准确,合拢后要避免错动,避免气泡留在胶层内;
(4) 根据胶黏剂的特性,准确选择固化参数,即反应时间、反应温度、压力等。

五、胶焊

胶焊是在零件的搭接部位同时进行点焊和胶接两个连接的方法。

胶焊有两种工艺方法:一种方法是先将零件进行点焊,然后将胶黏剂注入接缝中,所用的低黏度胶黏剂靠毛细作用渗入到搭接接头中,随后固化。另一种方法是先用胶黏剂将零件胶接,然后在胶接处进行点焊,最后完成固化。

胶焊技术同时具有胶接和点焊两种工艺的优点。胶焊接头的机械性能可进一步提高,疲劳强度能得到很大改善,接头处的密封程度也好,并可提高耐腐蚀性能。

胶焊技术允许用于较薄的金属板设计。

胶焊技术适用于铝合金、钛合金的板材,也可用异种金属制造复合材料。

目前,胶焊技术已用于汽车工业,同时在航空航天工业中也得到应用。

第五章 钳 工

第一节 概 述

钳工是手持各种工具在装有虎钳的钳工台(图 5-1)上对材料进行切削加工的一个重要工种。钳工的基本操作有划线、锯削、锉削、钻孔、铰孔、攻丝、套丝、刮削及研磨等。

钳工可以分为普通钳工、划线钳工、模具钳工、装配钳工和维修钳工等。

钳工的应用范围很广,主要工作有:

(1) 零件加工前的准备工作,如毛坯的清理、划线等。

(2) 机器装配前对零件进行钻孔、铰孔、攻丝、套丝等;装配时对相互配合的零件进行修整;装配后对机器进行调试等。

(3) 对精密零件的加工,如刮研零件、量具的配合表面和制作模具、锉制样板等。

(4) 机器设备的维修等。

钳工使用的工具简单,操作灵活方便。能够加工形状复杂、质量要求高的零件。并能完成一般机械加工难以完成的工作,因此钳工在机械制造和维修工作中占有很重要的地位。但是钳工劳动强度大,生产率低,对工人技术要求较高。随着工业技术的发展,钳工操作也正朝着半机械化和机械化方向发展,以降低劳动强度和提高生产率。

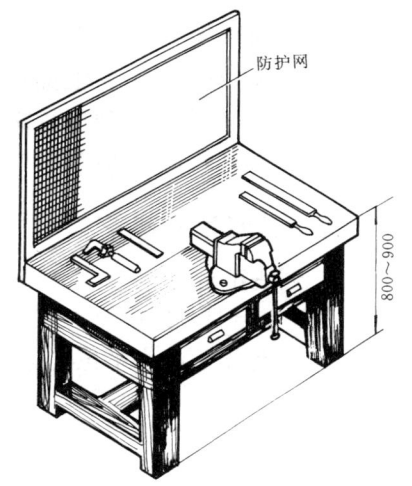

图 5-1 钳工台

第二节 划 线

一、划线概念

根据图样的尺寸要求,在毛坯或半成品上划出加工界线的操作称为划线。

1. 划线的作用

划线可以检查毛坯尺寸和形状的合格率和合理分配各加工面的加工余量以及标示出加工尺寸的位置。

2. 划线的种类

划线分平面划线和立体划线两种(图 5-2)。

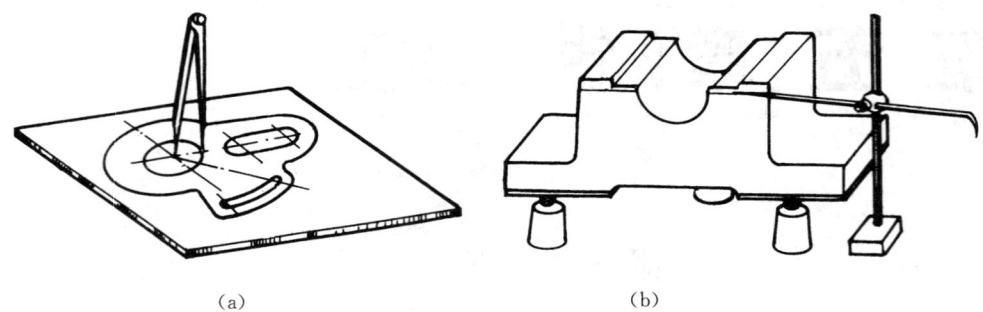

图 5-2 划线种类
(a) 平面划线；(b) 立体划线

(1) 平面划线　用划线工具在毛坯或半成品的平面上划出几何图形的线条。

(2) 立体划线　在毛坯或半成品的长、宽、高三个方向的表面上划出所需的线条。

划线是一件非常细致而重要的工作,它直接影响到产品的质量,必须做到尺寸准确、线条清晰、粗细一致,样冲眼分布均匀。

二、划线工具

1. 划线平台

划线平台是划线的基准工具,如图 5-3 所示。它的上平面是划线的基准平面,要求平直光洁,牢固地安装在水平位置上。保持清洁,严禁敲击碰撞。

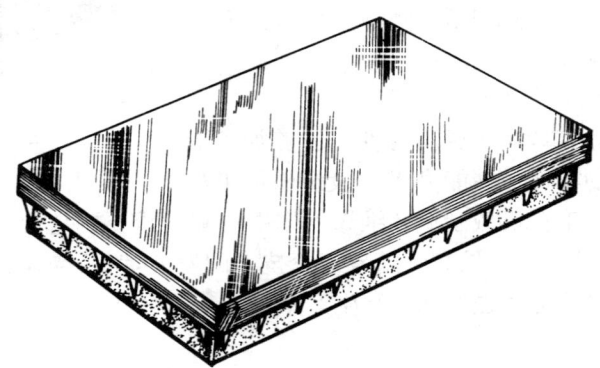

图 5-3 划线平台

2. 划针和划针盘

(1) 划针　划针是划线的基本工具,如图 5-4 所示。

划线时划针针尖应紧贴钢尺移动,尽量做到线条一次划出使线条清晰、准确,如图 5-5 所示。

(2) 划针盘　划针盘是立体划线和校正工件位置时用的工具(图 5-6)。

划线时划针盘上的划针装夹要牢固,伸出长度要适中,底座应紧贴划线平台,移动平稳,不能摇晃。

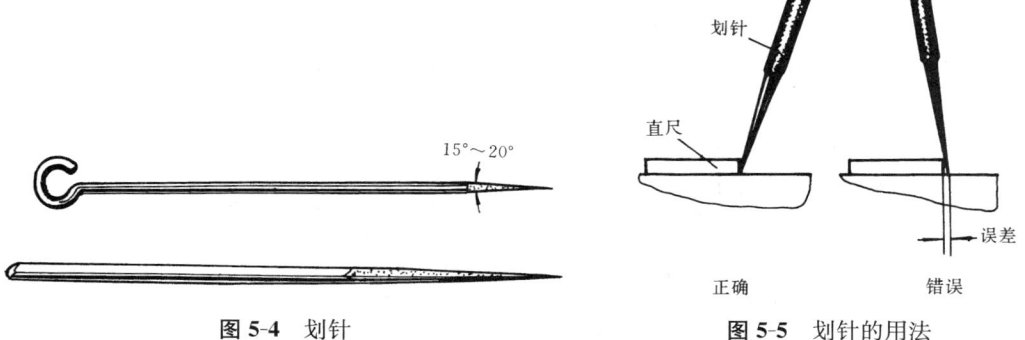

图 5-4 划针   图 5-5 划针的用法

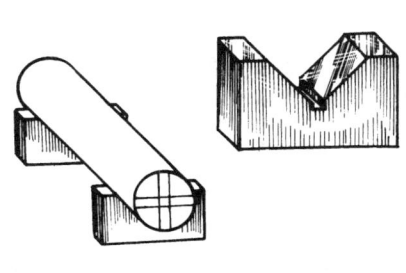

图 5-6 划针盘   图 5-7 V 形铁

3. V 形铁和千斤顶

V 形铁和千斤顶是放在平台上支承工件用的工具。

（1）V 形铁 V 形铁用于支承圆形工件，使工件轴线与平台平行，便于找出中心和划出中心线。较长的工件可放在两个等高的 V 形铁上（图 5-7）。

（2）千斤顶 用于支承较大或不规则的工件（图 5-8），一般用三个千斤顶为一组，分别调节它们的高度，对工件进行调正，如图 5-2(b)所示。

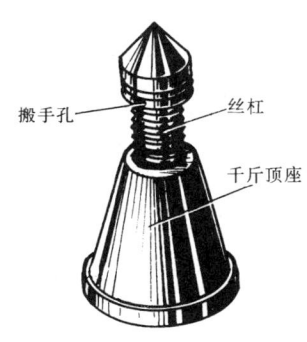

图 5-8 千斤顶

4. 方箱

方箱是一个各表面都经过精加工的空心立方体，其中一个平面有 V 形槽和压紧装置（图 5-9）。方箱用于夹持较小，且需要划线的表面较多的工件，通过翻转方箱，在工件表面划出互相垂直的线条。圆形工件可夹持在 V 形槽内，同样翻转方箱划出中心线或找出工件中心。

5. 划线量具

（1）钢尺 钢尺是长度量具，用于测量工件尺寸，如图 5-10(a)所示。

（2）直角尺 两边成 90°角度[图 5-10(b)]。将直角尺放在平台上，用划针划出工件的垂直线,将直角尺的垂直边与工件已划的垂直线重合,用划针盘可划出工件的水平线。

(3) 高度游标尺　是附有划线量爪的精密高度划线工具[图 5-10(c)]。通过调节划线量爪在高度游标尺上的位置划出工件的高度尺寸,一般用于已加工表面的划线。

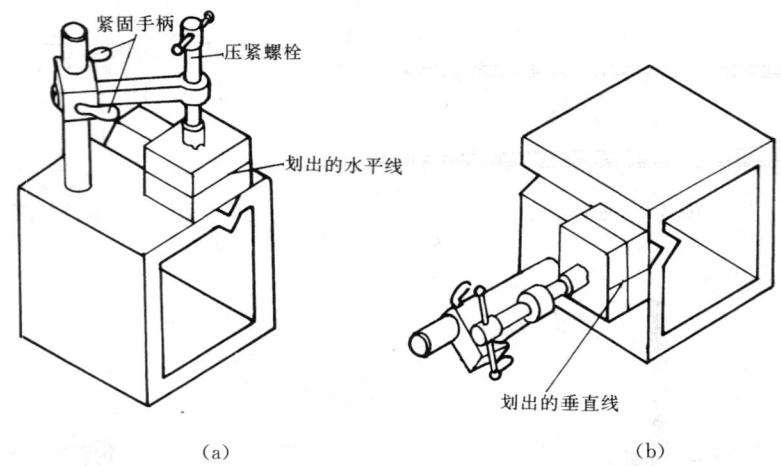

图 5-9　方箱的应用
(a) 划水平线；(b) 翻转 90°划垂直线

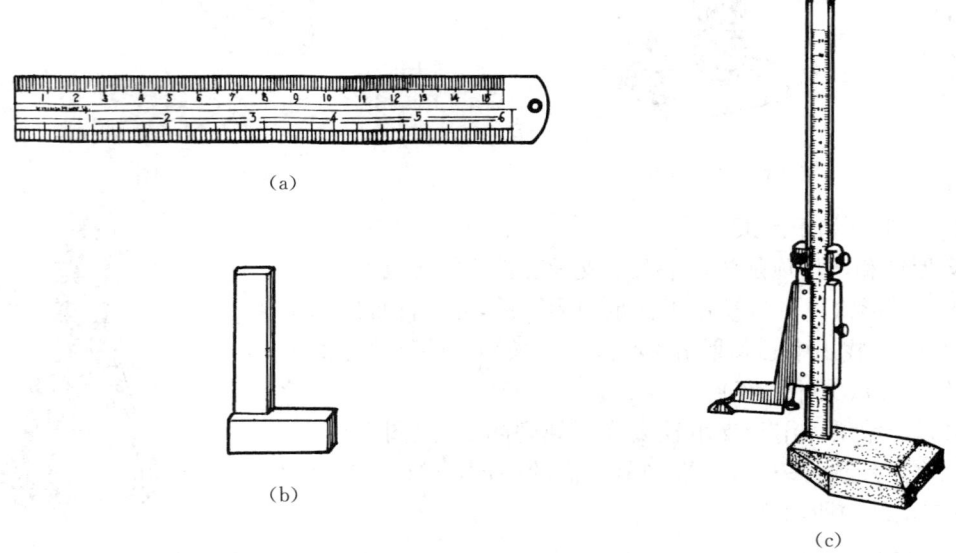

图 5-10　划线量具
(a) 钢尺；(b) 直角尺；(c) 高度游标尺

6. 划规和划卡

(1) 划规　是划圆、圆弧和等分线段的平面划线工具。它分普通划规、定距划规等几种(图 5-11)。

(2) 划卡　又称单脚规,是用于确定轴和孔中心位置的工具,如图 5-12 所示。使用划卡时,弯脚到工件端面的距离应保持一致。

7. 样冲

样冲是在划出的线条上打出样冲眼的工具。样冲眼使划出的线条留下长久的位置标记（图 5-13）。

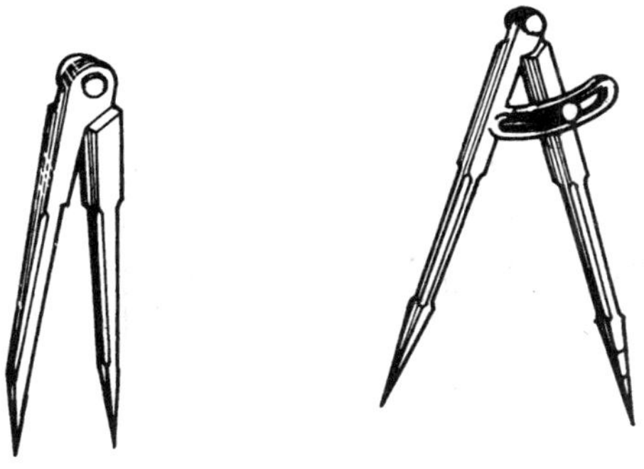

图 5-11 划规
(a) 普通划规；(b) 定距划规

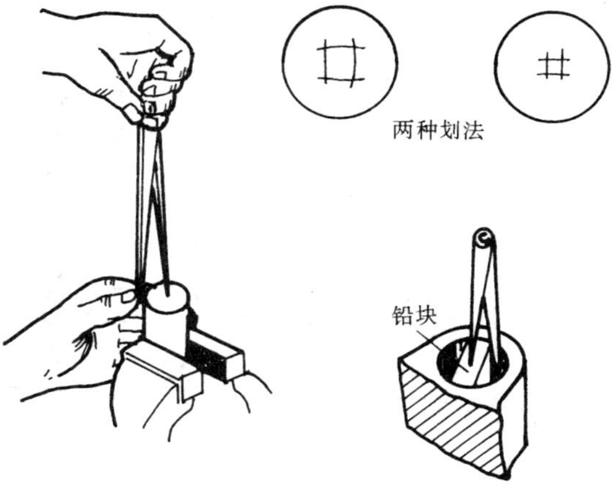

图 5-12 划卡定中心
(a) 定轴心；(b) 定孔中心

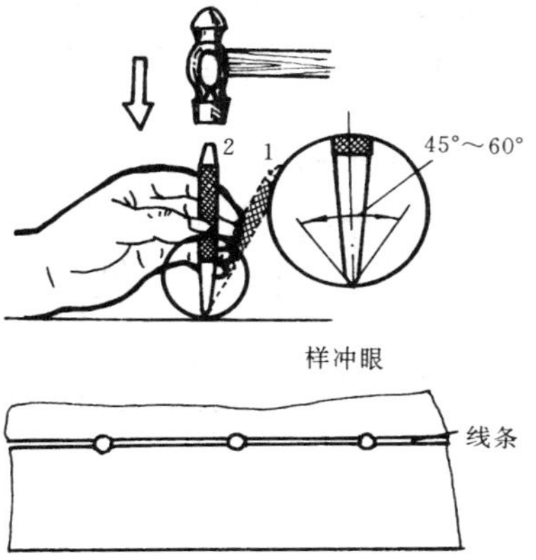

图 5-13 样冲及其用法

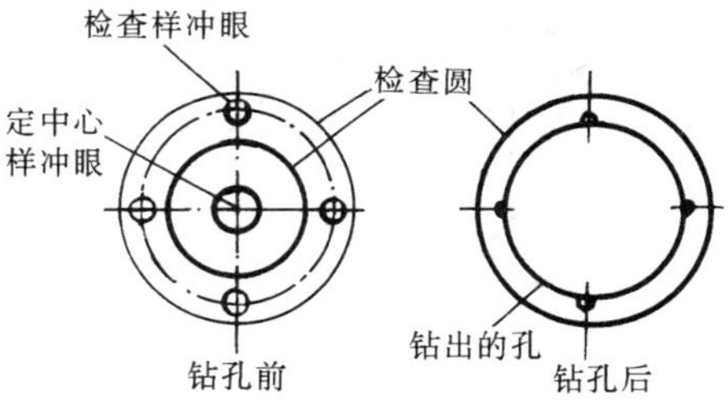

图 5-14 样冲眼作用

在圆弧和圆心上打样冲眼有利钻孔时钻头的定心和找正(图 5-14)。

打样冲眼的操作要点：
(1) 冲眼中心不能偏离线条。
(2) 冲眼间距应均匀。直线冲眼间距可大些,曲线可小些,转折点处应打冲眼。
(3) 工件薄、材料软的冲眼应稍浅,表面粗糙的冲眼应深些,精加工表面一般不允许冲眼。
(4) 钻孔时,圆心冲眼应稍大,便于钻头定心。

三、划线基准及其选择

1. 划线基准

划线时,选定工件上某些点、线、面作为工件上其他点、线、面的度量起点,则被选定的点、线、面称为划线基准。

2. 常用划线基准及选择

常用划线基准有：两个互相垂直的外平面[图 5-15(a)]；两条互相垂直的中心线[图 5-15(b)]；一个平面和一条中心线[图 5-15(c)]等。

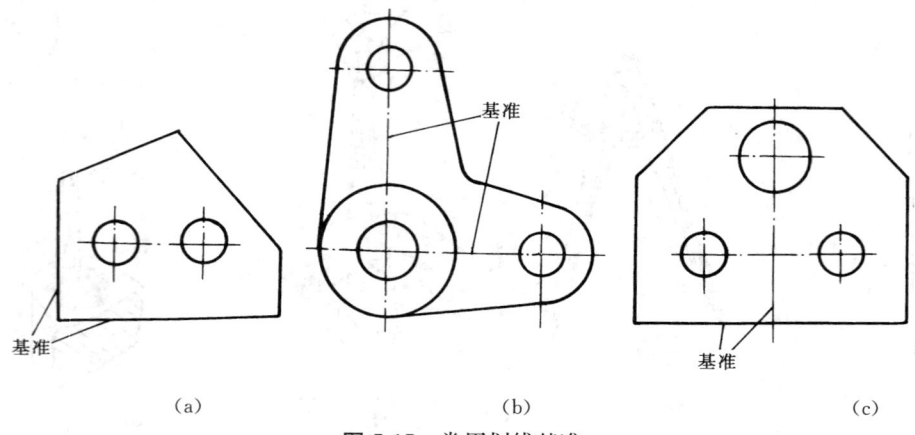

图 5-15　常用划线基准

划线基准选择正确与否，对划线质量和划线速度有很大影响。选择划线基准时，应尽量使划线基准与图纸上的设计基准相一致，尽量选用工件上已加工过表面，如图 5-16(a)所示。工件为毛坯时，应选用重要孔的中心线为基准，如图 5-16(b)所示。毛坯上没有重要孔时，可选用较大的平面为基准。

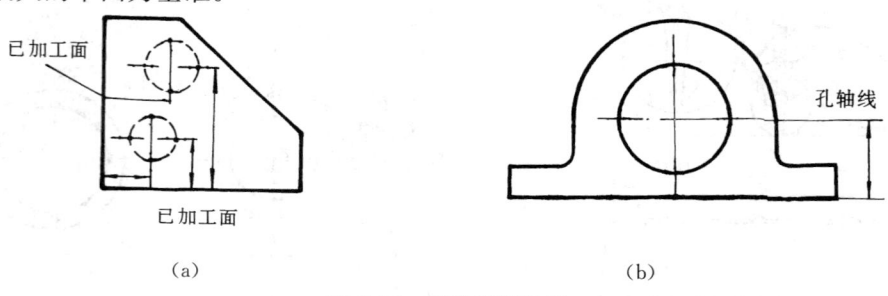

图 5-16　划线基准选择
(a) 以已加工表面为基准；(b) 以孔轴线为基准

四、划线步骤和示例

1. 划线一般步骤

(1) 熟悉图样并选择划线基准。

(2) 检查和清理毛坯并在划线表面上涂涂料。

(3) 工件上有孔时，可用木块或铅块塞孔，找出孔中心。

(4) 正确安放工件并选择划线工具。

(5) 进行划线。首先划出基准线，然后划出水平线，垂直线，斜线，最后划出圆、圆弧和曲线等。

(6) 根据图纸检查划线的正确性。

(7) 在线条上打出样冲眼。

2. 划线示例

(1) 平面划线　图 5-17(a) 是摇杆臂的零件图。该零件的平面划线是在钢板平面上进行的[图 5-17(b)]。其划线步骤如下：

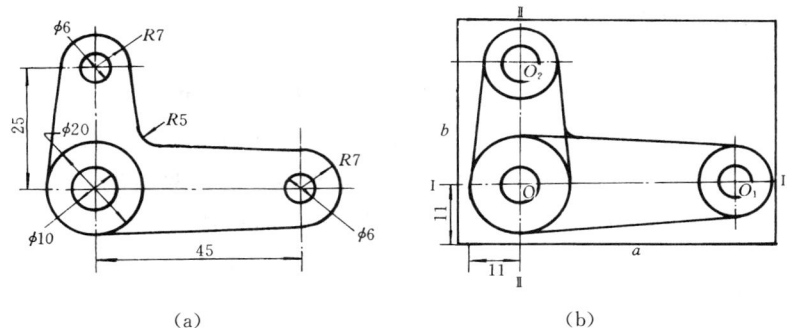

图 5-17　平面划线
(a) 零件图；(b) 平面划线图

① 清理干净钢板，涂上涂料。

② 从钢板边缘 a 量取 11mm，划出水平基准线 Ⅰ-Ⅰ；从边缘 b 量取 11mm，划出Ⅰ-Ⅰ线的垂直基准线 Ⅱ-Ⅱ，并得出 O 点。

③ 以 Ⅰ-Ⅰ 和 Ⅱ-Ⅱ 线为基准分别量取 $OO_2=25$mm，$OO_1=45$mm 并划出中心线。

④ 分别以 O、O_1、O_2 为圆心作 $\phi20$ 圆和两个 $R7$ 圆。

⑤ 划出 O、O_1 两个圆的两条切线和 O、O_2 两个圆的两条切线，再划出 R_5 圆弧切于两条边。

⑥ 分别以 O 和 O_1、O_2 为中心划出 $\phi10$ 内孔圆及 $\phi6$ 两个内孔圆。

⑦ 检查划线尺寸的正确性及打上样冲眼。

(2) 立体划线　图 5-18 是轴承座的零件图。由图可知，该零件的底面，轴承座内孔及其两个大端面、顶部孔及其端面，两螺栓孔及其孔口需加工。加工这些部位的界限线和找正线需要划出。这些线条分布在三个互相垂直的表面上，所以是立体划线。

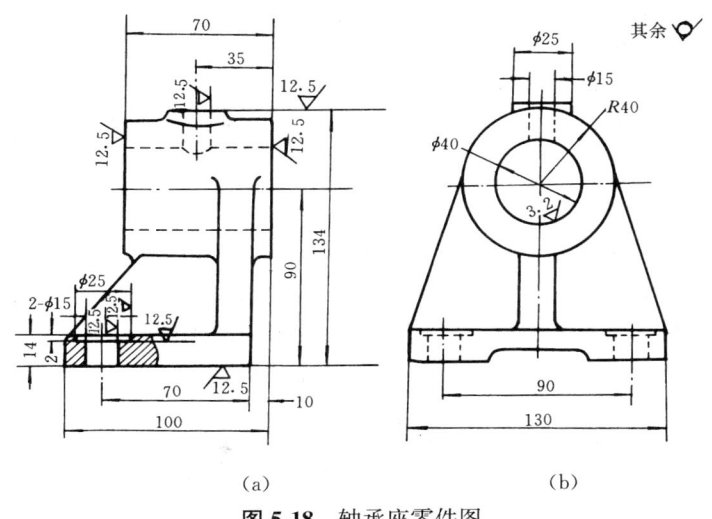

图 5-18　轴承座零件图

轴承座的立体划线(图 5-19),其步骤如下:

① 在 $\phi40$ 孔的两端装上塞块,以 $R40$ 外轮廓为依据用划卡找出中心,用划规试划 $\phi40$ 圆周线。在划 $\phi40$ 圆周线时,应注意:

    a. 其四周是否有足够的加工余量。

    b. 轴承孔壁厚度是否均匀。

    c. 到顶部凸台和到底面的加工余量是否得到保证。

否则需移动所找的中心位置进行借料,重新划出 $\phi40$ 圆周线。

② 按图 5-19(a)支承轴承座,用划针盘找正两端孔的中心,使其基本处于同一高度。

③ 用划针盘的弯针找正 A 面,使其尽量处于水平位置。当两端孔中心保持同一高度的要求与 A 面保持水平位置的要求有矛盾时,需兼顾两方面的要求。

④ 用划针盘试划底面加工线。注意其四周加工余量是否够,否则需把孔中心适当升高,重新借料,直到符合要求。

⑤ 划出基准线Ⅰ-Ⅰ和顶部凸台平面加工线。

⑥ 按图 5-19(b)支承轴承座,用划针盘找正轴承孔前后中心使其等高,同时用直角尺按底面加工线找正垂直位置。

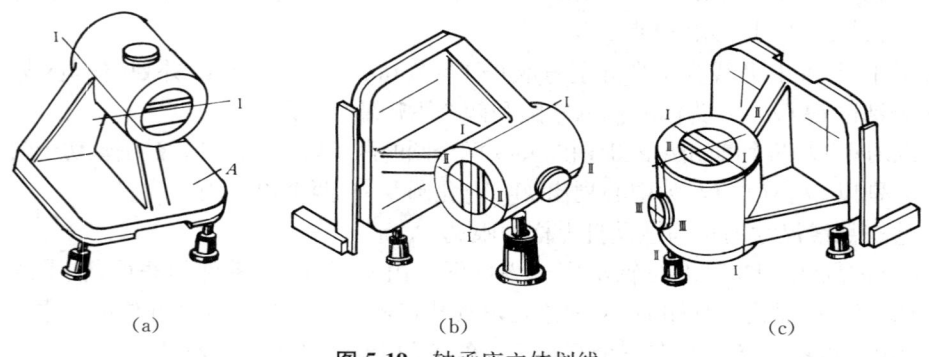

(a)   (b)   (c)

图 5-19 轴承座立体划线

⑦ 划出基准线Ⅱ-Ⅱ。

⑧ 以Ⅱ-Ⅱ线为基准划出两螺栓孔中心线。

⑨ 按图 5-19(c)支承轴承座,用直角尺按底面加工线,Ⅰ-Ⅰ中心线和Ⅱ-Ⅱ中心线找正垂直位置。

⑩ 划出油杯孔中心线Ⅲ-Ⅲ。

确定Ⅲ-Ⅲ线时,应兼顾轴承孔右端到油杯中心 35mm 和 10mm 的尺寸。

⑪ 划出轴承孔两端面的加工线和两螺栓孔中心线。

⑫ 拿下轴承座,用划规划出螺栓孔和顶部油杯孔的圆周线。

⑬ 检查划线的正确性后,在所有加工线上打样冲眼。

第三节 锯 切

锯切是用手锯锯断各种材料、锯割成形和在工件上锯槽等操作。

一、手锯构造

手锯由锯弓和锯条组成。

1. 锯弓

可调式锯弓能够安装不同规格的锯条(图 5-20)。

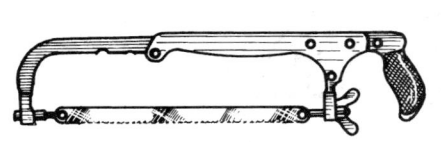

图 5-20 可调式锯弓

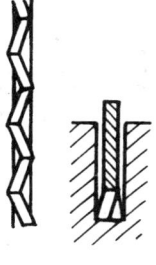
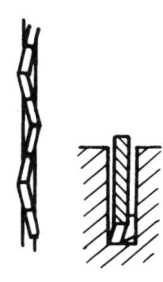

(a)   (b)

图 5-21 锯齿排列

(a) 交叉排列；(b) 波浪排列

2. 锯条及选用

锯条由碳素工具钢制成,其规格以锯条两端孔间的距离表示。常用的锯条长 300mm,宽 12mm,厚 0.8mm。锯条是由许多锯齿组成。锯齿按左右错开形成交叉或波浪形排列,形成锯路,如图 5-21 所示。锯切时,可以避免锯条卡在锯缝里和减少锯条与锯缝间的摩擦,提高锯条使用寿命。锯条按齿的齿距大小可分为粗齿,中齿,细齿三种,各自用途如表 5-1 所示。

表 5-1 锯条种类及用途

锯齿粗细	每 25mm 长度内含齿数	用 途
粗齿	14～18	锯铝、铜等软金属及厚件
中齿	24	锯普通钢,铸铁及中厚度工件
细齿	32	锯硬钢、板料及薄壁管件

二、锯切方法和示例

1. 锯切方法

(1) 锯条安装　手锯是在向前推时起切削作用,因此锯条安装在锯弓上时,锯齿尖端应向前。锯条的松紧应适中,否则锯切时易折断锯条。

(2) 工件安装　工件伸出钳口部分应尽量短,以防止锯切时产生振动。工件要夹紧,但要防止变形和夹坏已加工表面。

(3) 锯切操作　分起锯、锯切和结束三阶段。

① 起锯　起锯时,右手握着锯弓手柄,锯条靠住左手大拇指,锯条应与工件表面倾斜一起锯角 α(约 10°～15°)。起锯角太小,锯齿不易切入工件,产生打滑,但也不宜过大,以免崩齿(图 5-22)。起锯时的压力要小,往复行程要短,速度要慢,一般待锯痕深度达到 2mm 后,

可将手锯逐渐处于水平位置进行正常锯切。

② 锯切　正常锯切时,锯条应与工件表面垂直,作直线往复,不能左右晃动。左手施压,右手推进,用力要均匀,推速不宜太快。返回时不要加压,轻轻拉回,速度可快些。在整个锯切过程中,应用锯条全长进行工作,以防锯条局部发热和磨损。

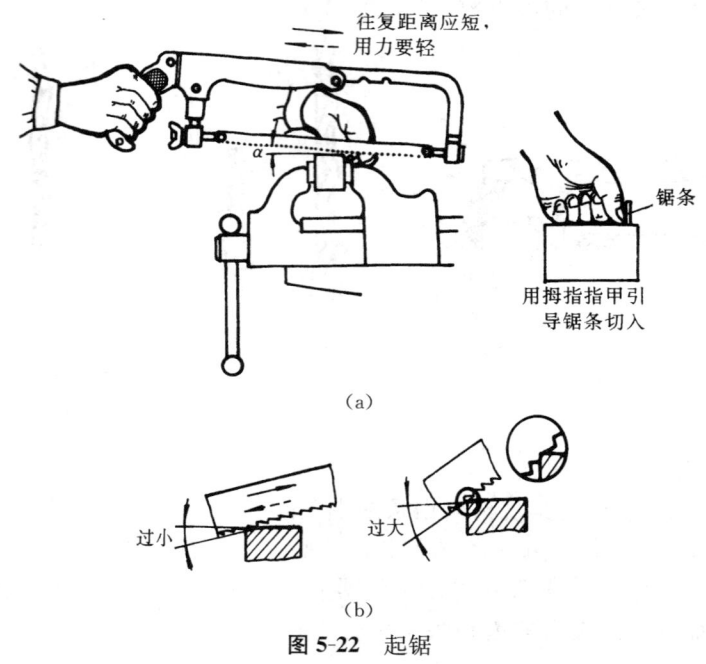

图 5-22　起锯
(a) 起锯方法；(b) 起锯角度

③ 结束锯切　当锯切临结束时,用力应轻,速度要慢,行程要小。

2. 锯切示例

锯切前在工件上划出锯切线,划线时应留有锯切后的加工余量。

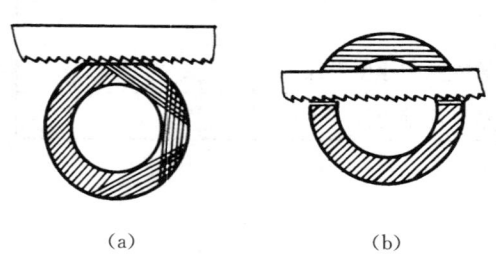

图 5-23　锯圆管方法
(a) 正确；(b) 不正确

(1) 锯圆管　锯圆管时,应在管壁将锯穿时,把圆管向推锯方向转一角度,从原锯缝下锯,依次不断转动,直至锯断[图 5-23(a)]。如不转动圆管,则是错误的锯法[图 5-23(b)]。当锯条切入圆管内壁后,锯齿在薄壁上锯切应力集中,极易被管壁勾住而产生崩齿或折断锯条。

(2) 锯厚件

① 锯切部分厚度超过锯弓高度时,如图 5-24(a)所示。应将锯条转过 90°安装后进行锯切,如图 5-24(b)所示。

② 锯缝和锯切部分宽度超过锯弓高度,锯条可转过 180°安装后进行锯切,如图 5-24(c)所示。

(3) 锯薄件

① 从薄件宽面起锯,以使锯缝浅而整齐,如图 5-25(a)所示。

② 从薄件窄面锯切时,薄件应夹在两木板当中,增加薄件刚性,减少振动,并避免锯齿被卡住而崩断,如图 5-25(b)所示。

③ 薄件太宽,虎钳夹持不便时,采用横向斜锯切,如图 5-25(c)所示。

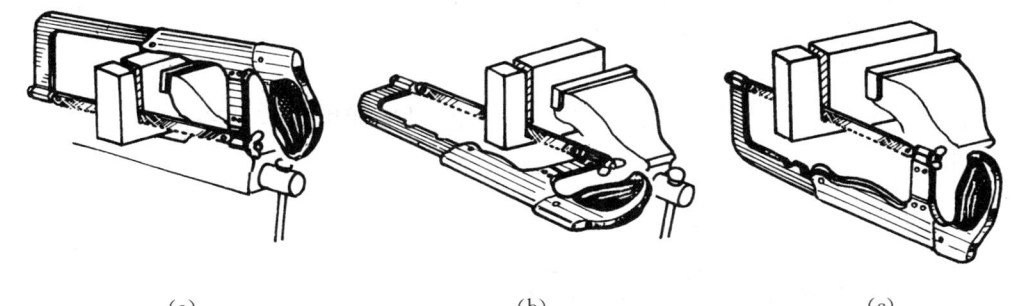

(a)   (b)   (c)

图 5-24 锯切厚件

(a)锯缝深度超过锯弓高度;(b)将锯条转过 90°安装;(c)将锯条转过 180°安装

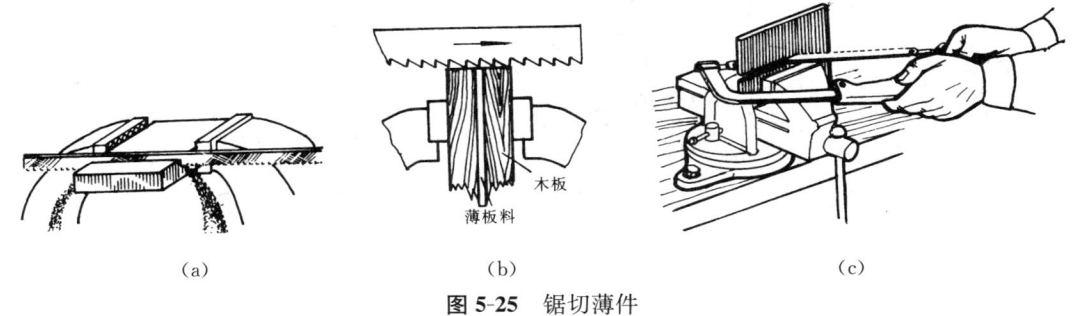

(a)   (b)   (c)

图 5-25 锯切薄件

三、锯条损坏原因及锯切质量分析

锯切时,发生锯条损坏形式和产生原因如表 5-2 所示。锯切造成工件质量问题分析如表 5-3 所示。

表 5-2 锯条损坏形式和产生原因

损坏形式	产 生 原 因
折断	① 锯条安装过紧或过松; ② 工件抖动或松动; ③ 锯缝产生歪斜,靠锯条强行纠正; ④ 推力过大; ⑤ 更换锯条后,新锯条在旧锯缝中锯切
崩齿	① 锯条粗细选择不当; ② 起锯角过大; ③ 铸件内有砂眼、杂物等
磨损过快	① 锯切速度过快; ② 未加冷却液

表 5-3 工件质量问题分析

质量问题	产 生 原 因
工件尺寸不对	① 划线不正确; ② 锯切时未留余量
锯缝歪斜	① 锯条安装过松或扭曲; ② 工件未夹紧,产生抖动和松动; ③ 锯切时,顾前未顾后
表面锯痕多	① 起锯角过小; ② 锯条未靠住左手大拇指定位

四、其他锯切方法

钳工使用手锯对工件进行锯切劳动强度大,生产效率低,对操作工人技术要求高。随着工业生产的发展锯切操作也开始逐渐朝着机械化方向发展,达到改善操作工人的劳动强度和提高生产率的目的。

目前,已开始使用薄片砂轮切割机(图 5-26)和电动锯切机(图 5-27)等简易的设备对工件进行切断。

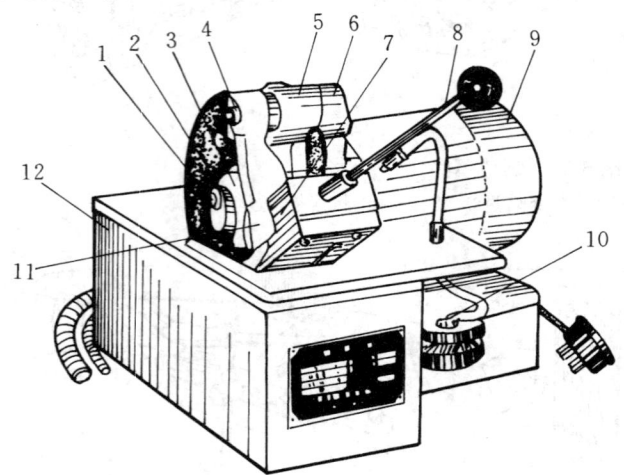

图 5-26 薄片砂轮切割机

1—砂轮片;2—螺母;3—夹片;4—横轴;5—锯架;6—支架;7—钳座;8—手柄;9—电动机;10—旋塞;11—钳口;12—底座

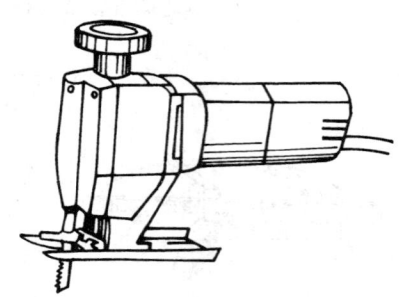

图 5-27 电动锯切机

第四节 锉 削

锉削是用锉刀锉去工件表面多余材料的操作,一般用于錾削和锯切等之后的进一步加工,或在机器装配时对工件的修整。锉削能够提高工件的精度和减小表面粗糙度。锉削是钳工的基本操作,应用广泛。锉削的加工范围包括平面、曲面、内外圆弧面和沟槽等(图 5-28)。

一、锉削工具

1. 锉刀的构造

锉刀是用碳素工具钢制成,经热处理淬硬锉齿。锉刀的构造如图 5-29 所示。锉刀的齿纹有单齿纹和双齿纹两种(图 5-30)。双齿纹的刀齿是交叉排列,锉削时每个齿的锉痕不重叠,锉屑易碎裂,不易堵塞锉面,工件表面光滑,所以锉削常用双齿纹锉刀。锉刀规格是以其工作部分长度表示,如 100mm、150mm 等规格的锉刀。

2. 锉刀种类及应用

锉刀分为普通锉、整形锉(什锦锉)和特种锉三种。普通锉按其断面形状分为平锉、方锉、圆锉、半圆锉、三角锉等。根据不同形状的工件表面,选择相应的普通锉,其中平锉用得最多。

锉刀的粗细是按每 10mm 锉面上齿数多少划分。粗齿、中齿、细齿和油光锉及各自特点和应用如表 5-4 所示。

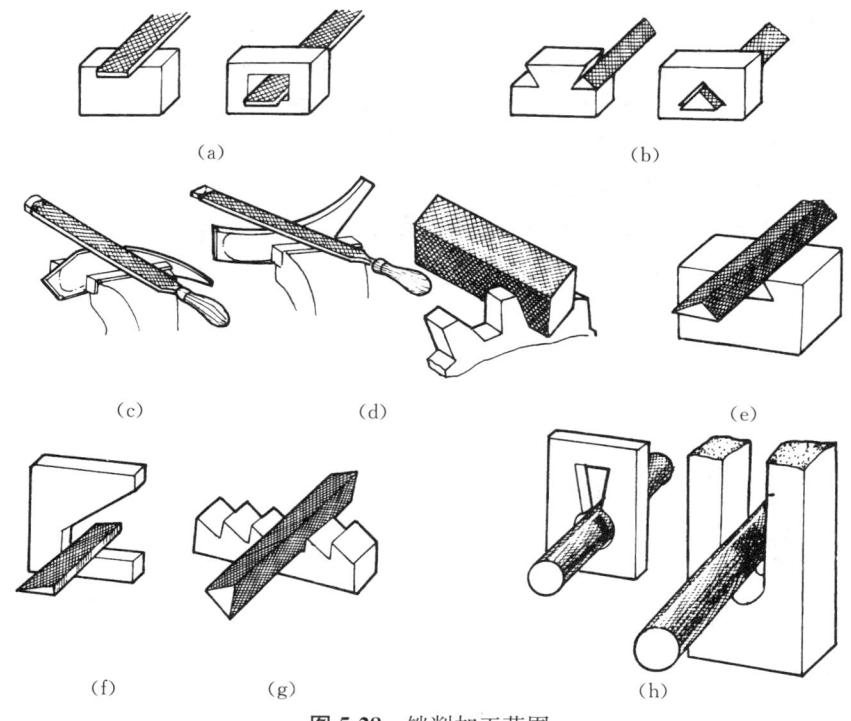

图 5-28 锉削加工范围

(a) 锉平面；(b) 锉燕尾和三角孔；(c) 锉曲面；(d) 锉楔角；(e) 锉内角；(f) 锉交角；(g) 锉三角形；(h) 锉圆孔

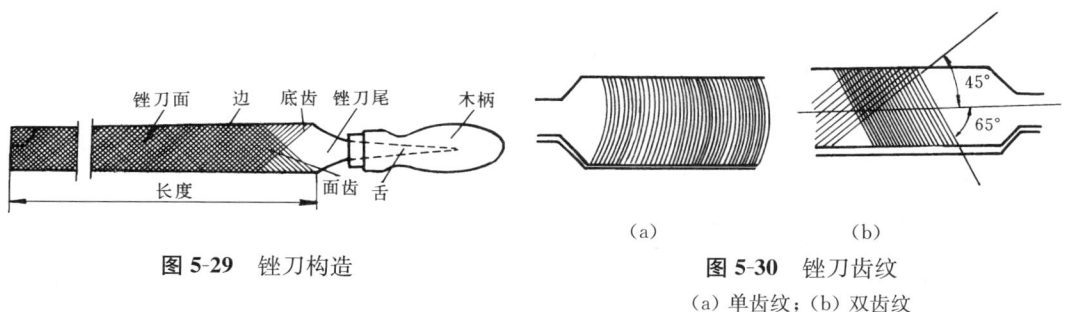

图 5-29 锉刀构造

图 5-30 锉刀齿纹

（a）单齿纹；(b) 双齿纹

表 5-4 锉刀刀齿粗细及特点和应用

锉齿粗细	10mm 长度内齿数	特 点 和 应 用
粗齿	4～12	齿间大，不易堵塞，适宜粗加工或锉铜、铝等有色金属
中齿	13～24	齿间适中，适于粗锉后加工
细齿	30～40	锉光表面或锉硬金属
油光锉	50～62	精加工时，修光表面

第五章 钳 工

整形锉由若干把不同断面形状的锉刀组成一套,如图 5-31 所示。主要用于修整工件的细小部位或对精密工件的加工。

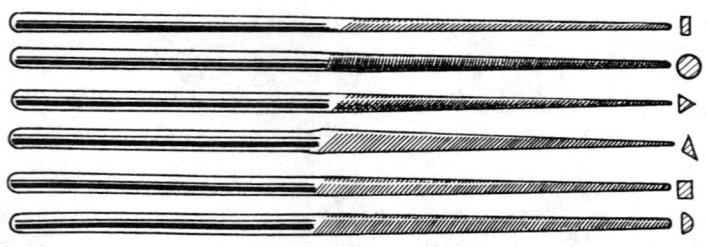

图 5-31　整形锉

3. 锉刀的基本操作

（1）锉刀的握法　锉刀的握法如图 5-32 所示。

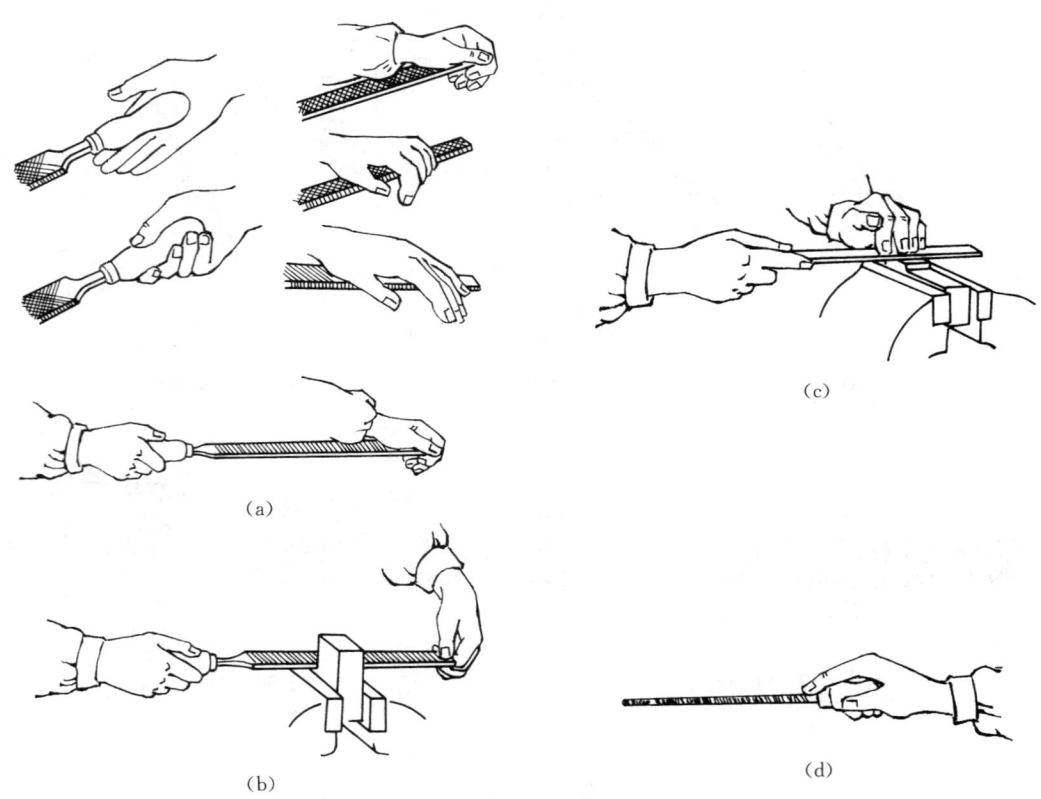

图 5-32　锉刀的握法
(a) 大锉刀握法；(b) 中锉刀握法；(c) 小锉刀握法；(d) 更小锉刀握法

（2）锉削时的用力　锉削时,两手用力是变化的。开始推锉左手压力大,右手小,但推力要大；推到中间两手的压力相同；继续推进左手压力逐渐减小,右手压力逐渐增大如图 5-33 所示。锉刀在任意位置时,都应保持水平,则工件就不会出现两边低中间高的现象。锉刀返回时,仅在工件表面轻轻滑过,不能压紧工件,以免磨钝锉齿和损伤工件已加工表面。

二、锉削方法和示例

1. 锉削方法

常用有交叉锉法,顺向锉法和推锉法三种。

(1) 交叉锉法　交叉锉法是以交叉两个方向顺序对工件表面进行锉削,如图5-34(a)所示。交叉锉法去屑快,效率高,并可根据锉痕判断锉面的平直情况,常用于较大面积的粗锉。

(2) 顺向锉法　顺向锉法是顺着锉刀轴线方向的锉削,如图5-34(b)所示。顺向锉法可得到平直、光洁的表面,主要用于工件的精锉。

(3) 推锉法　推锉法是垂直于锉刀轴线方向的锉削,如图5-34(c)所示。推锉法常用于较窄表面的精锉以及加工表面前端有凸台等,而不能用顺向锉法加工的场合。

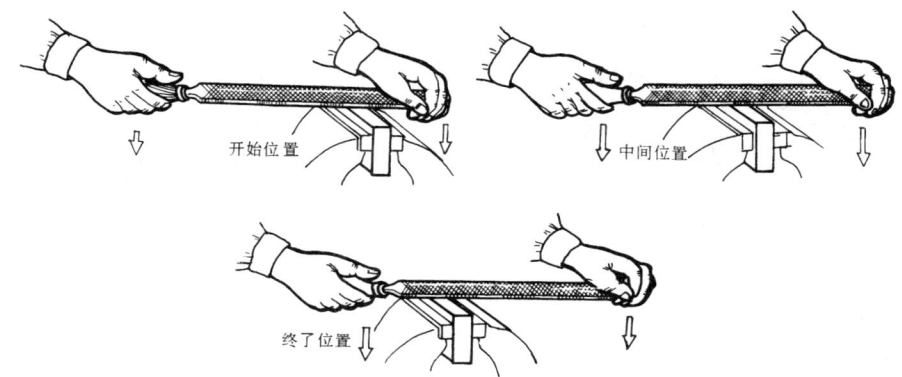

图 5-33　锉削时用力情况

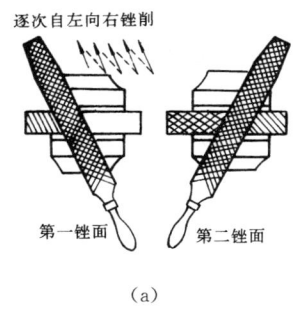 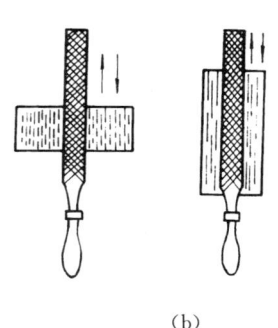 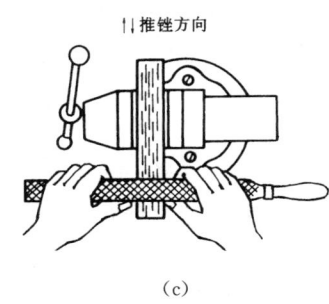

　　　(a)　　　　　　　　　　　(b)　　　　　　　　　　　(c)

图 5-34　锉削方法

2. 锉削示例

(1) 平面锉削

① 用平锉刀,以交叉锉法进行粗锉,将平面基本锉平。

② 用顺向锉法将工件表面锉平,锉光。

③ 用推锉法对较窄或前端有凸台的平面进行光整或修正。

(2) 外圆弧面锉削

① 用滚锉法进行锉削,如图5-35(a)所示。用平锉刀顺着圆弧面向前推进的同时,绕圆弧面中心转动。锉刀前推时,是完成锉削工作;转动时,是保证锉出圆弧面形状。

② 用横锉法进行锉削,如图5-35(b)所示。用平锉刀沿着圆弧面的横向进行锉削,这种

锉削方法适用锉削余量较大的外圆弧面。

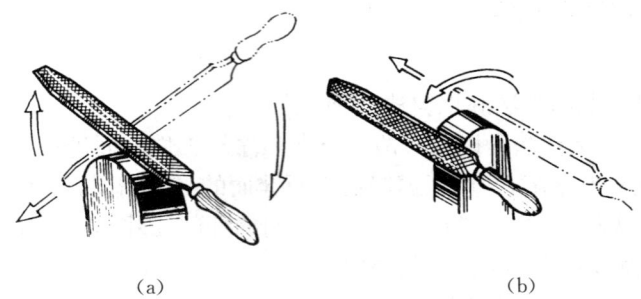

图 5-35　外圆弧面锉削
(a) 滚锉法；(b) 横锉法

(3) 内圆弧面锉削　用圆锉、半圆锉或椭圆锉进行内圆弧面锉削。锉削时,锉刀要同时完成三个运动:前推运动,左右移动和自身转动(图 5-36)。圆弧面可用样板检验。

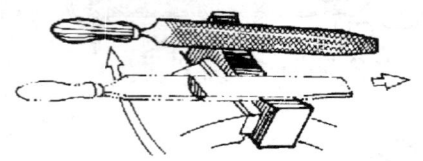 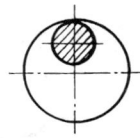 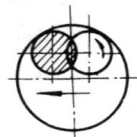

图 5-36　内圆弧面锉削

3. 锉削操作注意事项

① 铸件、锻件毛坯上的硬皮、砂粒等,应预先用砂轮磨去或錾去,再进行锉削,以免锉齿过早磨损。

② 不要用手去摸加工件,以免再锉时打滑。

③ 发现锉刀被锉屑堵塞后,要及时用锉刷顺锉纹方向刷去锉屑。

④ 要注意安全,不能用手清理锉屑,不能用口去吹锉屑,锉刀上的柄要装紧,并要放在妥善的地方。

三、锉削质量分析

1. 锉削质量检查

(1) 直线度检查　用直角尺或刀口尺,通过透光法检查如图 5-37(a)所示。

(2) 垂直度检查　用直角尺通过透光法检查如图 5-37(b)所示。

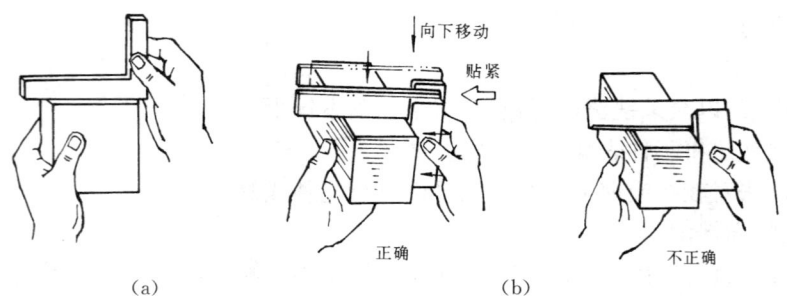

图 5-37　平面质量检查
(a) 直线度检查；(b) 垂直度检查

(3) 尺寸检查　用游标卡尺测量各部分尺寸。
(4) 表面粗糙度检查　用眼睛判断或用表面粗糙度样板对照。

2. 锉削质量分析

锉削时的质量问题及产生原因如表 5-5 所示。

表 5-5　锉削质量问题及产生原因

质 量 问 题	产 生 原 因
形状尺寸不准确	划线不准确或锉削时未及时检查尺寸
平面不平直中间高、两边低	锉削时施力不当,锉刀选择不合适
表面粗糙	锉刀粗细选择不当,锉屑堵塞齿面未及时清除
工件夹坏	虎钳钳口未垫铜片,虎钳夹持工件过紧

第五节　孔和螺纹加工

钳工使用各种钻床和孔加工工具完成钻孔、扩孔、铰孔和锪孔等加工。钳工中的螺纹加工主要是指攻丝和套丝。

一、钻床种类和用途

钳工常用的钻床有台式钻床、立式钻床和摇臂钻床。

1. 台式钻床

台钻(图 5-38)放在工作台上使用,其钻孔直径一般在 12mm 以下。台钻主轴下端有锥孔,用以安装钻夹头或钻套,主轴转速通过变换三角胶带在带轮上的位置来调节,可以获得较高的转速。进给运动由手动实现。台钻主要用于加工小型工件上的孔。

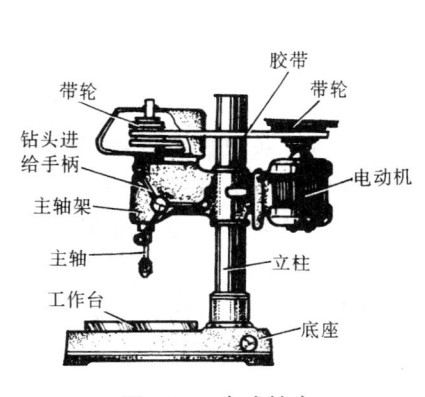

图 5-38　台式钻床

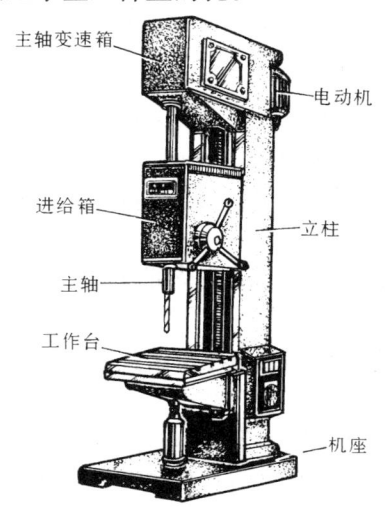

图 5-39　立式钻床

2. 立式钻床

立钻(图 5-39)一般用来钻中型工件上的孔,其规格是以其加工的最大孔径表示。常用的立钻有 25mm、35mm、40mm 和 50mm 等几种。

立钻主轴变速箱和进给箱,分别用于改变主轴的转速和进给速度。立钻主轴的轴向进给可自动进给,也可作手动进给。在立钻上加工多孔工件可通过移动工件来完成。

3. 摇臂钻床

摇臂钻床(图 5-40)一般用于大型工件,多孔工件上的各种孔加工。它有一个能绕立柱旋转 360°的摇臂,摇臂上装有主轴箱,可随摇臂一起沿立柱上下移动,并能在摇臂上作横向移动,可以方便地将刀具调整到所需的位置对工件进行加工。

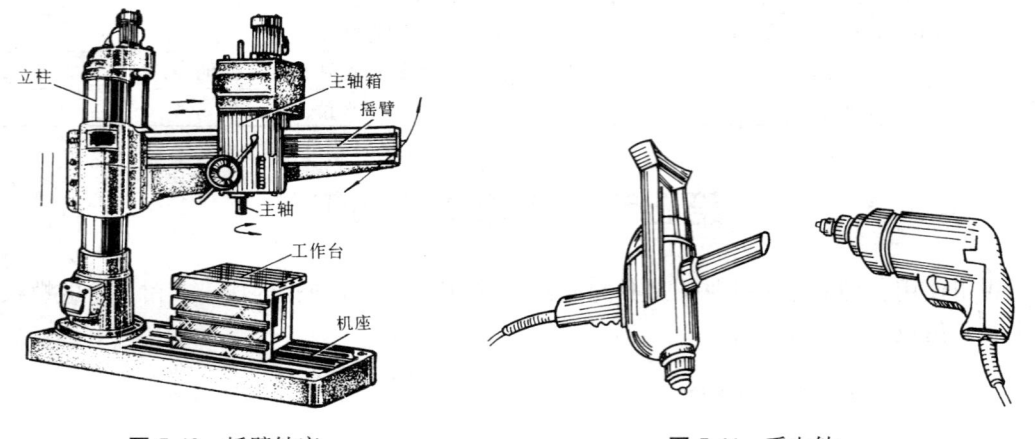

图 5-40 摇臂钻床   图 5-41 手电钻

4. 手电钻

手电钻(图 5-41)主要用于不便使用钻床的场合,钻直径 12mm 以下的孔。手电钻的电源有 220V 和 380V 两种,它携带方便,操作简单,使用灵活,应用较广泛。

二、钻孔、扩孔、铰孔和锪孔

1. 钻孔

用钻头在实心工件上加工出孔的方法称钻孔。孔加工精度差,一般为 IT10 以下,表面粗糙度 R_a 值为 6.3~12.5μm。

(1) 钻头 钻头(俗称麻花钻)是钻孔的主要刀具,由工作部分、颈部和柄部(尾部)组成[图 5-42(a)]。

柄部是钻头的夹持部分,用于传递扭矩和轴向力。柄部有直柄和锥柄两种,直柄传递扭矩较小,一般用于直径小于 12mm 的钻头;锥柄传递扭矩较大,用于直径大于 12mm 的钻头。锥柄顶端的扁尾可防止钻头在主轴孔或钻套里转动,并作为把钻头从主轴孔或钻套中退出之用。

颈部是供磨削柄部时砂轮退刀用。另外,颈部还刻印钻头规格和商标等铭记。

工作部分包括切削和导向两部分。切削部分由前刀面、后刀面、副后刀面、主切削刃、副切削刃和横刃等组成图 5-42(b)。

导向部分除在钻孔时起引导方向外,又是切削部分的后备部分。它的直径由切削部分向柄部逐渐减小,成倒锥形,倒锥量为每 100mm 长度上减小 0.03~0.12mm。

(2) 钻孔用夹具 包括装夹钻头夹具和装夹工件的夹具。

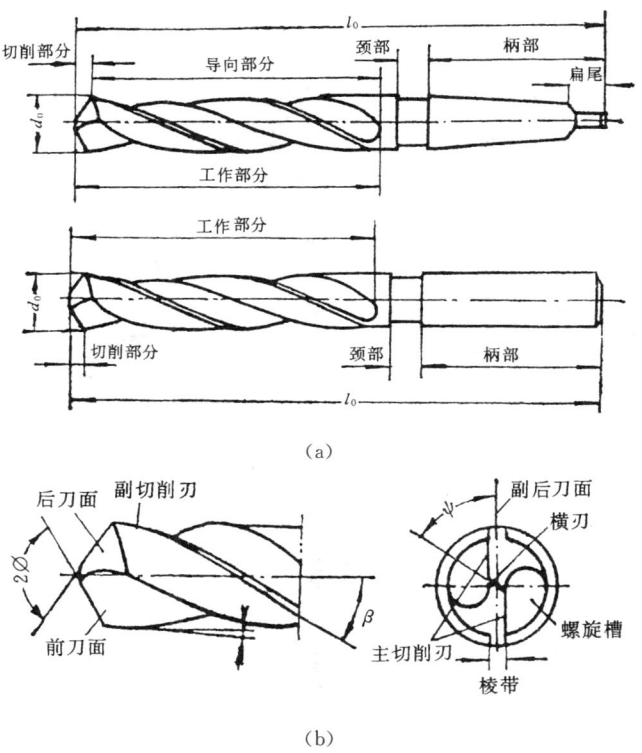

图 5-42 麻花钻的构造

常用装夹钻头的夹具有钻夹头和钻套。

钻夹头用于装夹直柄钻头,如图 5-43 所示。钻夹头尾部是圆锥面可装在钻床主轴内锥孔里。头部有三个自动定心的夹爪,通过扳手可使三个夹爪同时合拢或张开,起到夹紧和松开钻头的作用。

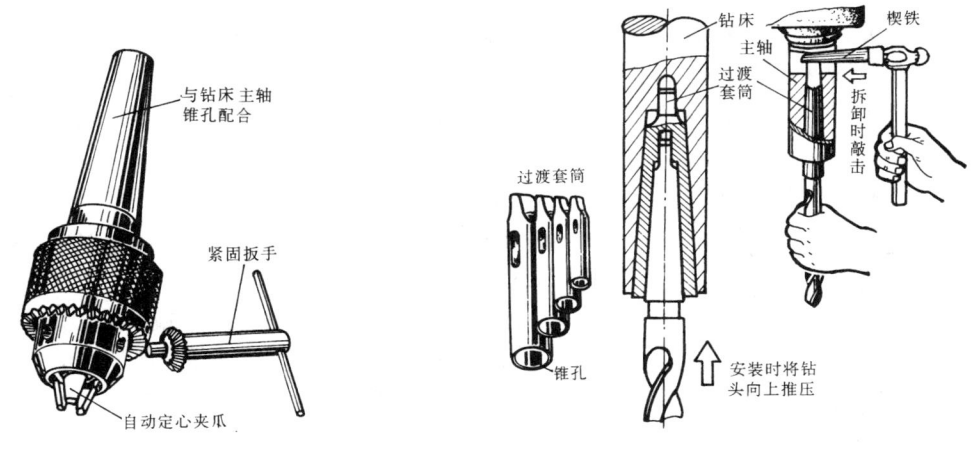

图 5-43 钻夹头　　　　　图 5-44 钻套及其应用

钻套又称过渡套筒。锥柄钻头柄部尺寸较小时,可借助于过渡套筒进行安装(图 5-44)。若用一个钻套仍不适宜,可用两个以上钻套作过渡连接。钻套有 5 种规格(1~5 号),

第五章　钳　工

例如1号钻套其内锥孔为1号莫氏锥度,而外锥面为2号莫氏锥度。选用时可根据麻花钻锥柄及钻床主轴内锥孔锥度来选择。

装夹工件的夹具常用有手虎钳,平口钳,压板等(图5-45)。按钻孔直径,工件形状和大小等合理选择。选用的夹具必须使工件装夹牢固可靠,不能影响钻孔质量。

薄壁小件可用手虎钳夹持;中小型平整工件用平口钳夹持;大件用压板和螺栓直接装夹在钻床工作台上。

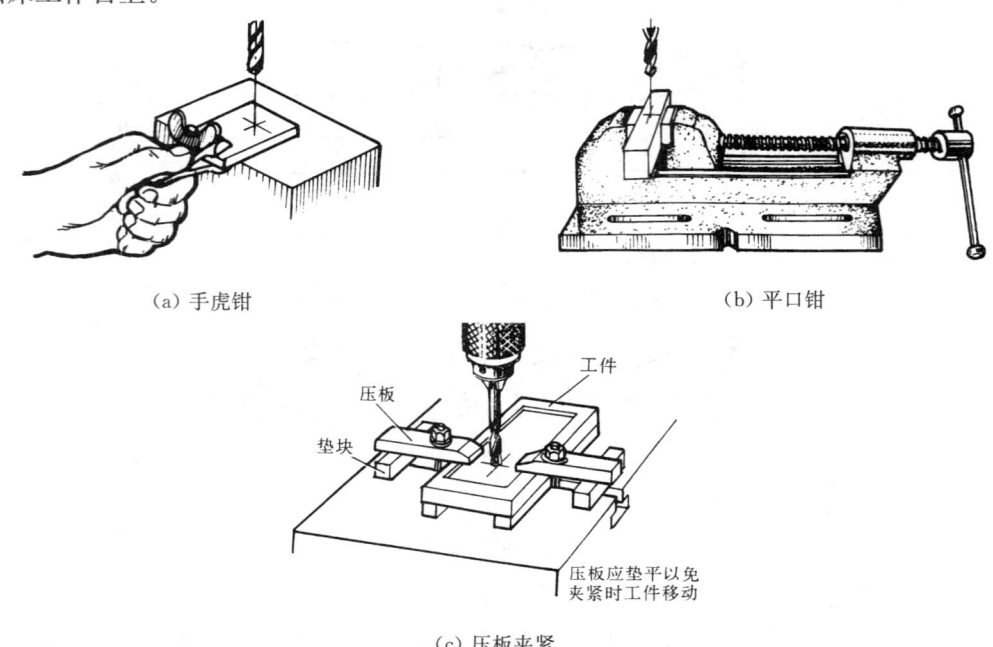

图 5-45　工件装夹

钻孔操作要点

① 工件划线定心。划出加工圆和检查圆,在加工圆和孔中心打出样冲眼,孔中心眼要打得大一些,起钻时不易偏离中心。

② 工件安装。根据工件确定装夹,装夹时要使孔中心线与钻床工作台垂直,安装要稳固。

③ 选择钻头。根据孔径选取,并检查主切削刃是否锋利和对称。

④ 选择切削用量。根据工件材料、孔径大小等确定钻速和进给量。

⑤ 先对准样冲眼钻一浅孔,如有偏位,可用样冲重新打中心孔纠正或用錾子錾几条槽来纠正,如图5-46所示。

⑥ 钻孔时,进给速度要均匀,钻塑性材料要加切削液。

⑦ 钻盲孔时,要根据钻孔深度调整好钻床上的挡块,深度标尺或采用其他控制钻孔深度的办法,避免孔钻得过浅或过深。

⑧ 钻深孔时(孔深与直径之比大于5),钻头必须经

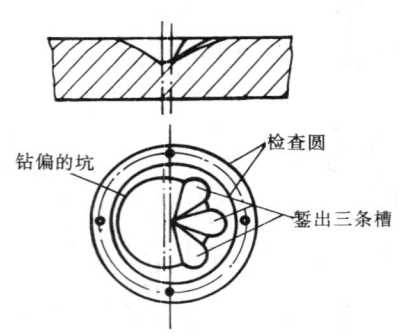

图 5-46　钻偏的纠正方法

常退出排屑,防止切屑堵塞,卡断钻头或使钻头头部温度过高而烧损。

⑨ 钻大直径孔时(孔径大于30mm),孔应分两次钻出。第一次用0.6~0.8倍孔径的钻头钻孔,第二次再用所需直径的钻头扩孔,这样可以减小钻削时的轴向力。

⑩ 孔将钻穿时,进给量要减小。如果是自动进给,这时要改成手动进给,以免工件旋转而甩出、卡钻或折断钻头。

⑪ 松、紧钻夹头必须用扳手,不准用手锤或其他东西敲打。

⑫ 注意安全。钻孔时不准戴手套,不准手拿棉纱头等物。钻床主轴未停稳前不准用手去捏钻夹头。不准用手去拉切屑或用口去吹碎屑。清除切屑应停车后用钩子或刷子进行。

(3) 钻孔中的质量问题分析 钻孔中的质量问题和产生原因如表5-6所示。

表5-6 钻孔中的质量问题分析

质量问题	产 生 原 因
孔径扩大	① 两主切削刃长度不等,锋角不对称; ② 钻头中心与主轴中心不重合,钻削时发生偏摆
孔壁粗糙	① 钻头已磨损仍在使用或后角过大; ② 进给量过大; ③ 断屑不良,排屑不顺畅; ④ 切削液使用不当
轴线歪斜	① 钻头轴线与工件表面不垂直; ② 横刃太长定心差使钻头轴线歪斜; ③ 进给量过大,造成钻头弯曲
轴线偏移	① 工件划线不正确; ② 钻孔前钻头中心未与孔轴线对准,钻孔时又未能及时矫正; ③ 横刃太长定心不准; ④ 工件安装时未夹紧
钻头折断	① 进给量过大,孔将钻穿时未及时减小进给量; ② 切屑堵塞未及时清除; ③ 钻头轴线歪斜,造成钻头弯曲; ④ 已磨损的钻头仍在钻孔
钻头磨损加剧	① 后角太小,刃磨不当; ② 钻削速度或进给量太大; ③ 未使用切削液; ④ 工件材料内部硬度不均匀,有硬质点等

2. 扩孔、铰孔和锪孔

(1) 扩孔 用扩孔钻将已有孔(铸出、锻出或钻出的孔)扩大的加工方法称为扩孔(图5-47)。扩孔的加工精度一般可达到IT9~IT10,表面粗糙度R_a值为3.2~6.3μm。

扩孔钻如图5-48所示,其形状和钻头相似,但前端为平面,无横刃,有3~4条切削刃,螺旋槽较浅,钻芯粗大,刚性好。扩孔时不易弯曲,导向性好,切削稳定。可以适当地校正孔轴线的偏斜,获得较正确的几何形状和较低的表面粗糙度。扩孔可以作为孔加工的最后工序或铰孔前的准备工序。

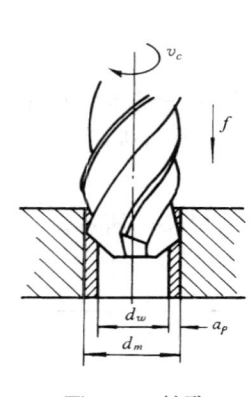

图 5-47 扩孔

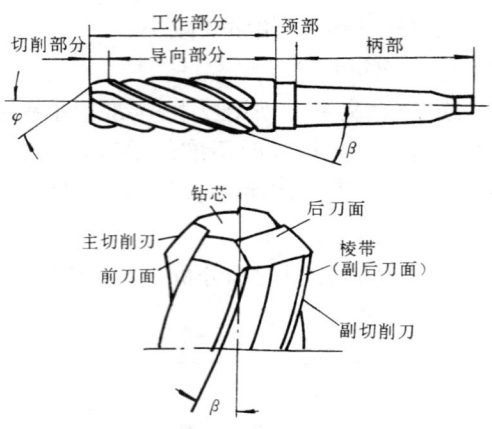

图 5-48 扩孔钻

(2) 铰孔　是对工件上的已有孔进行精加工的一种加工方法,如图 5-49 所示。铰孔的余量小,铰孔的加工精度一般可达到 IT6～IT7,表面粗糙度 R_a 值为 $0.8～1.6\mu m$。

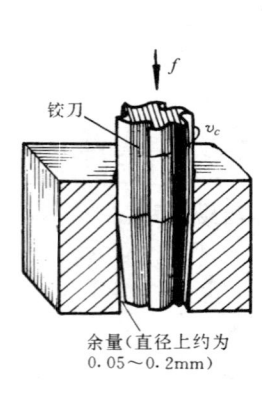

图 5-49 铰孔

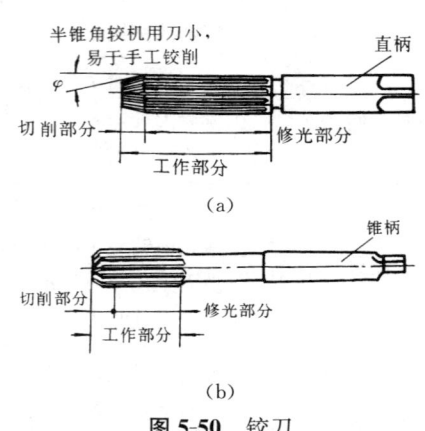

图 5-50 铰刀
(a) 手用铰刀；(b) 机用铰刀

铰孔用的刀具称为铰刀,铰刀切削刃有 6～12 个,容屑槽较浅,横截面大,因此铰刀刚性和导向性好。

铰刀有手用和机用两种。手用铰刀柄部是直柄带方榫,机用铰刀是锥柄带扁尾(图5-50)。

手工铰孔时,将铰刀的方榫夹在铰杠的方孔内,转动铰杠带动铰刀旋转进行铰孔。

铰杠是用来夹持手用铰刀的工具。常用有固定式和活动式两种(图 5-51)。活动式铰杠可以转动左边手柄或螺钉调节方孔大小,实现夹紧各种尺寸的手用铰刀。

铰孔余量要合适,太大会增加铰孔次数;太小使上道工序留下的加工误差不能纠正。一般粗铰时,余量为 0.15～0.5mm,精铰时为 0.05～0.25mm。

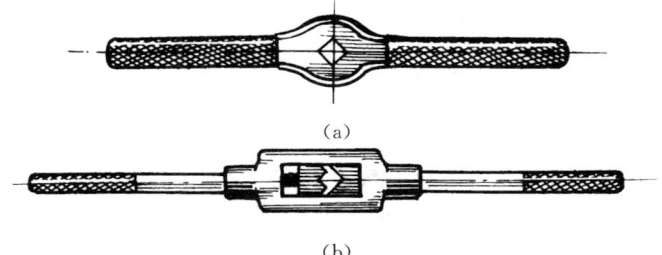

图 5-51 铰杠
(a) 固定式；(b) 活动式

铰孔操作要点

① 铰杠只能顺时针方向带动铰刀转动，绝对不能倒转，否则切屑嵌在铰刀后刀面和孔壁之间，划伤孔壁或使刀刃崩裂。

② 手工铰孔过程中，两手用力要一致，发现铰杠转不动或感到很紧时，不能强行转动和倒转，应慢慢地在顺转的同时向上提出铰刀。检查铰刀是否被切屑卡住或碰到硬质点，在排除切屑等后，再慢慢铰下去，铰完后仍需顺时针旋转退出铰刀。

③ 机铰时，要在铰刀退出孔后再停车，否则孔壁有退刀痕迹。机铰通孔时，铰刀的修光部分不能全部露出孔外，否则铰刀退出时会将孔口划坏。

④ 铰孔时，应选用合适的切削液。铰铸铁用煤油，铰钢件用乳化液。

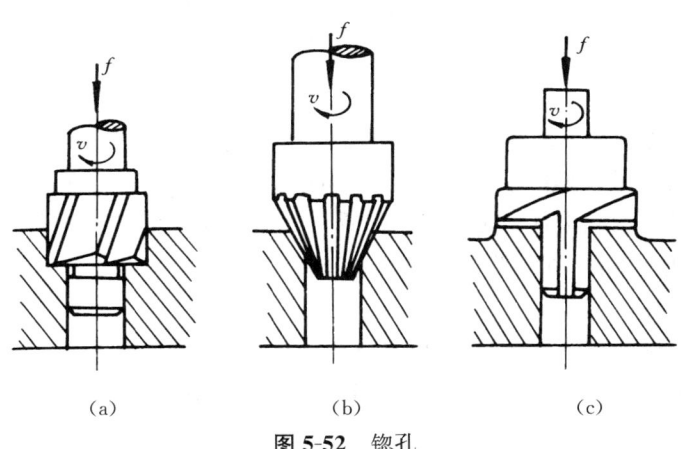

图 5-52 锪孔
(a) 锪柱孔；(b) 锪锥孔；(c) 锪端面

(3) 锪孔　是对工件上的已有孔进行孔口形面的加工。锪孔用的刀具称为锪钻，它的形式很多，常用的有圆柱形埋头锪钻、锥形锪钻和端面锪钻等。

圆柱形埋头锪钻端刃起切削作用，周刃作为副切削刃起修光作用[图 5-52(a)]。为保证原有孔与埋头孔同心，锪钻前端带有导柱，与已有孔配合起定心作用。导柱和锪钻本体可制成整体也可分开装上去。

锥形锪钻是用于锪圆锥形沉头孔，如图 5-52(b)所示。锪钻顶角有 60°、75°、90°和 120°等四种。顶角为 90°的用得最广泛。

端面锪钻是用于锪与孔垂直的孔口端面如图 5-52(c)所示。

三、攻丝和套丝

1. 攻丝

攻丝是用丝锥加工内螺纹的操作。

(1) 攻丝工具 丝锥是加工内螺纹的标准刀具,如图 5-53 所示。它由工作部分和柄部组成。柄部带有方榫可以与铰杠配合传递扭矩。工作部分由切削和校准两部分组成。切削部分主要起切削作用,其顶部磨成圆锥形可以使切削负荷由若干个刀齿分担。校准部分有完整的齿形,主要起修光和引导作用。丝锥上有 3~4 条容屑槽,起容屑和排屑作用。通常 M6~M24 的丝锥一组有 2 个;M6 以下及 M24 以上的手用丝锥一组有三个。分别称为头锥、二锥和三锥。这样分组是由于小丝锥强度不高,容易折断。大丝锥切削量大,需要几次逐步切削,减小切削力。每组丝锥的外径、中径和内径相同,只是切削部分长度 l_1 和锥角 α_1 不同。头锥 l_1 稍长,锥角 α_1 较小;二锥 l_1 稍短,锥角 α_1 较大。

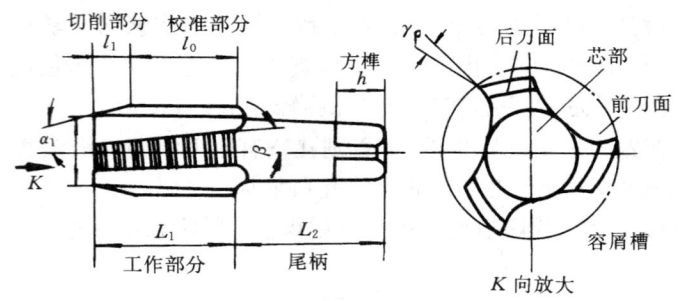

图 5-53 丝锥

(2) 攻丝前螺纹底孔直径的确定 攻丝前需要钻孔。丝锥攻丝时,除了切削金属外,还有挤压金属的作用。材料塑性越大,挤压作用越明显。被挤出的金属嵌入丝锥刀齿间,甚至会接触到丝锥内径将丝锥卡住。因此螺纹底孔的直径应大于螺纹标准规定的螺纹内径。确定螺纹底孔直径 d_0 可用下列经验公式计算:

钢材及其他塑性材料 $\quad d_0 \approx D - P$

铸铁及其他脆性材料 $\quad d_0 \approx D - (1.05 - 1.1)P$

式中,d_0 为底孔直径(mm);D 为螺纹公称直径(mm);P 为螺距(mm)。

d_0 也可直接查表 5-7 和表 5-8。

表 5-7 普通螺纹攻丝前的底孔直径　　　　　　　　(mm)

内螺纹大径 D	螺距 P	钻头直径 d_0(即底孔直径)	
		铸铁、青铜、黄铜	钢、可锻铸铁、紫铜层压板
2	0.4 0.25	1.6 1.75	1.6 1.75
2.5	0.45 0.35	2.05 2.15	2.05 2.15
3	0.5 0.35	2.5 2.65	2.5 2.65

(续表)

内螺纹大径 D	螺距 P	钻头直径 d_0（即底孔直径）	
		铸铁、青铜、黄铜	钢、可锻铸铁、紫铜层压板
4	0.7 0.5	3.3 3.5	3.3 3.5
5	0.8 0.5	4.1 4.5	4.2 4.5
6	1 0.75	4.9 5.2	5 5.2
8	1.25 1 0.75	6.6 6.9 7.1	6.7 7 7.2
10	1.5 1.25 1 0.75	8.4 8.6 8.9 9.1	8.5 8.7 9 9.2
12	1.75 1.5 1.25 1	10.1 10.4 10.6 10.9	10.2 10.5 10.7 11
14	2 1.5 1	11.8 12.4 12.9	12 12.5 13
16	2 1.5 1	13.8 14.4 14.9	14 14.5 15
18	2.5 2 1.5 1	15.3 15.8 16.4 16.9	15.5 16 16.5 17
20	2.5 2 1.5 1	17.3 17.8 18.4 18.9	17.5 18 18.5 19
22	2.5 2 1.5 1	19.3 19.8 20.4 20.9	19.5 20 20.5 21
24	3 2 1.5 1	20.7 21.8 22.4 22.9	21 22 22.5 23

表 5-8 英制螺纹、圆柱管螺纹攻丝前的底孔直径

英制螺纹				圆柱管螺纹		
螺纹直径（英寸）	每英寸牙数	钻头直径(mm)		螺纹直径（英寸）	每英寸牙数	钻头直径(mm)
		铸铁、青铜、黄铜	钢、可锻铸铁			
3/16	24	3.8	3.9	1/8	28	8.8
1/4	20	5.1	5.2	1/4	19	11.7
5/16	18	6.6	6.7	3/8	19	15.2
3/8	16	8	8.1	1/2	14	18.9
1/2	12	10.6	10.7	3/4	14	24.4
5/8	11	13.6	13.8	1	11	30.6
3/4	10	16.6	16.8	1¼	11	39.2
7/8	9	19.5	19.7	1⅜	11	41.6
1	8	22.3	22.5	1½	11	45.1
1	7	25	25.2			
1¼	7	28.2	28.4			
1½	6	34	34.2			
1¾	5	39.5	39.7			
2	4½	45.3	45.6			

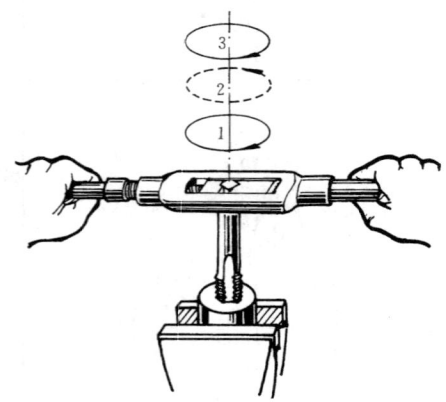

图 5-54 攻丝操作
1—顺转 1 圈；2—倒转 1/4 圈；3—再继续顺转

攻盲孔（不通孔）时，由于丝锥顶部带有锥度，使螺纹孔底部不能形成完整的螺纹，为了得到所需的螺纹长度，钻孔深度 h 应大于螺纹长度 l，可按下列公式计算：

$$h = l + 0.7D$$

式中：h 为钻孔深度(mm)；l 为所需螺纹长度(mm)；D 为螺纹公称直径(mm)。

攻丝操作要点

① 螺纹底孔孔口应倒角，以便于丝锥切入工件。

② 将头锥垂直放入螺纹底孔内，用目测或直角尺校正后，用铰杠轻压旋入。丝锥切削部分切入底孔后，则转动铰杠不再加压。丝锥每转一圈应反转 1/4 圈，便于断屑（图 5-54）。

③ 头锥攻完退出，用二锥和三锥时，应先用手将丝锥旋入螺孔 1~2 圈后，再用铰杠转动，此时不需加压，直到完毕。

④ 攻丝时，要用切削液润滑，以减少摩擦，延长丝锥寿命，并能提高螺纹的加工质量。工件材料为塑性时，加机油；脆性时，加煤油。

(3) 攻丝质量分析　攻丝质量问题如表 5-9 所示，造成丝锥损坏原因如表 5-10 所示。

(4) 取出断丝锥的方法　丝锥断在孔中，应先把螺孔里的断丝锥碎块及切屑清除干净。根据不同情况，分别采用下述方法将断丝锥从螺孔中取出。

① 用尖嘴钳拧出或用尖錾、样冲等工具顺着丝锥旋出方向敲击，取出断丝锥（图 5-55）。

表 5-9 攻丝质量分析

质量问题	产 生 原 因
烂牙	① 底孔太小,丝锥攻不进,以至孔口烂牙; ② 头攻、二攻中心不重合; ③ 螺孔攻歪偏时,采用丝锥强行借正; ④ 对低碳钢等塑性好的材料,未加切削液
螺纹牙深不够	攻丝前底孔直径钻得过大
螺孔攻歪	① 手攻时,丝锥与工件端面不垂直; ② 机攻时,丝锥与工件孔中心没对准
螺孔中径太大	机攻时,丝锥晃动
滑牙	① 攻丝时,碰到较大砂眼,丝锥打滑; ② 手攻不通孔时,丝锥已攻到底仍旋转丝锥

表 5-10 丝锥损坏原因

损坏形式	产 生 原 因
丝锥崩牙	① 工件材料中夹有硬块; ② 切屑堵塞使丝锥在孔中卡住; ③ 丝锥在螺孔出口处单边受力过大
丝锥断在孔中	① 攻丝时,铰杠选择不当,铰杠柄过长或用力过大且不均匀; ② 丝锥歪斜,单边受力太大; ③ 用已磨损的丝锥攻硬质工件; ④ 切屑堵塞; ⑤ 强行攻入直径偏小的底孔; ⑥ 攻盲孔时,丝锥攻入深度未掌握好

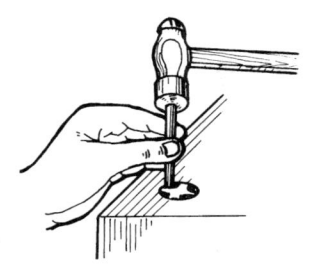

图 5-55 敲击法取丝锥

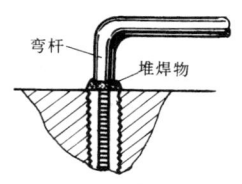 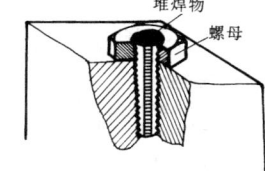

图 5-56 焊接法取丝锥

② 用弯杆或螺母气焊在断丝锥上部,旋转弯杆或用扳手拧动螺母,取出断丝锥(图 5-56)。此方法用于丝锥折断部分露出孔外,且孔咬得很紧的场合。

③ 用专用工具取出断丝锥,如图 5-57(a)所示。工具上短柱数与丝锥槽数相同,只要把工具的短柱插入断丝锥槽中,顺着丝锥旋出方向转动,取出断丝锥。也可在弯杆上焊上短钢丝代替专用工具如图 5-57(b)所示。

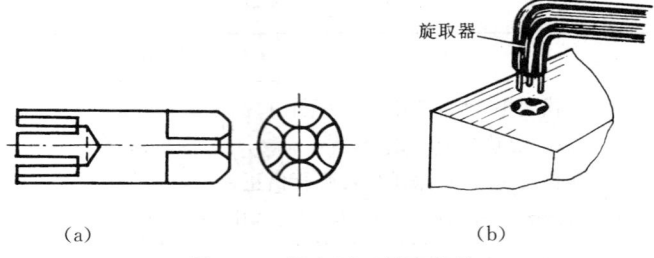

图 5-57　用专用工具取丝锥

④ 用弹簧钢丝插入两段断丝锥槽中,然后将螺母旋在带柄的那一段上,再拧动螺母,取出断丝锥,如图 5-58 所示。

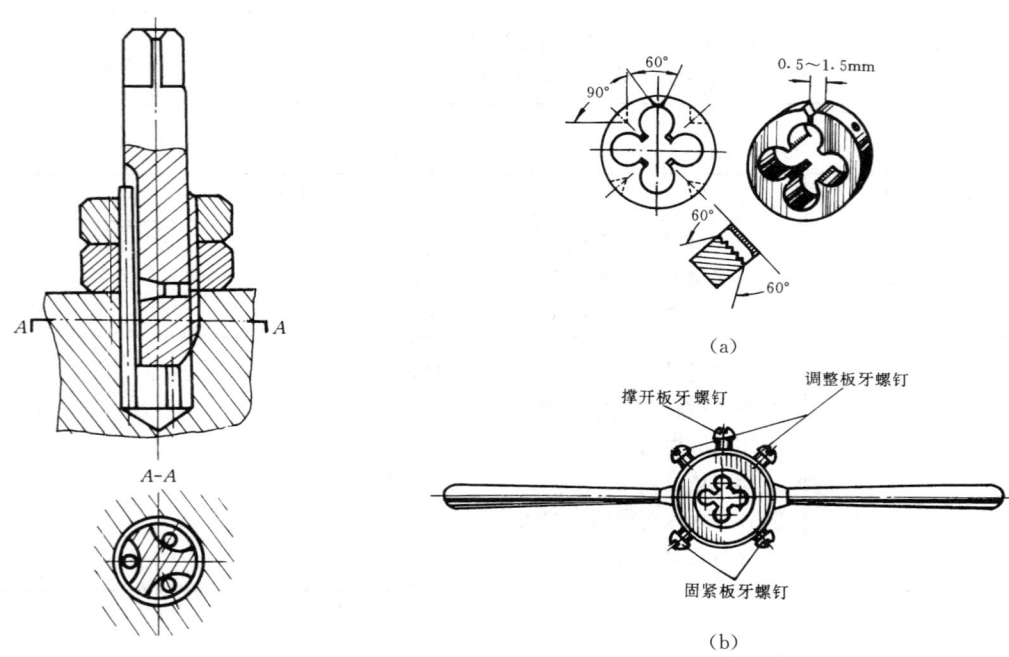

图 5-58　用弹簧钢丝法取丝锥　　　　图 5-59　板牙与板牙架

用上述各种方法取出断丝锥时,应在螺孔中注入润滑油,以减少阻力。

2. 套丝

套丝是用板牙加工外螺纹的操作。

套丝工具:板牙是加工外螺纹的刀具,有固定的和开缝的两种。其结构形状像圆螺母,如图 5-59(a)所示,由切削部分、校正部分和排屑孔组成。板牙两端是带有 60°锥度的切削部分,起切削作用。板牙中间一段是校正部分,起修光和导向作用。板牙的外圆有一条 V 形槽和四个锥坑,下面两个锥坑通过紧固螺钉将板牙固定在板牙架上用来传递扭矩,带动板牙转动。板牙一端切削部分磨损后可翻转使用另一端。板牙校正部分磨损使螺纹尺寸超出公差时,可用锯片砂轮沿板牙 V 形槽将板牙锯开,利用上面两个锥坑,靠板牙架上的两个调整螺钉将板牙缩小。

板牙架是装夹板牙并带动板牙旋转的工具,如图 5-59(b)所示。

套丝操作要点

① 套丝前,先确定圆杆直径,直径太大,板牙不易套入;太小套丝后螺纹牙型不完整。圆杆直径可按以下经验公式计算:

$$d_0 = D - 0.13P$$

式中:d_0 为圆杆直径(mm);D 为螺纹公称直径(mm);P 为螺距(mm)。

② 圆杆端部倒角 60°左右,使板牙容易对准中心和切入,如图 5-60(a)所示。

③ 将板牙端面垂直放入圆杆顶端。为使板牙切入工件,开始施加的压力要大,转动要慢。套入几牙后,可只转动板牙架不再加压,但要经常反转来断屑如图 5-60(b)所示。

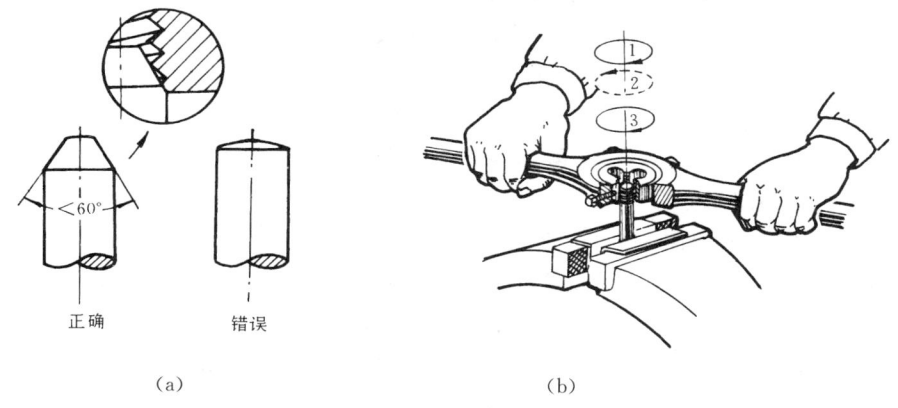

图 5-60 套丝

④ 套丝部分离钳口应尽量近些,圆杆要夹紧。为了不损坏圆杆已加工表面,可用硬木或铜片做衬垫。在钢制件上套丝需加切削液冷却润滑,以提高螺纹加工质量和延长板牙寿命。

攻丝和套丝除了在钳工工作中用手工完成外,也可应用机器完成。例如,使用搓丝机套丝,使用锥体摩擦式攻丝夹头在钻床上攻丝。

锥体摩擦式攻丝夹头可在机床不停下调换丝锥,且扭矩超过一定数值时产生打滑,起到保护丝锥作用。机床反转,丝锥便可退出。该攻丝夹头结构如图 5-61 所示。

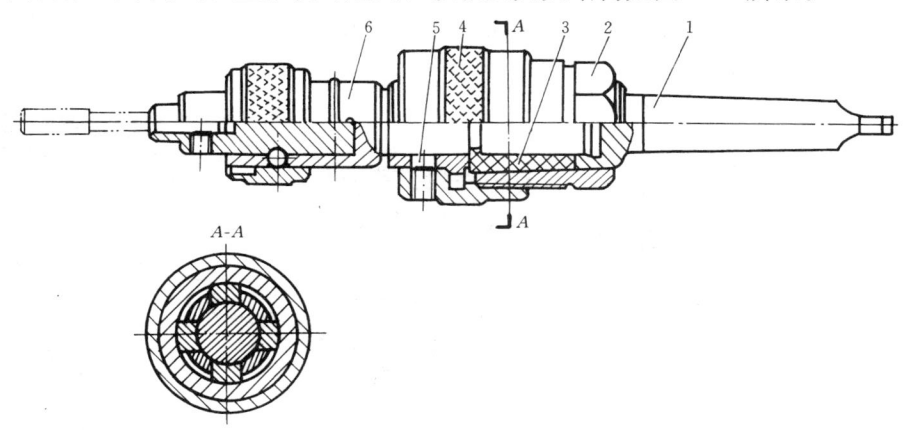

图 5-61 锥体摩擦式机动攻丝夹头
1—夹头体;2—螺套;3—摩擦片;4—螺母;5—螺钉;6—轴

第六节 刮削和研磨

一、刮削

用刮刀从工件表面刮去一层极薄的金属称为刮削。刮削能够消除机械加工留下的刀痕和微观不平,提高工件的表面质量,可以使工件表面形成存油间隙,减少摩擦阻力,提高工件的耐磨性。还可以获得美观的工件表面。刮削属于一种精加工方法,表面粗糙度 R_a 可达到 $0.1～0.4\mu m$。常用于零件相配合的滑动表面。例如,机床导轨,滑动轴承,钳工划线平台等。刮削的劳动强度大,生产率低,一般用于难以用磨削加工的场合。

1. 刮削工具

(1) 刮刀 是刮削用的刀具,一般用碳素工具钢或轴承钢锻制而成。刮削硬工件时,可用焊有硬质合金刀头的刮刀。

刮刀有平面刮刀和曲面刮刀两种。图 5-62(a)是最常用的一种平面刮刀,用来刮削平面。图 5-62(b)是一种曲面刮刀,也称为三角刮刀,用来刮削内曲面。例如,滑动轴承的轴瓦内表面等。

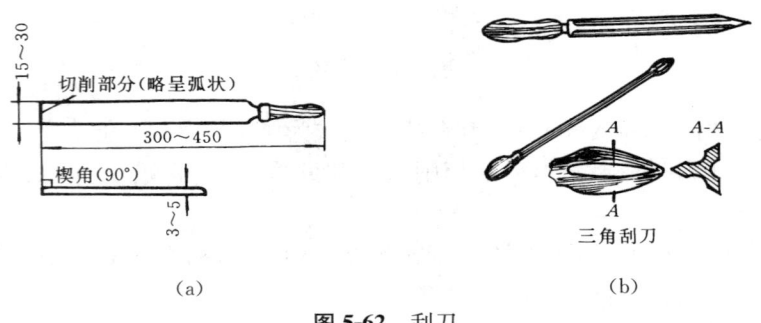

图 5-62 刮刀

(2) 校准工具 用来与刮削表面磨合,显示出接触点多少和分布情况,为刮削提供依据,也称为研具。它还可用于检验刮削表面精度。常用的校准工具有校准平板、桥式直尺、工字形直尺和角度直尺等(图 5-63)。

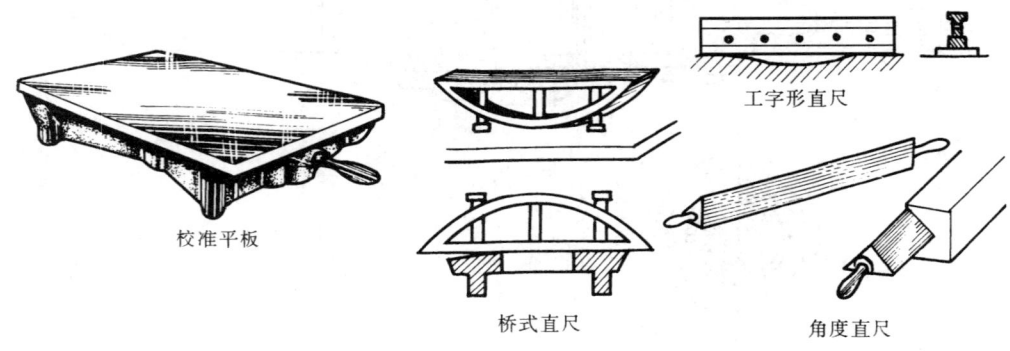

图 5-63 校准工具

刮削内圆弧面时,一般采用与其相配的轴作为校准工具。

(3) 显示剂　在刮削过程中,为显示被刮削表面与校准工具表面接触的程度,在校准工具或被刮削表面上涂一层显示材料即为显示剂。

常用显示剂有以下几种:

① 红丹油。由红丹粉和机油混合而成,用于铸铁和钢材刮削。

② 蓝油。由普鲁士蓝颜料和蓖麻油混合而成。用于铜、铝等工件的刮削。

2. 刮削质量检查

刮削质量一般是以每 25mm×25mm 刮削面均匀分布的研合点多少来表示。研合点越多,点子越小则刮削质量越好。

检验时,先将校准工具和工件的刮削表面揩干净,然后在校准工具上均匀涂一层红丹油,再将工件的刮削表面与校准工具配研(图 5-64)。配研后,工件表面上高点子因磨去红丹油而显示出亮点即为研合点。这种显示研合点的方法称为"研点"。

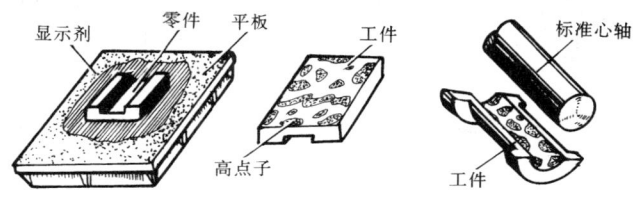

图 5-64　研点

3. 刮削方法

(1) 确定刮削余量　刮削是非常精细和繁重的工作,每次刮削量很少。因此,切削加工后,留下的刮削余量不能太多。一般是以工件刮削面积的大小而定。例如,平面宽 100～500mm,长 100～1000mm 时,刮削余量为 0.15～0.2mm。孔径小于 80mm,孔长小于 100mm 时,刮削余量为 0.05mm。

(2) 平面刮削　可采用挺括式或手刮式两种。

① 挺刮式。将刀柄顶在小腹右下侧,左手在前,右手在后,握住离刀刃约 80～100mm 的刀身,如图 5-65(a)所示。靠腿部和臂部的力量把刮刀推向前方,刮刀向前推进时,双手加压,到所需长度时提起刮刀。

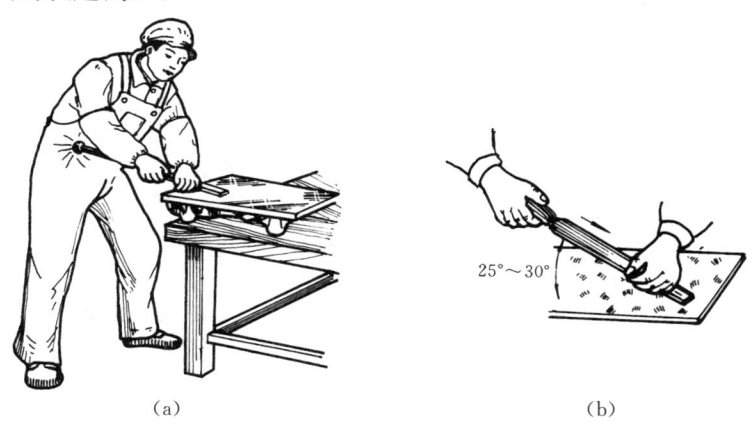

(a)　　　　　　　　　　(b)

图 5-65　平面刮削方法

② 手刮式。右手握刀柄，左手捏住刮刀头部约 50mm 处。刮刀与刮削平面成 25°～30°角度。刮削时，右臂将刮刀推向前，左手加压同时控制刮刀方向，到所需长度提起刮刀，如图 5-65(b)所示。

（3）曲面刮削　要求较高的滑动轴承的轴瓦，为了获得良好的配合，需要刮削。刮削轴瓦用三角刮刀，如图 5-66 所示。先在轴上涂一层蓝油；再与轴瓦配研如图 5-67 所示。先正转后反转，并作适当轴向移动。在轴瓦上研出点子后，按平面刮削步骤刮削轴瓦。

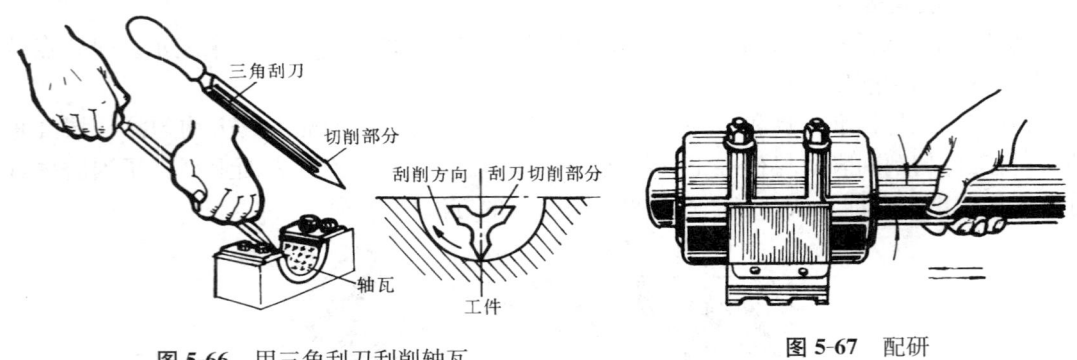

图 5-66　用三角刮刀刮削轴瓦　　　　图 5-67　配研

（4）选择刮削方式　刮削方式一般分为粗刮、细刮、精刮和刮花等。根据工件表面情况和对表面质量要求进行选择。

① 粗刮　工件表面较粗糙时，先用长刮刀将表面全部刮一遍，当工件表面较平滑后进行研点，将显示出的高点刮去。在工件表面研合点达每 25mm×25mm 有 4～5 个点时，进入细刮。

② 细刮　将粗刮后的高点刮去，使工件表面的研合点增多。细刮用短刮刀，刮削刀痕短，不连续，每次都要刮在点子上。点子越少，刮去的金属应越多，且朝一个方向刮。刮第二遍时，要成 45°或 60°方向交叉刮成网纹。直到每 25mm×25mm 有 12～15 点后进行精刮。

③ 精刮　用小刮刀或带圆弧的精刮刀，将大而宽的点子全部刮去，中等点子的中间刮去一小块，小点子不刮。经过反复刮削和研点，直到每 25mm×25mm 有 20～25 点为止。

精刮主要用于校准工具，精密导轨面，精密工具的接触面等。

④ 刮花　使工件表面美观和具有良好的润滑，还可根据花纹的完整和消失来判断平面的磨损情况。常见花纹有三角花纹、方块花纹和燕子花纹等(图 5-68)。

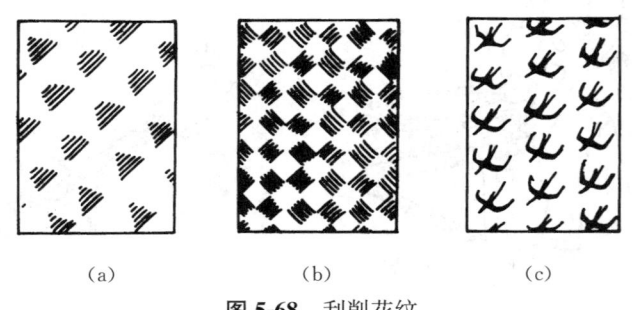

　　　　(a)　　　　　　(b)　　　　　　(c)

图 5-68　刮削花纹
(a) 三角花(一刀)；(b) 方块花(一刀)；(c) 燕子花(二刀)

刮削操作要点

① 刮削前工件的锐边,锐角要去掉,以免碰伤手。
② 工件表面一般放在低于腰部的地方进行刮削。
③ 刮削时要拿稳刮刀,用力均匀,姿势要正确,防止刮刀在工件上划出不必要的刀痕。
④ 显示剂要涂得薄而均匀,以免影响研点的正确性。
⑤ 推磨研具时用力要均匀,注意悬空部分的长度,防止研具落下伤人。

4. 刮削质量分析

刮削中常见的质量问题有凹痕、振痕、丝纹和刮削精度不符要求等,如表 5-11 所示。

表 5-11 刮削质量分析

质量问题	产 生 原 因
凹痕 (深凹坑)	① 刮刀偏侧过大; ② 刃口圆弧过小; ③ 用力过猛
振痕 (波浪纹)	① 刮削行程过长,刀杆产生振动; ② 刮削方向单一; ③ 表面阻力不均匀
丝纹 (粗糙纹路)	① 刃口不锋利; ② 刃口部分不光洁
刮削精度不符合要求	① 研点时用力不均匀,研具伸出工件太多; ② 研具与所刮表面大小差异过大,研点不正确; ③ 研具本身不精确; ④ 工件安放不稳当

二、研磨

用研磨工具和研磨剂从机械加工过的工件表面上磨去一层极微薄的金属,称为研磨。

研磨是精密加工,它能使工件达到精确的尺寸(尺寸公差可达 IT0),准确的几何形状和很小的表面粗糙度(R_a 值可达 $0.012\mu m$)。研磨可提高零件的耐磨性、抗腐蚀性和疲劳强度,延长零件的使用寿命。研磨能用于碳钢、铸铁、铜等金属材料,也能用于玻璃、水晶等非金属材料。

1. 研磨原理

研磨时,加在工件和研具间的研磨剂受到压力后,一部分嵌入研具表面,一部分处于工件与研具之间。在研磨过程中,每一磨粒不重复自己的运动轨迹,对工件表面产生切削和挤压作用,某些研磨剂还起化学作用。经过研磨可以将精加工后残留在工件表面上的波峰磨掉,如图 5-69 所示。

2. 研磨工具和研磨剂

(1) 研磨工具 研磨工具的材料应比被研工件软,研磨剂里的磨粒才能嵌入研磨工具的表面,不致刮伤工件。研磨淬硬工件时,用灰铸铁或软钢等制成研磨工具。不同形状的工件用不同类型的研磨工具,常用有研磨平板,研磨环,研磨棒等(图 5-70)。

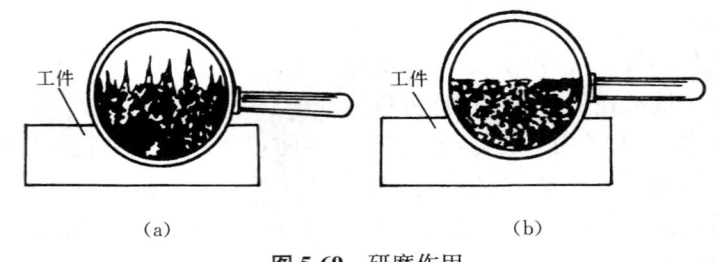

图 5-69 研磨作用

(a) 机械加工后的表面；(b) 研磨后的表面

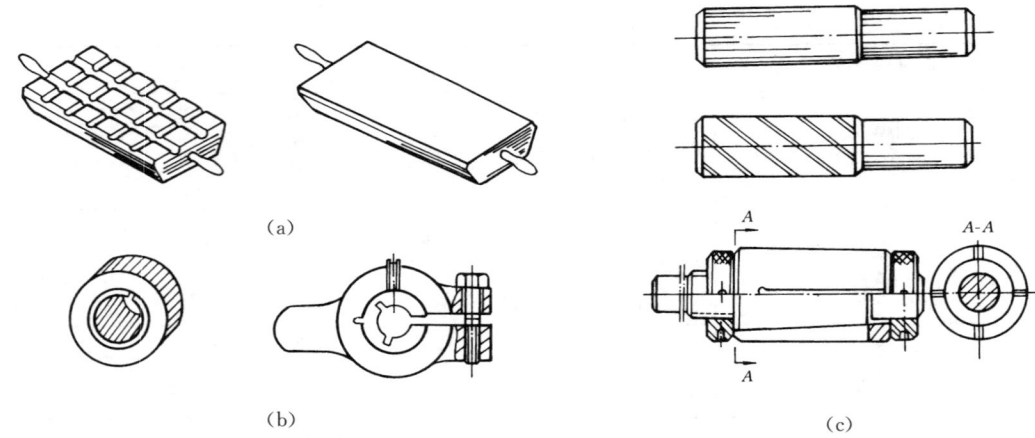

图 5-70 研磨工具

(a) 研磨平板；(b) 研磨环；(c) 研磨棒

(2) 研磨剂　研磨剂是由磨料和研磨液调和而成的混合剂。磨料在研磨中起切削作用。常用磨料有氧化铝、碳化硅、人造金刚石等。经粉碎、筛网成磨粉后，用于粗研。如果再经粉碎、沉淀成微粉后，用于精研。研磨液在研磨中起调和磨料、冷却和润滑作用。常用研磨液有煤油、汽油和机油等。目前，工厂都用研磨膏，它是在磨料中加入黏结剂和润滑剂调制而成。使用时，用油稀释。

3. 研磨方法

(1) 研磨余量　研磨属于微量切削，每研磨一遍磨去的金属层不超过 0.002mm，研磨的余量很小，一般控制在 0.005～0.030mm 之间。有时研磨余量直接留在工件的公差范围内。

研磨前工件必须经过精镗或精磨，粗糙度 R_a 为 0.8μm。粗研时，研磨剂中磨料的粒度较粗，压力重，运动速度慢。精研时，磨料粒度细，压力轻，运动速度快。

(2) 平面研磨　平面研磨是在研磨平板上进行。用煤油或汽油把平板擦洗干净，再涂上适量研磨剂。将工件的被研表面与平板贴合，手按工件在平板全部表面上作"8"字形或螺旋形运动轨迹进行研磨(图 5-71)。用力要均匀，研磨速度不宜太快。

(3) 外圆柱研磨　外圆柱面研磨一般在车床或钻床上进行。研磨工具是研磨环，其孔径比工件外径约大 0.025～0.05mm，长约为孔径的 1～2 倍。研磨时，工件上涂研磨剂，再套上研磨环，见图 5-72(a)。工件以一定的速度转动，手握住研磨环以适当的速度作往复运动，使工件表面研磨出 45°的交叉网纹[图 5-72(b)]。研磨一段时间后，将工件调转 180°，再进行研磨。使外圆柱面研磨得精确,研磨环磨损较均匀。

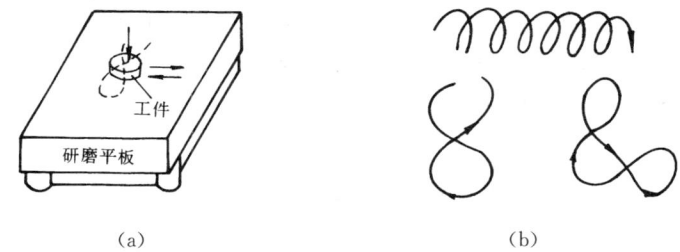

图 5-71 平面研磨
(a) 研磨动作;(b) 研磨运动轨迹

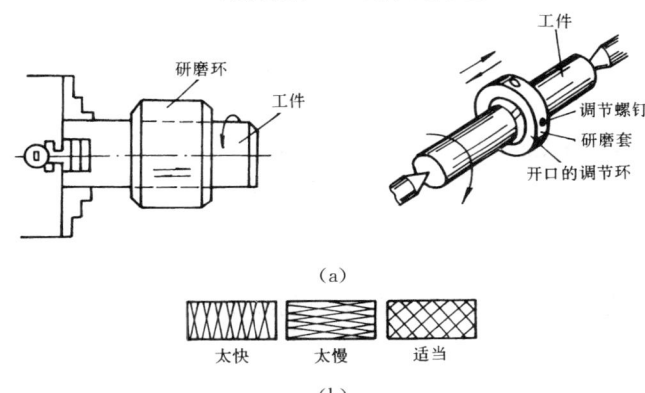

图 5-72 外圆柱面研磨
(a) 研磨方法;(b) 研磨后的网纹质量

（4）内孔研磨　研磨棒放置在车床两顶尖之间或夹在钻床的钻夹头上,工件套在研磨棒上。研磨棒作旋转运动,手握工件作往复直线运动。

4. 研磨质量问题分析

研磨过程中常会出现质量问题如表 5-12 所示。

表 5-12 研磨质量问题分析

质量问题	产 生 原 因
表面不光洁	① 磨料过粗; ② 研磨剂应用不当; ③ 研磨剂涂得过薄
表面拉毛	研磨剂中混入杂质
平面成凸形或孔口扩大	① 研磨剂涂得太厚; ② 孔口或工件边缘被挤出的研磨剂未擦去仍在研磨; ③ 研磨棒伸出孔口太长
孔成椭圆形或有锥度	① 研磨时,没有更换方向; ② 研磨时,没有调头
薄形工件拱曲变形	① 工件发热,仍在研磨; ② 装夹不正确引起变形

第五章　钳　工

5. 研磨机研磨

为减轻研磨工作的劳动强度和提高研磨效率,扩大研磨应用范围,现已研制出各类研磨机。例如国内生产的精密治具研磨机,可同机实现精密异形轮廓研磨以及行星式大孔径研磨,并在 X,Y,Z,CS 四轴同时控制。

第七节 装 配

一、装配常识

1. 装配概念及其重要性

机器是由许多零件组成的,将零件按照规定的技术要求装在一起成为一个合格产品的过程称为装配。

一台复杂的机器,往往是先以某一个零件为基准零件,将若干个其他零件装在它上面构成"组件",然后将几个组件和零件装在另一个基准零件上面构成"部件",最后将几个部件、组件和零件一起装在产品的基准零件上面构成一台机器。

装配是机器制造的最后阶段,它是保证机器达到各种技术指标的关键,装配工作好坏直接影响机器的质量,在机器制造业中占有很重要的地位。

2. 装配方法

为了保证机器的精度和使用性能,满足零件、部件的配合要求,根据产品的结构、生产条件和生产批量等情况,装配方法可分为以下几种:

(1) 完全互换法　装配时在同类零件中任取一个零件,不需修配即可用来装配,且能达到规定的装配要求。装配精度由零件的制造精度保证。

完全互换法的装配特点是装配操作简便,生产率高,容易确定装配时间,有利组织流水装配线。零件磨损后,调换方便,但零件加工精度要求高,制造费用大。因此,适用于组成件数少,精度要求不高或大批量生产。

(2) 选配法　将零件的制造公差放大到经济可行的程度,并按公差范围分成若干组,然后与对应的各组配件进行装配,以达到规定的配合要求。选配法的特点是零件制造公差放大后降低加工成本,但增加了零件的分组时间,还可能造成分组内零件不配套。适用于装配精度高、配合件的组成数少的装配或成批生产。

(3) 修配法　装配时,根据实际测量的结果用修配方法改变某个配合零件的尺寸来达到规定的装配精度,如图 5-73 的车床两顶尖不等高,相差 ΔA 时,通过修刮尾座底板量 ΔA 后,达到精度要求($\Delta A = A_1 - A_2$)。

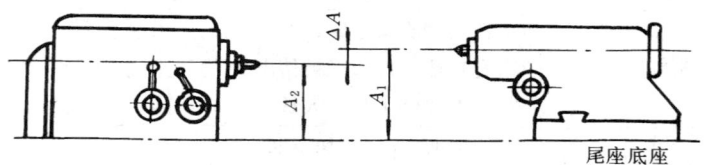

图 5-73　修配法

修配法可使零件加工精度相应降低,减少零件的加工时间,降低产品的制造成本,适用于单件小批生产。

（4）调整法 装配时，通过调整某一个零件的位置或尺寸来达到装配要求，例如，用改变衬套位置达到规定的间隙 ΔA，如图 5-74(a)所示。用不同尺寸的垫片达到规定的间隙 ΔA，如图 5-74(b)所示。

调整法通过调整零件位置或尺寸达到装配精度。适用于由于磨损引起配合间隙变化的结构。

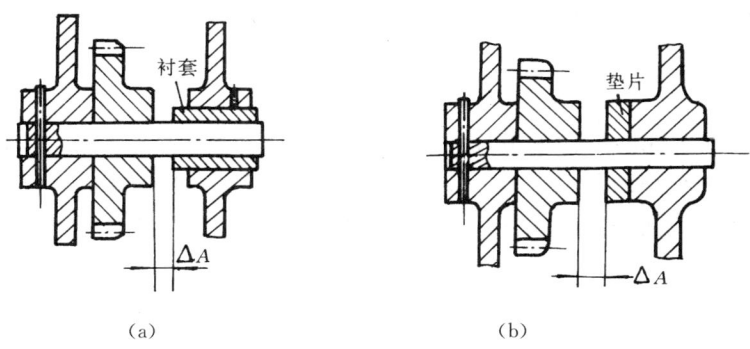

图 5-74 调整法

3. 装配的联接方法

装配时按照零件相互联接的不同要求，联接方法可分为固定联接和活动联接。固定联接零件间没有相对运动；活动联接零件间在工作时能按规定的要求作相对运动。按联接后能否拆卸，又可分为可拆联接和不可拆联接两种。可拆联接在拆卸时不损坏联接零件，例如，螺纹、键、轴和滑动轴承等的联接。而不可拆的联接，拆卸时往往比较困难，并且会使其中一个或几个零件遭受损坏。再装时，就不能应用。例如，焊接、压合和各种活动连接的铆合头等联接。

4. 装配的配合种类

（1）间隙配合 装配后，保证配合表面有一定的间隙量，使配合零件间具有符合要求的相对运动。例如，轴和滑动轴承的配合。

（2）过渡配合 装配后，配合表面间有较小的间隙或很小的过盈量，故装拆容易，且零件间有较高的同轴度。当轴装在孔内同轴度要求较高，又需装拆时，常采用过渡配合。例如，齿轮、带轮与轴的配合。

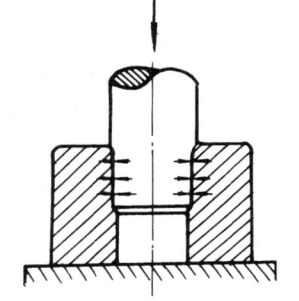

图 5-75 过盈配合

（3）过盈配合 装配后，靠轴与孔的过盈量使零件表面间产生弹性压力达到紧固联接的目的（图 5-75）。例如，滚动轴承内孔与轴的配合。

过盈配合时，根据配合零件传递扭矩或轴向力的大小，其过盈量的大小和装配方法也各不相同。过盈量较小时，可用小型压力机将零件压入配合件。过盈量较大时，可将孔类零件浸入热油内加热（油用电炉加热），用红套法进行装配。当轴类零件的相配件很大时，加热有困难，可用冷却轴的办法进行装配。冷却介质一般有干冰（固体二氧化碳，可冷却到 $-75\,^\circ\mathrm{C}$）；液氮（液态氮气，可冷却到 $-180\,^\circ\mathrm{C}$）。

二、装配工艺过程

1. 装配前的准备工作

（1）研究和熟悉产品装配图、工艺文件和技术要求，了解产品的结构、工作原理、零件的作用以及相互联接关系。

（2）确定装配方法和顺序后，即准备所需的工具。

（3）对装配零件进行清洗、去油污、毛刺、铁锈等，并对零件与装配有关的形状、尺寸精度等进行检查。

2. 装配工艺

为使产品装配工作按一定的顺序进行，一般采用装配工艺系统图来说明产品的装配过程。而装配工艺系统图是以产品的装配单元系统图为基础绘制的。图5-76是轧辊立体图。图5-77是其轧辊轴组件结构图，以此组件为例说明装配单元系统图的绘制和装配方法。

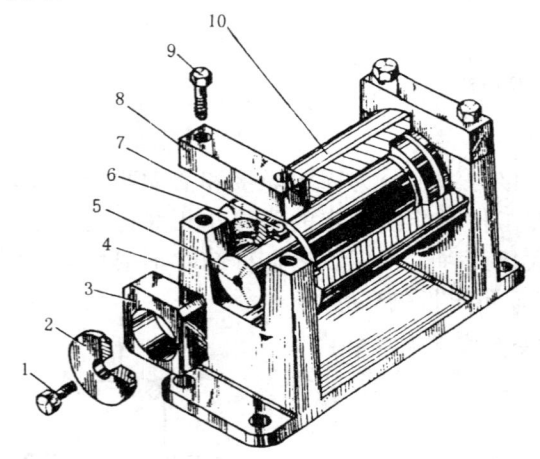

图5-76　轧辊立体图
1—螺钉；2—端盖；3—方块圈；4—底座；5—辊轴；
6—透盖；7—轴承；8—盖板；9—螺钉；10—辊筒

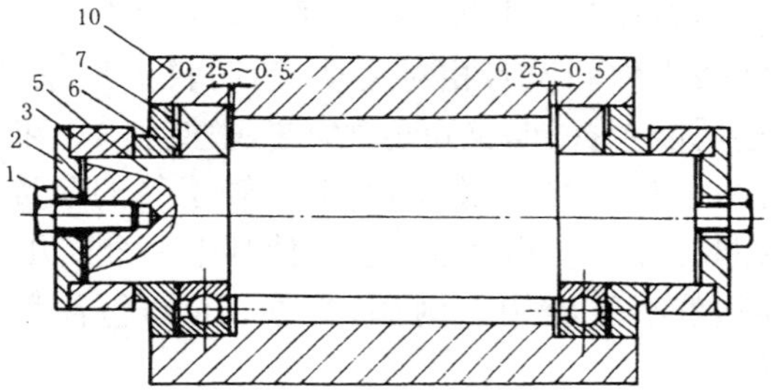

图5-77　轧辊轴组件结构图
1—螺钉；2—端盖；3—方块圈；4—辊轴；
5—透盖；6—轴承；7—辊筒

（1）装配单元系统图　装配单元系统图能够简明直观地反映出产品的装配顺序，其绘制方法如下：

① 先画一条横线。

② 横线的左端画一小长方格，代表基准零件。在长方格中注明装配单元的编号、名称和数量。

③ 横线的右端画一小长方格，代表装配的成品。

④ 横线由左至右表示装配顺序，直接进入装配的零件画在横线上面，直接进入装配的组件，画在横线的下面。

按上述方法绘制的轧辊轴组件装配单元系统图如图5-78所示。

（2）轧辊轴组件的装配步骤　图5-78清楚地表示出成品的装配过程和装配所需零件的名称、编号及数量，而且根据它可划分出装配工序。轧辊轴组件的装配采用选配法进行，其具体装配步骤如下：

① 将轴承 7 装在基准件轧辊轴 5 左端至轴肩。

② 将辊筒 10 以轧辊轴 5 右端套至左端。保证辊筒右端内肩与辊轴右端轴肩有 0.25～0.5mm 间隙。

③ 将轴承 7 装入轧辊轴 5 和辊筒 10 右端至轴肩。

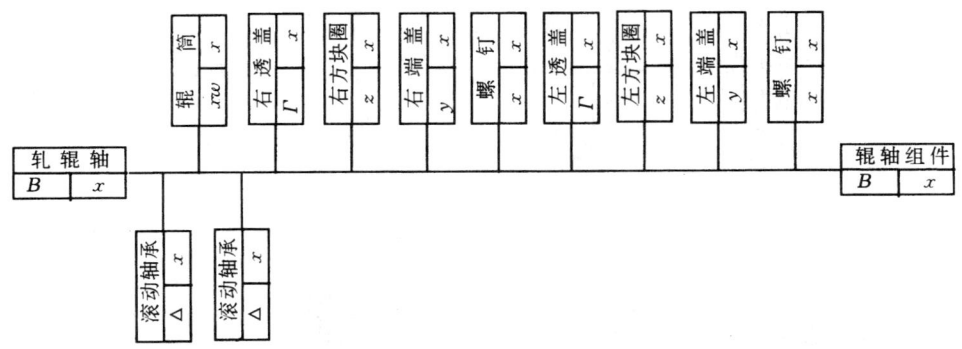

图 5-78　轧辊轴组件装配单元系统图

④ 装右透盖 6。

⑤ 装右方块圈 3。

⑥ 装右端盖 2。

⑦ 将螺钉 1 穿过右端盖 2 拧入轧辊轴 5。

⑧ 装左透盖 6。

⑨ 装左方块圈 3。

⑩ 装左端盖 2。

⑪ 将螺钉 1 穿过左端盖 2 拧入轧辊轴 5。

装配完毕,用手转动辊筒 10 进行调试。

三、装配示例

1. 螺纹联接装配

螺纹联接是一种可拆的固定联接,具有结构简单,联接可靠,装拆方便等优点,在机械中应用广泛。

常用的螺纹联接装配形式,如图 5-79 所示。

螺纹联接装配技术要求是保证有一定的拧紧力矩,使螺纹牙间产生足够的预紧力;螺钉和螺母不产生偏斜和歪曲;有可靠的防松装置等。

装配螺栓、螺柱或螺钉的工具一般有螺钉旋具(图 5-80)、扳手(图 5-81)。

螺钉和螺母装配要求：

(1) 螺钉头部,螺母底面与联接件接触应良好。

(2) 被联接件受压应均匀,贴合紧密,联接牢固。

(3) 成组螺栓或螺母拧紧时,应根据被联接件形状,螺栓分布情况,按一定顺序逐次拧紧。

例如,在拧紧条形或长方形布置的成组螺母时,应从中间开始逐渐向两边对称展开,如图 5-82(a)、(b)所示。在拧紧方形或圆形时,必须对称进行,如图 5-82(c)、(d)所示。如有定位销时,应从靠近定位销的螺栓开始拧。主要是防止螺栓受力不一致产生变形。

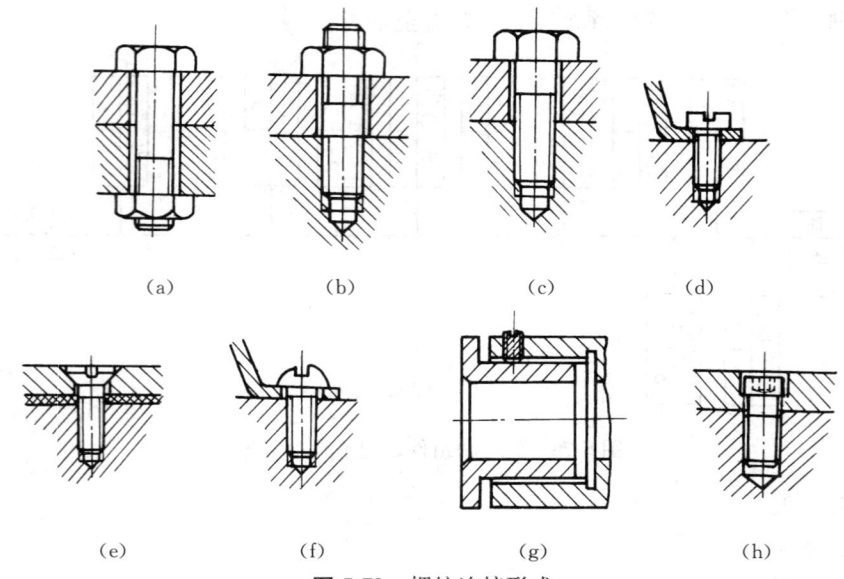

图 5-79　螺纹连接形式
(a) 单头螺栓；(b) 双头螺栓；(c) 六角头螺钉；(d) 圆柱头螺钉；(e) 沉头螺钉；
(f) 半圆头螺钉；(g) 紧定螺钉；(h) 内六角螺钉

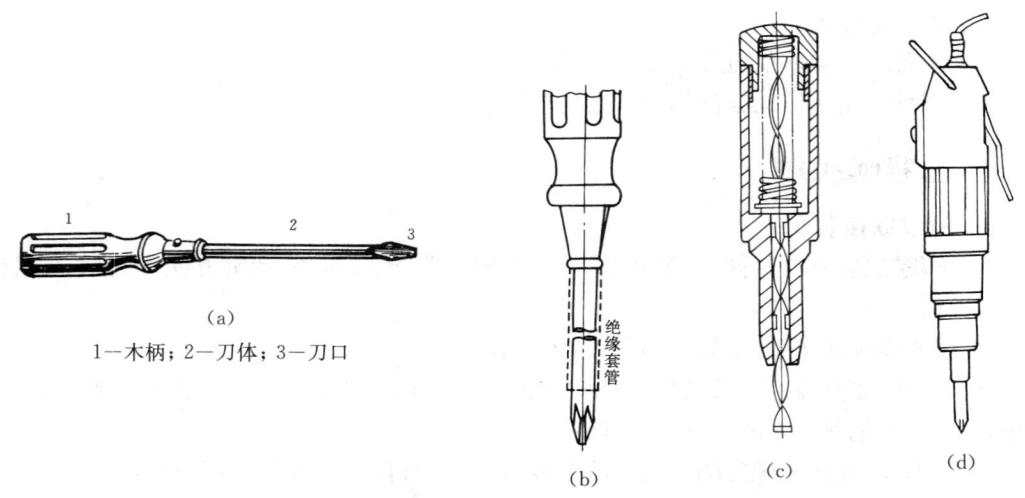

1—木柄；2—刀体；3—刀口

图 5-80　螺钉旋具
(a) 标准螺钉旋具；(b) 十字螺钉旋具；(c) 快速螺钉旋具；(d) 电动螺钉旋具

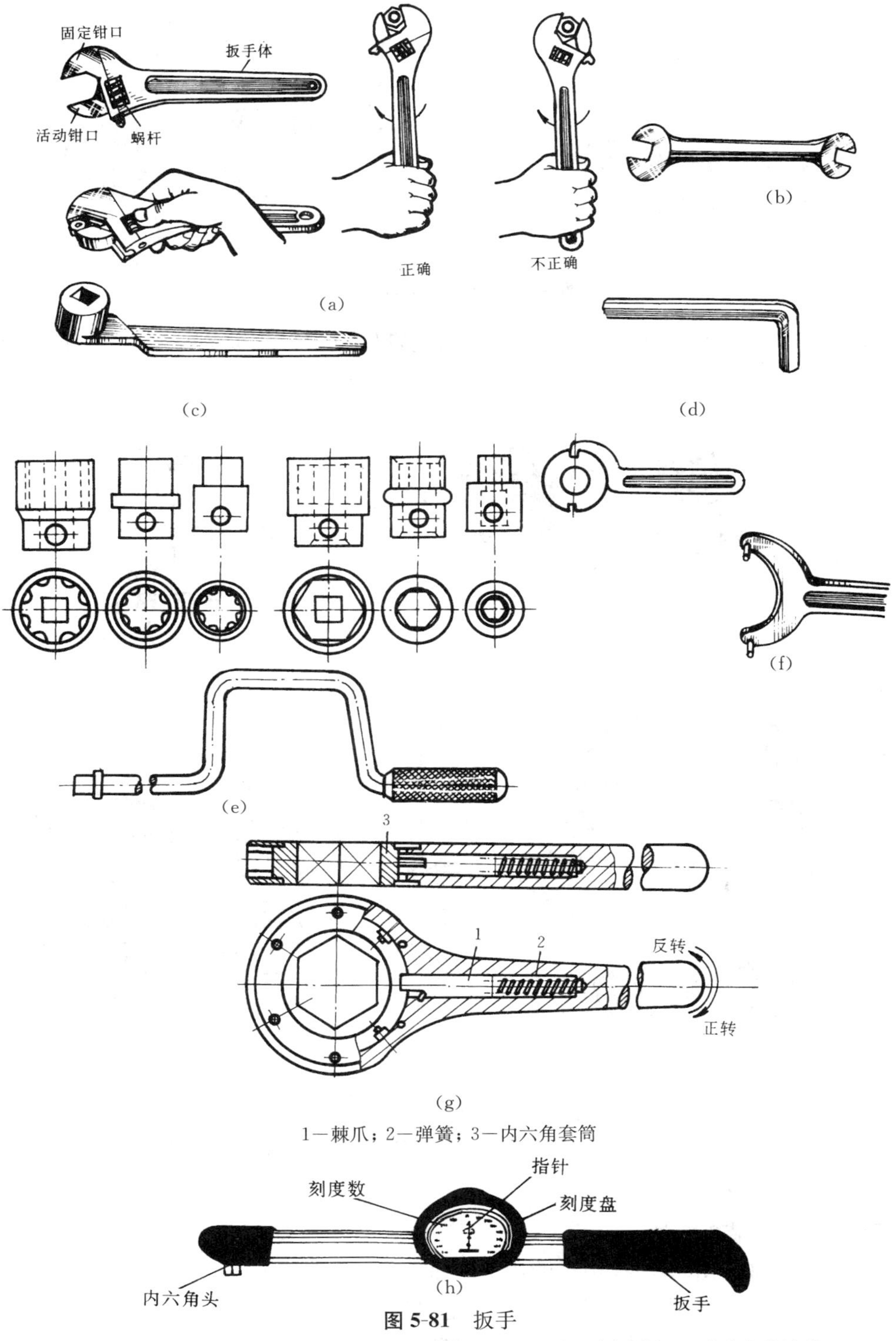

图 5-81 扳手

(a) 扳手及使用方法；(b) 开口扳手；(c) 整体扳手；(d) 内六角扳手；(e) 成套套筒扳手；
(f) 锁紧扳手；(g) 棘轮扳手；(h) 测力扳手

1—棘爪；2—弹簧；3—内六角套筒

第五章 钳工

图 5-82 成组螺母拧紧顺序

(4) 联接件在工作时,有振动或冲击,为防止螺钉或螺母松动,必须装有可靠的防松装置(图 5-83)。

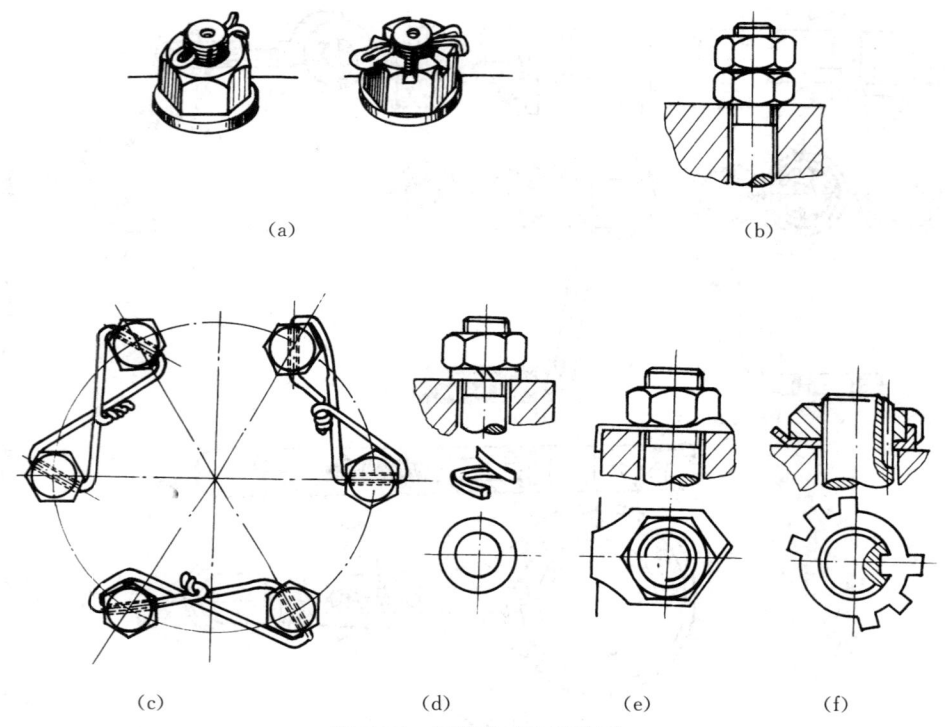

图 5-83 螺纹联接防松装置

(a) 开口销防松；(b) 双螺母防松；(c) 钢丝防松；(d) 弹簧垫圈防松；(e) 止退垫圈防松；(f) 带翅垫圈防松

2. 滚动轴承装配

(1) 滚动轴承装配方法

① 将轴承、轴、轴承座内孔用汽油清洗干净。

② 检查滚动体是否灵活,在装配表面涂上机油。

③ 轴承装到轴上时,不能用手锤直接敲打轴承外圈[图 5-84(a)]。应使用垫套或铜棒,将轴承敲到轴上。用力应均匀,且施加在轴承内圈端面上[图 5-84(b)]。

④ 轴承装到轴承座内孔时,力应均匀地施加在轴承外圈端面上[图 5-84(c)]。

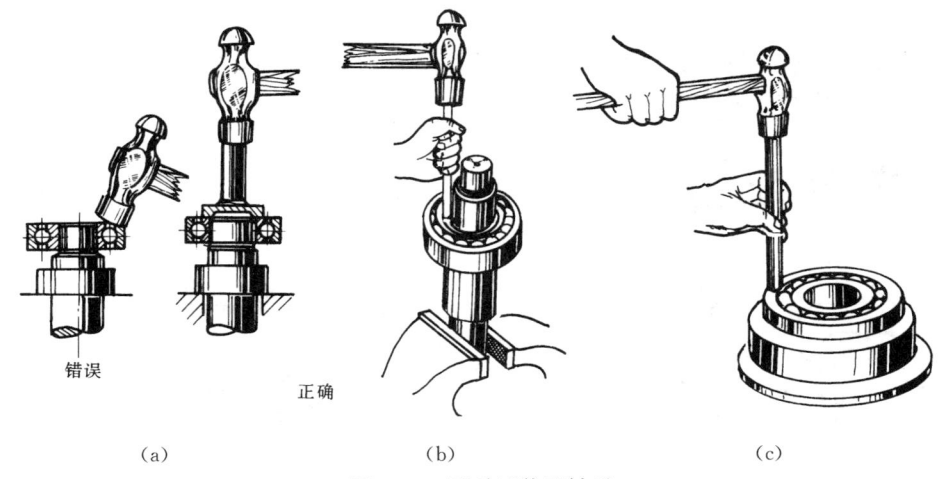

图 5-84 用手锤装配轴承

⑤ 使用套筒或压力机将轴承压入轴和轴承座孔内(图 5-85)。

⑥ 轴承内孔与轴为较大的过盈配合时,可采用将轴承放到 80~90℃ 的机油中预热,使轴承孔胀大后与轴相配。

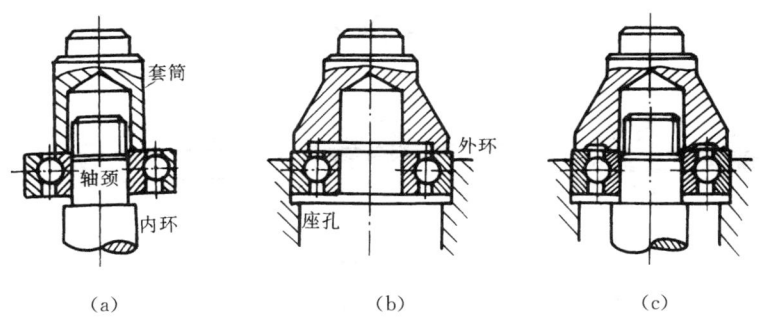

图 5-85 用套筒装配轴承
(a) 压入轴颈；(b) 压入座孔；(c) 同时压入轴颈和座孔

(2) 滚动轴承装配要点

① 滚动轴承的一侧端面标有牌号与规格,该面应装在可见部位,便于检查,更换。

② 轴承装在轴和轴承座孔内不能歪斜。

③ 装配后,轴承转动应灵活,无噪声。

四、拆卸的基本要求

机器长期使用后,某些零件产生磨损和变形,使机器的精度下降,此时就需对机器进行检查和修理。修理时要对机器进行拆卸工作,拆卸机器时的基本要求是:

(1) 拆卸机器前应熟悉图纸,了解机器部件的结构,确定拆卸方法,防止乱敲、乱拆造成零件损坏。

(2) 拆卸要正确地去除零件间的相互联接。因此拆卸工作应按照与装配相反的顺序进行，即先装的零件应后拆，后装的零件先拆。一般是先外后内，先上后下的顺序进行拆卸。

(3) 拆卸时，应尽量使用专用工具，如图 5-86 所示。以防损坏零件，直接敲击零件时，不能用铁锤，可用铜锤或木锤敲击。

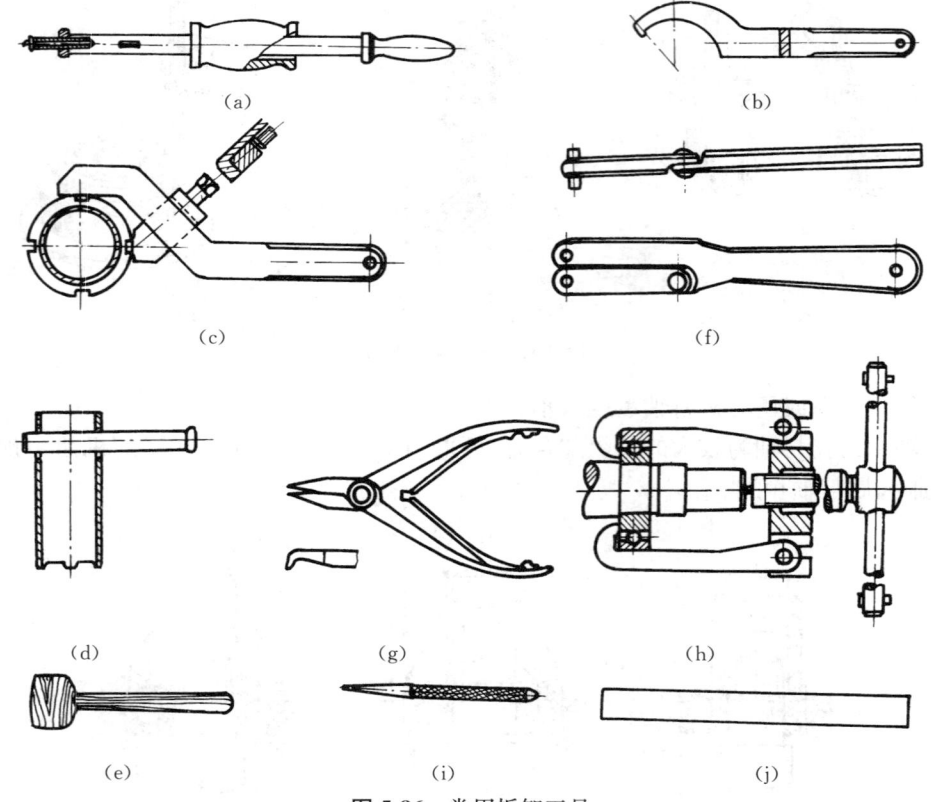

图 5-86　常用拆卸工具

(a) 拔销器；(b) 单头钩形扳手；(c) 可调式钩形扳手；(d) 管子圆螺母扳手；(e) 木锤；
(f) 双叉销扳手；(g) 弹性卡环钳；(h) 拉出器；(i) 销子冲头；(j) 铜棒

(4) 对成套加工或不能互换的零件拆卸时，应作好标记，以防装配时装错。零件拆卸后，应按次序放置整齐，尽可能按原来的结构套在一起。对小零件，如销、止动螺钉等拆下后应立即拧上或插入孔中，避免寻找。对丝杠、长轴等零件应用布包好，并用铁丝等物将其吊起安置，防止弯曲变形和碰坏。

(5) 拆卸螺纹联接的零件必须辨别螺纹旋向。

第八节　典型综合件钳工示例

一、手锤头的制作

手锤头零件图如图 5-87 所示。

手锤头制作步骤如表 5-13 所示。

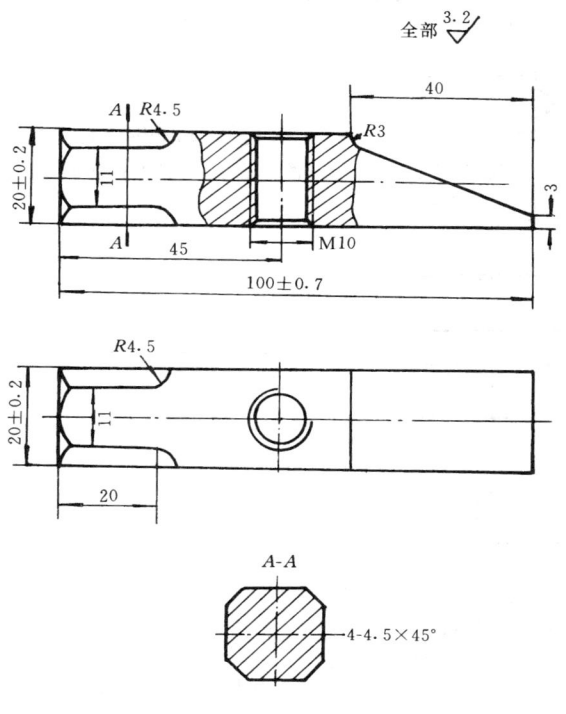

图 5-87 手锤头

技术要求：1. 两端淬火 49~56HRC（深 4~5mm）；2. 发黑

表 5-13 手锤头制作步骤

制作序号	加工简图	加工内容	工具、量具
1. 备料		锯切 φ32、长 103mm 的 45 钢棒料	钢锯、钢尺
2. 划线		在 φ32 圆柱两端面上划 22×22 加工界线及中心线，打上样冲眼	划针盘、V 形铁、直角尺、样冲、手锤
3. 锯切		锯切左右两对应面。要求锯痕整齐、锯切宽度不小于 20.5，平面应平直，对应面平行，邻边垂直	钢锯、钢尺、直角尺
4. 锉削		锉削六个面。要求各面平直，对面平行，邻面垂直，断面成正方形，尺寸为 $20^{\,\,0}_{-0.2}$，长度为 100 ± 0.7	粗平锉刀、游标卡尺、直角尺

第五章 钳工 129

(续表)

制作序号	加工简图	加工内容	工具、量具
5. 划线	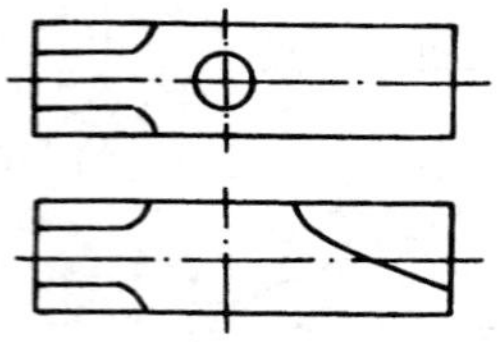	按零件图(图 6-94)尺寸,划出全部加工界线,打上样冲眼	划针、划规、钢尺、样冲、手锤、划针盘(高度游标尺)等
6. 锉削	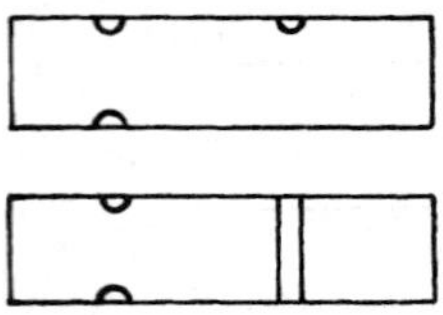	锉削五个圆弧。圆弧半径应符合图纸要求	圆锉刀
7. 锯切	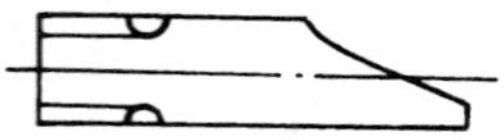	锯切斜面。要求锯痕平整	钢锯
8. 锉削	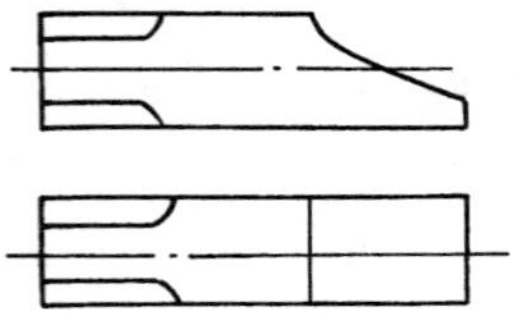	锉削四边斜角平面及大斜平面	粗、中平锉刀
9. 钻孔		用φ9麻花钻钻孔将孔钻穿及锪1×45°锥坑	φ9麻花钻、90°锪钻
10. 攻丝	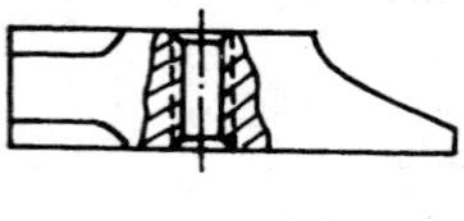	攻 M10 内螺纹至攻穿为止	M10 丝锥
11. 修光		用细平锉和砂布修光各平面,用圆锉和砂布修光各圆弧面	细平锉、圆锉、砂布
12. 热处理		① 两头锤击部分硬度为49～56HRC,心部不淬火;② 发黑	硬度机检验硬度

二、手锤柄的制作

手锤柄零件图如图 5-88 所示。

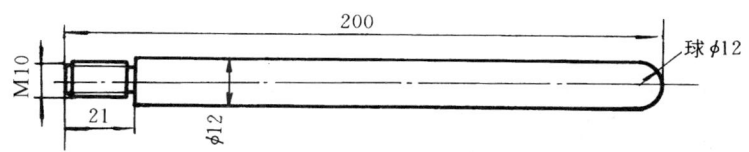

图 5-88 手锤柄

手锤柄制作步骤如下:

(1) 落料　锯切 $\phi12$,长 220mm 的圆棒料。

(2) 车外圆(在车床上进行)　车一端外圆尺寸为 $\phi9.8\times21$,并倒角和割退刀槽。

(3) 套丝　用板牙套 $M10\times21$ 棒料外螺纹。

(4) 锉削　用平锉锉削棒料另一端 $\phi12$ 球面(用 $\phi12$ 样板检验)。

(5) 修光　(在车床上进行)用细平锉和砂布修光 $\phi12$ 圆柱面。

(6) 装配　将手锉柄螺纹端拧入手锤螺孔内,然后用手锉轻敲手锤柄露出手锤部分,填平倒角为止。再用平锉修平;砂布修光。

第六章 管 工

第一节 概 述

管道在国民经济建设中和人民生活里都是不可缺少的设施,例如热能传递、给排水,各种气体、液体和物料输送,都要靠管道输送来完成。

管工的主要任务就是将各种设备、阀门和管件等,用不同材料和直径的管材稳固而整齐地连通在一起,并在一定温度和压力的条件下输送介质,保证系统正常地工作。

化工和建筑行业把管道系统比作"人体血管",可见它的重要性;尤其某些管道还敷设在地下或隔墙内,故又有隐蔽工程之称;更关注的是对于某些高温、高压,甚至有毒介质的输送,万一设计和施工中出现差错,轻者会造成不必要的麻烦,重者将危及生命和财产,在此提请大家重视。

第二节 管工基本知识

一、管材和管接件的公称直径

管材和绝大多数管接件制品,其公称直径既不等于它的实际外径,又不等于它的实际内径,仅是一种名义称呼的直径,但只要它们公称直径相同,即能成对连接。公称直径是各种管子和管件等的通用口径。公称直径又名公称口径,以 D_N 表示,其后附加公称口径尺寸,单位为 mm,如 D_N100 表示公称直径为 100mm。

我国现行的部分标准和管道工程中公称口径仍沿用英寸表示。以英寸(in)表示的公称口径习惯上称为英制,公称口径所相当的英制管螺纹尺寸见表 6-1。

表 6-1 公称口径尺寸所相当的英制管螺纹尺寸

mm	in	mm	in	mm	in	mm	in	mm	in
8	$\frac{1}{4}$	20	$\frac{3}{4}$	40	$1\frac{1}{2}$	80	3	150	6
10	$\frac{3}{8}$	25	1	50	2	100	4	200	9
15	$\frac{1}{2}$	32	$1\frac{1}{4}$	60	$2\frac{1}{2}$	125	5	250	10

注:1 in(英寸)=25.4mm

二、管材的种类

用于制造管子的材料很多,一般可分为金属管和非金属管两大类。金属管中的铸铁管,由于耐腐蚀性较好,常用于地下埋设的管道,紫铜管和黄铜管常用于机械设备的油管和控制系统管路,钢管是各种工程最常用的管材。非金属管过去仅用于化工厂和城建工程,如耐腐蚀的塑料管道和用水泥做成大直径的下水道等,但近年来生活用的给排水系统已有逐步选用塑料管道的趋势,现将最常用的和近期推荐使用的几种管材简介如下:

1. 焊接钢管

焊接钢管是采用低碳钢带钢经纵向卷管成形,经焊接而成,俗称焊管或有缝钢管。表面镀锌的钢管俗称白铁管,常用于输送水、煤气、空气、油和取暖蒸汽等低压流体。另一种表面不镀锌的钢管俗称黑铁管,常用作敷设电线的管道。焊接钢管的承压能力,普通型钢管为 $200\text{N}/\text{cm}^2$,加厚型钢管为 $300\text{N}/\text{cm}^2$。

2. 无缝钢管

无缝钢管是由圆钢坯加热后,经穿管机穿孔轧制而成,或再经冷拔成较小直径的管子,由于它没有接缝故称无缝钢管。无缝钢管规格主要以外径和壁厚表示。无缝钢管强度高,常做输送高压或高温气体和液体的管道,也可做输送燃烧性、爆炸性和有毒性的物料管道。

3. 塑料管

塑料管用作给排水系统的最大优点:不锈蚀、不结垢,因此今后很有"以塑代钢"的趋势。目前市场供应的塑料管大部分采用聚氯乙烯(PVC)材料制成,但不符合食用卫生标准,适宜用作排水管;而最新采用交联聚乙烯(PEX)材料制成的管子,虽然价格偏高,但无任何毒性,适宜用作给水管,同时它又耐热,故也可用作供应热水的管道。

4. 塑复管

最近市场又出现了两种塑料和金属复合的管材,分别为铝塑复合管(PE-Al-PE)和塑复铜管(Cu-PE),两者不仅都具有供应食用水和热水的条件,而且施工时可按需进行弯曲并不反弹。尤其是塑复铜管,据介绍,由于它采用99.9%纯铜作为水管的内衬,故由它供应的食用水,还可补充人体不可缺少的微量元素——铜这一独特优点,但它的价格是最高的。

三、管螺纹

在机械、化工、仪表和供水、煤气等设备上当使用公称直径小于65mm的管道时,一般采用管螺纹连接。常用管螺纹有圆柱和圆锥两种。

1. 圆柱管螺纹

圆柱管螺纹属于非螺纹密封的管螺纹,常用于电线管道系统。增加密封结构后,也可用于高温高压管道系统。圆柱管螺纹断面形状如图6-1所示。

2. 圆锥管螺纹

圆锥管螺纹的直径从外端到里端是逐渐增大的,它有$\frac{1}{16}$的锥度。圆锥管螺纹中直径等于相同公称直径的圆柱管螺纹的截面称为基面(图6-2)。它将圆锥管螺纹分成两部分:第一部分(长度为l_2)的直径小于圆柱管螺纹的直径;第二部分(长度为l_1-l_2)的直径则大于圆柱管螺纹的直径。连接带有内外圆锥管螺纹的管件和管材时,开始可方便地旋上,旋到与管件的基面吻合为止,当继续旋紧时,除螺尾外所有的螺纹将成为过盈配合,从而获得严密的连接。

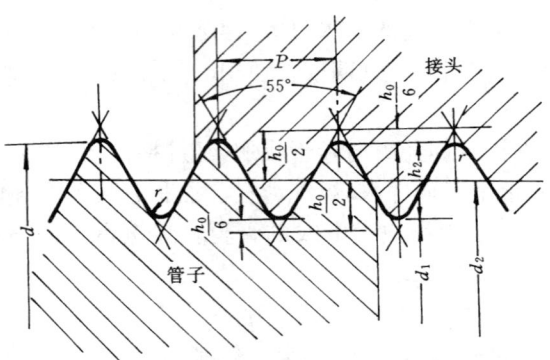

图 6-1　圆柱管螺纹的断面形状

$h_0 = 0.96049P$

$h_2 = 0.64031P$　　　式中：P 为螺距；

$r = 0.13733P$　　　　　　n 为每 1 英寸螺纹牙数。

$P = \dfrac{25.4}{n}$ mm

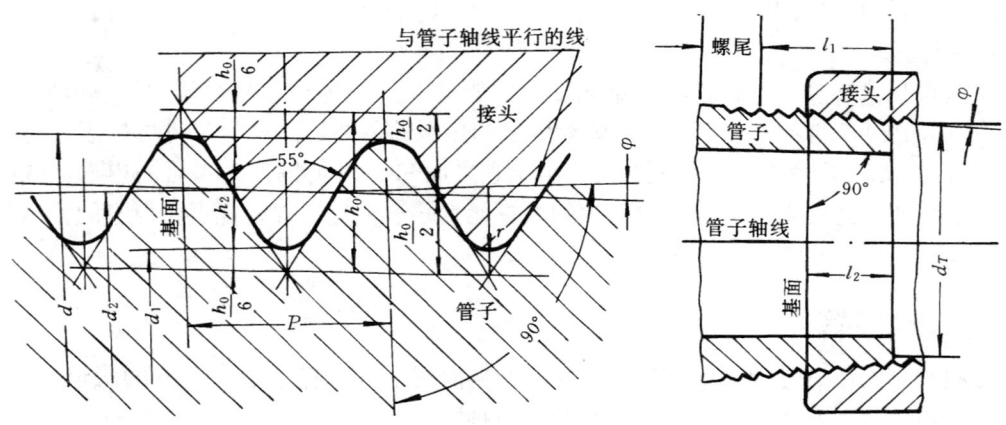

图 6-2　圆锥管螺纹的断面形状

$h_0 = 0.96024P$　$r = 0.13728P$

$h_2 = 0.64033P$　$\varphi = 1°17'24''$

锥度 $K = (2\tan\varphi) = 1 : 16$

四、常用管件

供水和煤气系统中常用管件一般用可锻铸铁制成,它的作用是连接管材,改变方向,接出支管和封闭管道等。常用管件种类和用途如表 6-2 所示。

表 6-2　常用管件种类及用途

种类	用途	种类	用途
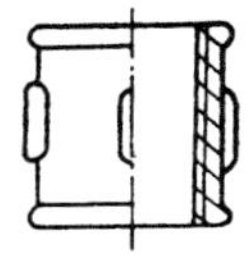 内螺纹管接头	俗称"内牙管、管箍、束节、管接头、死接头"等。用以连接两段公称直径相同的管子	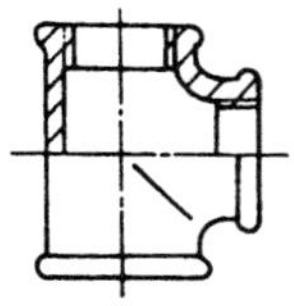 等径三通	俗称"T形管或天"。用于由主管中接出支管、改变管路方向和连接三段公称直径相同的管子
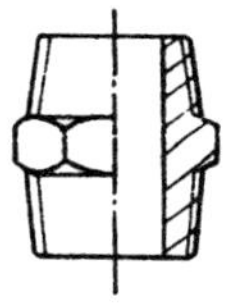 外螺纹管接头	俗称"外牙管、外螺纹短接、外丝扣、外接头、双头丝对管"等。用以连接两个公称直径相同的具有内螺纹的管件	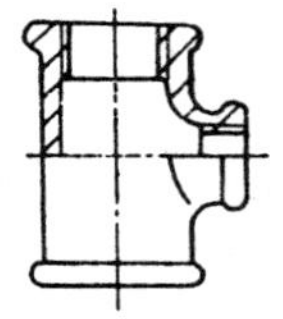 异径三通	俗称"中小天"。用以由主管中接出支管、改变管路方向和连接三段具有两种公称直径的管子
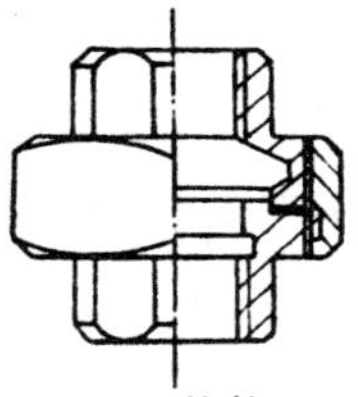 活管接	俗称"活接头、由壬"等。用以连接两段公称直径相同的管件	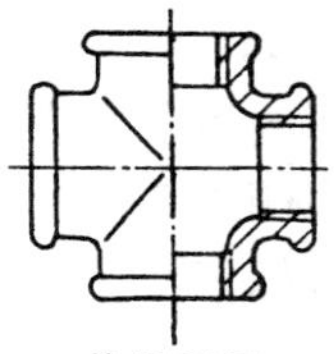 等径四通	俗称"十字管"。用以连接四段公称直径相同的管子
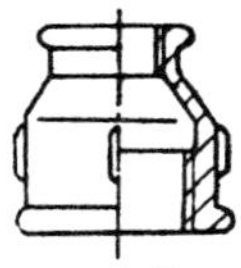 异径管	俗称"大小头"。用以连接两段公称直径不相同的管子	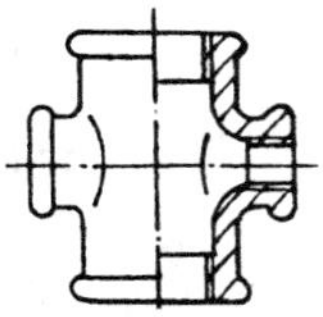 异径四通	俗称"大小十字管"。用以连接四段具有两种公称直径的管子
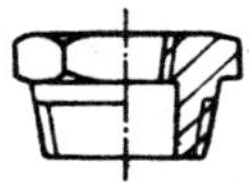 内外螺纹管接头	俗称"内外牙管、补心"等。用以连接一个公称直径较大的具有内螺纹的管件和一段公称直径较小的管子	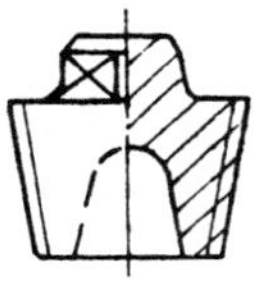 外方堵头	俗称"管塞、丝堵、堵头"等。用以封闭管路
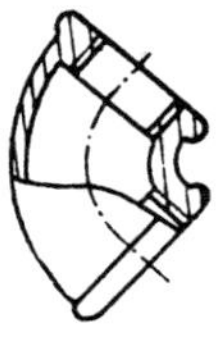 等径弯头	俗称"弯头、肘管"等。用以改变管路方向和连接两段公称直径相同的管子,它可分45°和90°两种	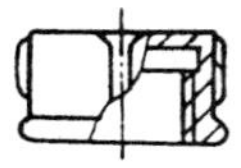 管帽	俗称"闷头"。用以封闭管路

(续表)

种 类	用 途	种 类	用 途
异径弯头	俗称"大小弯头"。用以改变管路方向和连接两段公称直径不相同的管子	锁紧螺母	俗称"背帽、根母"等。它与内牙管联用,可以得到可拆的接头

五、常用阀门

用来控制流体在管道内流动的装置通称为阀门或阀件。它的主要作用有:切断或沟通管内流体的流动;改变管道阻力,调节管内流体的速度;使流体通过阀门后产生很大压力降,达到节流;有些阀门能根据一定的因素自动启闭,以控制流体的流向、维持一定压力等等。

1. 旋塞阀

旋塞阀(俗称考克),其结构如图 6-3 所示,它是利用带孔的锥形栓塞来控制启闭的阀门。根据连接方法的不同,旋塞阀可分为螺纹连接和法兰连接两种,$D_N \not\geq 80mm$。旋塞阀的特点:结构简单,外形尺寸小,启闭迅速。旋塞阀易发生水锤现象,不宜作调节流量。旋塞阀适宜输送带有固体颗粒的流体,但不宜用于超过 100℃ 的高温管道,易热胀而卡死。

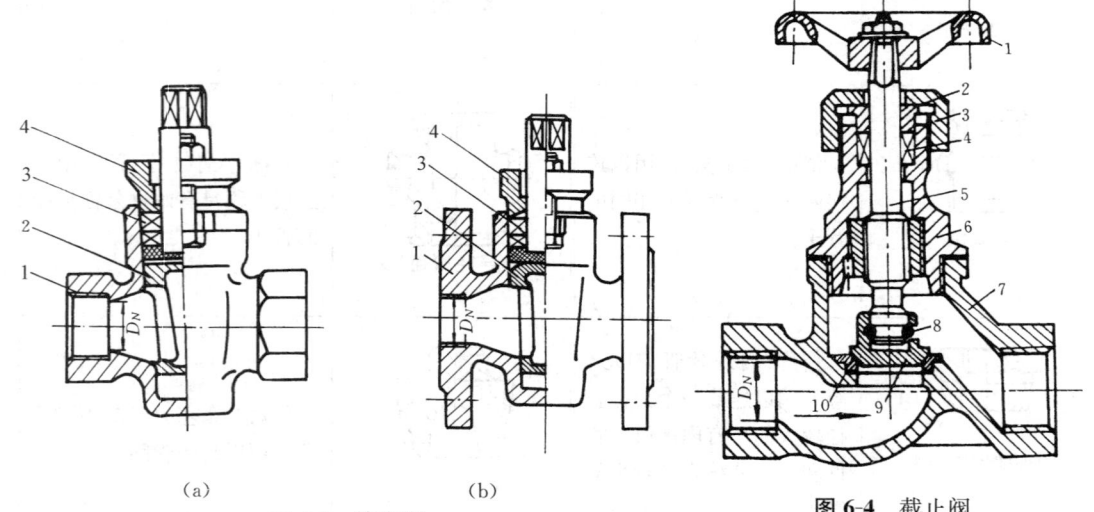

(a)   (b)

图 6-3 旋塞阀
(a) 内螺纹连接的;(b) 法兰连接的
1—阀体;2—栓塞;3—填料;4—填料压盖

图 6-4 截止阀
1—手轮;2—填料压盖;3—填料压盖螺母;4—填料;5—阀杆;6—阀盖;7—阀体;8—铁丝圈;9—阀盘;10—阀座

2. 闸阀

闸阀(又名闸门阀),它是利用闸板升降来控制启闭或调节的一种阀门。闸阀的特点是采用旋转丝杠的方法升降闸板,从而达到启闭或调节作用,由于启闭缓慢,无水锤现象,易调节流量,但结构较复杂、尺寸较大、价格较高。

3. 截止阀

截止阀（又名切断阀），其结构如图 6-4 所示。通过改变阀盘和阀座之间的距离，即可改变通道截面的大小，从而控制或截断流量。它与闸阀相比最大优点是结构简单，制造维修方便。

4. 止回阀

止回阀（又名单向阀），其结构如图 6-5 所示，它是一种利用阀前阀后介质的压力差而自动启闭的阀门，其作用能使介质只作一定方向流动，阻止其逆向流动。

按结构型式的不同，止回阀可分为升降式和旋启式两种。升降式止回阀的结构如图 6-5(a)所示，旋启式的止回阀其结构如图 6-5(b)所示。

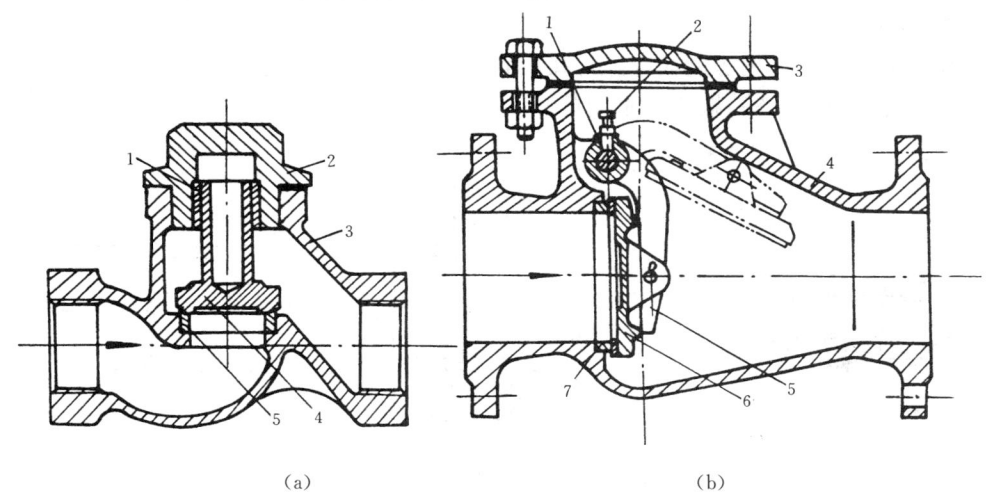

图 6-5 止回阀
(a) 升降式止回阀
1—导向套筒；2—阀盖；3—阀体；4—阀盘；5—阀座
(b) 旋启式止回阀
1—枢轴；2—定位紧固螺钉与锁母；3—阀盖；4—阀体；5—摇杆；6—摇板；7—阀座密封圈

5. 节流阀

节流阀与截止阀很相似，仅在阀芯的形状不同，截止阀的阀芯为盘状，而节流阀为锥状或抛物线状。节流阀的特点：启闭流通截面的变化比较缓慢，因此比截止阀的调节性能更好。节流阀的密封性能较差，因此不宜作隔断阀使用。

6. 减压阀

减压阀是一种能使介质压力降低到一定数值的自动阀。减压阀的种类很多，主要是靠膜片和弹簧等敏感元件来改变阀杆位置，从而实现减压目的。通过调整能使设备和管道中的介质压力达到生产工艺所需的工作压力，同时也能依靠介质本身的能量，使出口压力自动保持稳定。

7. 安全阀

安全阀是容器管道系统中的安全装置。当系统中的介质超过规定工作压力时，即能自动开启，将过量的介质排出，泄除压力；当压力恢复正常后即能自动关闭，因此安全阀又称保险阀。

六、管道连接

管材之间,管材和管件、阀门之间的连接方法常见的有图 6-6 所示的五种。

1. 螺纹连接

螺纹连接如图 6-6(a)所示,一般用于管径小于 65mm、低压(0.02～1MPa)、温度不超过 100℃的水、煤气和蒸汽管道的连接。优点是结构简单;缺点是整体安装后不易拆卸。

2. 法兰连接

法兰(法兰盘)是一种连接或固定金属管子的盘状零件。连接方法是在两个法兰之间垫以垫片,并用螺栓紧固,使管道与管道附件连接成一个整体[图 6-6(b)]。

3. 焊接连接

这种连接方法主要用于能被电弧焊接的钢管[图 6-6(c)]。它的优点是强度高,密封性好,不需要配件,成本低等;缺点是不能拆卸。

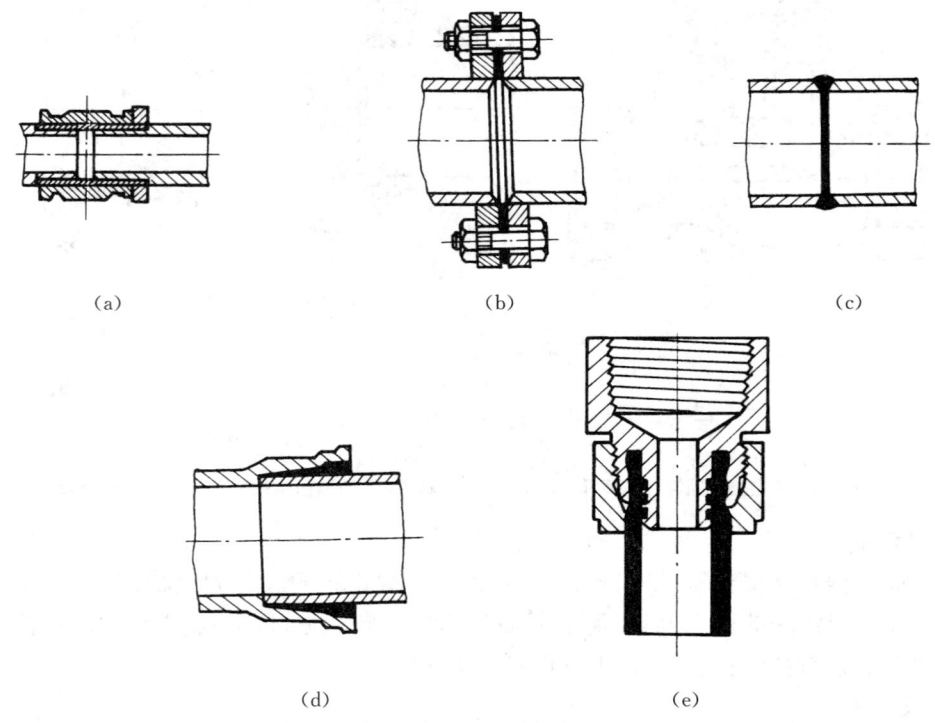

图 6-6　管子的连接方法
(a) 螺纹连接;(b) 法兰连接;(c) 焊接连接;(d) 承插连接;(e) 活接头连接

4. 承插连接

承插连接是将一管插入另一管端的插套内,再在连接处的环状空隙内填入石棉、水泥、铅或沥青等填料加以密封,如图 6-6(d)所示,一般用于铸铁管或水泥管的连接。安装时允许有少量的偏斜,但不耐压,拆卸难,大多用于地下的给排水管道连接。

聚氯乙烯(PVC)管道与相同材料的管件连接也可采用承插连接,但两者相互配合的间隙很小,甚至也有采用热套过盈配合,并在连接表面上均涂专用的黏合剂加以胶接。

5. 活接头连接

活接头用黄铜制成。这种连接方法适用于如聚乙烯、交联聚乙烯和塑复材料等柔性管道的连接，其结构如图 6-6(e)所示。该管件分两部分组成：紧插在柔性管道内壁的管件一端有三条凸环；与柔性管道外壁接触的另一部分是一端带有锥孔的六角螺母。两者相对旋紧，即将柔性管和管件牢牢夹紧连成一体。目前市场又出现一种用紫铜环卡箍将柔性管道紧扎在管件的凸环部分，这种管件具有体积小、价格低优点，但施工时必须采用专用夹钳一次成形。

第三节 管 工 操 作

一、管材切割

在管道的安装和维修中，为了得到所需长度的管材，需对管材作下料切割。

切割管材常用的工具有手工锯、台虎钳、管子虎钳和切管器等。

1. 手工锯和台虎钳

手工锯和台虎钳及具体操作方法除参阅第五章钳工中的有关内容外，还应注意：要选用细齿锯条，则锯齿不易被崩裂；锯割时，必须使锯条和管子轴线始终保持垂直。锯割大口径管子，锯前应划切断线，常采用硬纸作样板紧紧围住管子，然后沿着平直样板的一侧用石笔划一圈，即切割线。在锯割中，在锯口处滴些机油，不允许为省力将最后未锯断的部分用手强行折断，以影响后道工序的套丝和焊接。

2. 管子虎钳

管子虎钳（又名龙门钳）结构如图 6-7 所示，钳口由两块上下相对并带有齿形的 V 形铁组成，夹持圆管特别稳固。松钳时可将龙门架连带上钳牙一起翻转 180°；当夹持时，在反转 180°龙门架的同时，弯钩能自动套住下底座，操作方便。

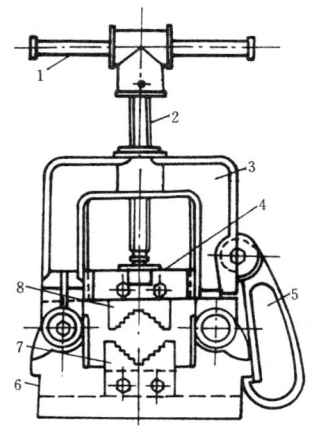

图 6-7 龙门式的管子虎钳
1—手把；2—丝杠；3—龙门架；4—滑动块；5—弯钩；6—底座；7—下虎牙；8—上虎牙

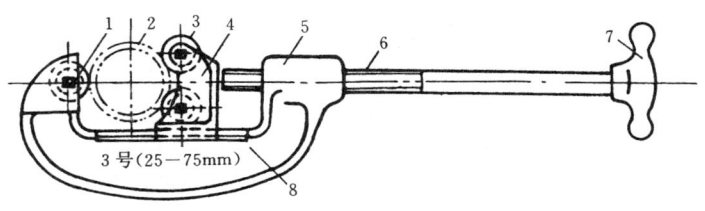

图 6-8 切管器
1—切割滚轮；2—被切管子；3—压紧滚轮；4—滑动支座；5—弯臂；6—螺杆；7—手把；8—滑道

3. 切管器

切管器（又名切管滚刀），结构如图6-8所示，它主要靠一只切割滚轮对管材进行切割。滚割前先转动螺杆手轮，使滚轮和另两只压轮之间的距离调整到被切管子的恰当距离，然后将它的滚轮刀口卡在已被夹紧的管子切口部位，并在管子和滚刀刃上滴些机油，加以润滑并能防止刀刃磨损。滚刀通过螺杆手柄的调节，使它紧贴管子。再以管子为轴心向刀架开口方向回转，并逐渐调节螺杆以压紧滚刀，直到将管子切断。注意：回转切管器时，必须使滚刀垂直于管子轴线，并使刀刃切口相接，避免将管子切偏。

切管器比手工切割速度快，断口较平直，操作方便。缺点是切断面因受挤压，使管端局部处的外径稍有增加；而内径稍有缩小，故套丝前常用适当的工具加以修正。

上述方法仅适用于小口径管材的切割，效率较低，为了提高效率，可采用机锯、砂轮切割，氧-乙炔气切割和等离子切割等方法。

二、管材套丝

管道工程中，螺纹连接是最常用方法之一，而螺纹连接就需要对管材进行套丝，即在管子端头切削出外螺纹。套丝方法有机械和手工两种。机械套丝是由车床或套丝机完成，用于大量生产制作管件等。手工套丝是指管工利用如图6-9所示的套丝板，在施工现场对管材进行套丝，然后与各种所需的管件、阀门和设备等装配连接成一套管路系统。管材的手工套丝是管工基本操作，必须熟悉和掌握。

1. 套丝板的结构

套丝板（又名管子铰板），是专门用来加工管材外螺纹的工具，其结构如图6-9所示。

（1）后卡调节装置　该装置处于结构示图的后背部，架内有三个可供定心和导向的后卡爪3，使铰板与被加工管材同轴。三爪的径向调节与车床的三爪卡盘原理相同，它是通过后卡爪手柄5连成一体的平面螺纹圆环与三个卡爪的螺纹相啮合。当旋转后卡爪手柄5时，三个卡爪可同时伸缩以适应不同管径的定位。

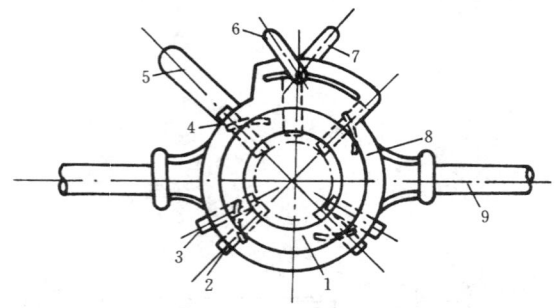

图6-9　套丝板（带丝）结构

1—固定盘；2—板牙(4块)；3—后卡爪(3个)；4—板牙滑轨；5—后卡爪手柄；6—标盘固定螺钉把手；7—板牙松紧装置手柄；8—活动标盘；9—扳把(手柄)

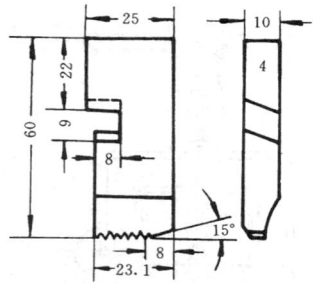

图6-10　切削(1 1/2)″～2″圆柱管螺纹的平板牙

（2）板牙更换和调整装置　常用的套丝板为了适应较大范围管径的加工，板牙可以按需更换。如加工(1/2)″～2″管子的套丝板共备有三副板牙，每副四块，按规定序号分别插入架体周面的四等分小窗口内。板牙的形状如图6-10所示。某侧面开有一条斜槽，正好嵌入

图 6-9 所示的板牙滑轨 4 中,但更换板牙时必须使两者脱开方能实现。更换好板牙需经调整才能使用,如图 6-9 中的活动标盘 8,它和板牙滑轨 4 是一体。当转动活动标盘 8 时即可使四块板牙作径向伸缩,当活动标盘 8 对准固定盘 1 上所需管径刻线时,立即扳紧标盘固定螺钉把手 6,则调整结束。

(3) 板牙的松紧装置　该装置处于活动标盘 8 局部凸耳的背面,它是通过一个带偏心滑块的板牙松紧装置手柄 7 的转动,使已经调整完毕的活动标盘 8 作少量转动,从而带动四块板牙也作相应地开合。当四块板牙处于全松开状态时,能便于套丝板套入被加工管子的端部;当处于全合紧状态时,则可保证套出精确的管螺纹尺寸。此外,还可作半开半合或边铰边松状态套丝,用来加工大管径和锥管螺纹。

(4) 间歇扳动机构　间歇扳动机构是一个棘轮装置,位置处于图 6-9 中扳把 9 与架体连接的背侧。采用带棘轮装置的铰板,手把只需在一定位置上作小角度的摆动即可,这样既方便省力,又不受操作位置的影响。

2. 套丝的操作步骤

(1) 套丝前应检查被加工的管口是否有斜口和裂纹等缺陷并加以修正。在离管端约 150mm 处,用龙门虎钳将被加工管子夹紧。

(2) 选择并调整好与套丝规格相符的套丝板,同时将板牙松紧装置手柄 7 扳到全松位置。转动套丝板的后卡爪手柄 5,使卡爪所卡的中心圆略大于被加工管子的外径。

(3) 将套丝板套进管端,并使板牙上带有 15°倒角的两三牙对准管端,同时扳紧后卡爪手柄 5,使套丝板和管子稳固定位。然后将套丝板的板牙松紧装置手柄 7 按逆时针方向扳紧。

(4) 开始套丝时,操作者站立的位置应面对管端前方,两腿前后自由交叉,同时左手压住套丝板用力向前推进;右手则握住操作扳把 9 按顺时针方向扳转套丝板。套进两扣时,应在管头滴润滑油,然后调位站在右侧,并继续均匀地用力转动扳把 9,徐徐而进。套丝即将达到规定长度时,应一边转动扳把 9,一边逐渐松开板牙松紧装置手柄 7,这样再套 2～3 个螺距,致使丝口末端形成锥管螺纹。

(5) 将扳手松紧装置手柄 7 和后卡爪手柄 5 全部松开,卸下套丝板。

3. 套丝的操作要点

(1) 开始套丝时,扳动扳把要稳而慢,不得用力过大,以免产生偏丝和啃丝。

(2) 套丝时,后卡爪扳手柄 5 不允许扳得太紧或太松,过紧会阻碍套丝板的正常推进而擦伤管子外表;过松会造成定心不良而丧失正确的导向作用。

(3) 套丝完成后,不允许将套丝板倒转退出,以免造成乱丝或损坏已加工的丝口。

(4) 更换板牙时,一定要使活动标盘 8 上的刻度 A 对准固定盘 1 的刻度 A,并注意四块板牙上的编号,要对号入座地插入相应的窗口。在调整和固定活动标盘 8 之前,还必须检查板牙松紧装置手柄 7 是否处于全紧位置,否则将不能套出合格的丝口。

(5) 加工 1″以下的管螺纹可一次套成;1″以上的管螺纹应分 2 次或 2 次以上逐步套成。大管径的套丝分几次套丝,不仅省力,而且不会损坏板牙和丝口。在每次重复套丝前,必须用刷子清除丝口表面和板牙齿上的切屑,并加以润滑油。开始粗加工时,活动标盘 8 和固定盘 1 的刻度线应调整到略大于被加工管径的刻度值,最后精加工一扳时才对准刻度值,确保丝口精度。

三、管材的弯曲

在管路系统中,为了改变流向等,需要将管材弯成一定角度,如 45°、60°、90°、回弯形或弧形等弯头。量大时,由专业厂定制生产,量小时一般都在现场加工。

1. 冷弯法

冷弯法弯管前既不充砂也不加热,操作简便安全。但只能弯制直径小于 32mm 的薄壁无缝钢管和小于 1″口径的水、煤气钢管。

冷弯管器:常用的固定式手动冷弯管器如图 6-11 所示,它用螺栓固定在工作台上,其中的定胎轮 3 是一个带半圆形槽的扇轮,工作时固定不动;动胎轮 2 是一个具有相同槽形又能自转的小轮,当扳动叉形夹手柄 1 时,可围绕定胎轮 3 公转;管子夹持器 4 是一只与定胎相连但又可摆动的 U 形搭扣,便于顺利地夹住被弯的管端。

冷弯管操作步骤

① 将被加工管子插入定胎轮和动胎轮相合的圆槽。
② 分别扳动叉形夹手柄 1 和管子夹持器 4,使被加工管子的端头插进管子夹持器 4。
③ 按弯管的折线段长度,移动管子调整到位。扳动叉形夹手柄 1,使管子弯到所需角度,最大可达 180°。

冷弯管操作要点

① 每副胎轮只能弯曲一种管径和一定的弯曲半径,否则管子易弯裂,断面呈椭圆形。
② 有缝钢管的冷弯,其焊缝应处于偏离中心线 45°的位置,以免焊缝在弯曲时开裂(焊缝处于水平位置最易开裂)。
③ 由于管子具有一定弹性,当弯曲所施的外力去除后,弯曲的管子能弹回 3°~5°,因此冷弯时应适当超过规定的角度。
④ 操作时注意安全,手和衣服等不要接近胎轮,以免卷入造成事故。

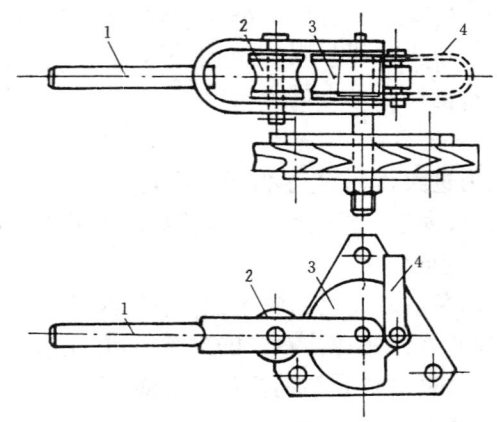

图 6-11 固定式手动冷弯管器
1—叉形夹手柄;2—动胎轮;3—定胎轮;
4—管子夹持器

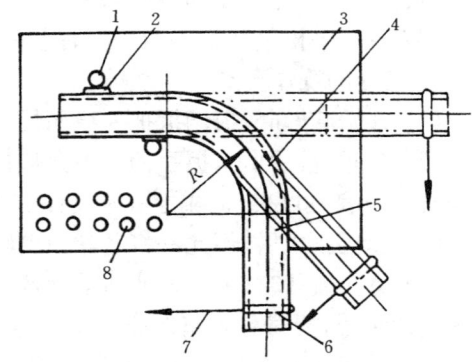

图 6-12 管道煨弯
1—挡管桩;2—垫片;3—弯管平台;4—管子;
5—样杆;6—夹箍;7—钢丝绳;8—平台圆孔

2. 热弯法

管子弯曲前管内要充砂,其目的除了防止管变形外,还有保温作用。加热方法,对普通碳钢管可采用无烟燃煤或焦炭的地炉;也可用氧-乙炔火焰加热。热弯法最大优点,可弯曲大直径管子,但手工热弯管器只能加工管径不超过 50mm 的钢管。

手工热弯管器:手工热弯管器结构如图 6-12 所示。弯管平台 3 一般采用铸铁板,也可用混凝土制成,因受力很大,故基础必须坚固。平板上开有一定数量的平台圆孔 8,供插入活动的挡管桩,作为弯管的支承。

热弯钢管的操作步骤

① 选用清洁、干燥,颗粒均匀适中的砂子,将它充入一端已被木塞封闭的被弯管内。充砂时,要确保充实。充完砂后,入口处也用木塞封闭(粗管可用圆钢板焊封)。

② 将钢管被弯部分放入地炉加热至 950～1000℃(钢管表面呈淡红色或橙红色)。加热时,要定时转动,使加热均匀;到预定温度后,要保温一定时间。

③ 加热好的钢管抬上弯管平台,将管子的一端插入已选定的两个挡管桩之间,并在被弯钢管和挡管桩之间垫上木板或钢板,增大接触面,避免钢管局部压扁。然后,用钢丝绳紧紧牵住钢管的另一端,用人力或机械慢慢地按一定方向拖动,直至弯到所需角度。

④ 弯管完成后可在空气中冷却,待冷到室温后去除塞子,并采用击、刷、吹、洗等方法清砂。

热弯钢管操作要点

① 管子所有的支承点和受力点应基本上处于同一水平内;管子的中心线与拉力方向应尽量保持 90°,否则弯管中易产生不均匀变形而导致管壁局部减薄或皱折等缺陷。

② 热弯碳钢钢管时,常采用局部洒水法来降低被弯管某处温度,以控制各部分的变形程度,或利用热胀冷缩现象来调节弯角的偏差,但热弯合金钢管时禁用此法。

③ 热弯管经冷却后也有回弯现象,故用作检查的样杆,其弯角也应超过规定值 3°～5°。

④ 操作时注意安全,如充钢管的砂必须烘干无水,以免加热时产生蒸汽爆炸;加热时,操作者不得站在管口方向,以防木塞弹出伤人等。

四、管道安装

前述管道有五种连接方法,现结合管道的安装详述其中最常用的两种连接。

1. 螺纹连接

(1) 常用工具　管子钳(又名管子扳手)如图 6-13 所示,主要用以扳动管子或圆柱形工件。根据使用范围不同,管子钳有多种规格,其大小是以手柄的长度来区分,最小是 6″(150mm);最大是 48″(1200mm),分别可扳紧 $\frac{1}{8}″\sim 8″$ 的钢管。最常用的管子钳是 10″、14″、18″三种规格。

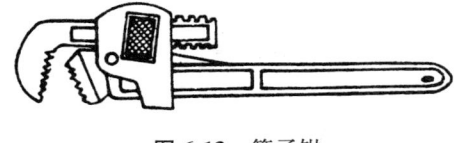

图 6-13　管子钳

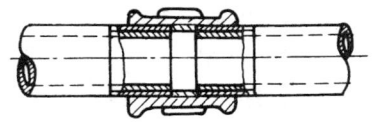

图 6-14　短丝连接

(2) 管螺纹连接种类

① 短丝连接　短丝连接结构如图 6-14 所示,是管材的外螺纹与管件或阀件的内螺纹

进行固定连接的一种方式,结构最简单、密封性好、应用广泛。但在装拆时必须逐管逐件进行,操作不方便,对于需要经常维修的管道不适用。

② 长丝连接 长丝连接结构如图 6-15 所示,是常用的活动连接方式之一。装拆时,只需将内牙管接头 2 拧到与长外牙管端头相平即可,不必逐件从头开始装拆。长丝螺纹并非锥管螺纹,在长外牙管上增加一只锁紧螺母 3,以提高其密封性能。

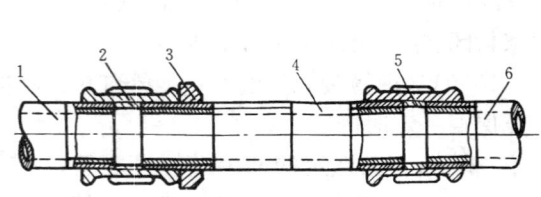

图 6-15 长丝连接
1、6—管子端头;2、5—内牙管接头;
3—锁紧螺母;4—长外牙管

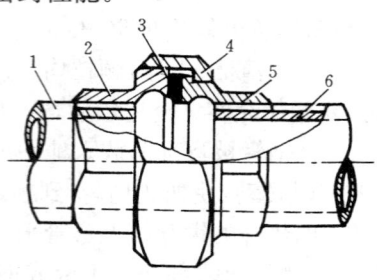

图 6-16 活管接连接
1、6—管子端头;2、5—主节;
3—软垫圈;4—套合节

③ 活管接连接 活管接连接结构如图 6-16 所示,由两个主节 2、5;一个套合节 4 和一个软垫圈 3 组成。两主节的一端用螺纹分别与两根公称直径相同的管子相接;而另一端则通过中间的软垫圈和外面的套合节连成一体。这种活接连接与长丝连接相比,不但密封性好而且装拆方便,因此应用广泛。

(3) 螺纹连接的操作步骤和要点

① 连接前,应在外螺纹上涂以铅白油并缠绕 4~5 圈麻丝。注意缠绕的方向必须与螺纹旋紧方向同向。目前大多采用聚四氟乙烯薄膜带(俗称生料带)代替麻丝(煤气管一般不用生料带),旋紧后不允许因调整位置而回旋,以防泄漏。

② 开始连接时,应把丝带的头压紧,将管件用手拧上 2~3 个螺距,然后用适当的管子钳逐渐扳紧。螺纹拧紧的程度应适当,一般以丝扣外露 3~4 个螺距为宜,过松密封性不好;过紧容易撑裂管件。

③ 长丝螺纹连接前先将锁紧螺母和端面密封圈预装好;安装完毕要检查是否密封锁紧。

④ 活管接中两个主节的端口是凹凸相配,连接时必须对准接平,否则容易渗漏。同时连接时还应注意其方向性,由凸口流向凹口,则流体阻力可减少。

2. 法兰连接

法兰连接在化工管道中应用最广,种类也很多,本章仅介绍平焊钢法兰,适用于中低压管道的连接,其结构如图 6-17 所示。

法兰的加工和焊接对法兰的连接和安装质量十分重要,必须注意。

法兰连接的操作步骤

① 检查切削加工后的法兰盘,密封面上不允许有辐射方向的沟槽及砂眼等缺陷,以防泄漏;成对安装的法兰盘相合时,所有的螺孔应对准而不偏斜。

② 将检查合格的法兰盘套入管端,并使管口与法兰密封面之间保留 1.5 倍管壁厚度的距离。

③ 焊接法兰时应分三次进行：第一次在上方点焊一处，用法兰尺（图6-18）从上下方向校正法兰；第二次在下方点焊两处，再用法兰尺沿左右方向校正法兰；第三次在检查完全合格后再适当点焊几处，确保定位。一般要求 $a \not> 0.5\mathrm{mm}$，焊接时要使法兰面与管材中心线保持垂直。焊完后要检查焊缝质量，法兰密封面上要光洁。

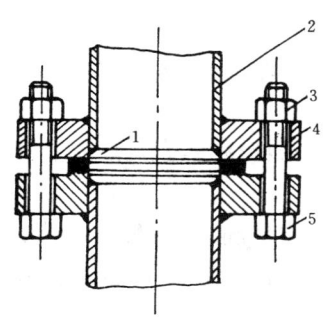

图 6-17　法兰连接
1—垫片；2—管子；3—螺母；
4—法兰；5—螺栓

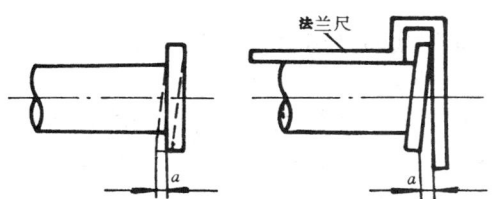

图 6-18　用法兰尺检查法兰端面和管子
中心线之间的不垂直度

④ 按不同的耐压、耐热和介质的要求，选择垫片并插入对接法兰的密封面间隙中，为了便于安装，垫片处则可做成手柄，如图6-19所示。每个接口只允许放一个垫片。

⑤ 将螺栓逐个插入相对应的法兰孔，并旋上螺母。最后旋紧时应按十字交叉式成对进行，在上下或左右两面同时用两把合适的扳手将所有螺母均匀地扳紧。

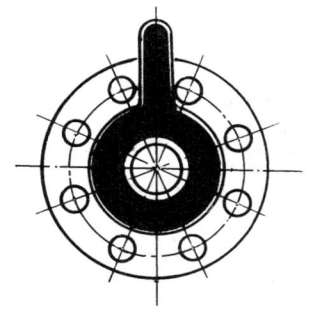

图 6-19　垫圈的形状

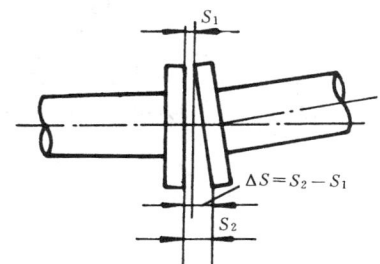

图 6-20　两个对接法兰端面之间的
不平行度偏差（按圆周测量）

法兰连接的操作要点

① 内外口全面施焊仅对 $P_N > 1.6\mathrm{MPa}$ 的平焊法兰，而且应当先焊内口后焊外口，法兰的内口应有坡口；$P_g < 1.6\mathrm{MPa}$ 的平焊法兰一般只焊内口。

② 两法兰对接之前，还应检查两端面之间的平行度如图6-20所示，ΔS 一般控制在 $0.2 \sim 0.3\mathrm{mm}$，用塞尺检查。

③ 工作温度高于100℃的法兰连接，螺栓的丝口部分应涂上机油和石墨粉的调和物，以免日久生锈难以拆卸。

五、管道系统的试压

1. 管道试压常识

(1) 公称压力、工作压力和试验压力　公称压力是为了设计、制造和使用而标定的一种标准压力,常用 P_N 表示。

工作压力是指系统工作时的压力。在介质温度为常温时,最大允许的工作压力可等于公称压力;当介质温度升高时,最大允许工作压力应相应降低(按温度等级)。工作压力常用 P 表示。

试验压力常用 P_T 表示,为了保证使用安全,作为强度试验时 $P_T > P_N$;作为密封性试验时 $P_T = P_N$。

(2) 试验介质的选择　试验介质应根据管道输送的介质来确定,一般选用水或空气。水压试验适用于各种化工工艺管道和 P_N 较高的管道系统;气压试验适用于 P_N 较低但密封性要求较高的管道系统。

2. 试压方法和要求

一般采用水压试验。P_T 值的选择,当螺纹连接较多,建议作为强度试验时 P_T 取 0.4MPa;作为密封性试验时 P_T 取 0.25MPa。水压试验装置示意图如图 6-21 所示。

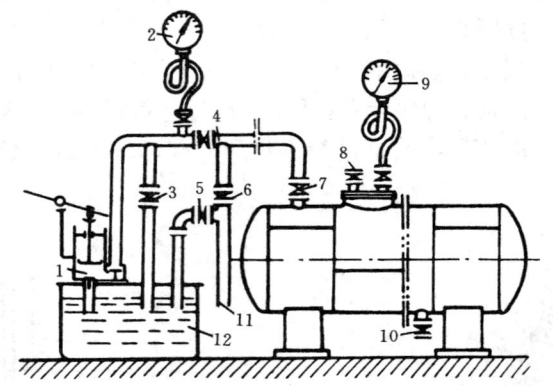

图 6-21　水压试验装置示意图

1—水压泵;2、9—压力表;3—回水阀门;4、5、6、7—进水阀门;8—出气阀门;
10—排水阀门;11—自来水管;12—水槽

水压试验的操作

① 管道试压前,核对并检查安装完毕的管道、管件和阀门等是否符合要求。

② 关闭排水阀门 10 和回水阀门 3。开启出气阀门 8 和进水阀门 4、5、6 和 7。

③ 接通自来水管 11,分别对水槽 12 和试压管道系统灌水,直至水槽 12 的溢水管和容器最高处的出气阀门 8 溢水后,再将 5、6 和 8 阀门关闭。

④ 试压前应将压力表 2 和 9 前的阀门关闭,防止剧烈震动而损坏压力表,待正常试压时缓慢开启。

⑤ 用手动或电动式压泵加压,当压力升到规定的 P_T 值时即停止加压,并持压 10min,若无异常出现即认为强度试验合格。

⑥ 调节回水阀门 3,使试验压力降到工作压力进行密封性试验。检查重点是焊缝,可用

质量为 1.5kg 以下的圆头小锤,在距焊缝 10～20mm 处沿焊缝方向轻轻敲击。若整个管道系统无渗漏现象,即认为密封性试验合格。

⑦ 降压排水,试压结束。

六、典型管道系统安装示例

管道系统的复杂程度取决于工程和生产工艺的需要,但一般都由管道、管件、阀门、仪表和工艺设备等连接成一个整体。某化工产品生产的管道系统(图 6-22)。作为管工实习安装,可根据不同条件和要求进行适当调整修改或取其中某一部分。整体安装中应当注意的问题:

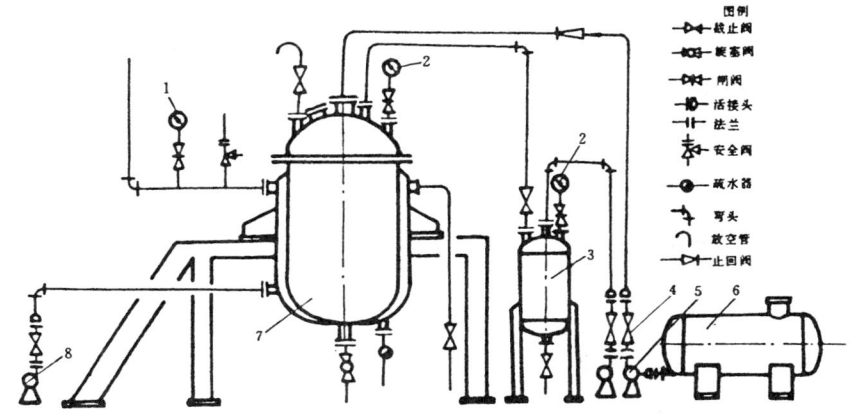

图 6-22 典型管道系统示意图

1—压力表;2—真空表;3—贮气筒;4—真空泵;5—离心泵;6—物料贮槽;7—夹套式反应釜;8—水泵

1. 准备工作

(1) 按照图样或工艺要求,准备好整套管道系统中所需的各种管材、管件和阀门等,检查其质量。例如:是否有裂纹或损坏;阀门开启是否灵活,闭合是否严密等等。

(2) 核对各种仪表前是否都配备合适的阀门。

(3) 核对丝口连接的阀门前是否都配备活接头。

2. 安装过程

(1) 先将主要工艺设备,如容器、反应釜、贮气筒和泵等,按布置图要求就位固定。

(2) 管道安装时,应先装主要管道、压力和温度较高的管道;后装支管、辅助管道和常压常温管道。

(3) 与设备连接的管道安装,应从设备连接处开始,在离开设备的管道上闭合,以免因操作不当而产生的应力附加在设备上。

(4) 管道与管道之间的连接,不允许强力对口,以免产生附加应力。

3. 阀门安装

(1) 截止阀的安装,必须注意流体的流向,应使管道中的流体由下向上流经阀盘(俗称低进高出)。因为这样安装流动的阻力较小,开启省力;关闭后填料不与介质接触可延长使用寿命。

(2) 止回阀的安装,必须注意介质的流向,以保证阀盘自动开启。对于升降式止回阀,应保证阀盘中心线与水平面相互垂直;对于旋启式止回阀应保证其摇板旋转枢轴成水平。

(3) 安全阀前不得装设任何切断阀门,以保证安全可靠。

(4) 疏水器应直立安装在管道的最低处。

第七章 车 工

第一节 概 述

在车床上,工件作旋转运动,刀具作平面直线或曲线运动,完成机械零件切削加工的过程,称为车削加工。它是切削加工中最基本、最常用的加工方法,各类车床约占金属切削机床总数的一半,在生产中占重要地位。

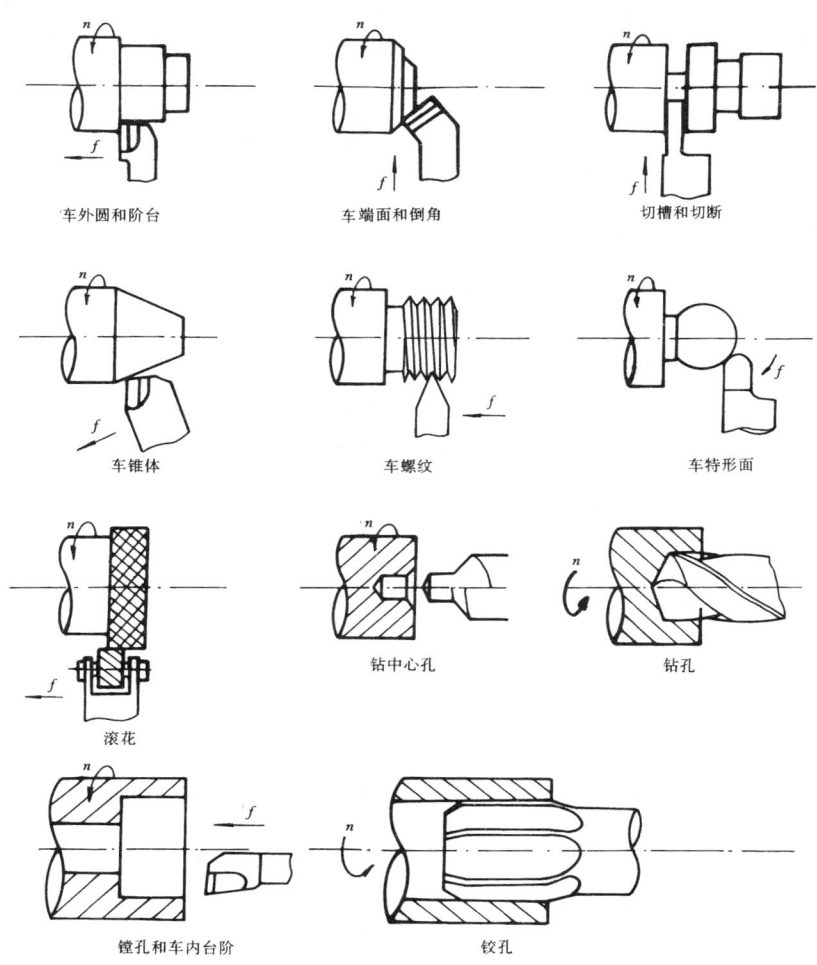

图 7-1 车削加工范围

车削适于加工回转零件,其切削过程连续平稳,车削加工的范围很广(图7-1)。一般车削可达到的尺寸精度为IT7~IT9,表面粗糙度R_a为$1.6\sim3.2\mu m$。

在车床上,工件的转动为主运动,刀具的直线移动为进给运动。主运动的速度用线速度v_c(m/s)表示,它是工件待加工表面最大直径处的线速度,又称切削速度

$$v_c = \frac{\pi D n}{1000 \times 60}$$

式中:D为工件待加工表面的直径(mm);n为转速(r/min)。

进给运动的速度用进给量f(mm/r)表示,即工件转一周,车刀沿进给方向移动的距离。刀具切入工件的深度,用背吃刀量(切削深度)a_p(mm)表示,

$$a_p = \frac{D-d}{2}$$

式中:d为已加工表面的直径(mm)。

v_c、f、a_p称为车削加工的切削用量。

车床种类很多,有普通卧式车床,立式车床,六角、自动和半自动车床,仪表车床和数控车床等。随着电子和计算机等技术的发展,车床正朝着高精度,高自动化的方向发展。

第二节 普通车床

一、普通车床型号

按照国标GB/T15375—94《金属切削机床型号编制方法》规定,普通车床型号举例如下:

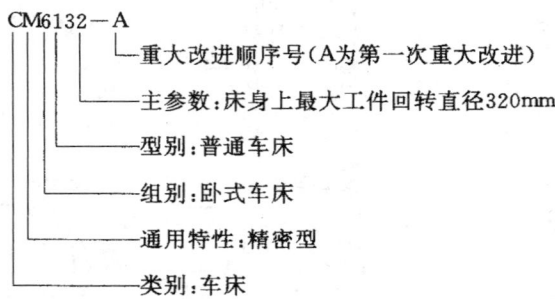

在实际使用中还有一些车床型号是按照1959年"国标"和1985年机械工业部"部标"规定的车床型号编制的。例如:C620—1,CA6140等。车床型号也有用"厂标"的,例如:HG32,为上海江宁机床厂生产的回转直径为320mm的普通车床。

二、普通车床的组成

以C6132普通卧式车床为例,如图7-2所示。

1. 主轴箱

又称床头箱,内装主轴和主轴变速机构。它主要实现车床主轴的旋转运动(转速的快慢变换及正反转变换)。主轴箱正面的几个手柄用来调整主轴所需的转速;开车手柄则控制主

轴的正反转和停车。

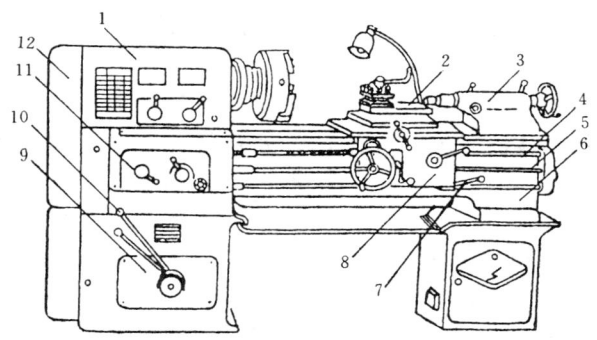

图 7-2　C6132 普通卧式车床
1—主轴箱；2—刀架；3—尾架；4—丝杠；5—光杠；6—床身；7—操纵手柄；8—溜板箱；
9—变速箱；10—变速手柄；11—进给箱；12—罩壳

车床主轴为空心结构，可通过小于主轴孔径的毛坯棒料。主轴的前端安装卡盘或其他装夹工件的夹具；前端内锥为莫氏锥度，用于安装顶尖来装夹轴类工件或其他带锥柄的夹具或量棒。主轴箱还把运动传给进给箱，以便使刀具实现进给运动。

2. 进给箱

又称走刀箱，内装有进给运动的变速机构。通过调整进给箱外面各种手柄的位置，可获得所需要的各种进给量或螺距，并能变换光杠与丝杠的运动。

3. 溜板箱

又称拖板箱，内装有进给运动的分向机构。调整溜板箱外面各种手柄的位置，可实现纵向或横向机动进给。按下开合螺母手柄，可接通丝杠的运动，来实现刀架车螺纹的进给运动，同时锁住机动进给运动。

4. 光杠和丝杠

将进给箱运动传给溜板箱。光杠转动使刀具作机动进给运动。用于车削各内外表面；丝杠转动则用于车削螺纹。

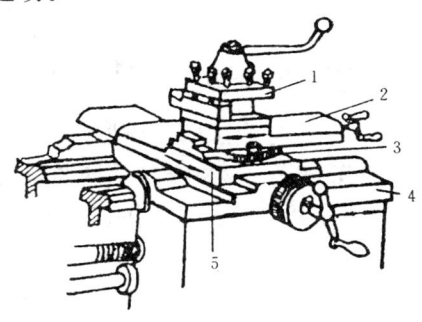

图 7-3　车床拖板与刀架
1—刀架；2—小拖板；3—转盘；
4—大拖板；5—中拖板

5. 拖板与刀架

在溜板箱上面有大、中、小三层拖板，在小拖板与中拖板间有转盘，小拖板上方是刀架。大拖板直接放在床身导轨上，转动手轮可使溜板箱连动各拖板和刀架沿导轨作纵向移动，车削也可机动进给(图 7-3)。

在大拖板上面有一垂直于床身导轨的燕尾导轨，即为中拖板。在右侧燕尾导轨端面有螺钉可调节楔铁与燕尾导轨间的配合间隙。转动中拖板手柄，使刀架横向移动，中拖板手柄上刻度盘每格 0.02mm，每转动一格，工件直径的变动量为 0.04mm。

中拖板上有转盘，其上面也有刻度。转盘与中拖板间由螺栓连接，松开螺母可调整小拖板与中拖板间的位置，以便车削锥体或锥孔。

小拖板后端有手柄，其上有刻度盘，刻度值为 0.01mm，即每转动一格，小拖板移动 0.01mm。小拖板上是刀架，用来装夹和转换刀具。

6. 尾座

尾座莫氏锥度套筒内装上顶尖可顶夹轴类零件。若装上钻头、铰刀、丝锥或板牙等工具,可用来钻孔、铰孔、攻丝和套丝等。

7. 床身

用来支承车床各部件并保证各自相对正确位置。C6132车床床身内还装有变速箱和电机等。

三、普通车床的传动路线

C6132车床的传动路线如图7-4所示。

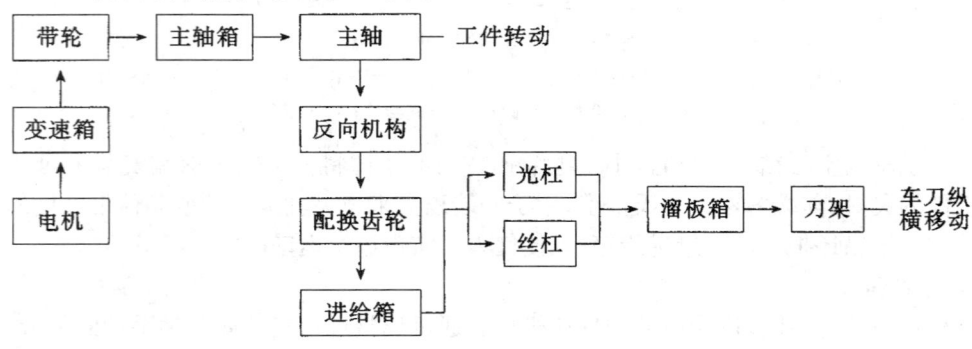

图7-4　C6132车床传动路线

四、车床的安全操作技术

(1) 穿好合适的工作服。女性要戴工作帽,头发塞入帽中。不允许戴手套操作车床。

(2) 开车前,检查各手柄的位置是否正确;检查工具、量具、刀具是否合适,安放是否合理。停车状态或传入主轴齿轮处于脱空位置,进行装夹工件。装夹好工件,要及时取下卡盘扳手。

(3) 在车床上用锉刀或用木柄,锉刀外包砂皮对工件抛光,必须右手在前握锉刀前端,左手在后握锉刀手柄。

(4) 多人共用一台车床,只允许一人操作。旋转工件的两侧,不允许其他人站立,并要密切注意切屑流向和加工情况,随时作好停止进给和停车准备。

(5) 变换主轴转速,必须停车进行;开车时不准用手摸工件和用量具测量工件;不准用手拉切屑,要用专用的钩子清除切屑。行走时要注意不被长切屑绊脚。

(6) 自动横向或纵向进给时,严禁大拖板或中拖板超过极限位置,以防拖板脱落或碰撞卡盘而发生人身设备事故。

(7) 发生事故时,立即关闭车床电源。

(8) 工作完毕后,要关闭车床电源,清除切屑,并擦净机床。

五、车床操作实习

(1) 停车熟悉车床的外观构造和组成:熟悉各手柄及其作用、熟悉尾架的移动和锁定、熟悉各按钮及其作用。

（2）转速变换练习：对照转速手柄位置表，掌握使用各种转速的操作。掌握开正、反车及停车的操作。

（3）进给量变换练习：在主轴低速转动时，变换光杠、丝杠转换手柄，使光杠转动。对照进给量标牌表，掌握进给量变换的操作。

（4）练习纵向、横向机动进给的操作：在光杠转动的条件下，不断启动和停止纵向或横向机动进给，以熟悉、掌握其操作。

第三节　车　　刀

一、车刀的组成

车刀由刀杆和切削部分组成，如图 7-5 所示。刀杆用来将车刀夹固在车床方刀架上，切削部分则用来切削金属。切削部分由三面、两刃和刀尖组成：

前刀面 A_r，切屑沿着该刀面流出；后刀面 A_a，对着过渡（加工）表面的刀面；副后刀面 A_a' 对着已加工表面的刀面；主切削刃 S，前刀面和后刀面的交线，它承担主要的切削工作；副切削刃 S'，前刀面与副后刀面的交线。在一般情况下，仅在靠近刀尖处的副切削刃参与少量切削工作，并起一定的修光作用；刀尖，主切削刃与副切削刃的相交处，为了增加刀尖强度，实际上刀尖处都磨成一小段圆弧过渡刃。

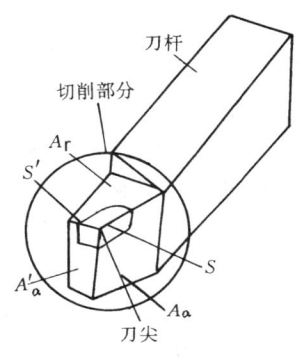

图 7-5　车刀切削部分的组成

二、车刀的几何角度

1. 车刀的辅助平面

为了确定车刀的角度，需要建立辅助平面，车刀的辅助平面为基面、切削平面、正交平面与副正交平面（图 7-6）。

基面是通过切削刃上选定点且平行于刀杆底面的平面。车刀的基面平行于车刀底面，即水平面；

切削平面是通过主切削刃上选定点且与切削刃相切，并垂直与基面的平面，车刀的切削平面是垂直面；

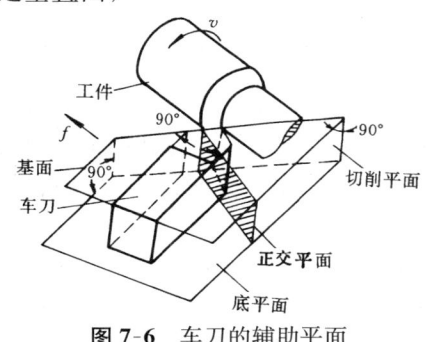

图 7-6　车刀的辅助平面

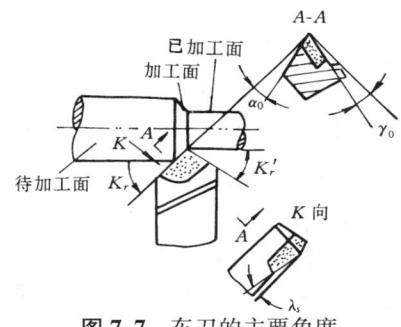

图 7-7　车刀的主要角度

正交平面是通过主切削刃上选定点且垂直于基面和切削平面的平面；

副正交平面是通过副切削刃上选定点且垂直于基面和切削平面的平面；在四个辅助平面上，车刀可以形成六个角度。

2. 车刀的几何角度及作用

车刀的几何角度分为标注角度和工作角度（图 7-7）。工作角度是刀具在工作状态的角度，它的大小与刀具的安装位置、切削运动有关。标注角度一般是在三个互相垂直的坐标平面（辅助平面）内确定的，它是刀具制造、刃磨和测量所要控制的角度。

图 7-7 中，基面上有主偏角 K_r 和副偏角 K_r'，正交平面上有前角 γ_0 和主后角 α_0，副正交平面上有副后角 α_0'，切削平面上有刃倾角 λ_s。

（1）前角 γ_0　在正交平面内，基面与前刀面的夹角。它主要影响切削变形、刀具寿命和加工表面的粗糙度。前角大，车刀锋利，切削力小，加工表面粗糙度小。但前角过大会使刀头强度降低，反而使刀具寿命下降。一般选取 $\gamma_0 = -5°\sim30°$。当工件材料和刀具材料较硬时，γ_0 取较小值；铜、铝及其合金的加工和精加工时，γ_0 取大值；一般强度的钢加工时，γ_0 取较大值。

（2）主后角 α_0　在正交平面内，切削平面与后刀面间的夹角。它主要影响加工质量和刀具寿命。后角大，使后刀面与切削表面间的摩擦减小，提高了已加工表面质量。但后刀面易磨损，影响工件尺寸，降低刀具寿命。粗加工时选较小后角，$\alpha_0 = 6°\sim8°$，精加工时选较大后角，$\alpha_0 = 8°\sim12°$。

（3）主偏角 K_r　主切削刃与进给方向在基面上投影间的夹角。其大小对切削有以下影响：影响刀具的强度与寿命（刀具两次刃磨间纯切削的时间）；影响加工表面粗糙度；影响切削力的分配；影响断屑效果。例如：在同样的 f 和 α_p 情况下，较小的主偏角可使主切削刃参加切削的长度增加，切屑变薄，使刃刀单位长度上的切削负荷减轻，切削较快，同时，也加强了刀尖强度，增大了散热面积，使刀具寿命延长。但主偏角小会引起径向切削力增大，工件易产生振动，断屑效果也较差。主偏角大，可使径向切削力减小，适合加工细长轴，且断屑容易。主偏角一般由车刀类型决定，常用的有 45°、60°、75°与 90°等（图 7-8、图 7-9）。

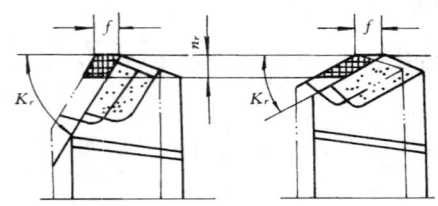

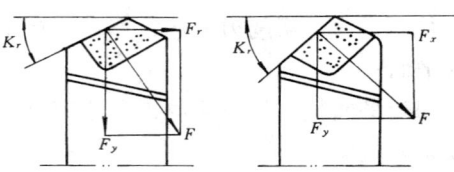

图 7-8　主偏角对切削宽度和厚度的影响　　图 7-9　主偏角对径向力的影响

（4）副偏角 K_r'　副切削刃与进给反方向在基面上投影间的夹角。它主要影响加工表面粗糙度和刀具的强度。副偏角小，则刀具的强度高，但会增加副后面与已加工表面之间的摩擦。可选用合适的过渡刃尺寸，能改善上述不利因素，起到粗加工时提高刀具强度，延长刀具耐用度，精加工时减小表面粗糙度的作用（图 7-10）。一般选 $K_r' = 5\sim15$。

（5）刃倾角 λ_s　主切削刃与基面在切削平面上的投影间的夹角（图 7-11）。它主要影响切屑的流向和刀头强度。刃倾角为正值（刀尖此时位置最高）时，切屑向远离加工表面的方向流动；而刃倾角为负值时，切屑向加工表面的方向流动，受到该表面的阻碍而形成发条状的切屑。

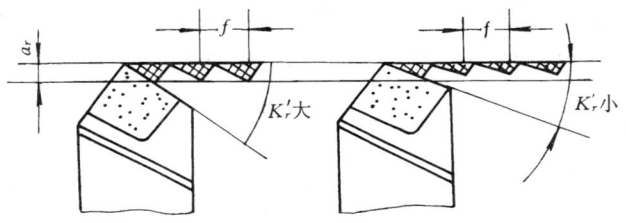

图 7-10　副偏角对残留面积的影响

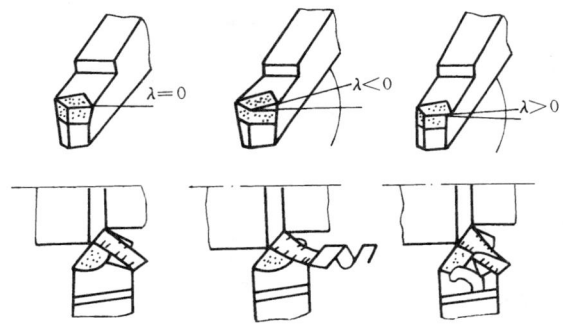

图 7-11　刃倾角对排屑方向的影响

（6）副后角 α_0'　在副正交平面内，副切削平面与副后面间的夹角。它用来表示副后刀面的方位，作用与后角 α_0 基本相同，除切断刀的副后角选得较小外（一般为 1°～2°），其他刀具的副后角数值与后角相同。

三、车刀的种类和结构型式

车刀的种类很多，按用途的不同可分为：外圆车刀、端面车刀、镗孔刀、切断刀、螺纹车刀和成形车刀等。车刀可按其形状分为直头、弯头、尖刀、圆弧车刀、左偏刀和右偏刀等，图 7-12 为常用车刀的型式，图注括号内的数字表示型式的代号。按其结构的不同，又可分为

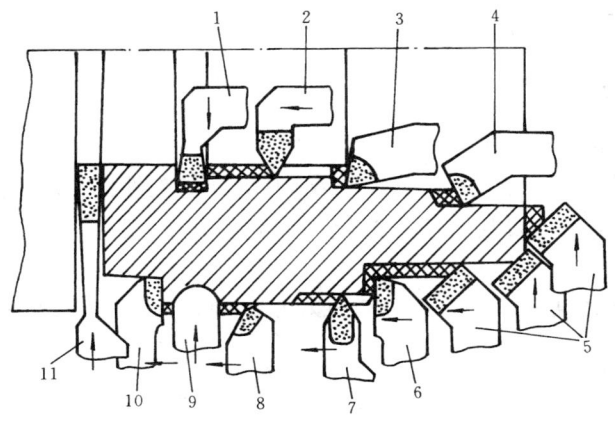

图 7-12　车刀的型式与用途

1—内孔车槽车刀(13)；2—内螺纹车刀(12)；3—95°内孔车刀(09)；4—75°内孔车刀(08)；5—45°端面车刀(02)；6—90°外圆车刀(06)；7—外螺纹车刀(16)；8—70°外圆车刀(14)；9—成形车刀；10—90°左切外圆车刀(09)；11—切断刀(07)车槽车刀(04)

整体式、焊接式、机夹式、可转位式如图 7-13 所示,车刀结构类型特点及用途如表 7-1 所示。按车刀刀头材料的不同,还可分为高速钢车刀和硬质合金车刀。

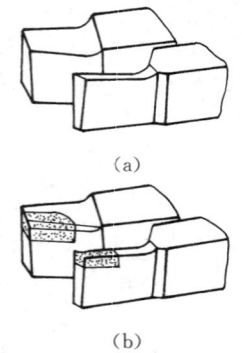
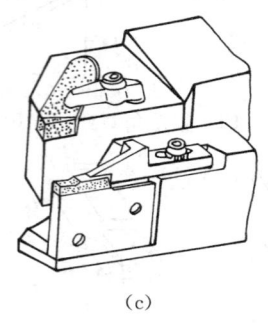
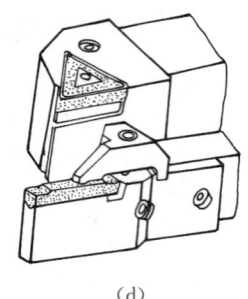

图 7-13　车刀的结构类型
(a) 整体式；(b) 焊接式；(c) 机夹式；(d) 可转位式

表 7-1　车刀结构类型、特点及用途

名　称	简　图	特　　　点	适　用　场　合
整体式	图 7-12(a)	用整体高速钢制造,刃口可磨得较锋利	小型车床或加工有色金属
焊接式	图 7-12(b)	焊接硬质合金或高速钢刀片,结构紧凑,使用灵活	各类车刀特别是小刀具
机夹式	图 7-12(c)	避免了焊接产生的应力、裂纹等缺陷,刀杆利用率高。刀片可集中刃磨获得所需参数。使用灵活方便	外圆、端面、镗孔、割断、螺纹车刀等
可转位式	图 7-12(d)	避免了焊接刀的缺点,刀片可快换转位。生产率高。断屑稳定。可使用涂层刀片	大中型车床加工外圆、端面、镗孔。特别适用于自动线、数控机床

四、刀具材料

1. 对刀具材料的要求

(1) 高硬度和耐磨性　刀具材料应具有高硬度(高于工件材料硬度的 3～4 倍),其硬度值一般在 60HRC 以上。刀具材料还需要很高的耐磨性,一般硬度越高,耐磨性越好,但刀具韧度越低,脆性越大。

(2) 足够的强度和韧度　刀具材料应具有足够的强度与韧度,当刀具承受切削力与冲击力时不应发生脆性断裂和崩刃。

(3) 高的耐热性　又称红硬性。它是刀具材料在高温下保持其原有硬度的性能。通常用保持足够硬度的最高温度来表示,超过这个温度,刀具材料的硬度就下降。

2. 刀具和刀体材料的种类与性能

刀具材料分四大类:工具钢(包括碳素工具钢、合金工具钢、高速钢),硬质合金,陶瓷,超硬刀具材料。一般机加工使用最多的是高速钢与硬质合金。

工具钢耐热性差,但抗弯强度高,价格便宜,焊接与刃磨性能好,故广泛用于中、低速切削的成形刀具,不宜高速切削。硬质合金耐热性好,切削效率高,但刀片强度、韧性不及工具钢,焊接刃磨工艺性也比工具钢差,故多用于制作车刀、铣刀及各种高效切削刀具。

各类刀具材料的物理力学性能如表 7-2 所示。

表 7-2 各类刀具材料的物理力学性能

材料种类		相对密度	硬度 HRC (HRA) 〔HV〕	抗弯强度 σ_{bb} GPa①	冲击韧度 α_k (MJ·m^{-2})②	热导率 k (W·m^{-1}·K^{-1})③	耐热性 (℃)	切削速度大致比值
工具钢	碳素工具钢	7.6～7.8	60～65 (81.2～84)	2.16		≈41.87	200～250	0.32～0.4
	合金工具钢	7.7～7.9	60～65 (81.2～84)	2.35		≈41.87	300～400	0.48～0.6
	高速钢	8.0～8.8	63～70 (83～86.6)	1.96～4.41	0.098～0.588	16.75～25.1	600～700	1～1.2
硬质合金	钨钴类	14.3～15.3	(89～91.5)	1.08～2.16	0.019～0.059	75.4～87.9	800	3.2～4.8
	钨钛钴类	9.35～13.2	(89～92.5)	0.882～1.37	0.0029～0.0068	20.9～62.8	900	4～4.8
	含有碳化钼、铌类		(～92)	～1.47			1000～1100	6～10
	碳化钛基类	5.56～6.3	(92～93.3)	0.78～1.08			1100	6～10
陶瓷	氧化铝陶瓷	3.6～4.7	(91～95)	0.44～0.686	0.0049～0.0117	4.19～20.93	1200	8～12
	氧化铝碳化物混合陶瓷			0.71～0.88			1100	6～10
	氮化硅陶瓷	3.26	〔5000〕	0.735～0.83		37.68	1300	
超硬材料	立方氮化硼	3.44～3.49	〔8000～9000〕	≈0.294		75.55	1400～1500	
	人造金刚石	3.47～3.56	〔10000〕	0.21～0.48		146.54	700～800	≈25

法定计量单位与旧单位换算关系如下:

① 1kgf/mm^2=9.8×10^{6}Pa=9.8×10^{-3}GPa;② 1kgf·m/cm^2=9.8×10^{4}J/m^2=9.8×10^{-2}MJ/m^2;
③ 1cal/(cm·s·℃)=4.1868×10^{2}W/(m·K)

一般刀体均用普通碳钢或合金钢制作。如焊接车、镗刀的刀柄,钻头、铰刀的刀体常用 45 钢或 40Cr 制造。尺寸较小的刀具或切削负荷较大的刀具宜选用合金工具钢或整体高速钢制作,如螺纹刀具、成形铣刀、拉刀等。

3. 涂层刀具

在高速钢刀具表面物理气相沉积(PVD)TiN 涂层是近年来发展起来的新技术。涂层是在 550℃以下高真空内进行的。钛被气化与氮反应生成很薄(0.002mm)的 TiN 对刀具的性能有明显的影响。经涂层后刀具表面硬度达 80HRC 以上,呈金黄色,摩擦系数下降,而且涂层牢固,可使高速钢刀具工作时的切削力、切削温度下降约 25%;切削速度、进给量提高近一倍,刀具寿命显著提高;即使刀具经重磨后性能仍优于普通高速钢。目前已在钻头、丝锥、成形铣刀、滚刀等刀具上应用。

在硬质合金表面采用化学气相沉积或其他方法,涂覆一薄层(约 5～10μm)耐磨的难熔金属化合物,就得到了涂层硬度合金。经涂层后刀具寿命提高 1～4 倍。

涂层材料主要有 TiC、TiN、Al_2O_3 及其复合材料。

TiC 涂层具有很高的硬度与耐磨性,抗氧化性也较好,切削时能形成氧化钛薄膜降低摩擦系数,减少刀具磨损,使刀具寿命提高 3～5 倍,或使切削速度提高 40% 左右。TiC 与钢的黏结温度高,表面晶粒很细,切削时很少产生积屑瘤,适合于精车。但在重载切削、加工硬材料及高温合金或带夹杂物工件时,TiC 涂层易崩裂。

TiN 涂层在高温时能形成氧化膜,与铁基材料摩擦系数较小,抗黏结性能好,最适合切削钢与易粘刀的材料,使加工表面粗糙度减小,刀具寿命提高,而 TiN 涂层与基体合金结合强度低于 TiC 涂层,而且涂层厚时易剥落。

TiC-TiN 复合涂层(先涂 TiC,再涂 TiN)兼有 TiC 的高硬度与耐磨性和 TiN 层不粘刀的特点。

$TiC-Al_2O_3$ 复合涂层兼有陶瓷的耐磨性与硬质合金的强度。先涂 TiC 使之与基体结合牢固,再涂 Al_2O_3 使表层具有良好的化学稳定性与抗氧化性。可进行高速切削,耐用度比 TiC、TiN 涂层高。同时又避免了陶瓷刀的脆性,易崩刃的缺点,有效地扩大了硬质合金的使用范围。

五、卷屑和断屑

车削时形成切屑。对切屑卷成的型式、流向和断屑的控制是车工操作的重要技术(图 7-14)。切屑失控将会严重影响操作者的安全、机床的正常工作、刀具寿命及工件表面质量和生产率。数控车床切屑自动输送带对断屑形状也有一定要求。

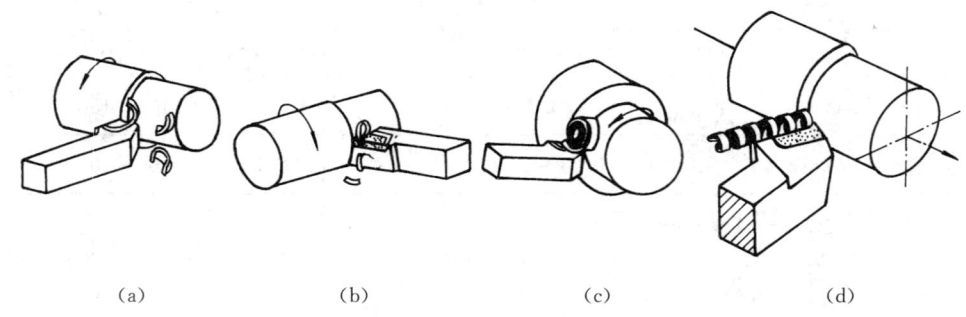

图 7-14 切屑卷曲及折断

(a) 切屑在工件上撞断;(b) 切屑在车刀后刀面上撞断;(c) 卷成发条屑挤断;(d) 卷成紧螺卷屑甩断

1. 粗车时的切屑控制

对钢材粗车外圆时,一般采用 YT5 硬质合金车刀,切削速度选中速,尽量选大的被吃刀量。控制切屑必须做到以下几点:

(1) 刃倾角为零或负值。

（2）车刀前刀面开槽或选有槽的可转位车刀。切削深度大时，槽的宽度选大些，深度适中。

（3）选择适当的进给量并逐渐加大进给量，可使连续的切屑逐渐变短，形成"C"或"6"字型切屑。但当进给量过大时，切屑易飞溅，应注意操作者安全。

2. 精车时的切屑控制

对钢材精车外圆时，一般采用YT类硬质合金车刀，高速切削；或采用高速钢车刀，低速切削，且切削深度应小些，可得到直径很小的管状切屑。控制切屑必须做到以下几点：

（1）刃倾角为零或正值。

（2）车刀前刀面应开较窄的槽。

（3）选小的进给量。

总之，切屑的控制一般应掌握"开槽为了卷屑、刃倾角控制流向，进给量决定断屑"的原则。

六、车刀的刃磨与安装

1. 刃磨车刀

新的焊接车刀或高速钢车刀，以及用钝后的车刀，都需重新刃磨，一般采用手工刃磨法。白色氧化铝砂轮，用于磨高速钢和硬质合金刀的刀杆部分；绿色碳化硅砂轮，用于磨硬质合金。刃磨车刀的步骤如下（图7-15）：

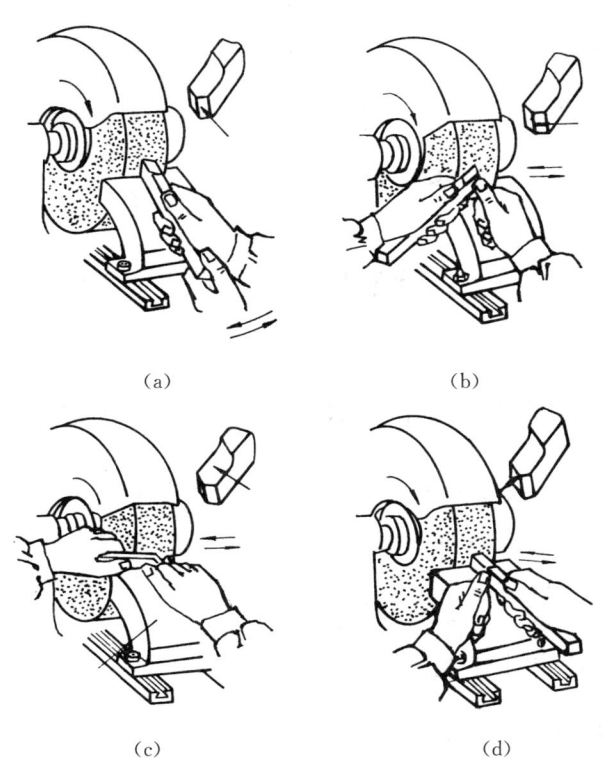

图7-15 车刀刃磨

(a) 磨主后面；(b) 磨副后面；(c) 磨前刀面；(d) 磨刀尖圆弧

(1) 粗磨 磨后刀面、副后刀面、前刀面、卷屑槽,达到所需的后角、副后角和卷屑槽的深度、宽度及槽形。

(2) 精磨 除了对粗磨过的表面进行精磨外,还需进行负倒棱和磨刀尖圆角。若没有精磨砂轮,可用油石对刀具进行手工研磨,经过精磨的刀具,其寿命大大提高。

粗磨车刀选用粒度号小的砂轮,精磨选用粒度号大的砂轮。磨高速钢车刀时,应经常将车刀浸入水中冷却,以防止高速钢退火。磨硬质合金车刀时,不得把磨得发热的刀头放入水中冷却,否则硬质合金会碎裂。

磨刀时,人要站在砂轮的侧面,以免砂轮破碎时伤人。

2. 安装车刀

刀尖必须装得与车床主轴中心等高。车刀伸出刀架长度应是车刀长度的 1/3～1/4。并选择不同厚度的刀垫垫在刀杆下面,当刀尖对准后顶尖的尖端(图 7-16),即对准了车床主轴的轴线。然后拧螺钉夹紧车刀锁紧方刀架,并及时取下扳手。

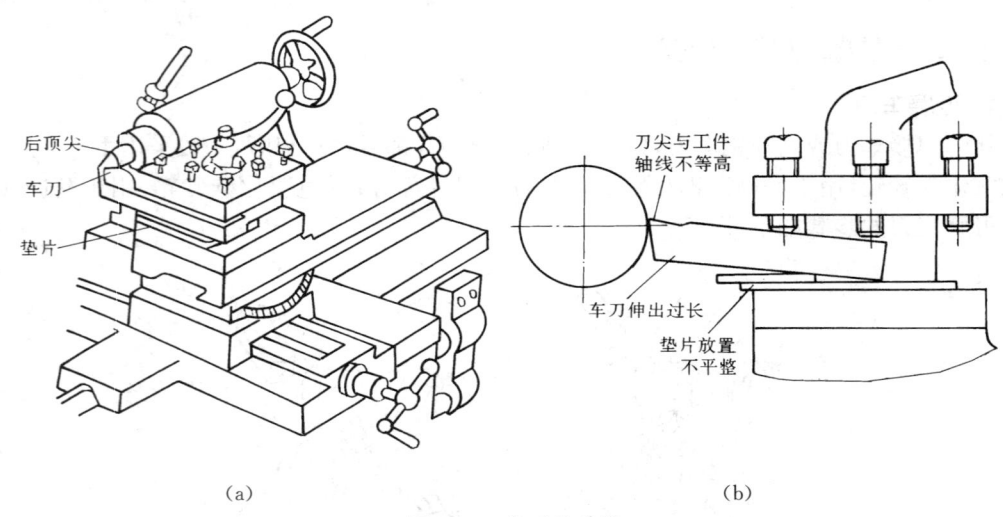

图 7-16 车刀的安装
(a) 正确;(b) 错误

第四节 工件的安装及所用附件

在车床上安装工件,要求定位准确,夹紧可靠,能承受合理的切削力,顺利加工,达到预期的加工质量。常用的装夹方法有:三爪卡盘装夹、四爪卡盘装夹、花盘装夹、花盘和角铁装夹、双顶尖装夹、专用夹具装夹。用三爪卡盘或四爪卡盘装夹工件时,还可用尾架顶尖辅助顶住,也称"一夹一顶"。此外,卡盘装夹还可与中心架支撑结合。总之,装夹方法很多,可根据工件毛坯形状和加工要求进行选择。

一、三爪卡盘装夹工件

三爪卡盘的结构如图 7-17 所示。三爪卡盘夹持工件能自动定心,定位与夹紧同时完成,使用方便。适合于装夹圆钢、六角钢及已车削过外圆的零件。若铸、锻毛坯用三爪卡盘装夹,则卡盘易丧失精度。图 7-18 为三爪卡盘安装工件的形式。

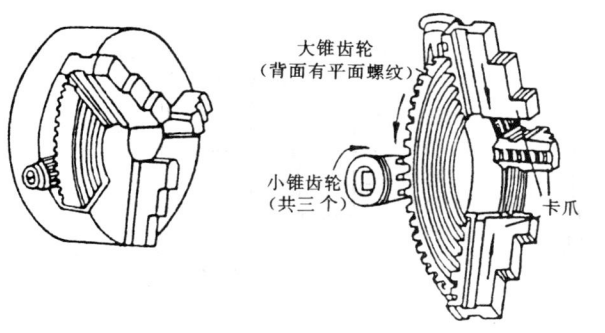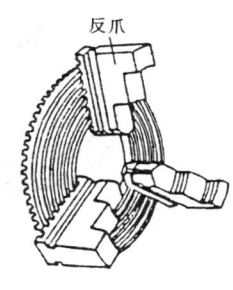

图 7-17　三爪卡盘的构造

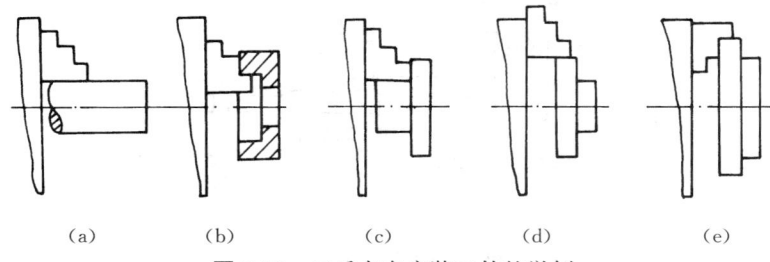

图 7-18　三爪卡盘安装工件的举例
(a)、(d) 正爪装夹；(b)、(c) 正爪装夹,轴向定位；(e) 反爪装夹

已精加工的表面作为装夹面时,应包一层铜皮,以免损伤工件表面。

卡爪伸出卡盘的长度不能超过卡爪长度的一半。若工件直径过大,则应采用反爪装夹。三爪卡盘有正反两副卡爪,有的只有一副,可正反使用。各卡爪都有编号,应按编号顺序装配。

在车床上装拆卡盘,必须停车进行,并在靠近卡盘的导轨上垫上木板。重量大的卡盘要用行车吊装。

二、四爪卡盘装夹工件

四爪卡盘结构如图 7-19 所示。四爪卡盘夹紧力大,但安装工件调整较困难。适于装夹大型或形状不规则的工件。四爪卡盘也可装成正爪和反爪两种,反爪用来装夹直径较大的工件。

装夹毛坯面及粗加工时,一般用划针盘校正工件,如图 7-20 (a)、(b) 所示。既要校正端面基本垂直于轴线,又要校正工件回转轴线与机床轴线基本重合。在调整过程中,始终要保持相对的两个卡爪处于夹紧状态,再调整另一对卡爪。两对卡爪交错调整,每次的调整量不宜太大(1~2mm)。并在工件下方的导轨上垫上木板,防止工件意外掉到导轨上。

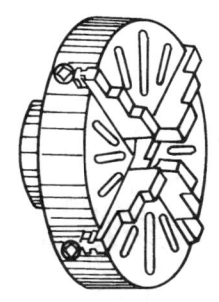

图 7-19　四爪卡盘的结构

装夹已加工过的表面进行精车时,要求调整后工件的旋转精度达到一定值,可在工件与卡爪间垫上小钢块或小铜块,用百分表校正[图 7-20(c)]。多次交叉校正平面与外圆,可使工件的端面跳动和径向跳动调整到最理想的数值。如卡爪直接夹住工件,接触面长时,则很

难调整出端面跳动和径向跳动都很小的状态。

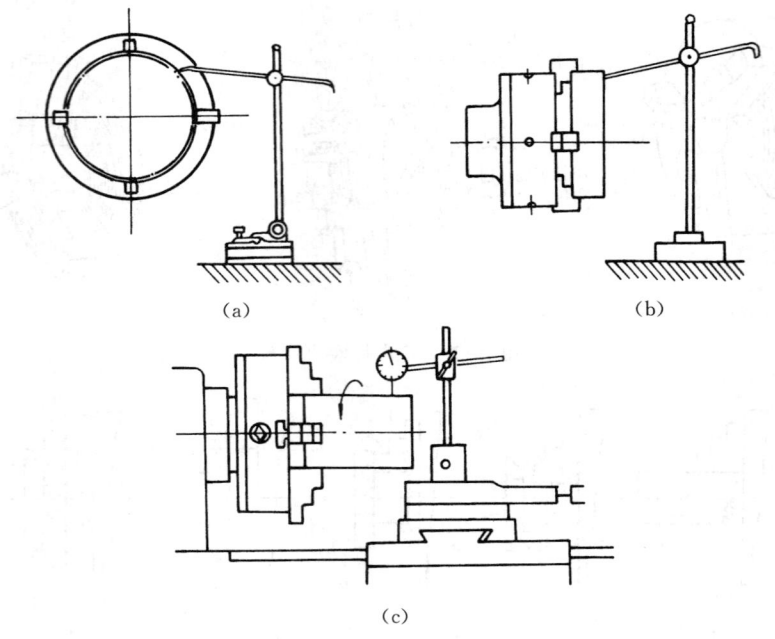

图 7-20　在四爪卡盘上校正工件
(a) 校正外圆；(b) 校正平面；(c) 用百分表校正工件

三、双顶尖装夹工件

车削轴类零件常使用双顶尖装夹，这时轴类零件两端要打中心孔。中心孔是轴类零件在顶尖上安装的定位基面。一般使用中心钻打中心孔。中心钻的类型如图 7-21 所示。

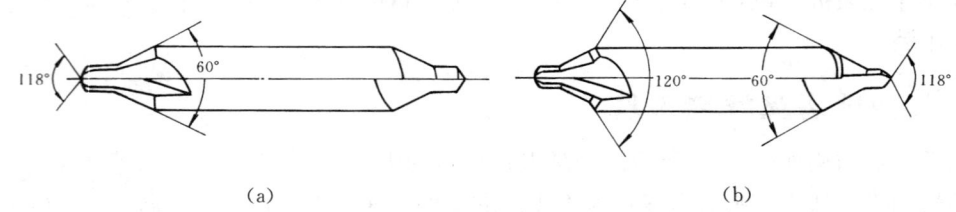

图 7-21　中心钻
(a) 不带保护锥的；(b) 带保护锥的

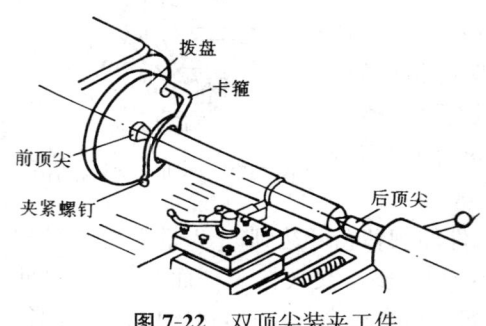

图 7-22　双顶尖装夹工件

中心孔上的 60°锥孔与顶尖上的 60°锥面相配合，里端的小圆孔保证锥孔与顶尖锥面配合贴切，并可存贮少量润滑油。图 7-21(b) 中心孔外端的 120°锥面又称保护锥面，用以保护 60°锥孔的外缘不被碰坏。(a) 和 (b) 型中心孔，分别用相应的中心钻在车床或专用机床上加工。加工之前一般应先将轴的端面车平。

双顶尖装夹工件如图 7-22 所示。工件被前、后顶尖顶住,前顶尖为普通顶尖(死顶尖),装在主轴锥孔内,同主轴一起旋转;后顶尖为活顶尖,装在尾座套筒锥孔内。工件前端用卡箍(也叫鸡心夹头)夹住。卡箍的弯曲拨杆插在拨盘 U 型槽内,拨盘装在车床主轴上,这样工件由卡箍、拨盘带动一起转动。用双顶尖加工,工件装夹方便,并使轴类零件各外圆表面保持高的同轴度。双顶尖装夹只能承受较小的切削力,一般用于精加工。

四、卡盘和顶尖装夹工件

对一端面已有中心孔或内孔的工件,经常在一端用卡盘夹住,另一端用活顶尖顶住中心孔或内孔。卡盘夹持工件最好采用前面图 7-18(b)、(c)、(e)的方法,以限止工件的轴向移动。

五、心轴安装工件

盘套类零件的外圆相对于孔的轴线常有径向跳动的公差;两个端面相对于孔的轴线常有端面跳动公差。如果有关表面无法在三爪卡盘的一次装夹中与孔同时精加工,即需在孔精加工之后,再装到心轴上进行精车,来保证上述位置精度要求,作为定位面的孔,其精度不应低于 IT8,粗糙度 R_a 值不应大于 $1.6\mu m$。心轴在前后顶尖上的安装方法与轴类零件相同。

心轴的种类很多,常用的有锥度心轴、圆柱心轴和可胀心轴。

1. 锥度心轴

锥度心轴如图 7-23 所示,其锥度为 1:2000～1:5000。工件压入后,靠摩擦力与心轴固紧。锥度心轴对中准确,装卸方便,但不能承受大的力矩。多用于盘套类零件外圆和端面的精车。

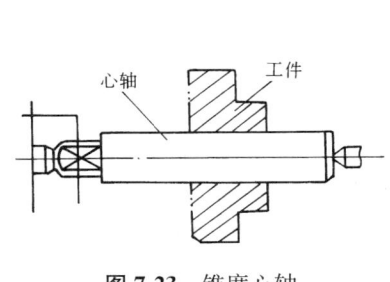

图 7-23 锥度心轴

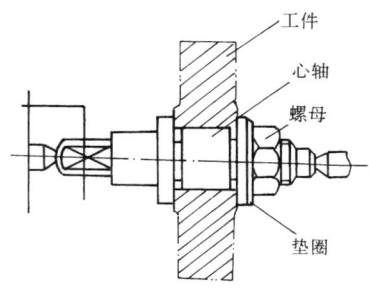

图 7-24 圆柱心轴

2. 圆柱心轴

圆柱心轴如图 7-24 所示,工件装入圆柱心轴后需加上垫圈,用螺母锁紧。其夹紧力较大,可用于较大直径盘类零件外圆的半精车和精车。圆柱心轴外圆与孔配合有一定间隙,对中较锥度心轴差。使用圆柱心轴、工件两端面相对孔的轴线的端面跳动应在 0.01mm 以内。

3. 可胀心轴

可胀心轴如图 7-25 所示,工件装在可胀锥套上,拧紧螺母 1,使锥套沿心轴锥体向左移动而引起直径增大,即可胀紧工件,拧松螺母 1,再拧动螺母 2 来推动工件,即可将工件卸下。

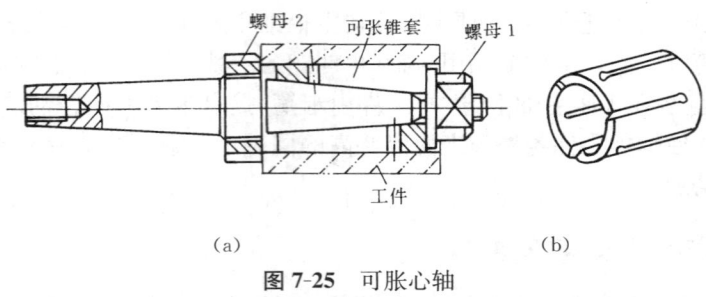

图 7-25 可胀心轴
(a) 可胀心轴；(b) 可胀轴套

六、中心架和跟刀架

加工细长轴时，为了防止工件受径向切削分力的作用而产生弯曲变形，常用中心架或跟刀架作为辅助支承。

加工细长阶梯轴的各外圆，一般将中心架支承在轴的中间部位，先车右端各外圆，调头后再车另一端的外圆，如图 7-26(a)所示；加工长轴或长筒的端面或端部的孔和螺纹等。可用卡盘夹持工件左端，用中心架支承右端[图 7-26(b)]。

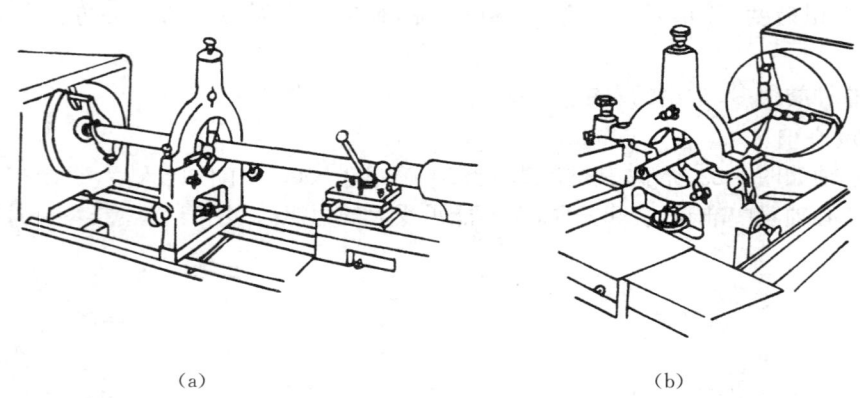

图 7-26 中心架的应用

跟刀架固定在大拖板侧面上(图 7-27)。随刀架作纵向运动，以增加车刀切削处工件的刚度和抗振性，跟刀架主要用于细长光轴的加工。使用跟刀架需先在工件右端车削一段外圆，根据外圆调整跟刀架两支承爪的位置和松紧，然后即可车削光轴的全长。

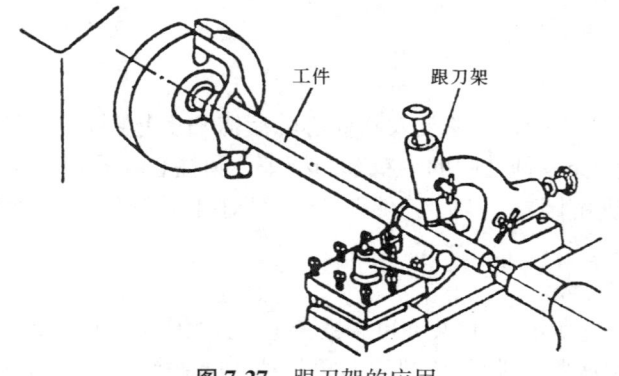

图 7-27 跟刀架的应用

使用中心架和跟刀架时,工件转速不宜过高,并需对支承爪加注机油润滑,以防工件与支承爪之间摩擦发热过大而使支承爪磨坏或烧损。

七、花盘、压板及角铁

花盘端面有许多长槽,用以穿放螺栓、压板和角铁卡紧工件。花盘可直接装在车床主轴上。在花盘上可安装各种外形复杂的零件,如图 7-28、图 7-29、图 7-30 所示。在装夹工件时,要使被加工表面的旋转轴线应与花盘安装基面垂直。

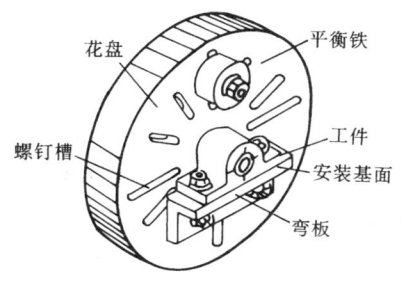
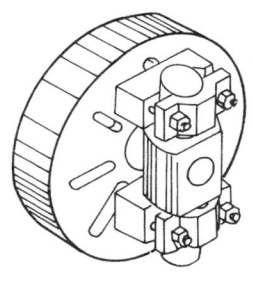
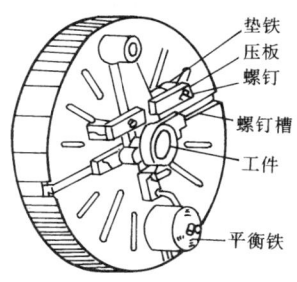

图 7-28 在花盘弯板安装工件　　图 7-29 花盘上加工十字轴内孔　　图 7-30 在花盘上安装工件

使用花盘与角铁装夹工件时,还要校正角铁平面与机床主轴轴线平行,并达到所需的中心距。装夹工件后,要安置平衡块,使夹具与工件达到静平衡。转速不能选得太高。

第五节　车 削 加 工

一、车端面

车削端面时,常用偏刀或弯头车刀如图 7-31 所示。车刀安装时,刀尖必须准确地对准工件的旋转中心,否则将在端面中心处留有凸台,且易崩坏刀尖。车削端面时,切削速度由外向中心会逐渐减小,将影响端面的表面粗糙度,因此工件切速要选高些。接近中心时可停止机动进给,改用手动缓慢进给至中心,还可保护刀尖。

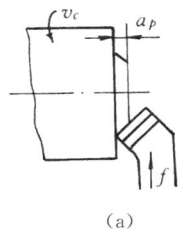
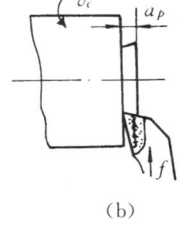
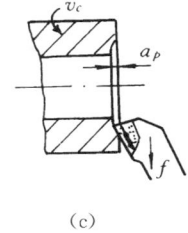

(a)　　　　　　　　(b)　　　　　　　　(c)

图 7-31 车端面

(a) 弯头车刀车端面;(b) 偏刀向中心走刀车端面;(c) 偏刀向外走刀车端面

用偏刀车端面,当切削深度较大时容易扎刀[图 7-31(b)],所以车端面用弯头刀较为有利[图 7-31(a)]。但精车端面时可用偏刀由中心向外进给[图 7-31(c)],这样能提高端面的加工质量。车削直径较大的端面,若出现凹心或凸面时,应检查车刀和方刀架是否锁紧以及中拖板的松紧程度。此外,为使车刀准确地横向进给而无纵向松动,应将大拖板锁紧于床身上,用小拖板来调整切深。

二、车外圆及台阶

1. 车外圆

车外圆时一般须经过粗车和精车两个步骤:

粗车的目的是为了尽快地从毛坯上切除大部分加工余量,使工件接近图纸的形状和尺寸。粗车时对加工质量要求不高,因此在选取切削用量时,应优先选取较大的背吃刀量(切削深度)a_p,以减少吃刀次数,最好一刀车去全部粗车余量。当车床功率不够时,才考虑分两次或两次以上进刀。为了提高生产率,粗车时进给量也应尽量取大些(0.3～1.2mm/r),最后根据 a_p、f、刀具以及工件材料等来确定切削速度,一般选用中等切削速度(10～80m/min)。工件材料较硬时选较小值,较软时选较大值;采用高速钢车刀时选低些,采用硬质合金车刀时选高些。

精车的目的是为了保证工件的尺寸精度和表面质量,因此要适当地减少副偏角 K'_r,刀尖处应磨成有小圆弧的过渡刃,适当加大前角 γ_0,并用油石仔细地打磨车刀前后面。在选取切削用量时,优先选取较高的切削速度($v_c \geq$ 100m/min 适用于硬质合金车刀)或很低的切削速度($v_c \leq$ 5m/min 适用于高速钢车刀),再取较小的进给量,最后根据工件尺寸确定背切刀量(切削深度)。

粗车和精车开始,都必须进行试切,试切方法及步骤如图 7-32 所示。

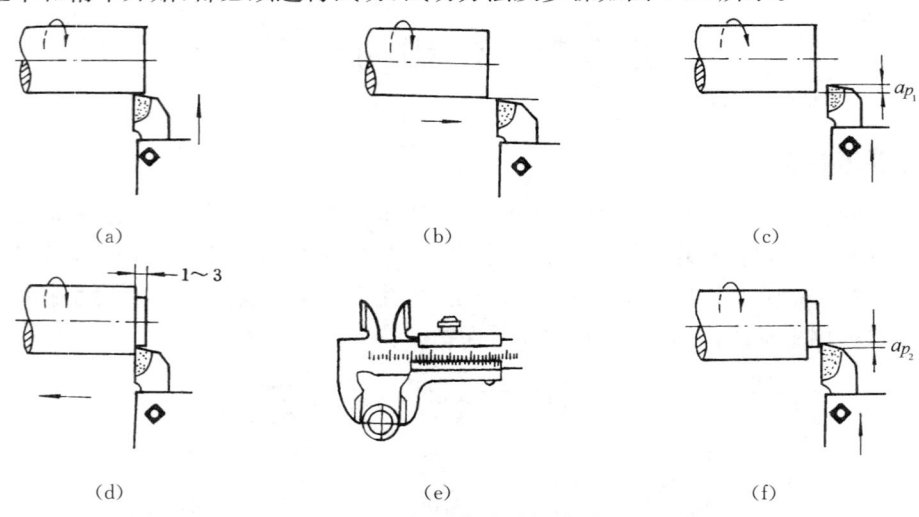

图 7-32 试切方法及步骤

(a) 开车对刀;(b) 向右退出车刀;(c) 横向进刀 a_{p_1};(d) 切削 1～3mm;
(e) 停车进行测量;(f) 如未到尺寸,再进刀 a_{p_2}

车外圆操作要点

① 在调节背切刀量时,应尽可能利用进给手柄上刻度盘以便迅速而准确地控制尺寸。

② 注意手柄必须慢慢地转动以便刻线对准位置,若不小心摇过头,绝对不能简单地退回到所需位置,因为丝杠和螺母之间有间隙,造成反向移动起始时有空行程,必须多退几十小格以消除间隙作用,再顺转到所需位置。

③ 车外圆的缺陷、原因及解决办法,如表 7-3 所示。

表 7-3 车外圆缺陷、原因及解决办法

车外圆缺陷	原　　因	解决办法
有锥度	车刀明显磨损 车刀松动 车刀架松动 尾座轴线与主轴轴线偏移	刃磨车刀 夹紧车刀 扳紧刀架 尾座偏移校正如图 7-33 所示
圆度超差 圆柱度超差	主轴径向跳动大 刀具移动方向与主轴不平行 车刀磨损	调整主轴轴承间隙,更换轴承 大修机床 刃磨车刀

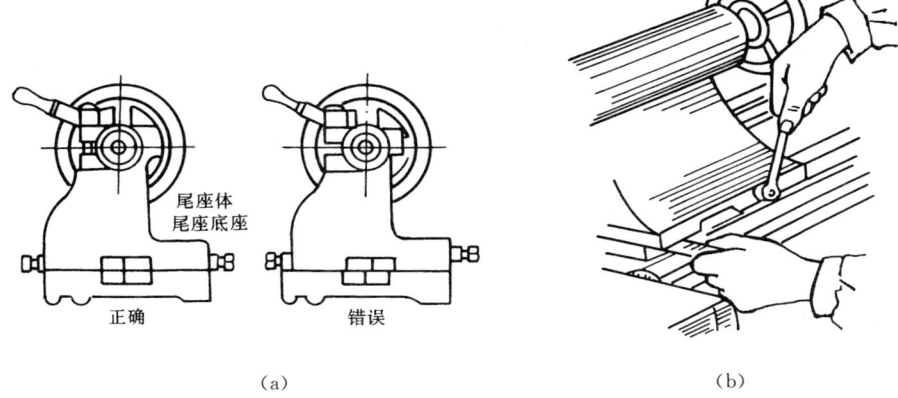

图 7-33　尾座偏移的校正
(a) 应用刻度偏移床尾的方法;(b) 应用钢尺偏移床尾的方法

④ 精车前,要注意工件的温度,应待工件冷却后再精车。
⑤ 精车时要准确地测量出工件的外径,应正确使用外径千分尺。

2. 车台阶

阶梯轴上不同直径的相邻两轴段组成台阶,可采用 90°外圆车刀或 45°端面车刀车出台阶外圆(图 7-34),再用主偏角大于 90°的外圆车刀横向进给车出环形端面,也可用切断刀横向进给车出环形端面。用外圆刀或切断刀车台阶端面时,端面与台阶外圆处应接刀平整,不能产生内凹外凸。粗车台阶时,长度余量应放在大直径轴段。多阶梯台阶车削时,应先车最小直径台阶,从两端向中间逐个进行。

台阶长度的控制一般用车刀刻线痕。具体有三种方法,一种是用刀尖对准台阶右端面时,记住该处大拖板的刻度值(或调到"0"),再转动大拖板手柄到所需长度处,开车用刀尖刻线痕。另外两种是用钢尺或深度游标卡尺量出台阶的长度尺寸如图 7-35(a)、(b) 所示。将车刀尖移至该处,撤走钢尺或深度游标卡尺,再开车用刀尖刻线痕。

台阶长度的测量也如图 7-35 所示。对于未注长度公差的台阶长度可用钢尺测量[图 7-35(a)];对于尺寸公差要求高的台阶长度,需用深度游标卡尺测量[图 7-35(b)];对大批生产的台阶长度,可用样板检验[图 7-35(c)]。

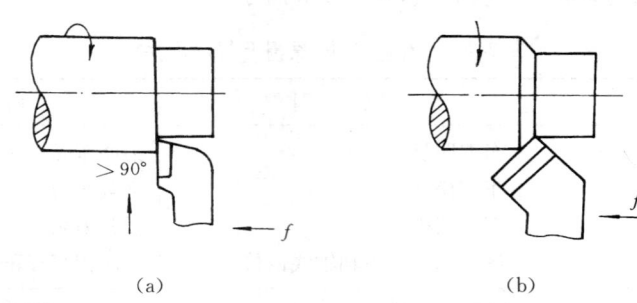

图 7-34 车台阶
(a) 用 90°外圆车刀车台阶；(b) 用 45°端面车刀车台阶

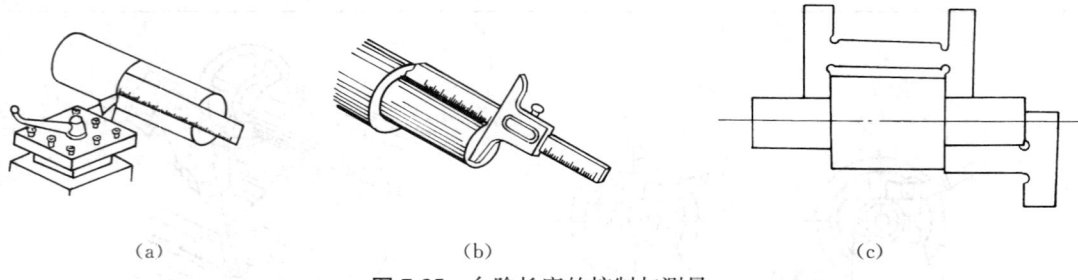

图 7-35 台阶长度的控制与测量
(a) 用钢尺；(b) 用深度游标卡尺；(c) 用样板

三、车圆锥

把工件车削成圆锥形表面的方法称为车圆锥。

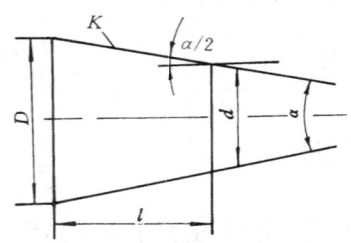

图 7-36 圆锥的主要参数

1. 圆锥的参数

圆锥形表面有五个参数如图 7-36 所示。

α 为圆锥的锥角；$\alpha/2$ 为斜角；l 为圆锥的轴向长度 (mm)；D 为圆锥的大端直径 (mm)；d 为圆锥的小端直径 (mm)；K 为斜度。

这五个参数的相互关系可表示为：

锥度 $\quad \alpha = (D-d)/l = 2\tan(\alpha/2)$

斜度 $\quad K = (D-d)/2l = \tan(\alpha/2)$

2. 圆锥的种类和作用

常用的工具圆锥有下列三种：

(1) 常用的专用标准锥度　不同锥度有不同的使用场合，常用 1∶4，1∶5，1∶20，1∶30，7∶24 等。例如铣刀柄锥体与铣床主轴锥孔用 7∶24 锥度。

(2) 公制圆锥　有 40、60、80、100、120、140、160 和 200 号八种，每种号数表示圆锥的大端直径。例如 160 号表示该圆锥大端直径为 160mm。公制圆锥的锥度都为 1∶20，常作为工具圆锥。

(3) 莫氏圆锥　有 0、1、2、3、4、5、6 七个号码，6 号最大，0 号最小。号数不同，锥度也不同。莫氏圆锥应用广泛，如车床主轴孔，车床尾架套筒孔，各种麻花钻钻柄、铰刀柄、顶尖柄、钻床主轴孔等等。

此外,如果工件的锥角较大时,可直接用锥角表示。例如,$\alpha=45°$、$\alpha=60°$等。

3. 车圆锥的方法

在车床上车圆锥的方法很多,有转动小拖板法、偏移尾架法、机械靠模法、成形车刀车削法、轨迹法等等。

(1)转动小拖板法 求出工件圆锥的斜角($\alpha/2$),将小拖板转过($\alpha/2$)后固定。车削时,转动小拖板手柄,车刀就沿圆锥的母线移动,可车锥体和锥孔(图7-37)。这种方法简单,不受锥度大小的限制,但由于受小拖板行程的限制不能加工较长的圆锥,且表面粗糙度的高低靠操作技术控制,用手动进给实现,劳动强度较大。

(2)偏移尾座法 把尾座偏移一个距离S,使工件旋转轴线与车刀纵向进给方向相交成($\alpha/2$)斜角(图7-38)。此方法可以加工长锥体,但只能加工小锥度锥体,可用机动进给操作,劳动强度低。

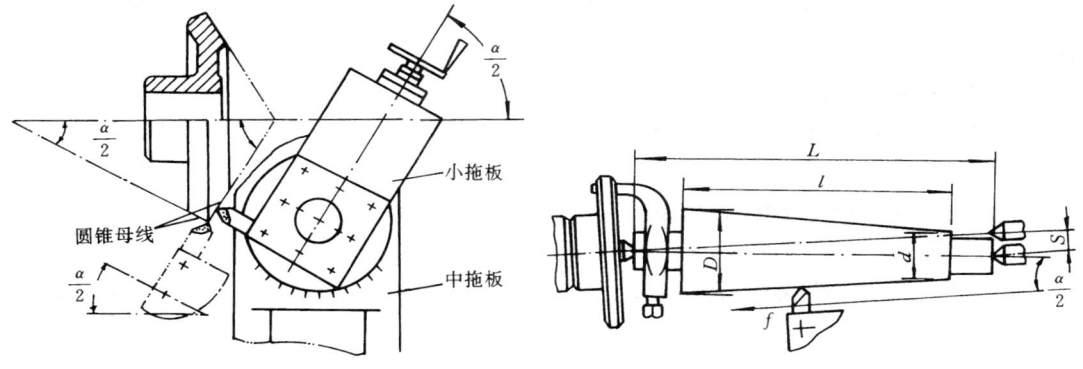

图7-37 转动小拖板法车圆锥 图7-38 偏移尾座法车圆锥

尾座偏移量: $S = L \times \alpha/2 = L \times (D-d)/2l = L\tan(\alpha/2)$

式中:L为工件长度(mm)。

(3)成形车刀车削法 对于长度较短的圆锥成批加工时可磨制成形车刀,利用手动进给直接车出,此法径向切削力大,易引起振动(图7-39)。

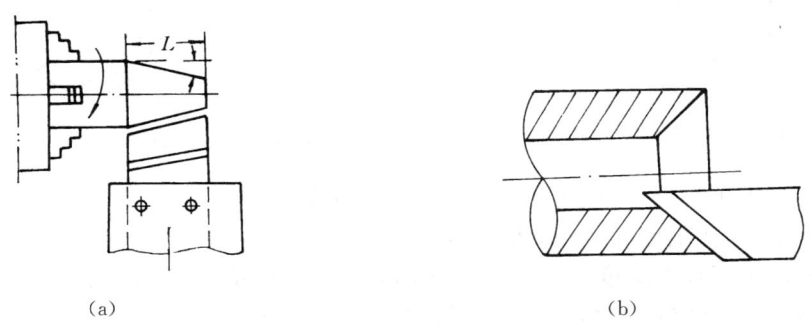

图7-39 成形车刀车削法车圆锥
(a)外圆锥;(b)内圆锥

(4)机械靠模法 需用专用靠模工具,适用于成批加工锥度较小,精度要求高的圆锥工件(图7-40)。

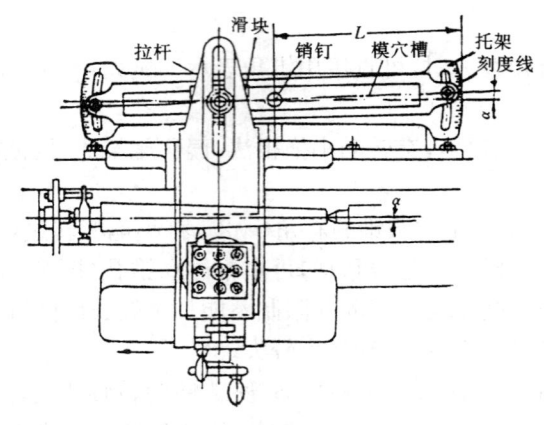

图 7-40 机械靠模法车圆锥

(5) 轨迹法 数控车床上,车刀可根据编制的程度走出圆锥母线的轨迹,车出工件的圆锥。

4. 车圆锥操作示例

转动小拖板车圆锥,是最常用的一种方法,现以车锥体(图 7-41)为实例,介绍操作步骤。

(1) 根据零件图计算圆锥斜角($\alpha/2$),

$$(\alpha/2) = \arctan[(D-d)/l] = \arctan(\alpha/2)$$

图 7-41 所示锥体锥度 α 为 1∶20,即 $(\alpha/2) = \arctan(1/40) \approx 1°25'$,并计算出 D 等于 22mm。

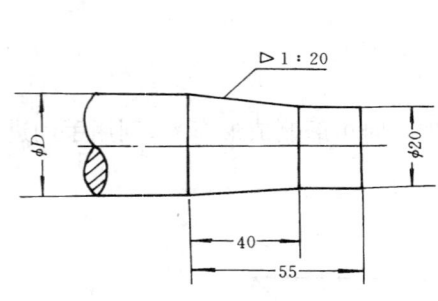

图 7-41 圆锥零件图

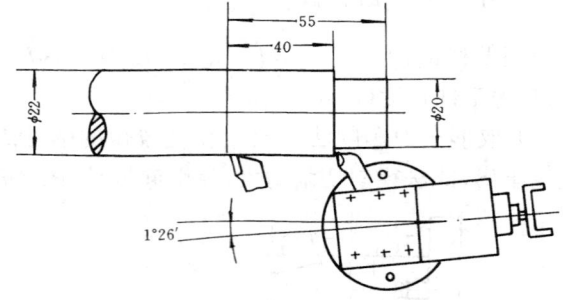

图 7-42 车锥体前的台阶加工

(2) 把锥体先车成圆柱体,其直径等于锥体大端直径(图 7-42)。车出台阶 $\phi20$、$\phi22$,保证 $\phi20$ 长 15mm,并在距台阶 40mm 处刻线痕。

(3) 转动小拖板校正锥度 车右端为小端,左端为大端的锥体时,逆时针转动小拖板 $1°25'$,然后用百分表接触 $\phi22$ 的起点,记录读数,再转动小拖板 $40/\cos1°25'$ 的距离,此时百分表的读数比原先的读数差 1mm,则小拖板转过的角度正好为 $1°25'$,最后锁紧转盘及小拖板。

如有标准塞规或样件,用百分表校正时,移动小拖板可随时增减小拖板的转角量,使百分表指针不摆动,用这种方法校正锥度既准又快。

（4）车圆锥时，先粗车，留 0.2～0.5mm 余量进行精车。进给时，大拖板固定，用中拖板调整切刀深度，车削时，只能转动小拖板进行进给。进给结束后，移动中拖板将车刀退离工件，再反向转动小拖板，使车刀退到锥体右端的起始位置。在车削锥体的过程中，转动小拖板手柄应均匀。

车圆锥时，车刀中心要与车床主轴中心严格等高，否则圆锥母线会变成双曲线。

5. 圆锥表面的检测

检验锥体用套规，先在工件锥体母线均匀地涂上三条红丹粉线，把套规轻轻套入锥体，转动 1/3～1/2 转，拔出套规，如锥体上的红丹粉被均匀地擦去，说明锥度正确，若大端表面被擦去，小端表面未被擦去，说明锥度太大，反之则锥度太小。

检验锥孔用锥度塞规，红丹粉涂在塞规上进行检验，方法同检验锥体。

用锥度套规和塞规检验圆锥表面的另一种方法如图 7-43 所示，只要保证锥孔大端面在插入的塞规大端两条刻线外或锥体小端面在套入的套规小端处的台阶孔间，即说明圆锥大端直径尺寸或小端直径尺寸在公差范围内。

对大锥度工件的锥度，可用万能角尺检验或用样板检验。

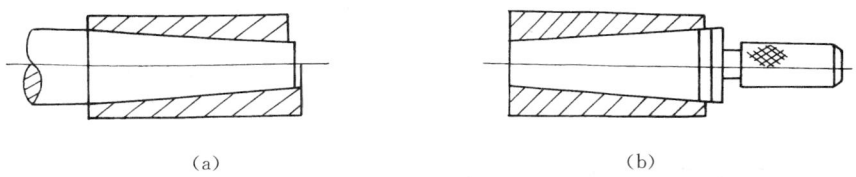

图 7-43 圆锥表面的检测
(a) 套规检验锥体；(b) 塞规检验锥孔

四、切断与切槽

1. 切断

把棒料或工件分成两段或多段的车削方法叫做切断。

（1）切断刀 切断时，刀头伸进工件内部，散热条件差，排屑困难，易引起振动，如不注意，刀头就会折断，因此必须合理地选择切断刀。切断刀的种类很多，按材料可分为高速钢和硬质合金，按结构可分为焊接式、整体式、机夹式等。

① 高速钢切断刀 图 7-44(a)为整体式高速钢切断刀。它的强度好，切削刃锋利，使用效果好，应用广泛，但刀具刃磨费时，切削用量小。切断刀对刃磨后的几何角度要求较高，两副偏角 $K_r'=1°～1.5°$，两副后角 $\alpha_0'=1°～2°$，后角 $\alpha_0 \approx 8°$，前刀面开宽而浅的槽，使前角 $\gamma_0=20°～30°$，这样切屑卷曲半径大，切屑在切离工件后再卷屑，可避免切屑夹在槽内挤碎刀刃。切断刀宽度 $b=2～4mm$，长度比切断长度略大 2～5mm，两副后面要求对称、平直。

② 硬质合金切断刀 硬质合金切断面如图 7-44(b)所示，由于采用高速切削，产生的热量大，切削力大，使用时必须充分加注切削液并要求工件装夹可靠。

③ 弹性机夹式切断刀 为了减少刃磨时间和节约高速钢，可采用弹性机夹式切断刀〔图 7-44(c)〕。刀架富有弹性，可平衡过大的径向切削力，切断时不易扎刀和折断，换刀也方便。

(2) 切断刀的安装 在安装车刀时要保证两个副偏角 K_r' 对称,即切断刀装得不能偏斜。切断刀刀尖的安装高度应与车床主轴中心等高,即刀尖要对准工件轴线。若刀尖装得过低或过高,切断处均有凸起部分,刀具易折断或切断刀后面顶住工件难以切断。切断刀伸出刀架不宜过长,以保证刚度。

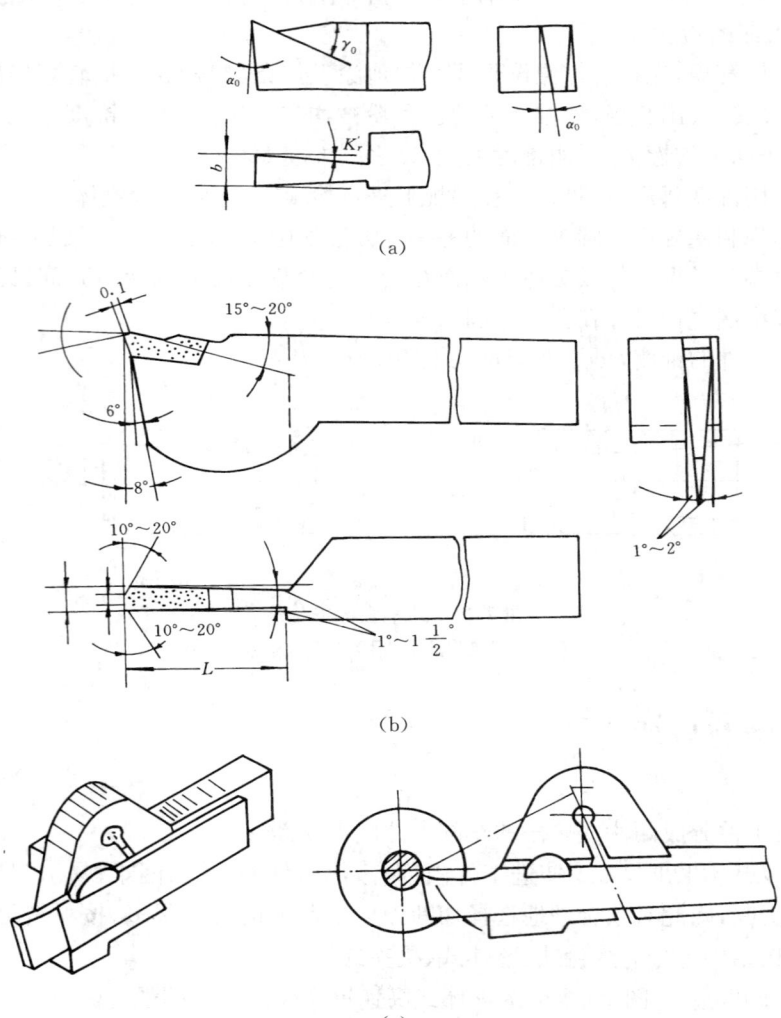

图 7-44 切断刀
(a) 高速钢切断刀;(b) 硬质合金切断刀;(c) 弹性机夹式切断刀

切断操作要点

① 车削过的表面容易进行切断 对悬伸工件要用顶尖顶住,或用中心架支撑,以增加工件刚度。切断位置距卡盘或中心架近些,以免工件刚性不足而产生振动。

② 切断时,选用比车外圆低的切削速度 高速钢车刀车钢材时,选 $v_c = 20 \sim 40 \text{m/min}$,并加切削液;车铸铁时选 $v_c = 15 \sim 25 \text{m/min}$。用硬质合金切断刀车钢材时,选 $v_c = 80 \sim 120 \text{m/min}$;车铸铁时选 $v_c = 60 \sim 100 \text{m/min}$。

③ 切断时可用横向机动进给,进给量 f 选 $0.2\sim 0.3$mm/r。接近工件切断前,停止机动进给,改用手动进给。对实心件,切断至最后 $\phi 2\sim \phi 3$ 时,可退出切断刀,停车后上下摇动工件,即可折断。对空心工件,切断前用铁钩候好工件内孔,工件断后铁钩钩起。

④ 对切断深度较小的工件可直接一次横向进给切断工件。对切断深度较长的工件,可采用借刀法(图 7-45)。

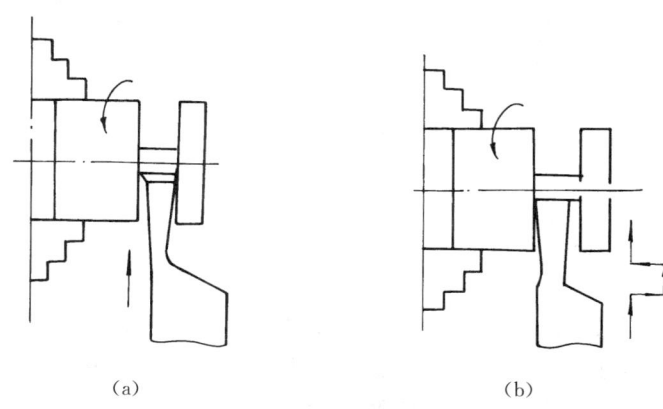

图 7-45　切断方法
(a) 直进法；(b) 左右借刀法

2. 切槽

(1) 切槽与切槽刀　在工件表面车出沟槽的方法叫做切槽。槽的形状很多,有外槽、内槽和端面槽等,如图 7-46 所示。切槽刀与切断刀类似,其刃磨、安装与切断刀基本相同,不同点是刀头宽些,长度短些。对于车外槽可用切断刀,要注意可用切断刀车槽,但不一定能用切槽刀来切断。

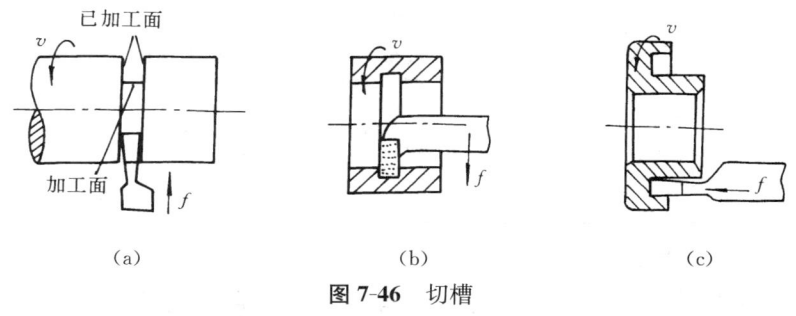

图 7-46　切槽
(a) 切外槽；(b) 切内槽；(c) 切端面槽

(2) 切槽操作与测量　切槽是切断操作的一部分,因此可参照切断的操作来切槽。但要掌握槽宽度和深度的尺寸控制,一般 $3\sim 4$mm 以内宽度的外槽,采用刃磨与槽宽相等的切槽刀宽度来控制。槽的深度利用中拖板刻度来控制。切槽刀接触外圆时的刻度值至切深处的刻度值之差,即为槽深。槽的深度和宽度还可用游标卡尺和千分尺测量(图 7-47)。

对于宽槽,一般采用先分段横向粗车,槽深放余量 0.5mm,最后一次横向车槽至所需深度,立即进行纵向精车至槽宽的另一端。

对于宽度大于 $50\sim 100$mm 的外槽,应先采用弯头车刀车外圆的同时横向逐渐切入至槽深,利用纵向进给车出槽宽,槽宽的两端再用切槽刀接平。大宽度槽的两端面与槽底往往是圆弧连接,这时切槽刀的两刀尖也应磨成相应的刀尖圆弧。

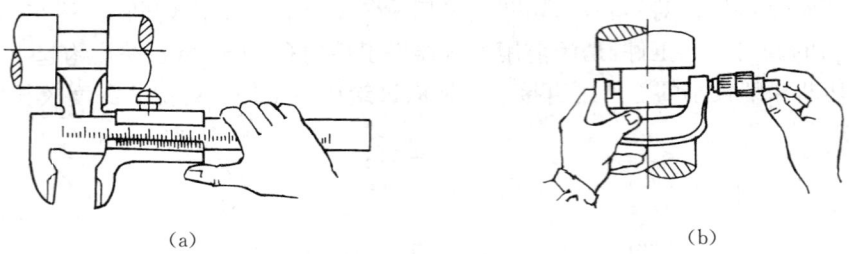

图 7-47 外槽的测量

五、车螺纹

1. 螺纹的类型与标记

螺纹的类型与标记如表 7-4 所示。

在车床上能用公制螺纹传动链车普通螺纹;用英制螺纹传动链车管螺纹及英制螺纹;用模数螺纹传动链车公制蜗杆;还能用径节螺纹传动链车径节螺纹(英制蜗杆)。

车削前可根据螺距 P,牙数/英寸,模数 m,径节 D_P,查进给量与螺距铭牌,确定不同类型螺纹在车床上的不同调整方法。

表 7-4 螺纹的类型与标记

螺纹类型	牙形代号	标记示例	说明
粗牙普通螺纹	M	M16—6H	公称直径 16mm,螺距 $P=2$mm,中径顶径公差带为 6H 的内螺纹
		M24 左—6g	公称直径 24mm,螺距 $P=3$mm,中径顶径公差带为 6g 的左旋外螺纹
细牙普通螺纹	M	M16×1.5—6g	公称直径 16mm,螺距 $P=1.5$mm,中径顶径公差带为 6g 的外螺纹
圆柱管螺纹	G	G1—LH G1A	1″左旋圆柱管螺纹内螺纹 1″A 级圆柱管螺纹外螺纹
梯形螺纹	T	T55×12LH—6	公称直径 55mm,螺距 $P=12$mm,6 级精度左旋梯形螺纹

2. 螺纹各部分名称及尺寸计算

普通螺纹各部分名称如图 7-48 所示。大写字母为内螺纹各名称的代号,小写字母为外螺纹各名称的代号:

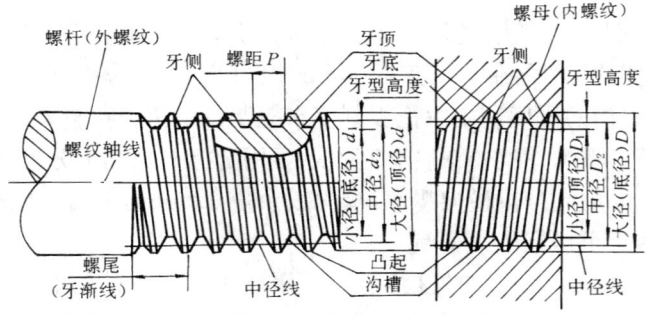

图 7-48 普通螺纹各部分尺寸

(1) 大径(公称直径)$D(d)$

(2) 中径 $D_2(d_2) = D(d) - 0.6495P$

(3) 小径 $D_1(d_1) = D(d) - 1.082P$

(4) 螺距 P，相邻两牙在轴线方向上对应点间的距离

(5) 牙形角 α，螺纹轴向剖面内螺纹两侧面的夹角，公制为 $60°$，英制为 $55°$

(6) 线数 n，同一螺纹上螺旋线根数

(7) 导程 L，$L = nP$，当 $n=1$ 时，$P=L$，一般三角螺纹为单线，螺距即为导程

其中，P、α、$D_2(d_2)$ 是决定螺纹的三个基本要素，内外螺纹只有当这三个参数一致时，才能配合良好。

3. 车床上加工内外螺纹

(1) 板牙与丝锥加工螺纹　直径较小的外、内螺纹可用板牙、丝锥等工具在车床上加工。加工时，要选用车床的最低转速，加油润滑。加工一个工件后，要及时清除工具内的切屑。

(2) 车螺纹　在车床上车制各种螺纹时，为了获得正确的螺距，必须用丝杠带动刀架进给，使工件每转一周，刀具移动的距离等于工件的螺距或导程(单头螺纹为螺距，多头螺纹为导程)，主轴至刀架传动路线如图 7-49 所示。由图可见，更换配换齿轮或改变进给箱手柄，即可改变丝杠的转速，从而车出不同螺距或导程的螺纹。图 7-49 中三星轮的配置是为了改变刀具移动的方向，以满足车削左右旋螺纹的需要。

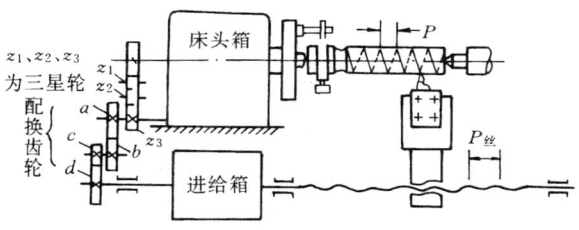

图 7-49　车螺纹时的传动

4. 车三角螺纹

在车床上车三角螺纹，有高速钢车刀低速车削和硬质合金车刀高速车削两种方法。

(1) 高速钢车刀低速车削三角螺纹　螺纹截面形状的精确度取决于螺纹车刀刃磨后的形状及其在车床上安装的位置是否正确。

车刀可用整体式高速钢车刀(图 7-50)。但如选用弹性刀杆装夹的高速钢螺纹车刀(图 7-51)，可避免车削时扎刀，车削的螺纹表面质量也高。

对精度要求不高的螺纹或粗加工时，高速钢车刀磨出前角 $\gamma_0 = 7° \sim 10°$，则刀尖角 ε 应为 $59°$，前角越大，刀尖角越小。三角螺纹的螺旋升角很小，可忽略不计，故只要磨出车刀两侧后角为 $6° \sim 8°$ 即可。对精度要求高的螺纹或精加工时，刀尖角 ε 应等于螺纹牙型角(公制为 $60°$，英制为 $55°$)，前角 $\gamma_0 = 0°$，以保证得到正确的牙型。螺纹车刀刃磨后，车刀前、后面表面粗糙值 R_a 要低。精车时，可用油石研磨螺纹车刀前后刀面，以提高精车质量。

刃磨螺纹车刀，一般采用样板，如图 7-52 所示。测量时，样板水平放置，与刀尖的基面在同一平面，用透光法检验刀尖角。

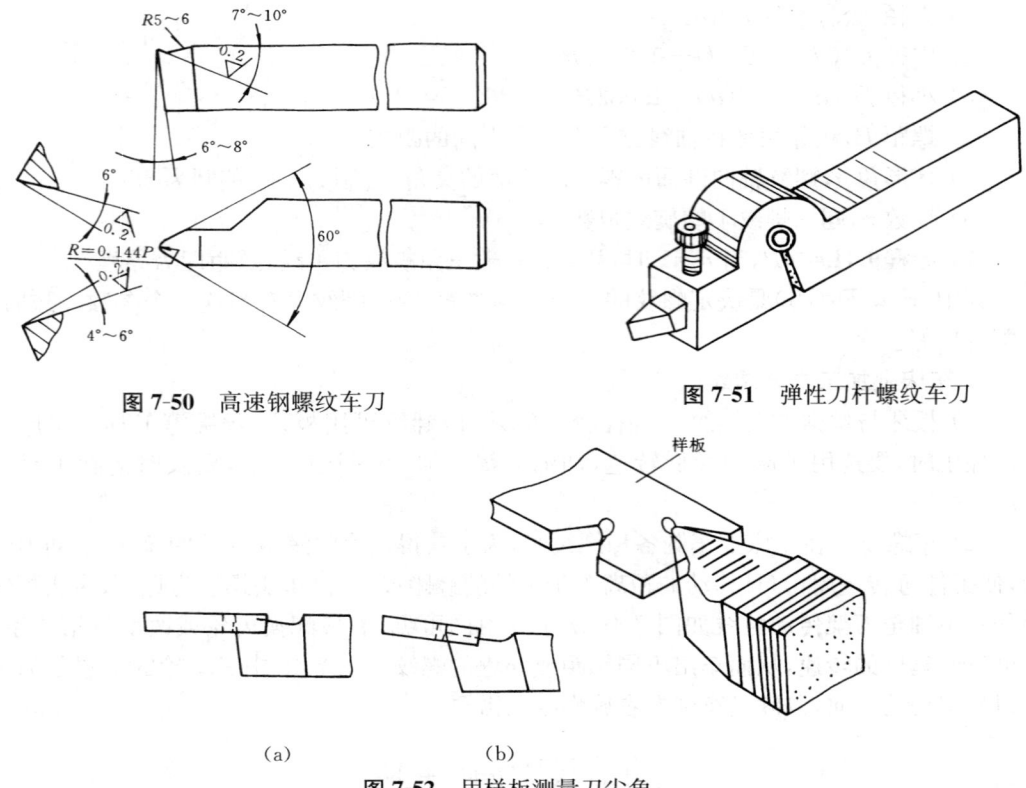

图 7-50 高速钢螺纹车刀　　　　图 7-51 弹性刀杆螺纹车刀

图 7-52 用样板测量刀尖角
(a) 正确；(b) 不正确

对螺纹车刀安装的要求是：刀尖中心与车床主轴轴线严格等高，刀尖角的等分线垂直主轴轴线，使螺纹两牙型半角相等。可用图 7-53 所示的样板对刀。

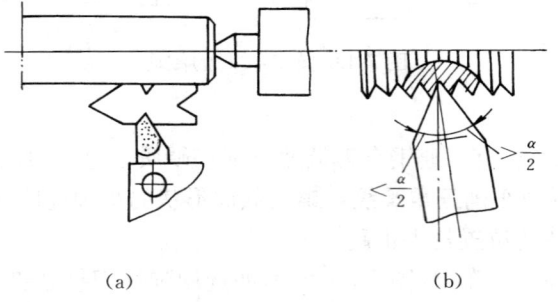

图 7-53 外螺纹车刀的安装
(a) 正确；(b) 不正确

车螺纹操作步骤

车螺纹操作步骤如表 7-4 所示。车螺纹时，要选择好切削用量，一般粗车选切削速度 $v_c=13\sim18\text{m/min}$，每次背吃刀量 0.15mm 左右，计算好吃刀次数，留精车余量 0.2mm；精车选切削速度 $v_c=5\sim10\text{m/min}$，每刀切深 $0.02\sim0.05\text{mm}$，总切深为 $1.08P$。

为了避免车刀与螺纹槽对不上而产生"乱扣"，在车削过程中和退刀时始终应保持主轴至刀架的传动系统不变，即不得脱开传动系统中任何齿轮或对开螺母。但如果车床丝杠螺距是工件导程的整数倍,可在正车时,按下开合螺母手柄车螺纹,扳起开合螺母手柄停止进给。在粗车螺纹时,用这种方法可提高效率。精车螺纹时,还是用倒车退刀,不要扳起开合螺母,这样容易控制加工尺寸和表面粗糙度。

表 7-5 车螺纹的操作过程

序号	操作内容	示意图	序号	操作内容	示意图
1	开车,使车刀与工件轻微接触,记下刻度盘读数,向右移出车刀		4	利用刻度盘调整吃刀量,开车切削,车钢料时,加切削液	
2	合上开合螺母,在工件表面上车出一条螺纹线,横向退出车刀,停车		5	车刀将至行程终了时,应做好退刀停车准备,先快速退出车刀,然后停车,开反车退回刀架	
3	开反车使车刀退到工件右端,停车,用钢直尺检查螺距是否正确		6	再次横向送进,继续切削,其切削过程的路线如右图所示	

车螺纹时,要不断用切削液冷却、润滑工件。

(2) 硬质合金车刀高速车削三角螺纹 车刀的几何角度如图 7-54 所示。刀尖磨出 $R0.5$ 圆弧,两主切削刃负倒棱。车削方法同用高速钢车刀相同,切削速度 $v_c=20\sim50\text{m/min}$,每刀切深,粗车取 0.25mm,精车取 0.15mm。

高速车削螺纹,生产率高,但对车削操作技术的要求较高。如退刀时间往往在几分之一秒内,要有熟练的操作技术,不然会撞坏刀具,造成设备事故。

高速车削螺纹时切削力大,弹性变形引起的螺纹牙形误差也较大,而且常会产生刀尖碎裂,使刀具材料的碎粒嵌入螺纹中,如不清除这些碎粒,会使车刀在以后的车削中崩刃。清除这些碎粒的方法,可用手锯,锯削至出现工件粉屑为止,再继续车削。

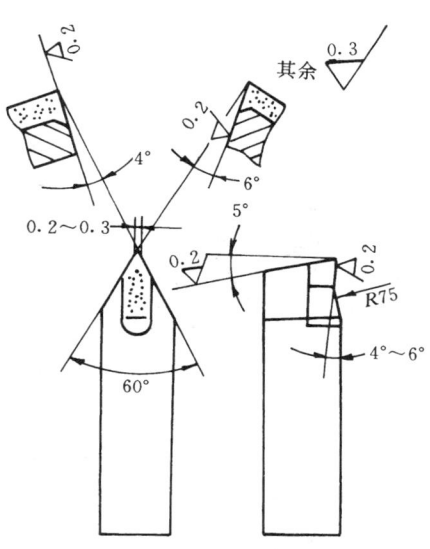

图 7-54 硬质合金螺纹车刀

5. 螺纹检验方法

（1）综合检验法　成批大量生产时，常用螺纹量规综合检验法如图 7-55 所示。外螺纹用环规，内螺纹用塞规。

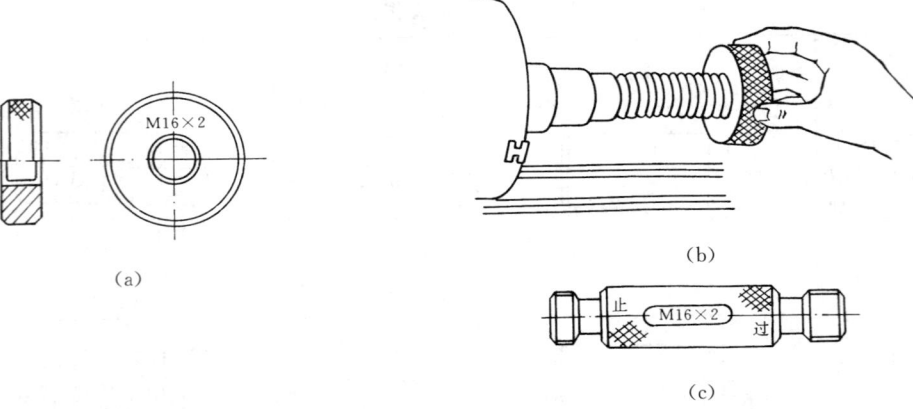

图 7-55　螺纹量规综合检验法
(a) 环规；(b) 检测方法；(c) 塞规

（2）中径测量法　用螺纹千分尺测量外螺纹中径如图 7-56 所示。首先要查出所加工外螺纹的中径的最大和最小极限尺寸。

在用螺纹千分尺时，先根据牙型角和螺距选择相应的测量头装在螺纹千分尺上，并校对零位，当切削深度总量达到 1P（螺距）时，停车，用螺纹千分尺去测量被加工的螺纹中径。测量的方法类似于外径千分尺，两侧头的中心连线要垂直于螺纹轴线。

使用螺纹千分尺时，测量的方法一定要正确，而且要经常校零位。

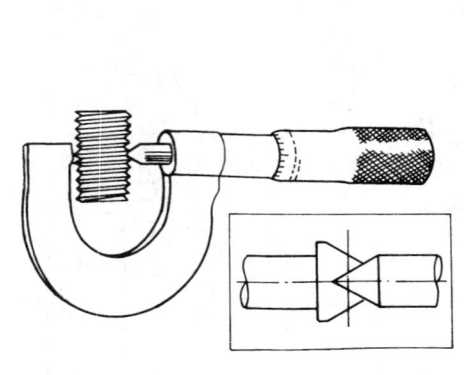

图 7-56　测量螺纹中径

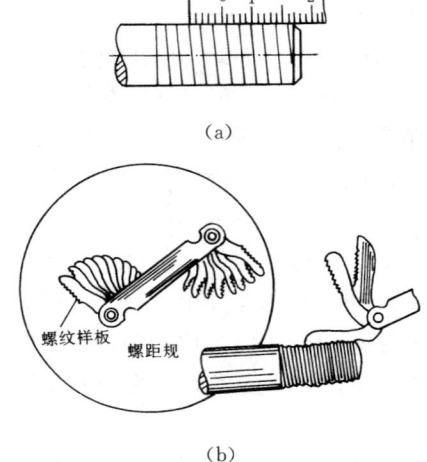

图 7-57　测量螺距和牙型角
(a) 用钢尺测量；(b) 用螺距规测量

（3）测量螺距和牙型角　在试车一刀后可用钢皮尺测量螺距。在检修螺纹件时，不知道螺纹的螺距和牙型角，可用螺距规和螺纹样板来测量（图 7-57）。

6. 梯形螺纹的车削

(1) 米制梯形螺纹基本牙型、尺寸计算和标记　牙型角为30°的米制梯形螺纹部分是以国标 GB5796·1～5796·4—86 或部颁标准来确定其基本牙型和尺寸,如图 7-58 所示。

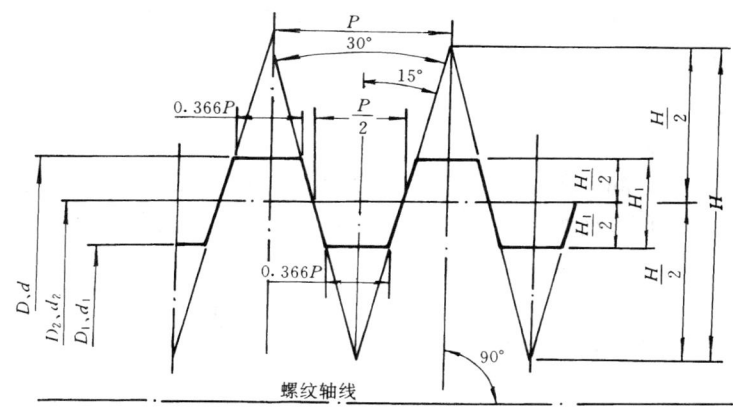

图 7-58　基本牙型

D—内螺纹的大径;　　　d—外螺纹的大径;　　　D_2—内螺纹的中径;
d_2—外螺纹的中径;　　D_1—内螺纹的小径;　　d_1—外螺纹的小径;
P—螺距;　　　　　　H—原始三角形的高度;　H_1—基本牙型的牙型高度

$H=1.866P$　　$H_1=0.5P$　　$H/2=0.933P$　　$D_2(d_2)=d-0.5P$

牙顶宽 $f=0.366P$　　槽底宽 $W=0.366P-0.536a_c$

牙顶间隙: $a_c=0.25$　($P=2\sim4$)
　　　　　$a_c=0.5$　　($P=5\sim12$)

梯形螺纹的标记:

T55×6—6,大径为 55mm,螺距为 6mm,6 级精度,右旋梯形螺纹。(梯形螺纹的精度等级有 7 种:3～9,3 最高)

T55×6 LH—6,为左旋螺纹。

JB2886—92 规定了大径、中径极限偏差(例 T55×6—6:大径及中径的公差等级均为 6 级,大径上偏差为 0,下偏差为 −0.30mm,中径上偏差为 −0.056mm,下偏差为 −0.55mm),还规定了螺旋线轴向公差、螺距公差和螺距累积公差,以及牙型半角的极限偏差等。

(2) **梯形螺纹车刀**　梯形螺纹车刀一般采用高速钢,粗车和精车时对其有不同要求。

粗车梯形螺纹车刀(图 7-59):

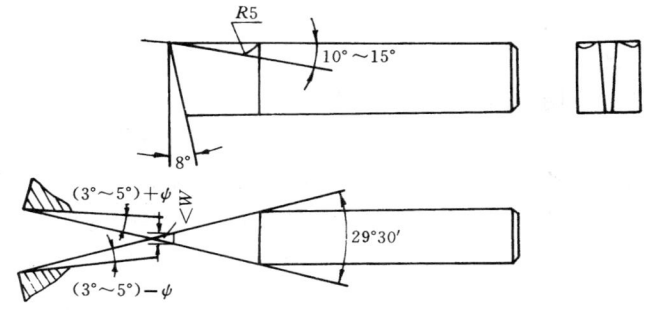

图 7-59　粗车高速钢梯形螺纹车刀

① 车刀左右刀刃之间夹角应略小于牙型角。
② 刀头宽度应小于齿根槽宽 W。
③ 切削钢件,应磨出 10°～15°径向前角,后角 $\alpha_0 = 6°～8°$。

车右旋螺纹时,左刃后角 α_1 取 $(3°～5°)+\psi$,右刃后角 α_2 取 $(3°～5°)-\psi$,升角 $\psi = \arctan(P/\pi D)$。

④ 刃尖适当倒圆。

精车梯形螺纹车刀(图 7-60)。
① 车刀左右刀刃之间夹角应等于牙型角,刀刃直线度好,R_a 达 0.4。
② 左右两刃开有较大前角($\gamma_0 = 15°～20°$)的卷屑槽,车刀前刃不参加切削。

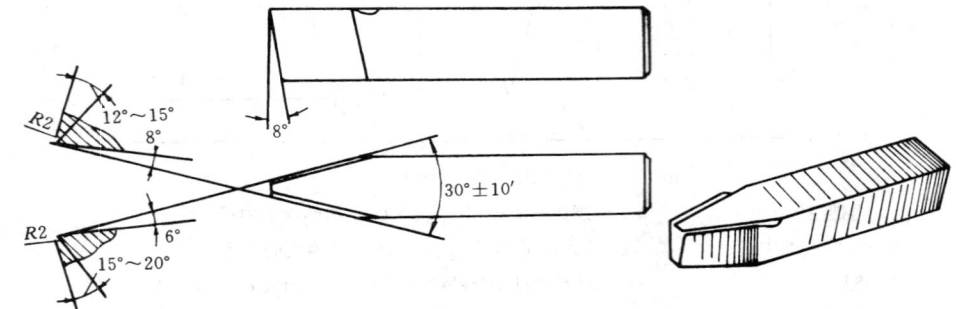

图 7-60 精车高速钢梯形螺纹车刀

(3) 梯形螺纹车削
① 车刀安装要求同车三角螺纹的车刀相同。
② 采用低速,粗、精车分开。
③ 用左右切削法车削,倒车退刀,不要扳起开合螺母手柄。
④ 可采用切削液(如菜油)降低螺纹表面粗糙度。

(4) 梯形螺纹的测量
① 采用梯形螺纹环规综合测量梯形外螺纹的尺寸和精度。
② 用螺纹千分尺测量梯形外螺纹的中径,注意测头的牙型角为 30°,及选相应的螺距。

7. 蜗杆的车削

车床上经常碰到需车削的蜗杆有阿基米德蜗杆(ZA 蜗杆)和法向直廓蜗杆(ZN 蜗杆)两种。粗、精车蜗杆车刀和车削方法与梯形螺纹车刀基本相似,车削阿基米德蜗杆装刀时,车刀左右刀刃组成的平面应与工件轴心线重合;车削法向直廓蜗杆装刀时,车刀左右刀刃组成的平面应垂直于齿面。

多线蜗杆的车削要应用轴向分线法或圆周分度法。

(1) 轴向分线法 车好第一条螺旋线后,把车刀沿工件轴向移动一个螺距,车削第二条螺旋线。可转动小拖板手柄,以其刻度值控制移动的螺距值,或用量块控制其螺距值。

(2) 圆周分度法 当车好第一条螺旋线后,使工件与车刀的传动链脱开,并把工件转过 $(360°/n)$ 角度(n 为蜗杆线数),合上传动链,可车削第二条螺旋线。依次分线,可车削多线蜗杆。脱开该传动链的传动副,可以是挂轮也可以是可用手柄脱开的传动齿轮,只是这些齿轮的齿数必须是蜗杆线数的整数倍。

六、孔加工

在车床上可以使用钻头、扩孔钻、铰刀等定尺寸刀具加工孔,也可以使用内孔车刀镗孔。

内孔加工由于在观察、排屑、冷却、测量及尺寸控制等方面都比较困难,刀具的形状、尺寸又受内孔尺寸的限制而刚性较差,使内孔的加工质量受到影响。同时由于加工内孔不能用顶尖,因而装夹工件的刚性也较差。另外,在车床上加工孔时,工件的外圆和端面必须在同一次装夹中完成,这样才能靠机床的精度保证工件内孔、外圆表面的同轴度,以及工件轴线与端面的垂直度。因此在车床上适合加工轴类、盘套类零件中心位置的孔,而不适合于加工大型零件及箱体、支架类零件上的孔。

1. 钻孔

在车床上钻孔与在钻床上钻孔的切削运动是不一样的,在钻床上加工的主运动是钻头的旋转,进给运动是钻头的轴向进给;在车床上钻孔时(图7-61),主运动由车床主轴带动工件旋转,钻头装在尾座的套筒里,用手转动手轮使套筒带

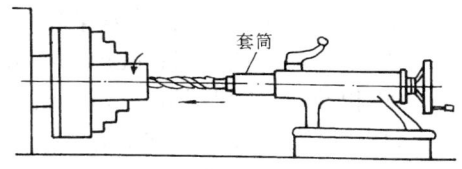

图 7-61 在车床上钻孔

着钻头实现进给运动。因此在车床上加工孔,不需要划线,而且容易保证孔与外圆的同轴度及孔与端面的垂直度。

一般在车床上用麻花钻钻孔来完成低精度孔的加工,或作为高精度孔的粗加工。

在车床上钻孔要注意以下几点:

(1) 钻孔前,先车好端面,打好中心孔,便于钻头定心。

(2) 钻孔时,要及时退钻排屑,用切削液冷却钻头。快钻透时,进给要慢,钻透后要退出钻头再停车。

(3) 一般 $\phi 30$ 以下的孔可用麻花钻直接在实心的工件上钻孔。若孔径在 $\phi 30$ 以上,先用 $\phi 30$ 以下的钻头钻孔后,再用该尺寸钻头扩孔。

2. 扩孔

扩孔就是把已用麻花钻钻好的孔再扩大的加工。一般单件低精度的孔,可直接用麻花钻扩孔;精度要求高,成批加工的孔,可用扩孔钻扩孔。扩孔钻的刚度好,进给量可较大,生产率较高。详见钳工中的有关内容。

3. 镗孔

(1) 镗孔及其操作 镗孔是用镗孔刀对已铸、锻或钻出的孔作进一步加工,以扩大孔径,提高孔的精度和降低孔壁表面粗糙度的加工方法。在车床上可镗通孔、盲孔、台阶孔及孔内环形沟槽等(图7-62)。

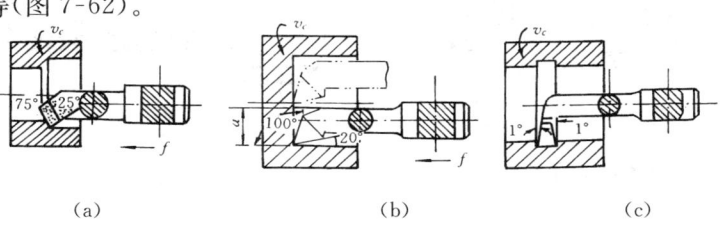

(a) (b) (c)

图 7-62 在车床上镗孔

(a) 镗通孔;(b) 镗盲孔;(c) 镗内环形孔

通孔镗刀的主偏角 K_r，一般应小于 90°。镗盲孔或台阶孔的镗刀主偏角 K_r 应大于 90°。精镗通孔时，为防止切屑划伤已加工表面，镗刀刃倾角 λ_s 应取正值，以使切屑流向待加工表面，从孔的前端口排出。精镗盲孔时，镗刀的刃倾角 λ_s 应取负值，以使切屑从孔口及时排出。精车镗孔刀断屑槽要窄，以便于卷屑、断屑。

镗孔时，镗刀伸入孔内切削，由于刀杆尺寸受到孔径的限制，所以易出现刀杆刚性不足而产生弹性弯曲变形，使加工出的孔呈喇叭口形。为提高刀杆刚性，刀杆的尺寸应尽量大些，伸出长度应尽量短些，刀尖要略高于主轴旋转中心，以减小颤动和避免扎刀。

镗通孔时，在选截面尽可能大的刀杆的同时，要防止镗刀下部碰伤已加工表面。镗盲孔时，则要使刀尖至刀背面的距离小于孔径的一半，否则无法车平不通孔底的端面。

镗孔操作与车外圆操作基本相同，但要注意以下几点：
① 开车前先使车刀在孔内手动试走一遍，确认车刀不与孔干涉后，再开车镗孔。
② 粗镗时，切削用量（a_p，f）要比车外圆时略小。刀杆越细，背切刀量 a_p 也越小。
③ 镗孔的切深方向和退刀方向与车外圆正好相反。
④ 由于刀杆刚性差，产生"让刀"而使内孔成为锥孔，这时需降低切削用量重新镗孔。镗孔刀磨损严重时，也会产生锥孔，这时需重磨车刀后再进行镗孔。

(2) 镗孔尺寸的控制和测量　内孔的长度尺寸（孔深）可用图 7-63 方法初步控制镗孔深度后，再用游标卡尺或深度千分尺测量来控制孔深。

图 7-63　控制车孔深度的方法
(a) 用粉笔划长度记号；(b) 用铜片控制孔深

内径的测量：精度较高的孔径，可用游标卡尺测量；精度高的孔径，则用内径千分尺或内径百分表测量（图 7-64）。对于标准孔径，可用塞规检验，如图 7-65 所示。过端能进入孔内，止端不能进入孔内，说明工件的孔径合格，这是内孔尺寸和形状的综合测量方法，适合成批加工时的检验。

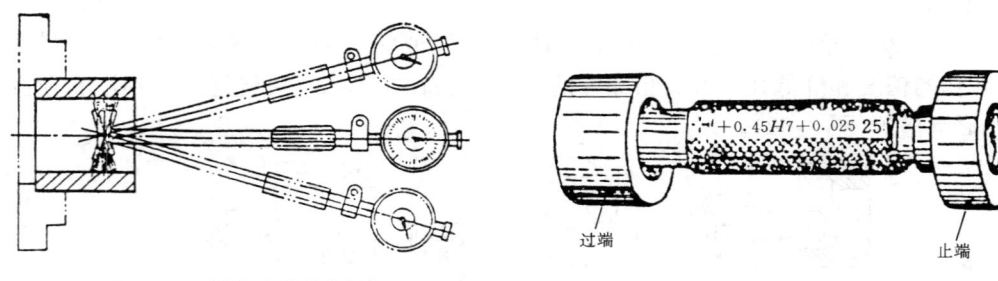

图 7-64　精密内孔的测量　　　　**图 7-65**　塞规

4. 铰孔

铰孔是高效率成批精加工孔的方法，孔的加工质量稳定。钻—扩—铰连用是孔加工的典型方法之一,多用于成批生产,或用于单件小批生产中加工细长孔。

七、其他车削加工

在车床上,还可车成形面、车偏心件、滚花、盘弹簧、以车代铣、以车代镗、以车代磨、车轮廓(车六边形、车四边形、车十二边形)等。

1. 车成形面

手柄、手轮、圆球等成形表面可以在车床上车削出来,成形面车削方法有以下几种。

(1) 双手操纵法 单件,小批量成形面零件,可用双手同时操纵纵向和横向手动进给进行车削,使刀尖的运动轨迹与工件成形面母线轨迹一致(图 7-66)。右手摇小拖板手柄,左手摇中拖板手柄,也可在工件对面放一样板,来对照所车工件的曲线轮廓。所用刀具为普通车刀,用样板反复检验,最后用锉刀和砂皮修整、抛光。这种方法要求熟练的操作技术,生产效率低。

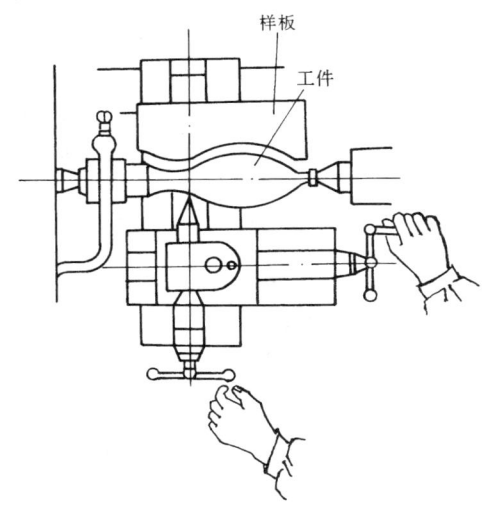

图 7-66 双手操作法

(2) 成形车刀法 用类似工件轮廓线的成形车刀车出所需工件的轮廓线(图 7-67)。车刀与工件接触面较大,易振动,应选用较低的转速和小进给量。车床的刚度和功率应较大,成形面精度要求低,成形刀应磨出前角。在使用成形车刀以前,应先用普通车刀把工件车到接近成形面的形状,再用成形车刀精车。此法生产率较高,但刀具刃磨困难,故适用于批量较大的生产,刚性较好,轴向长度短,且较简单的成形面零件。

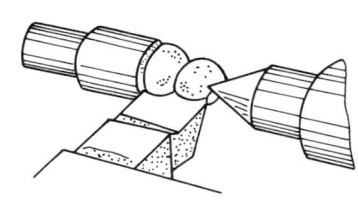

图 7-67 成形车刀法

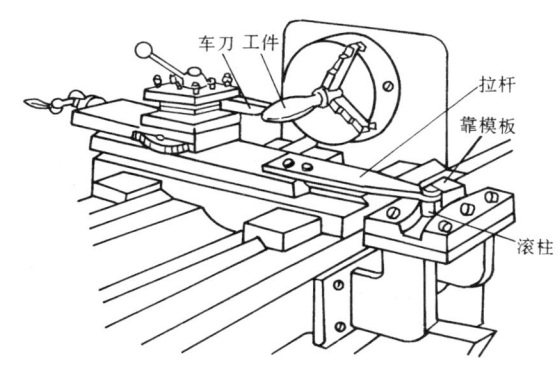

图 7-68 靠模法

(3) 靠模法 利用刀尖运动轨迹与靠模形状完全相同的方法车出成形面(图 7-68)。靠模安装在床身后面,车床中拖板需与其丝杠脱开。其前端连接板上装有滚柱,当大拖板纵向自动进给时,滚柱即沿靠模的曲线槽移动,从而带动中拖板和车刀作曲线走刀而车出成形面。车削前小拖板应转 90°,以便用它作横向移动,调整车刀位置并控制切深。此法操作简单,生产率高,但需制造专用模具,适用于批量生产大,车削轴向长度长,形状简单的成形面零件。

（4）数控法　按工件轴向剖面的成形母线轨迹，编制成数控程序，输入数控车床，车成形面。此法车出的成形面质量高，生产率也高，还可车复杂形状的零件。

除上面介绍的方法外，还有用专用刀排、专用刀具等车成形面的方法。

2. 滚花

用滚花刀将工件表面压出直线或网纹的方法称为滚花（图 7-69）。滚花刀按花纹分有直纹和网纹两种类型，按花纹的粗细分也有多种类型，按滚花轮的数量又将滚花刀分为单轮、双轮和三轮三种。

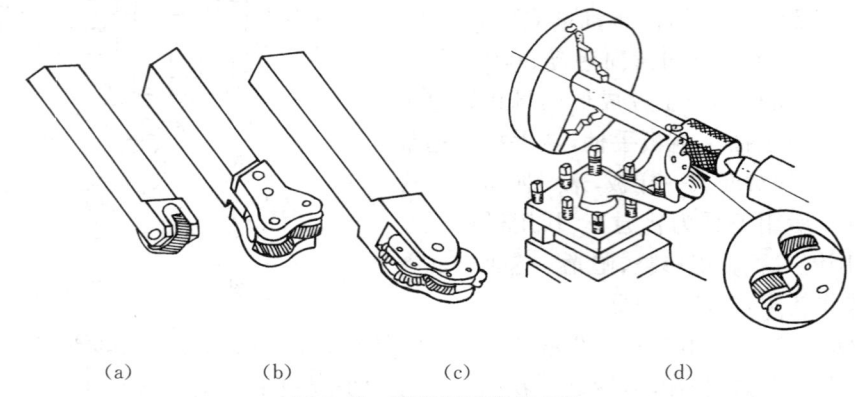

图 7-69　滚花刀及滚花方法
(a) 单轮滚花刀；(b) 双轮滚花刀；(c) 三轮滚花刀；(d) 滚花方法

滚花时，工件以低速旋转，滚轮柄装夹在刀架上，用横向进给，压紧工件表面，花纹深度与滚花轮压紧工件表面的程度有关，但不能一次压得太紧，应边滚边加深。为了避免研坏滚花刀和防止细屑滞塞在滚花刀内而产生乱纹，应充分供给切削液。

工件经滚花后，可增加美观程度，便于握持，常用于螺纹环规，千分尺的套管，手拧螺母等。

第六节　典型零件车削工艺

零件根据其技术要求的高低和结构的复杂程度，往往需要经过一个或几个工种的多道工序，才能完成加工。但车削加工是先行工序，也是主要工序，因此车削工艺往往是整个加工工艺中的主要部分。

一、零件加工工艺的制定

零件加工工艺是零件加工的方法和步骤。制定零件加工工艺必须保证该零件的全部技术要求，并使生产率最高、加工成本最低，加工过程安全可靠。

1. 制定零件加工工艺的内容与步骤

（1）确定毛坯的种类　毛坯种类应根据零件的材料、形状、尺寸及工件数量来确定。

（2）确定零件的加工顺序　零件加工顺序应根据尺寸精度、表面粗糙度和热处理等全部技术要求以及毛坯的种类和结构、尺寸来确定。

(3) 确定工艺方法及加工余量　确定每一工序所用的机床,工件装夹方法、加工方法、度量方法及加工尺寸(包括为下道工序所留的加工余量)。

单件小批生产中,小型零件的加工余量,可按下列数值选用(对内外圆柱面和平面均指单边余量)。毛坯尺寸大的,取大值;反之,取小值。

总余量:手工造型铸件约 3～6mm;自由锻件约 3.5～7mm;圆钢料约 1.5～2.5mm。

工序余量:半精车约 0.8～1.5mm;高速精车约 0.4～0.5mm;低速精车约 0.1～0.3mm,磨削约 0.15～0.25mm。

(4) 确定所用切削用量和工时定额　单件小批生产的切削用量,一般由生产工人自行选定。成批大量生产的切削用量,按生产纲领和生产类型参照有关工艺手册及以往经验确定。工时定额按部门和企业标准确定。

(5) 填写工艺卡片

在工艺卡片上,以简要说明和工艺简图表示上述内容。

2. 制定零件加工工艺的基本原则

(1) 精基面先行原则　零件加工必须选合适的表面作为在机床或夹具上的定位基面。作为第一道工艺定位基面的毛坯面,称为粗基面;经过加工的表面作为定位基面,称为精基面。主要的精基面应先行加工。

(2) 粗精分开原则　对精度要求较高的表面,一般应在工件全部粗加工后再进行精加工。这样可消除工件在粗加工时因夹紧力、切削热和内应力引起的变形,也有利于热处理工序的安排;在大批量生产时,粗、精加工常在不同的机床上进行,也有利于高精度机床的合理使用。

(3) "一次装夹"原则　在单件、小批生产中,有位置精度要求的有关表面。应尽可能在一次装夹中进行精加工。

二、典型零件车削加工示例

车削加工中,轴类零件和盘套类零件占绝大部分。

轴类零件主要由外圆、台阶、螺纹等组成。如传动轴、主轴、丝杠等长径比较大,各表面的尺寸精度、形位精度要求高,以及表面粗糙度要求低,有些表面车削仅作为磨削的预加工,为了保证零件的加工精度和装夹方便可靠,一般都以中心孔定位,双顶尖装夹。而盘套类零件主要由外圆、孔和端面组成,除尺寸精度、表面粗糙度要求外,一般须保证外圆与孔的同轴度或径向圆跳动,端面相对孔轴线的端面圆跳动。在加工中,应尽可能使有位置精度要求的外圆、孔、端面在一次装夹中加工出来。如不能做到这一点,则通常是先精加工孔,然后以孔定位,把工件安装在心轴上加工外圆和端面。下面以典型零件车削加工示例说明。

1. 短轴加工工艺

图 7-70 为短轴零件图,各尺寸精度与技术要求见图示。

(1) 短轴车削步骤　选用毛坯为 φ50 的冷拉圆钢,切断后长 98～100mm。准备好所需车刀,即弯头车刀,右偏刀、切槽刀、外螺纹车刀、φ10 麻花钻、镗孔刀、中心钻及钻夹头。所需量具为 100mm 钢皮尺、游标卡尺、50mm 以下的外径千分尺、螺纹千分尺和螺纹环规。

短轴车削步骤如表 7-5 所示。

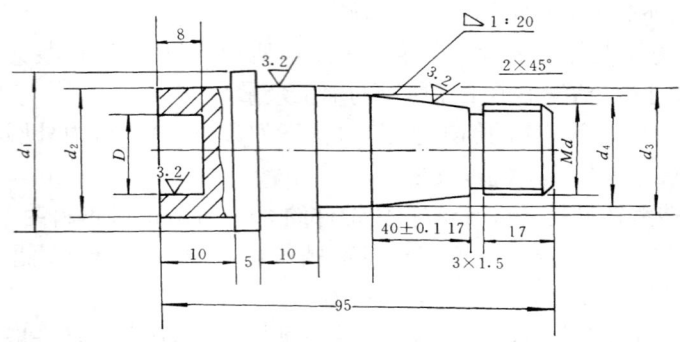

图 7-70 短轴

材料:低碳钢

$d_1=\phi 36$;$d_2=\phi 33_{-0.10}^{0}$;$d_3=\phi 33_{-0.03}^{0}$;$d_4=\phi 32.5$;$D=180_{0}^{+0.05}$;$Md=M30\times 2$

表 7-6 短轴车削步骤

序号	加工内容	刀具、量具	加工简图
1	用三爪卡盘夹住工件,伸出长度10～20mm,车端面,车平,切深2～3mm,再打中心孔	45°弯头车刀、中心钻及钻夹头	
2	工件反身,用三爪卡盘夹住工件,伸出长度为30～40mm	三爪卡盘	
(1)	车端面,车准总长	45°弯头车刀	
(2)	车外圆$\phi 33_{-0.10}^{0}$,长度为10mm	右偏刀、游标卡尺	

(续表)

序号	加工内容	刀具、量具	加工简图
(3)	车外圆 $\phi36$，长度 10mm，即从端面量起为 20mm，并在离端面 15mm 处，用刀尖刻印痕	右偏刀、游标卡尺	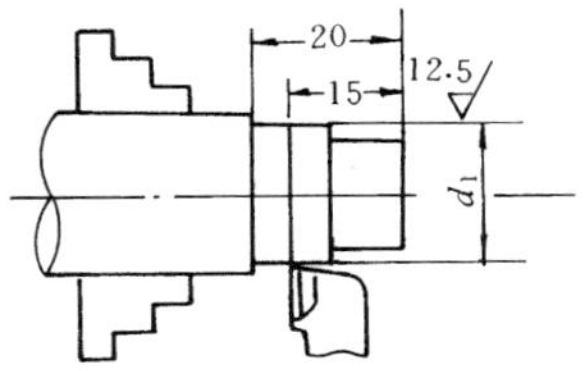
(4)	钻孔，深 9mm	麻花钻 $\phi15$	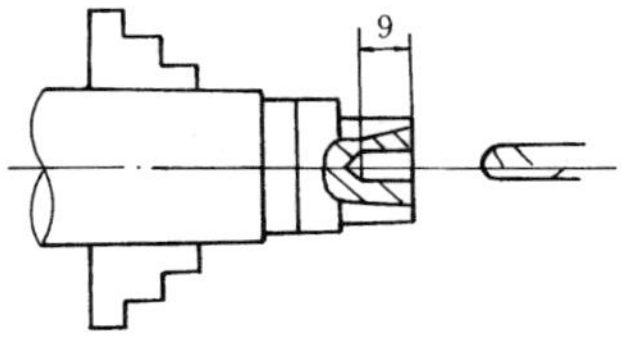
(5)	镗孔，孔径为 $\phi18^{+0.05}_{0}$，R_a 为 3.2，孔深 8mm	镗刀、游标卡尺	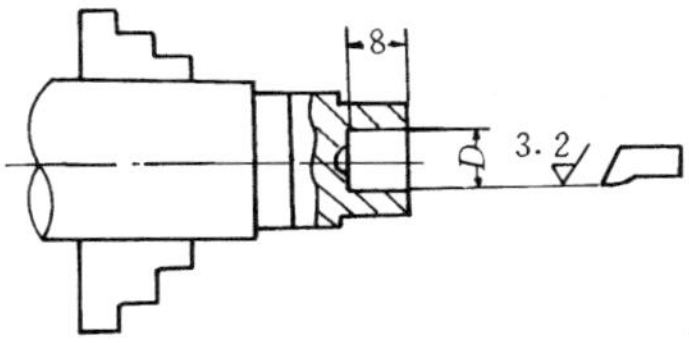
3	工件再反身，夹住外圆 d_2，另一端用活顶尖顶住	三爪卡盘、活顶尖	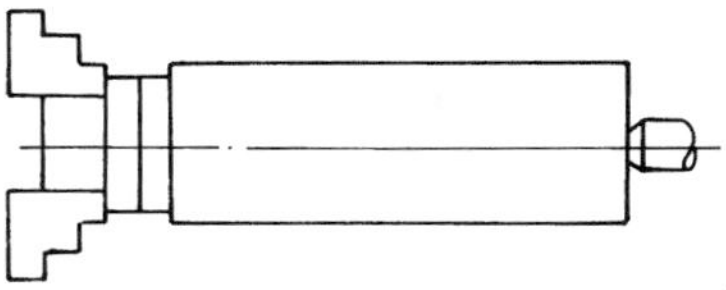
(1)	粗车外圆 $\phi35$，然后用刀尖刻出各轴段长度印痕	45°弯头车刀、游标卡尺	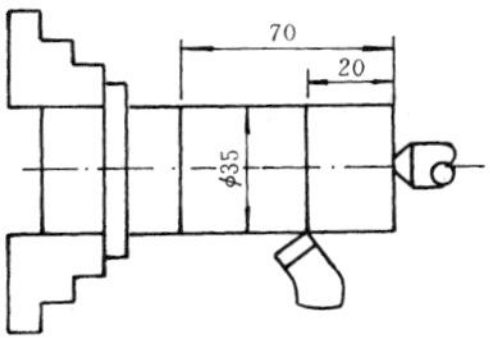
(2)	粗车 $\phi30.5$ 外圆，长 20mm	右偏刀、游标卡尺	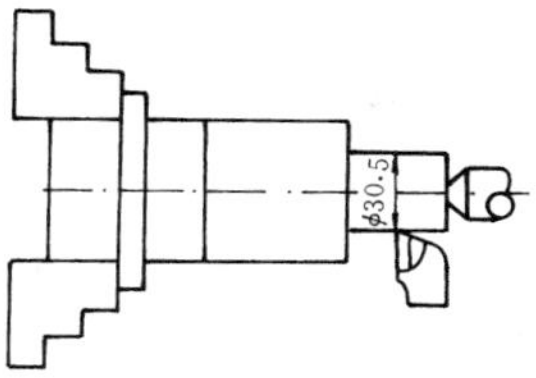

(续表)

序号	加工内容	刀具、量具	加工简图
(3)	粗车 $\phi32.5$	右偏刀	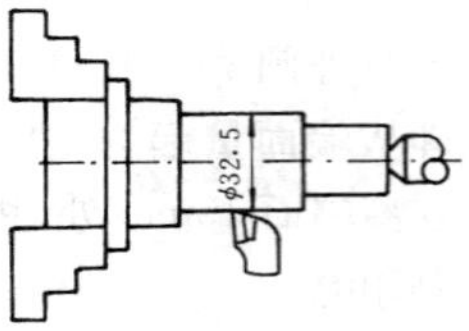
(4)	粗车 $\phi33.5$，留余量 0.5mm	右偏刀	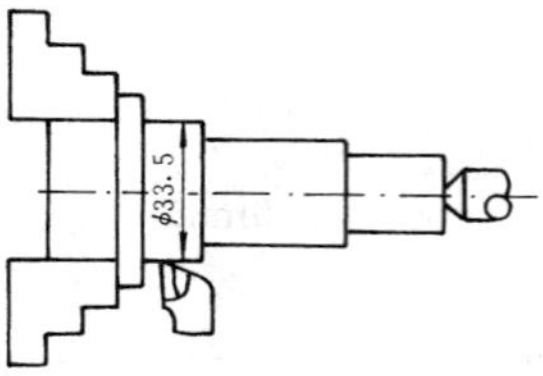
(5)	依次精车 $\phi30_{-0.15}^{-0.10}$、$\phi32$、$\phi33_{-0.03}^{0}$	右偏刀、外径千分尺	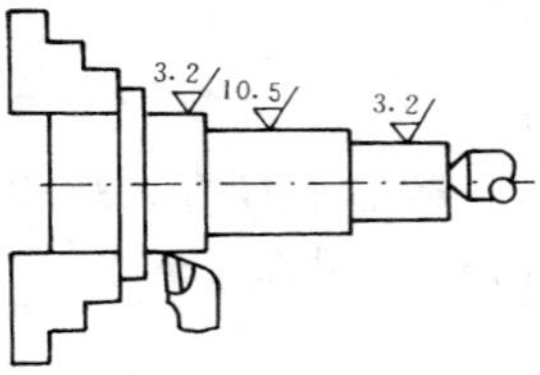
(6)	车圆锥	右偏刀	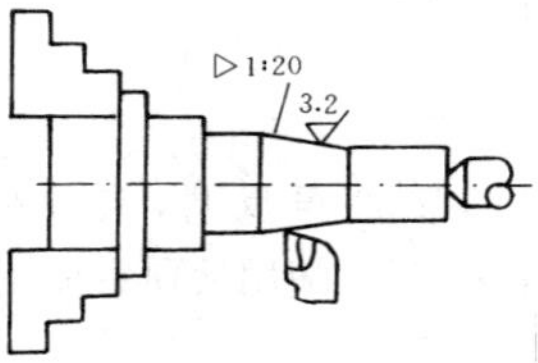
(7)	切槽，倒角	切槽刀、45°弯头车刀或螺纹车刀	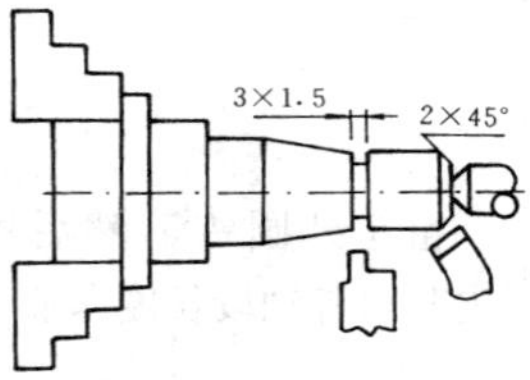
(8)	车螺纹 M30×2	螺纹车刀	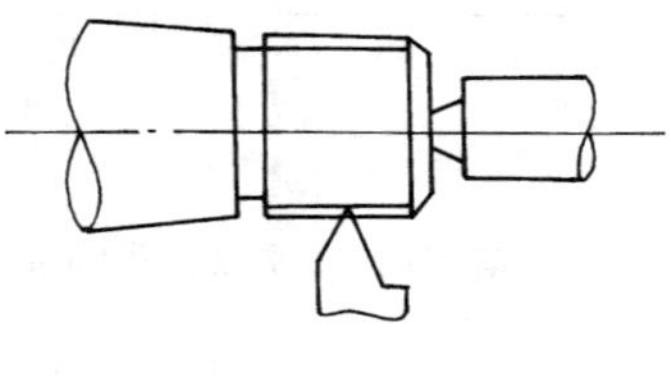
(9)	去毛刺	锉刀	

(2) 车削过程中的注意点　要车准总长,必须在未装夹前就量好毛坯最长处的长度(一端平面应已车好,另一端可以是毛坯面),并记住需车去的端面余量,然后分几刀车去这些余量。因为当工件在车床上夹紧后就无法测量了。

2. 双圆柱滑块车削

双圆柱滑块如图 7-71 所示,选用毛坯为 $\phi55\times75$ 圆钢。

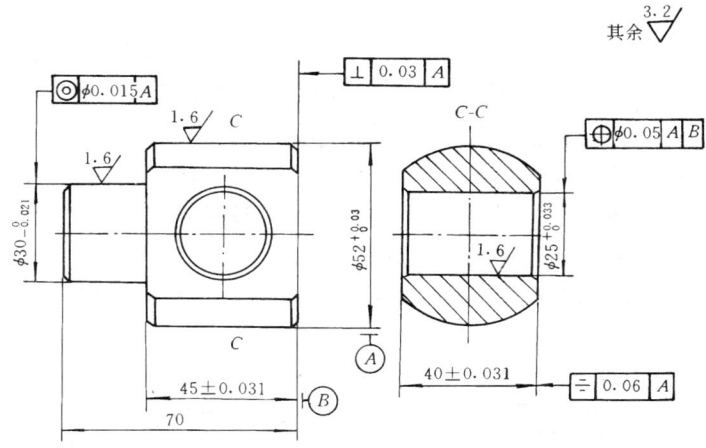

图 7-71　双圆柱滑块

技术要求:锐边去毛刺。

车削工艺简介如下:

(1) 夹住一端,伸出长度 50mm,粗车 $\phi52^{+0.50}_{+0.30}$,长度>45mm,车端面,反身车准台阶 $\phi30^{\,0}_{-0.021}$ 及长度 25mm,倒角 $2\times45°$。

(2) 采用四爪卡盘夹住 $\phi30$,校正 $\phi52$,为保证 $\phi30$ 同轴,$\phi52$ 全跳动允差 0.01,车准 $\phi52^{+0.03}_{0}$ 及其长度 (45 ± 0.031)mm。

(3) 用四爪卡盘,两爪夹住两端面,两爪夹住 $\phi52$ 外圆,调整十字,保证对称度和 $\phi25$ 的位置度。这个调整是本工件加工的关键,可以车 $\phi25$ 的孔至 $\phi20$,测量其对称度和位置度,再做调整,精车 $\phi25$ 孔及端面。

(4) 在 $\phi25$ 塞一根心棒,用(3)的方法进行装夹,夹持转过 180°的工件,用百分表校准心棒的全跳动,即可车削端面,控制 $\phi25$ 的孔长 (40 ± 0.031)mm。

该工件加工的具体工步,可参考前一例短轴的加工过程,只是该工件调整要求很高,可锻炼学生的调整工件技能和熟悉掌握控制位置公差的技能。

3. 操作要点

(1) 调头装夹时用百分表校调,要保证外圆 $\phi52$ 的同心度,必须使其跳动值控制在 0.01mm。

(2) 车 $\phi25$ 孔前装夹用百分表校调,转动工件时控制三组(六点)的百分表显示值。

① $\phi52$ 两端面的最小显示值相等,保证 $\phi25$ 的轴线左右位置度。

② 上下两点最小显示值相等,保证 $\phi25$ 的轴线上下位置度。

③ 左右两点最大显示值相等,保证 $\phi25$ 的轴线与 $\phi52$ 轴线垂直。

(3) 可自制 $\phi25$ 心轴,作为检验 $\phi25$ 孔的塞规,并可在孔 $\phi25$ 另一端面加工前调整时作为校调基准,即在心轴穿在 $\phi25$ 孔里,用百分表校调,控制该心轴的径向跳动值,来保证 $\phi25$

孔两端面的平行度。

第七节　其他类型车床

一、立式车床

立式车床用于加工径向尺寸大、轴向尺寸较小、且形状比较复杂的大型零件，如各种机架、壳体等。立式车床是汽轮机、重型电机、矿山冶金等重型机械制造厂不可缺少的加工设备，在一般机械厂使用也很普遍。立式车床在结构布局上的主要特点是主轴垂直布置，并有一个直径很大的圆形工作台，供安装工件之用。工作台台面处于水平位置，因而笨重工件的装夹和校正比较方便。由于工作台及工件的重量由床身导轨或推力轴承承受，大大减轻了主轴及其轴承的载荷，因此较易保证加工精度。

立式车床分单柱式与双柱式两种，如图 7-72 所示。前者加工直径一般小于 1600mm，后者加工直径一般大于 2000mm，甚至可达 8000～10000mm。

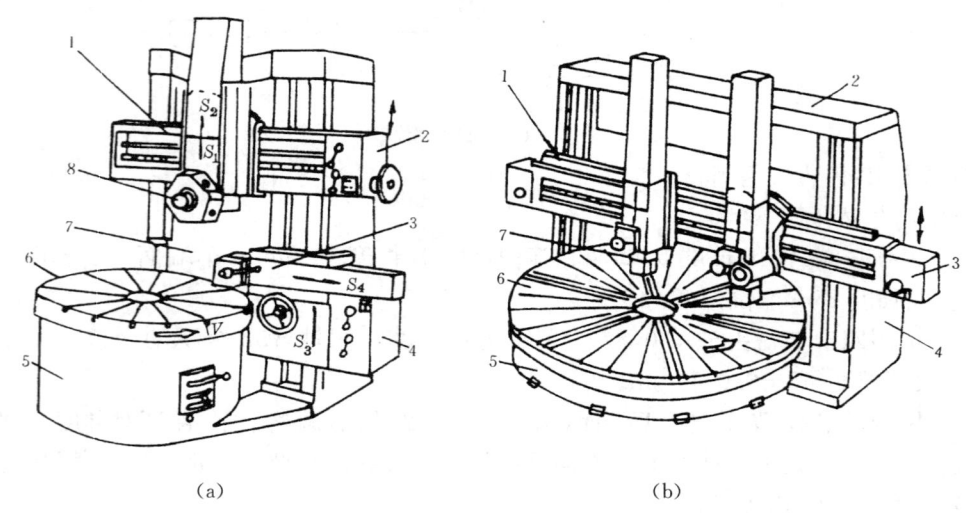

图 7-72　立式车床
(a) 单柱立式车床；
1—横梁；2—垂直刀架进给箱；3—侧刀架；4—侧刀架进给箱；5—底座；6—工作台；7—立柱；8—垂直刀架
(b) 双柱立式车床
1—横梁；2—顶架；3—垂直刀架进给箱；4—立柱；5—底座；6—工作台；7—垂直刀架

单柱立式车床，如图 7-72(a) 所示，它有一个箱形的立柱，与底座固定地连接成一整体，构成机床的支承骨架，工作台装在底座的环形导轨上，带动工件绕垂直轴线转动，以完成主运动。在立柱的垂直导轨上，装有侧刀架和横梁；横梁的水平导轨上，装有一个垂直刀架，用来完成车内外圆柱面、内外圆锥面、切端面及切沟槽等工序。垂直刀架上通常带有一个五角形的转塔刀架，它除了可安装各种车刀以完成上述工序外，还可安装各种孔加工刀具以进行钻、扩、铰孔等工序。侧刀架可完成车外圆、切端面、切外沟槽等工序。垂直刀架和侧刀架在进给运动方向上都能作快速移动。横梁连同垂直刀架一起，可沿立柱导轨上下移动，以适应加工不同高度工件的需要。横梁移至所需位置后，可手动或自动夹紧在立柱上。

双柱立式车床有两个立柱，如图 7-72(b)所示，它们通过底座和上面的顶梁联成一个封闭式框架。横梁上通常装有两个垂直刀架，中等尺寸的立式车床上，其中一个刀架往往也带有转塔刀架。双柱立式车床有一个侧刀架装在右立柱的垂直导轨上。小尺寸的立式车床一般不带有侧刀架，一般工厂在立式车床上还装有数显装置，便于控制工件的加工尺寸。

二、六角车床

六角车床又称转塔车床，如图 7-73 所示。它是用来加工形状复杂的成批小型零件。六角车床的特点是没有尾座，而有一个可转动的六角刀架，上面可同时按加工顺序安装钻头、铰刀、板牙及装在特殊刀夹上的车刀等。六角刀架每转 60°便换一种或一组刀具进行工作，六角刀架只作纵向进给，机床上有定程装置，可控制尺寸。前面四方刀架上的刀具也可以同时进行工作。工件的装夹有送料夹紧机构，操作方便迅速，因此六角车床加工的生产率较高。六角车床上没有丝杠，螺纹是用丝锥、板牙加工的。

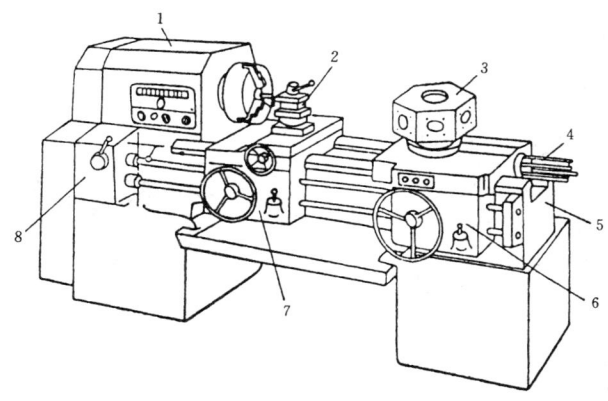

图 7-73 六角车床
1—主轴箱；2—前刀架；3—转塔刀架；4—定程装置；5—床身；6—转塔刀架溜板箱；
7—横刀架溜板箱；8—进给箱

图 7-74 是六角车床加工示例，被加工的毛坯为圆棒料。

加工过程如下：
(1) 挡料（将棒料送出顶在送料挡块上）。
(2) 中心打孔。
(3) 车外圆、倒角及钻孔。
(4) 钻孔。
(5) 铰孔。
(6) 套外螺纹。
(7) 成形车削（用前刀架上的车刀）。
(8) 滚花（用前刀架上滚花刀）。
(9) 切断（用前刀架上的切断刀）。

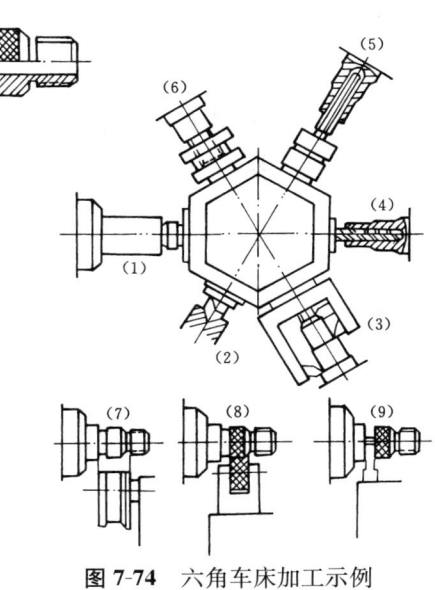

图 7-74 六角车床加工示例

三、自动和半自动车床

在大批量生产中,常使用自动或半自动车床。自动车床在调整好后不需要人工操作,能够自动地、连续地、重复地进行加工,工人只要定时给机床加料、观察机床工作情况和检测加工质量。半自动机床还需要工人装卸工件和开车。

图 7-75 是一种单轴自动车床。车床的前、后刀架上只作横向进给运动,完成车形面,切槽和割断等工作。六角回转刀架可纵向进给运动。分配轴上的凸轮定时控制各运动部件的动作,完成各个自动工作循环。

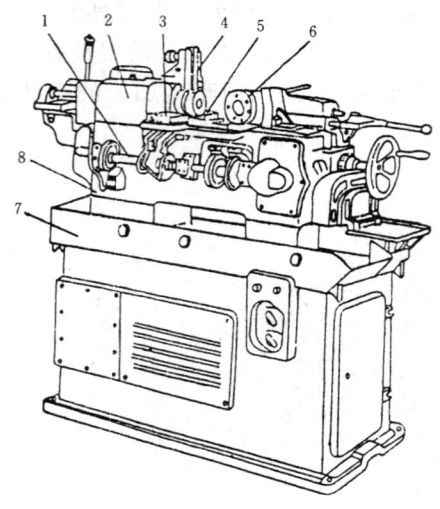

图 7-75　单轴自动车床
1—分配轴;2—主轴箱;3—前刀架;4—上刀架;5—后刀架;6—回转刀架;7—底座;8—床身

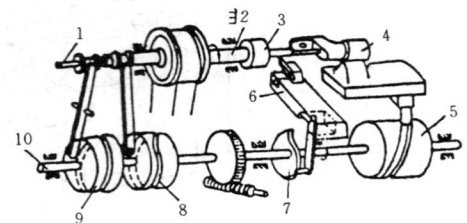

图 7-76　自动车床工作原理图
1—棒料;2—主轴;3—夹头;4—纵向刀架(回转刀架);5—纵向进给凸轮;6—横刀架;7—横向进给凸轮;8—夹料凸轮;9—送料凸轮;10—分配轴

图 7-76 为单轴自动车床的工作原理图,安装在空心主轴右端的夹头夹紧棒料。分配轴上的凸轮分别控制送料,棒料夹紧、横向进给和纵向进给。当分配轴转过一周时,实现一个工作循环,完成一个工件的加工过程。

第八章 刨 工

第一节 概 述

在刨床上用刨刀对工件进行切削加工叫刨削。刨削主要用来加工平面、水平面、垂直面、台阶、斜面、燕尾形工件、直角沟槽、T形槽、V形槽、成型面等,如图 8-1 所示。刨床类型较多,有牛头刨床和龙门刨床等。

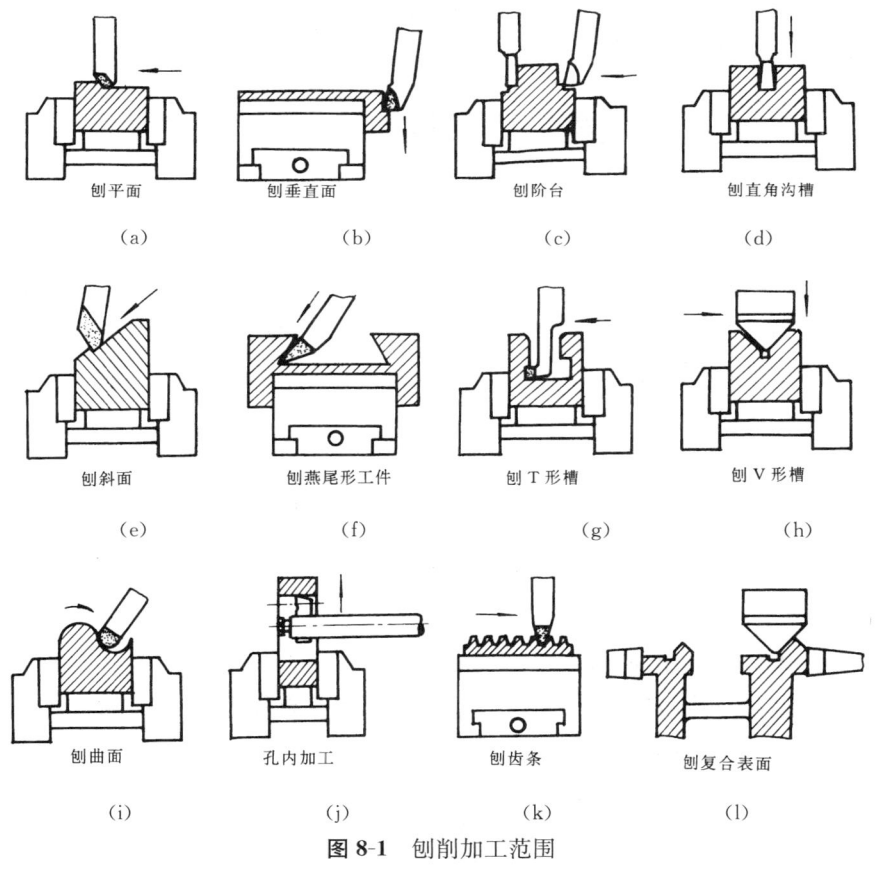

（a）刨平面　（b）刨垂直面　（c）刨阶台　（d）刨直角沟槽
（e）刨斜面　（f）刨燕尾形工件　（g）刨T形槽　（h）刨V形槽
（i）刨曲面　（j）孔内加工　（k）刨齿条　（l）刨复合表面

图 8-1　刨削加工范围

刨削的主运动是直线往复运动,进给运动是直线间歇运动(图 8-2)。

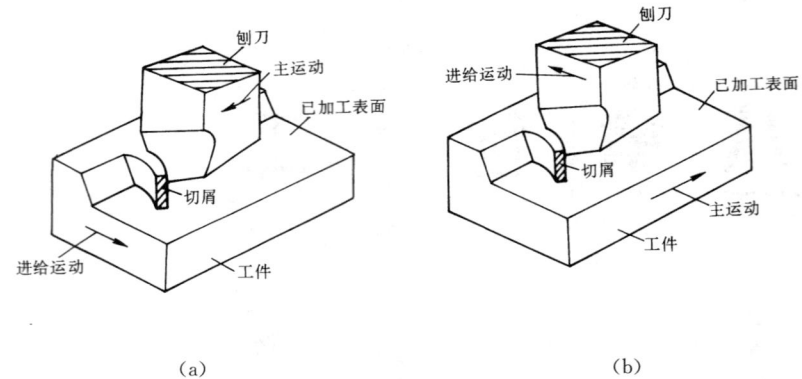

图 8-2　刨削运动
（a）牛头刨床的刨削运动；（b）龙门刨床的刨削运动

刨削加工可达到的尺寸精度为 IT9～IT8，可达到的表面粗糙度为 $R_a 3.2～1.6\mu m$。

由于刨削的主运动中存在返回空程，而且往复运动不可能高速，所以刨削生产率较低。

刨床调整方便，操作灵活。刨刀结构简单，制造、刃磨和安装方便。因此，刨削的通用性良好，常在单件、小批生产和修理工作中应用，特别是用来加工狭长的表面。

第二节　刨　　床

一、牛头刨床

1. 牛头刨床的编号

按照国标 GB/T15375—94《金属切削机床型号编制方法》的规定表示。例如 B6050 中字母与数字的含义如下所示：

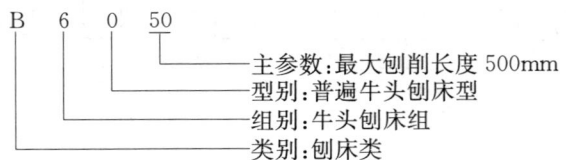

2. 牛头刨床的组成

B6050 型牛头刨床的组成如图 8-3 所示。

（1）床身和底座　床身安装在底座上，用来支承和安装各部件。

（2）滑枕　用来带动刨刀作直线往复运动。

（3）横梁与工作台　工作台安装在横梁水平导轨上，用来安装工件，并可随横梁作上、下位置调整和沿横梁作横向移动或横向间歇进给。

（4）刀架　用来安装刨刀，并可作垂直或斜向进给。

3. 牛头刨床的传动机构及调整

牛头刨床的传动图如图 8-4 所示。

（1）摇臂机构　摇臂机构是牛头刨床的主运动机构，其作用是把电动机传来的旋转运

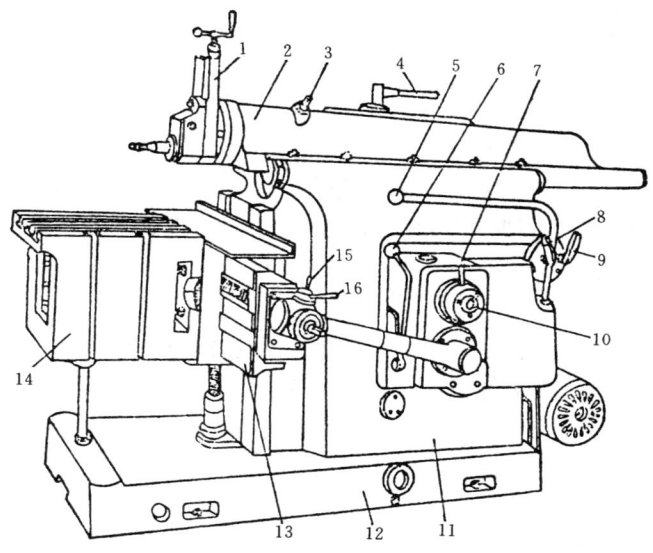

图 8-3　B6050 型牛头刨床

1—刀架；2—滑枕；3—调节滑枕位置手柄；4—紧定手柄；5—操纵手柄；6—工作台快速移动手柄；7—进给量调节手柄；8、9—变速手柄；10—行程长度调节手柄；11—床身；12—底座；13—横梁；14—工作台；15—工作台横向或垂直进给手柄；16—进给运动换向手柄

动变为滑枕的往复直线运动，以带动刨刀进行刨削。其传动路线如下：

电动机→变速机构→摇臂机构→丝杠螺母→滑枕→刀架→刨刀往复直线运动。

刨削时，需视被加工工件对滑枕行程长度、滑枕起始位置及滑枕行程速度进行调整。

① 滑枕行程长度　滑枕的行程长度应略大于工件表面的刨削长度。将图 8-3 中行程长度调节手柄 10 端部的滚花螺母松开，然后用曲柄摇手转动手柄，可改变滑块在摇臂齿轮端面上的位置，使摇臂的摆动幅度随之改变，从而改变滑枕行程长度。顺时针转动时滑枕行程增长；逆时针转动则行程缩短。

② 滑枕的起始位置　滑枕的起始位置应适应工件的位置（图 8-5）。

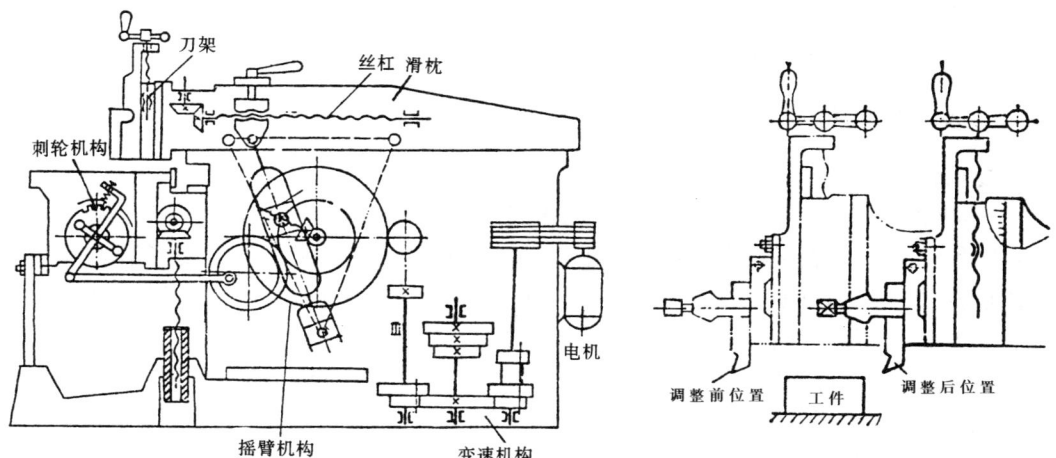

图 8-4　牛头刨床传动图　　　　图 8-5　滑枕起始位置

先松开位于滑枕上部的紧定手柄 4（图 8-3），再用曲柄摇手转动滑枕上的调节滑枕位置

手柄3。通过一对伞齿轮和丝杆,使滑枕移动到所需位置。顺时针转动时,滑枕起始位置向后移动;反之,向前移动。

③ 滑枕行程速度(滑枕每分钟往复行程次数) 将图8-3中变速手柄8和9按变速标牌所示位置拉出或推入,可使滑枕获得九种不同的行程速度,以满足不同刨削要求。

(2) 棘轮机构 棘轮机构是牛头刨床的进给机构,其作用是将摇臂齿轮轴的旋转运动间歇地传递给横向进给丝杠,使工作台在水平方向作自动进给。传动路线如下:

电动机→变速机构→摇臂机构→连杆机构→棘轮机构→丝杠螺母→工作台横向进给运动。

刨削时,需视被加工工件的加工要求对进给量和进给方向作调整或变换。

① 进给量 进给量是指滑枕每往复行程一次,工作台的水平移动量。顺时针扳动图8-3中的进给量调节手柄7,可使棘爪拨过的棘轮齿数增加,进给量增大;反之,进给量减小。

② 进给方向变换 进给方向即工作台水平移动方向。顺时针扳动进给运动换向手柄16(图8-3),工作台向右移动;反之,向左移动。

牛头刨床调整的操作要点

① 调整时,必须停车进行,以防发生事故。

② 滑枕的行程位置、行程长度在调节中不能超过极限位置。工作台的横向移动也不能超过极限位置,以防滑枕和工作台脱落。

③ 当滑枕行程长度调整到较大时,滑枕行程速度却不应太大,否则滑枕在返回时,会因速度太快而产生惯性冲击,容易损坏机床。

牛头刨床的操作实习

观察牛头刨床的外形结构,熟悉各操纵手柄的位置和作用,并练习操作。

① 手动工作台及滑枕的移动。

② 刀架的进刀和退刀移动。

③ 滑枕行程长度调整。

④ 滑枕起始位置调整。

⑤ 滑枕行程速度变换。

⑥ 进给量调整和进给方向变换。

二、龙门刨床和插床

1. 龙门刨床

龙门刨床因有一个"龙门"式框架结构而得名,B2010A型龙门刨床如图8-6所示。

两个垂直刀架,可在横梁上作横向进给运动,以刨削水平面;两个侧刀架可沿立柱作垂直进给运动,以刨削垂直面。各个刀架均可扳转一定的角度以刨削斜面。横梁可沿立柱导轨升降,以适应不同高度的工件。

龙门刨床的刚性好,功率大,适合于加工大型零件或者多件同时刨削。

2. 插床

图8-7为B5020型插床外观图。插床实际上是一种立式刨床,滑枕在垂直方向上作往复直线运动,为主运动;工件安装在工作台上,可作纵向、横向和圆周间歇进给运动。

插床主要用于单件、小批生产中加工零件的内表面,如多边形孔、花键、孔内键槽(图

8-8)等。

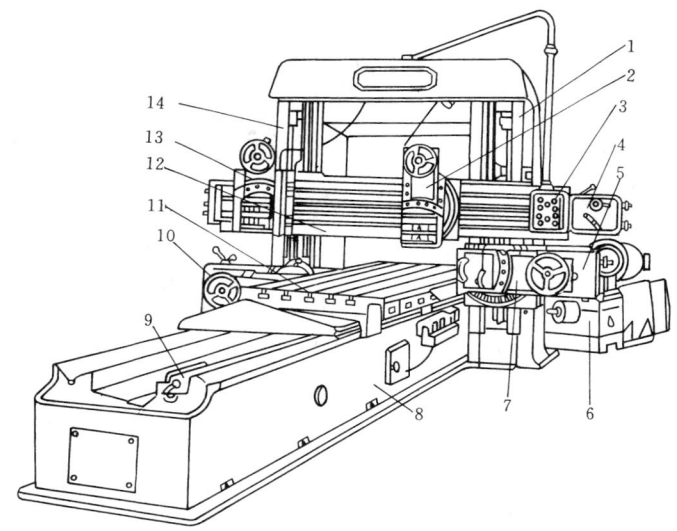

图 8-6　B2010A 型龙门刨床
1—右立柱；2—右垂直刀架；3—悬挂按钮站；4—垂直刀架进给箱；5—右侧刀架进给箱；6—工作台减速箱；7—右侧刀架；8—床身；9—液压安全器；10—左侧刀架进给箱；11—工作台；12—横梁；13—左垂直刀架；14—左立柱

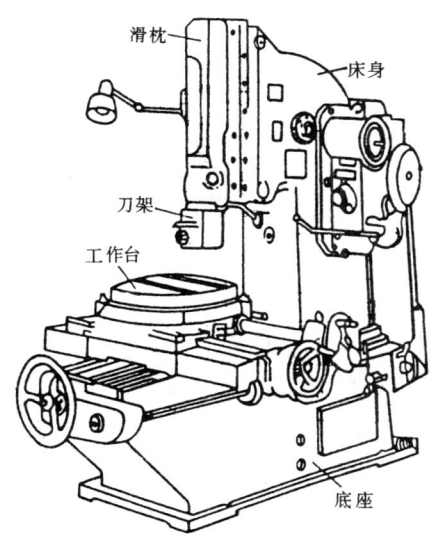

图 8-7　B5020 型插床

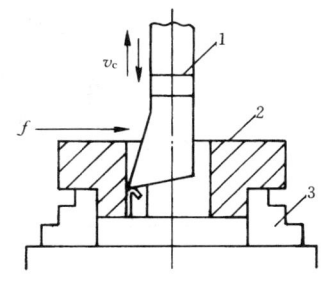

图 8-8　插削孔内键槽
1—插刀；2—工件；3—卡盘

第三节　刨　　刀

一、刨刀结构

刨刀的几何参数与车刀相似,但车杆的横截面积比车刀大 1.25～1.5 倍,切削时可承受较大的冲击力。为增加刀尖部分的强度和降低加工表面粗糙度，一般应将刨刀的刀尖磨成小圆弧以及取负的刃倾角。

刨刀有时做成弯头（图8-9），当受到较大切削力时，刀杆产生的弯曲变形将使刀尖向后上方弹起，避免刀刃啃入工件。

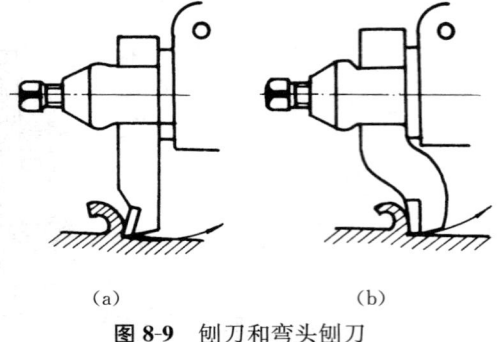

图 8-9 刨刀和弯头刨刀
(a) 刨刀；(b) 弯头刨刀

二、刨刀的种类

刨刀的种类很多，按加工形式和用途不同可分为：平面刨刀[图8-1(a)]；偏刀[图8-1(b)]；切刀[图8-1(d)]；弯切刀[图8-1(g)]；角度偏刀[图8-1(f)]；成形刨刀[图8-1(h)、(i)、(k)]等等。

三、刨刀的安装

刨刀安装正确与否是直接影响被加工零件表面质量的重要因素。

1. 安装方法

刨刀的安装如图8-10所示。

(1) 将转盘对准零线，以便准确控制吃刀深度。

(2) 使刀架下端与转盘底侧基本相对，以增加刀架的刚性，减小刨削中的冲击和振动。

(3) 刀头的伸出量不要太长，直头刨刀的伸出长度一般为刀杆厚度 H 的 1.5～2 倍。

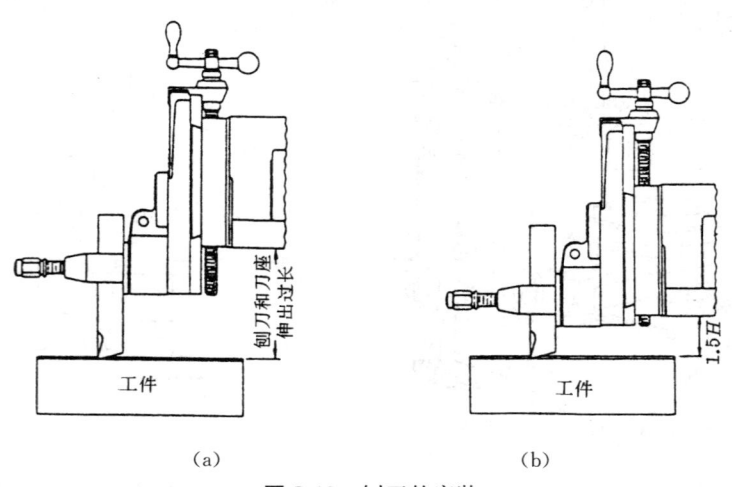

图 8-10 刨刀的安装
(a) 错误；(b) 正确

2. 刨刀安装要点

(1) 装卸刨刀时，扳手置放位置要合适，用力方向必须由上而下或倾斜而下地扳转螺钉将刨刀压紧或松开（图8-11）。用力方向不得由下而上，以免抬刀板翘起和扳手滑脱而碰伤或夹伤手指。

(2) 夹紧刨刀时应使刀尖离开工件表面，防止夹紧时碰坏刀具和擦伤工件表面。

刨刀安装操作实习

按照刨水平面的情况,练习刨刀的正确安装。

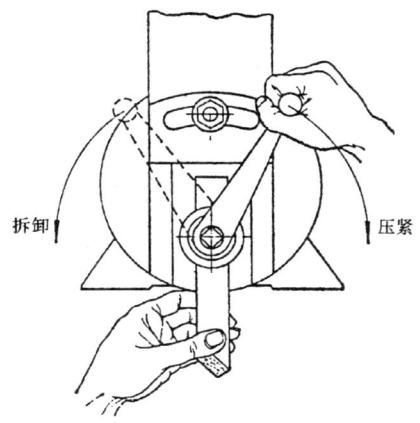

图 8-11 装卸刨刀方法

第四节 刨削加工方法

一、切削用量

在牛头刨床上刨削时的切削用量是指切削时所采用的切削速度 v、背吃刀量(切削深度)a_p 和进给量 f,如图 8-12 所示。

切削速度是指刨刀工作行程的平均速度(m/min)。其计算公式为

$$v = \frac{2Ln}{1000}$$

式中:L 为行程长度(mm);n 为滑枕每分钟往复行程次数。

背吃刀量(切削深度)是工件已加工表面和待加工表面间的垂直距离(mm)。

进给量是工件在刨刀每一次往复运动中所移动的距离(mm),例如,B6065 型牛头刨床的进给量的计算公式为

$$f = \frac{k}{3}。$$

式中,k 为滑枕每往复行程一次棘轮被拨过的齿数。

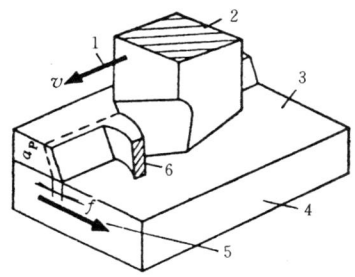

图 8-12 牛头刨床的切削用量
1—切削运动;2—刨刀;3—已加工表面;4—工件;5—进给运动;6—切屑

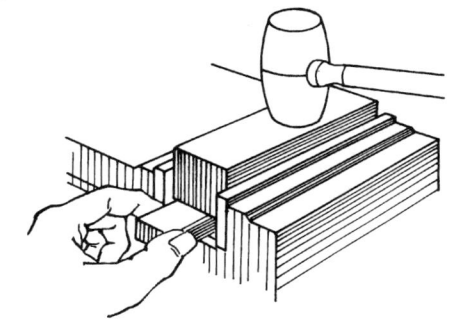

图 8-13 工件在平口钳中的安装

二、刨水平面

1. 刨削步骤

（1）装夹工件

① 用平口钳装夹工件。装夹时，工件的被加工面要高出钳口，并需找正工件的装夹位置，如图 8-13、图 8-14 所示。

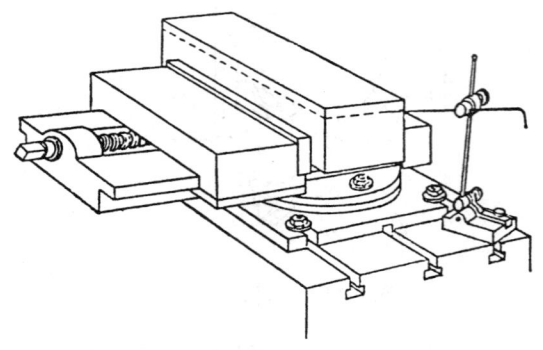

图 8-14　找正工件装夹位置

② 用压板螺栓装夹工件。对于尺寸较大或形状特殊的工件，常采用压板、螺栓和垫铁，把工件直接固定在工作台上进行刨削（图 8-15、图 8-16）。

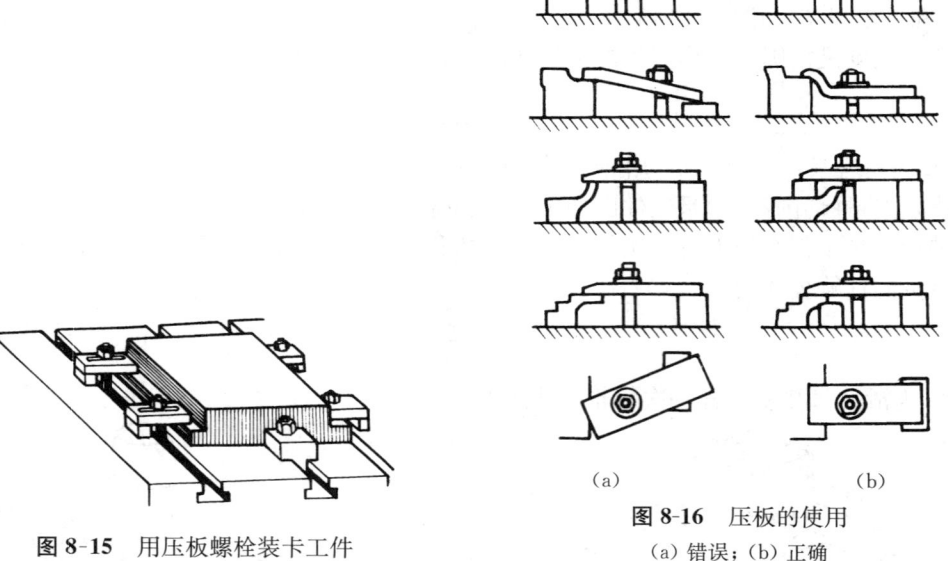

图 8-15　用压板螺栓装卡工件

图 8-16　压板的使用
(a) 错误；(b) 正确

（2）安装刨刀　粗刨时用普通平面刨刀，精刨时用圆头精刨刀。

（3）调整机床　见本章第二节。

（4）选取合适的切削用量　一般背吃刀量 $a_p=0.2\sim2$ mm，进给量 $f=0.33\sim0.66$ mm/str，切削速度 $v=17\sim50$ m/min。粗刨时，a_p 和 f 取大值，v 取低值；精刨时，a_p 和 f 取小值，v 取高值。

(5) 开车　先对刀试切,用手动进给,试切出 0.5~1mm 宽度,停车测量尺寸,合适后进行刨削。

2. 平面刨削质量分析

平面刨削质量分析如表 8-1 所示。

表 8-1　平面刨削质量分析

质量问题	产生原因
毛坯刨不到规定尺寸	① 毛坯加工余量不够; ② 毛坯外形有缺陷,如凹陷、砂孔或严重弯曲等; ③ 工件装夹后没有校正
尺寸精度不合格	① 图纸尺寸看错; ② 调整背吃刀量时,刻度盘使用不当
表面粗糙度不合格	① 切削用量选择不合理; ② 刀具几何角度不合理; ③ 刀具不锋利,已磨损
工件表面产生波纹	① 机床刚度不好,切削时产生严重振动; ② 工件装夹不合理或工件刚性差,切削时产生振动; ③ 刀具几何角度不合理; ④ 刀杆伸出刀架太长,切削时引起振动

平面刨削操作实习

刨削长方形垫铁(图 8-17),具体步骤如表 8-2 中 1~6 所示。

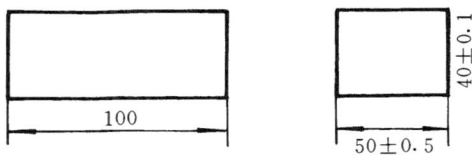

图 8-17　长方形垫铁(HT150)加工图

三、刨垂直面

垂直面的刨削一般均使用偏刀,靠手动垂直进给来完成。常用于加工台阶面和长工件的端面(图 8-18)。

刨削步骤:

(1) 将刀架转盘刻度线对准零线,以保证垂直进给方向与工作台面垂直。

(2) 将刀座下端向着工件加工表面偏转一个角度(约 10°~15°),使刨刀在回程时能抬离已加工表面,避免在已加工表面上留下拖刀痕迹。

(3) 摇动刀架进给手柄,使刀架作垂直进给运动,进行刨削。

四、刨斜面

通常用倾斜刀架法刨斜面(图 8-19)。把刀架和刀座分别倾斜一定的角度(刀架转盘扳过的角度是工件斜面与垂直面之间的夹角;刀座的偏转方向与刨垂直面相同),然后手摇刀架进给手柄,从上向下沿倾斜方向进给,进行刨削。

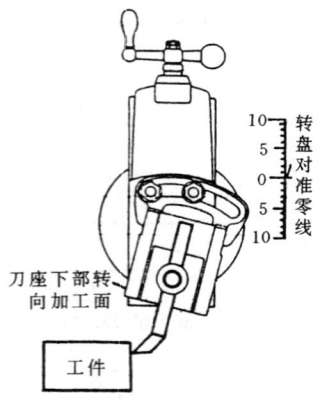

图 8-18 偏转刀座刨垂直面

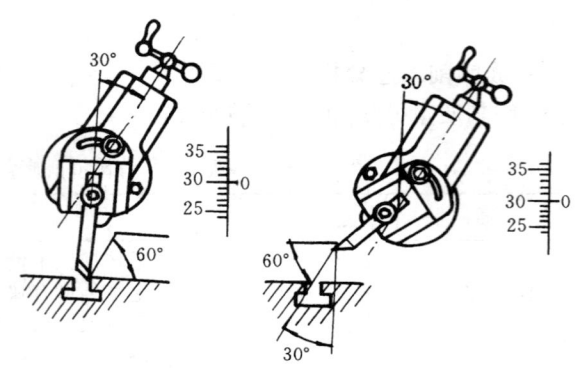

图 8-19 倾斜刀架刨斜面

五、刨 T 形槽

刨削前先在工件上划出 T 形槽加工线（图 8-20），再按图 8-21 所示顺序刨削。

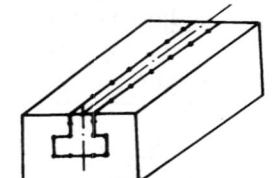

图 8-20 T 形槽工件的划线

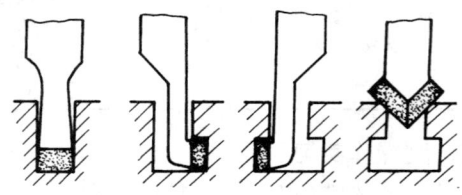

图 8-21 刨削 T 形槽的顺序

六、典型刨削示例

在牛头刨床上刨削图 8-22 所示工件，刨削步骤如表 8-2 所示。

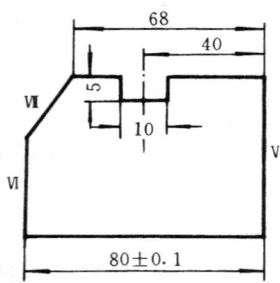
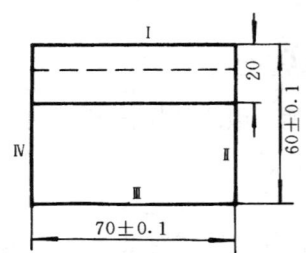

图 8-22 典型加工图（材料：HT150）

表 8-2 刨削步骤

加工方法	序号	简 图	操 作 要 点
刨水平面	1		以表面Ⅳ为定位基准，加工较大的表面Ⅰ

（续表）

加工方法	序号	简 图	操 作 要 点
刨水平面	2	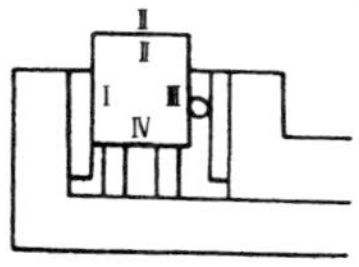	以表面Ⅰ为定位基准，并在表面Ⅲ与活动钳口间垫一根圆棒，将工件夹紧，加工表面Ⅱ，以满足Ⅱ⊥Ⅰ
	3	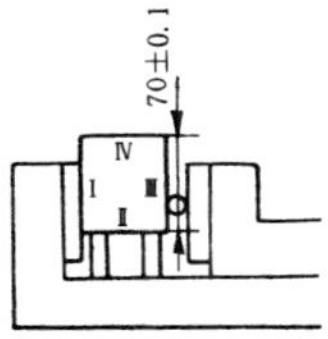	以表面Ⅰ、Ⅱ为定位基准，加工表面Ⅳ，保证尺寸(70±0.1)mm，同时能满足Ⅳ⊥Ⅰ
	4	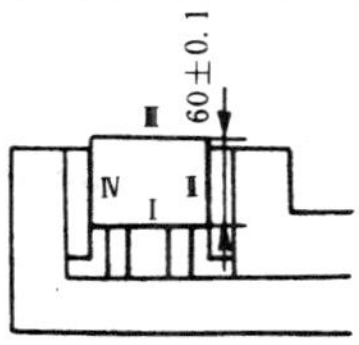	以表面Ⅰ、Ⅳ为定位基准，加工表面Ⅲ，保证尺寸公差(60±0.1)mm，同时能满足Ⅲ⊥Ⅳ、Ⅲ∥Ⅰ
刨垂直面	5	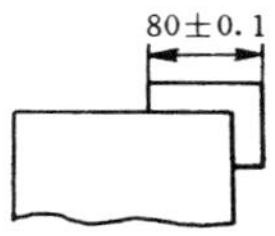	同上定位，采用垂直进刀法加工垂直端面Ⅴ，可满足Ⅴ⊥Ⅰ、Ⅴ⊥Ⅳ
	6	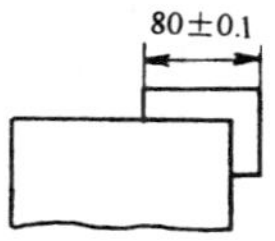	以表面Ⅰ、Ⅱ为定位精基准，采用垂直进刀法加工垂直端面Ⅵ，保证尺寸（80±0.1）mm
刨直角槽	7	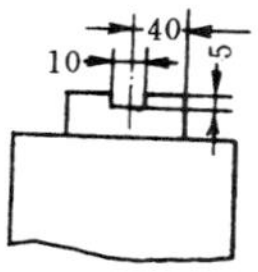	以表面Ⅱ、Ⅲ为定位精基准，用切槽刀刨直角槽，保证槽宽、槽深和位置尺寸
刨斜面	8	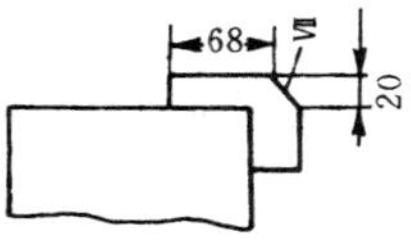	以表面Ⅰ、Ⅱ为定位精基准，采用倾斜刀架法加工斜面Ⅶ，刀架转盘的转角为28°58′

第五节 拉 削 加 工

拉削近似刨削，又不同于刨削。图8-23为拉削加工简图。

拉刀的切削部分由一列高度依次递增（齿升量）的刀齿组成，拉刀相对工件作直线运动（主运动）时，拉刀的每个刀齿依次从工件上切下一层薄的切屑（相当于进给运动），如图8-24所示。当全部刀齿通过工件后，就完成工件的粗、精加工。因此拉削是一种高效率、低成本的加工方法。

拉削的加工范围很广，可拉削各种形状的内、外表面，如图8-25所示。

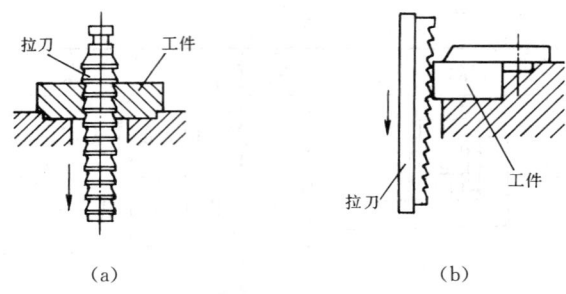

图 8-23 拉削加工

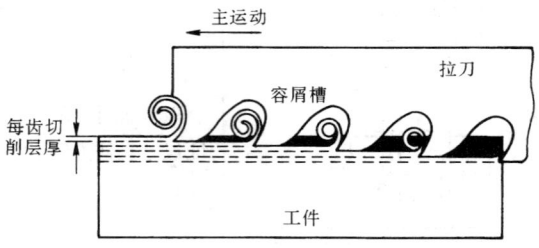

图 8-24 拉削运动

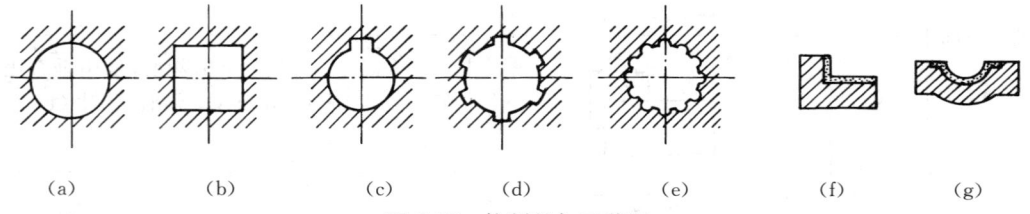

图 8-25 拉削的加工范围

(a) 拉内圆；(b) 拉方孔；(c) 拉键槽；(d) 拉花键孔；(e) 拉渐开线花键孔；(f) 拉台阶面；(g) 拉成形表面

拉削的速度较低，拉削过程平稳，因而加工质量较好，加工精度可达 IT9～7 级，表面粗糙度 R_a 一般为 $1.6～0.8\mu m$。

拉床结构简单(图 8-26、8-27)、操作方便，但拉刀结构复杂，价格昂贵，且一把拉刀只能加工一种尺寸的表面，故拉削主要适用于大批量生产。

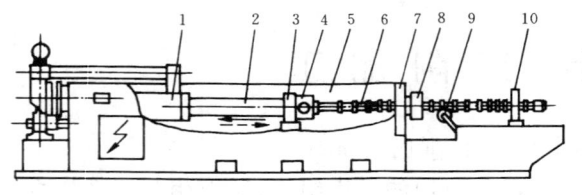

图 8-26 卧式拉床示意

1—液压缸；2—活塞杆；3—随动支架；4—刀夹；5—床身；6—拉刀；7—支承座；8—工件；9—支承滚柱；10—拉刀尾部支架

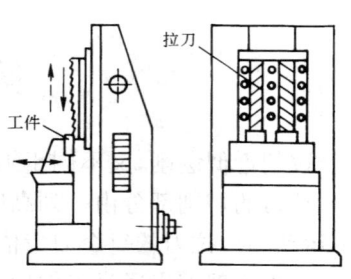

图 8-27 立式外表面拉床示意

图 8-28 表示圆孔拉刀的组成部分。

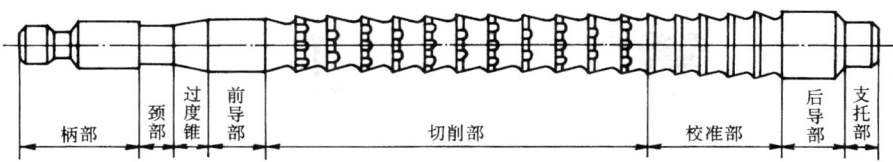

图 8-28 圆孔拉刀的组成部分

第九章 铣 工

第一节 概 述

在铣床上用铣刀对工件进行切削加工叫做铣削。铣削主要用来加工平面、台阶、沟槽、成型表面、齿轮以及切断等（图9-1）。

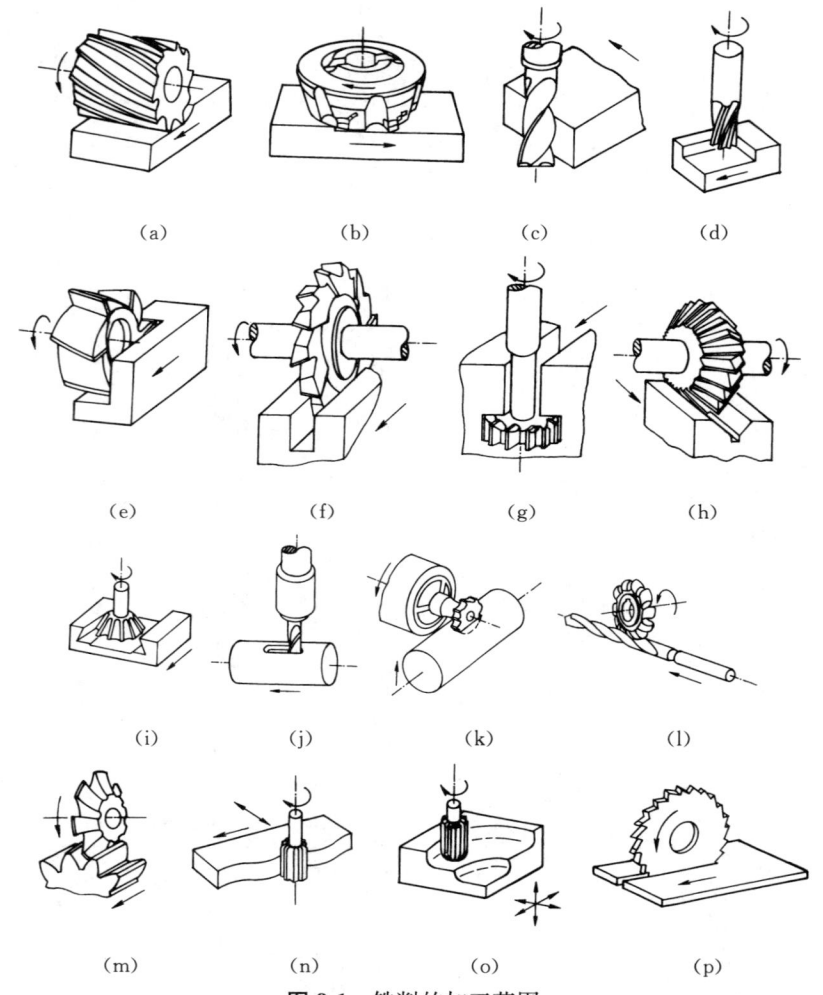

图9-1 铣削的加工范围

(a)、(b)、(c) 铣平面；(d)、(e) 铣台阶面；(f)、(g)、(h)、(i) 铣直槽；(j)、(k) 铣键槽；
(l) 铣螺旋槽；(m)、(n)、(o) 铣成形面；(p) 切断

铣削加工可达到的精度一般为 IT9~IT7 级,可达到的表面粗糙度 R_a 值为 6.3~1.6μm。铣削时,主运动为铣刀的快速旋转运动,进给运动为工件的缓慢直线运动(图 9-2)。

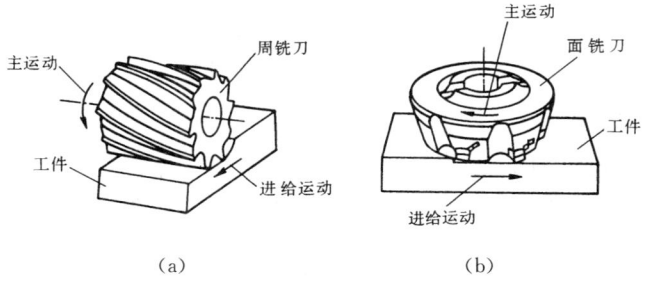

图 9-2 铣削运动
(a) 周铣;(b) 面铣(端铣)

由于铣刀是旋转的多齿刀具,铣削时属于断续切削,因此铣刀的散热条件好,可以提高切削速度,故生产效率较高。但由于铣刀刀齿的不断切入和切出,使切削力不断变化,因此产生冲击和振动。铣刀的种类也很多,使铣削的加工范围很广。

第二节 铣床及主要附件

一、万能卧式铣床

在卧式铣床中,万能卧式铣床用得最多,图 9-3 为 X6132 型万能卧式铣床。

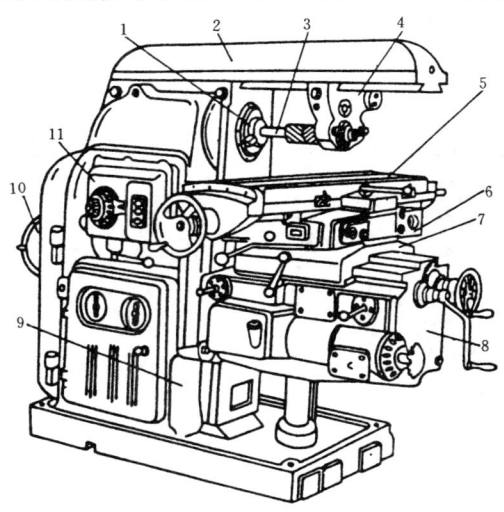

图 9-3 X6132 型万能卧式铣床

1—主轴;2—横梁;3—刀杆;4—吊架;5—纵向工作台;6—转台;7—横向工作台;
8—升降台;9—床身;10—电动机;11—主轴变速机构

1. 万能卧式铣床的编号

铣床的编号按照国标 GB/T15375—94《金属切削机床型号编制方法》的规定表示。例如,X6132 中,字母和数字的含义如下所示:

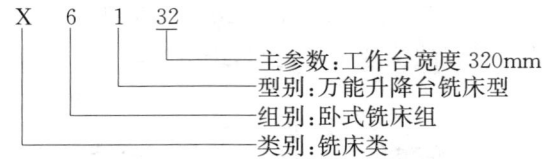

2. 主要组成部分

(1) 床身　支承和固定铣床各部件。

(2) 横梁　可安装吊架,用以支承刀杆外伸,增加刀杆的刚性。

(3) 主轴　带动铣刀旋转。

(4) 升降台　用来调节工作台面到铣刀的距离,并可作垂直进给运动。

(5) 横向工作台　带动纵向工作台作横向移动,以调节工件与铣刀之间的横向位置或获得横向进给。

(6) 纵向工作台　带动工件作纵向进给。

(7) 转台　可随工作台横向移动,并可使纵向工作台在水平面面内按顺时针或逆时针方向扳转一定的角度,获得斜向移动,以便铣削螺旋槽等。

二、立式铣床

立式铣床与卧式铣床的主要区别是主轴与工作台相垂直,其外形如图 9-4 所示。

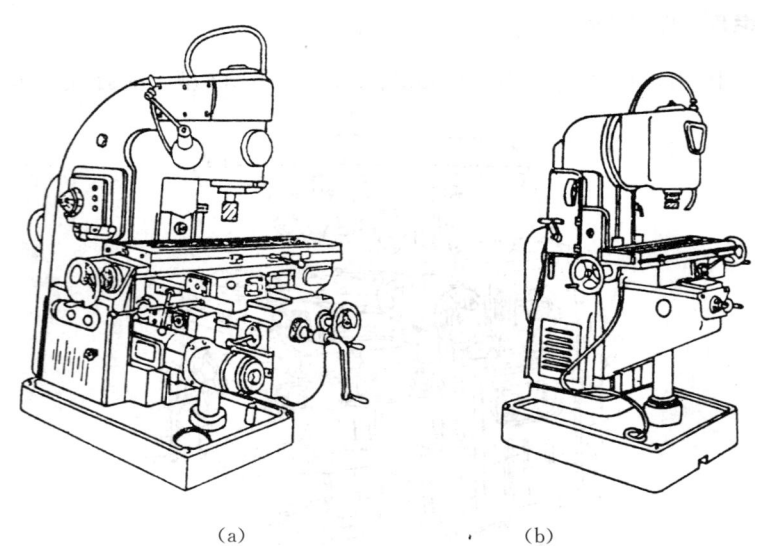

(a)　　　　　(b)

图 9-4　立式铣床

(a) 整体式立式铣床;(b) 回转式立式铣床

立式铣床的加工范围很广,可用端铣刀加工平面、还可加工键槽、T 形槽、燕尾槽等。

三、铣床主要附件

1. 平口钳

平口钳(图 9-5)主要用来装夹较规则的小零件,如图 9-6、图 9-7 所示。

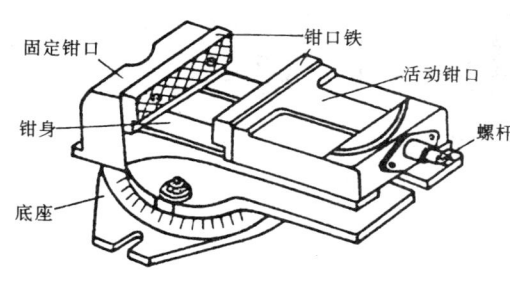

图 9-5 平口钳

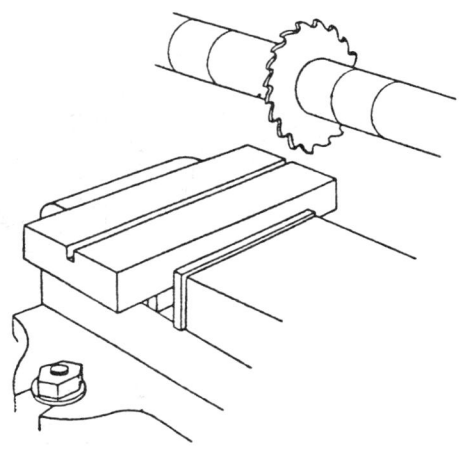

图 9-6 平口钳装夹铣直角槽

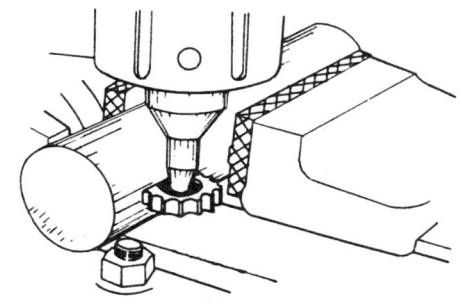

图 9-7 平口钳装夹铣键槽

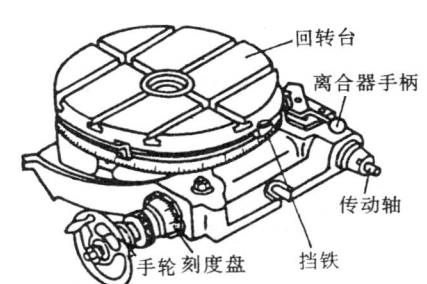

图 9-8 回转工作台

2. 回转工作台

回转工作台如图 9-8 所示,一般用于较大零件的分度工作和非整圆弧面的加工。如图 9-9 所示为铣圆弧槽的情况。用手均匀摇动手轮,使转台带动工件作缓慢圆周进给,即可铣出圆弧槽。

3. 分度头

万能分度头是铣床的重要附件,其主要功用是:

(1) 使工件绕本身的轴线进行分度,以便铣削如六方、齿轮、花键等。

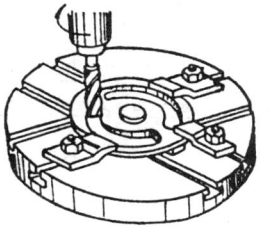

图 9-9 在回转工作台上铣圆弧槽

(2) 可把工件轴线装置成水平、垂直或倾斜位置进行铣削(图 9-10)。

(3) 可使工件随工作台进给运动作连续旋转,以便铣削螺旋槽(图 9-11)和凸轮等。

分度头的外形结构如图 9-12 所示,底座上装有回转体,回转体内装有主轴。分度头主轴可随回转体在垂直平面内扳成水平、垂直或倾斜位置。分度时拔出定位销,摇动分度手柄,通过蜗杆蜗轮带动分度头主轴旋转进行分度。分度头传动系统如图 9-13 所示。

分度头的传动比

$$i = \frac{\text{蜗杆的头数}}{\text{蜗轮的齿数}} = \frac{1}{40}。$$

即是说当分度手柄通过速比为 1∶1 的一对直齿轮带动蜗杆转动一周时,蜗轮只能带动分度

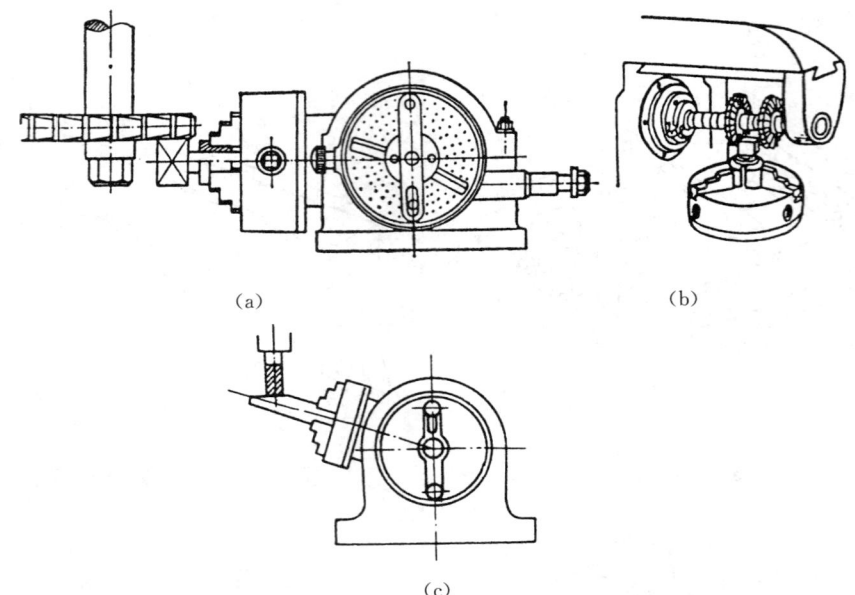

图 9-10 用分度头安装工件
(a) 水平位置安装；(b) 垂直位置安装；
(c) 倾斜位置安装

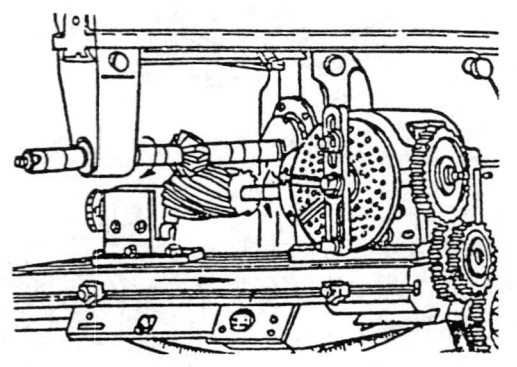

图 9-11 铣螺旋槽

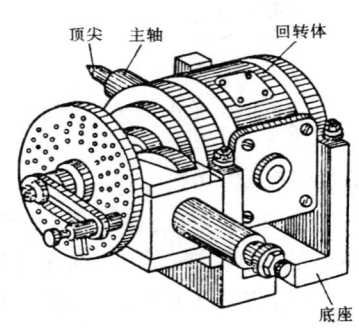

图 9-12 分度头外形结构

头主轴转过 $\frac{1}{40}$ 周。如果工件整个圆周上的等分数 Z 为已知，则每一等分要求主轴转 $\frac{1}{Z}$ 周。这时，分度手柄所需转的周数 n 可由下式计算出：

$$1:40 = \frac{1}{Z}:n, \quad 即 \quad n = \frac{40}{Z}$$

式中，n 为手柄每次分度时的转数；Z 为工件的等分数；40 为分度头定数。

使用分度头进行分度的最常用方法是简单分度法。分度时需利用分度盘，以解决分度手柄不是整数转的问题，分度盘如图 9-14 所示。分度头常配有两块分度盘，其两面各有许多孔数不同的等分孔圈。第一块分度盘正面各圈孔数为：24、25、28、30、37；反面各圈孔数为：38、39、41、42、43。第二块分度盘正面各圈孔数为：46、47、49、51、53、54；反面各圈孔数为：57、58、59、62、66。

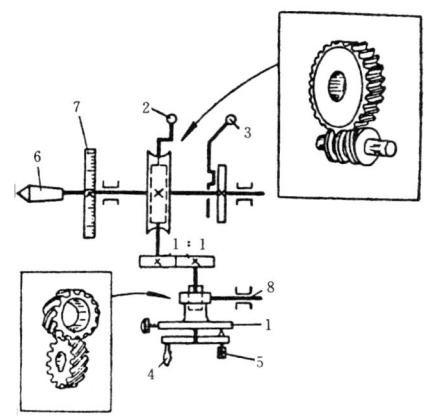
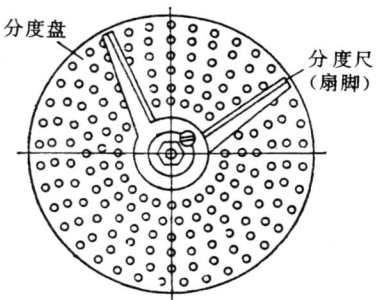

图 9-13 万能分度头传动系统图

1—分度盘；2—蜗杆脱落手柄；3—主轴锁紧手柄；4—分度手柄；5—分度定位销；6—主轴；7—刻度盘；8—侧轴

图 9-14 分度盘

简单分度时的计算公式为 $n=\dfrac{40}{Z}$。例如，铣削六角螺钉时，每铣一边分度手柄应转过的周数为

$$n=\dfrac{40}{Z}=\dfrac{40}{6}=6\dfrac{4}{6}$$

这 $\dfrac{4}{6}$ 周就需通过分度盘来控制。

简单分度时，分度盘固定不动，将分度手柄上的定位销调整到孔数为 6 的倍数（如孔数为 30）的孔圈上，每铣完一边后分度手柄应在 30 孔圈上转过 6 转加 20 个孔距 $\left(6\dfrac{4}{6}=6\dfrac{20}{30}\right)$。

为迅速无误地数出所需的孔距数，可调整分度盘上的分度尺（又称扇形夹）的夹角，使之正好等于欲分的孔间距数。

4. 万能立铣头

在卧式铣床上装上万能立铣头，可扩大卧式铣床的加工范围。立铣头的主轴可安装铣刀并可根据铣削需要在空间扳转成任意角度，使铣刀能在任意角度下进行铣削加工，如图 9-15 所示。

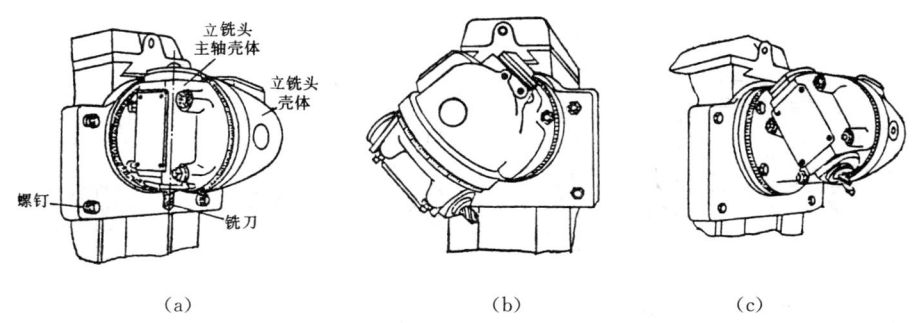

图 9-15 万能立铣头

(a) 铣刀处于垂直位置；(b) 绕主轴轴线偏转角度；(c) 绕立铣头壳体偏转角度

铣床操作实习

① 观察铣床及主要附件,熟悉各操纵手柄的位置和作用。
② 停车练习:主轴转速的变换;进给量的调整;工作台手动纵向、横向、升降移动。
③ 开车练习:工作台机动纵向进给;工作台机动横向或升降进给。

第三节 铣刀和工件安装

一、铣刀的分类

铣刀按其安装方式的不同分为带孔铣刀和带柄铣刀两大类。采用孔安装的铣刀称为带孔铣刀(图 9-16),一般用于卧式铣床。采用柄部安装的铣刀称为带柄铣刀,有锥柄和直柄两种形式(图 9-17),多用于立式铣床。各种铣刀的用途如图 9-1 所示。

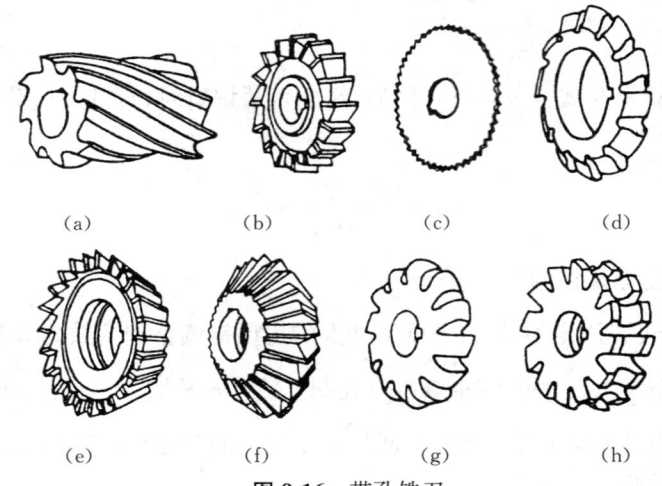

图 9-16 带孔铣刀
(a) 圆柱铣刀;(b) 三面刃铣刀;(c) 锯片铣刀;(d) 模数铣刀;
(e) 单角铣刀;(f) 双角铣刀;(g) 凸圆弧铣刀;(h) 凹圆弧铣刀

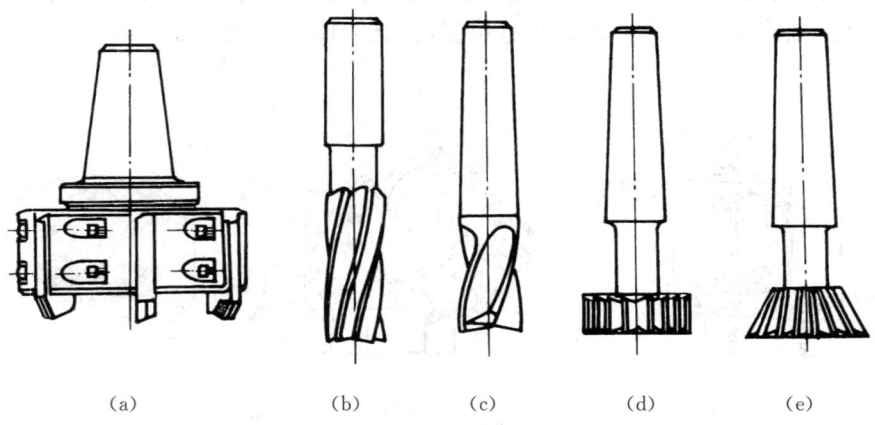

图 9-17 带柄铣刀
(a) 镶齿面铣刀;(b) 立铣刀;(c) 键槽铣刀;(d) T形槽铣刀;(e) 燕尾槽铣刀

二、铣刀的安装

铣刀的安装方法如图 9-18、图 9-19、图 9-20 所示。

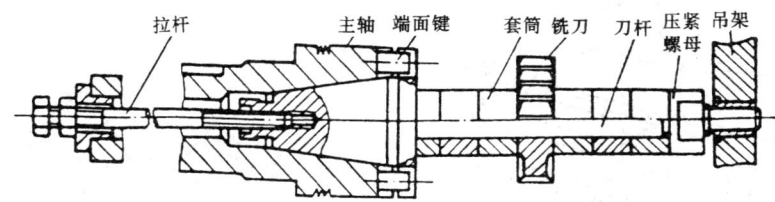

图 9-18 带孔盘铣刀的安装

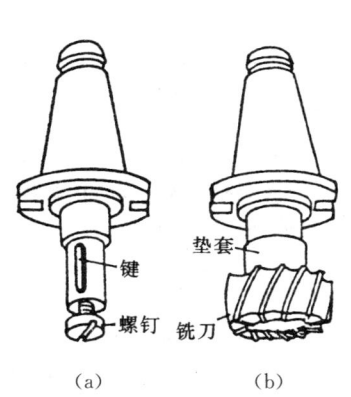

图 9-19 面铣刀的安装
（a）短刀杆；（b）安装在短刀杆上的面铣刀

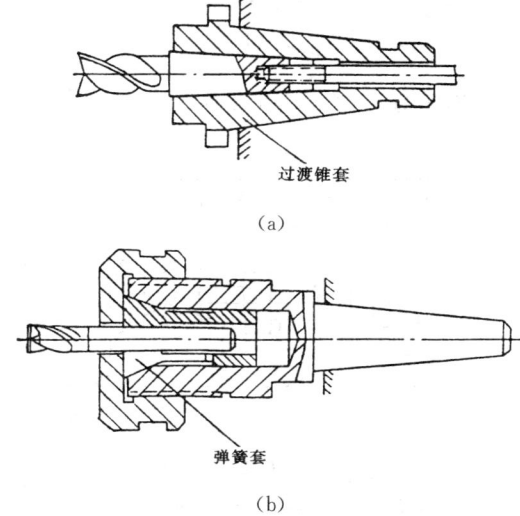

图 9-20 带柄铣刀的安装
（a）使用过渡锥套安装锥柄铣刀；（b）使用弹簧夹头安装柱柄铣刀

铣刀操作实习

① 观察各种铣刀，了解它们的用途。
② 看指导老师作铣刀安装示范。
③ 练习铣刀安装。

三、工件的安装

1. 平口钳装夹工件

平口钳装夹工件如图 9-21 所示。装夹方法与刨削相同。

2. 压板螺栓装夹工件

压板螺栓装夹工件如图 9-22 所示。

3. 分度头装夹工件

分度头及其附件装夹工件的一般形式如表 9-1 所示。

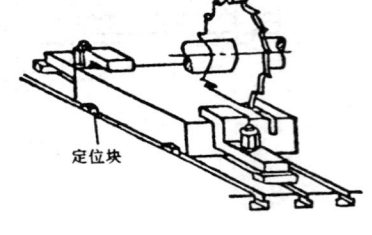

图 9-21 平口钳装夹工件　　　　　图 9-22 压板螺栓装夹工件

表 9-1　分度头及其附件装夹工件的一般形式

序号	装　夹　简　图	适用范围和特点
1		适用于工件两端有中心孔（顶针孔）的轴类零件加工，用拨盘和鸡心夹头带动工件旋转 工件与主轴的同轴度易于保证
2		适用于一端有中心孔的轴类零件加工 铣削时刚性较好，但校正工件与主轴同轴度较困难
3		适用于较短的轴类零件加工装夹方便，铣削平稳
4		适用于多件或较长的套类零件加工，要求工件内孔与芯轴配合准确、两端面平行且与内孔垂直 工件与主轴同轴度易于保证
5		适用于多件或较长的套类零件加工，要求工件内孔与芯轴配合准确，两平面平行且与内孔垂直 铣削刚性较好，装夹方便，但同轴度校正较困难

(续表)

序号	装 夹 简 图	适用范围和特点
6		适用于较短的套类零件加工,分度头主轴并能倾斜角度 芯轴结构简单,但是当主轴倾斜角度较大时,机床工作台升降距离受影响,铣削时刚性较差
7		适用于短的套类零件加工,工件内孔与芯轴配合要准确,主轴能倾斜角度 工件与主轴同轴度易于保证,能承受较大的铣削力
8		适用于较大的套类零件加工,工件内孔与芯轴配合要准确 工件与主轴同轴度好,能承受较大的铣削力,尤其加工螺旋线的零件较为有利

第四节　铣削加工方法

一、铣削用量

铣削用量由铣削速度、铣削宽度、铣削深度及进给量组成(图 9-23)。

1. 铣削速度

铣削速度以铣刀最大直径处的线速度(m/s)表示,可用下式计算:

$$v = \frac{\pi D n}{1000 \times 60}$$

式中:D 为铣刀直径(mm);n 为铣刀转速(r/min)。

2. 铣削深度

铣削深度 a_p 指平行于铣刀轴线方向上切削层的尺寸,单位为 mm。

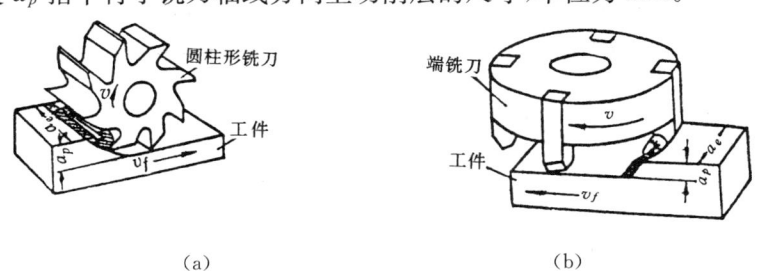

图 9-23　铣削用量
(a)周铣；(b)端铣

3. 铣削宽度

铣削宽度 a_e 指垂直于铣刀轴线方向上切削层的尺寸,单位为 mm。

4. 进给量

（1）每分钟进给量 v_f 指每分钟内，工件相对铣刀沿进给方向移动的距离，单位为 mm/min。

（2）每转进给量 f 指铣刀每转过一转时，工件相对铣刀沿进给方向移动的距离，单位为 mm/r。

（3）每齿进给量 f_z 指铣刀每转过一个齿时，工件相对铣刀沿进给方向移动的距离，单位为 mm/Z。

三种进给量之间的关系如下：

$$v_f = fn = f_z Zn$$

式中：n 为铣刀每分钟转速（r/min）；Z 为铣刀齿数。

二、铣平面

卧式铣床和立式铣床均可进行平面铣削。

1. 用圆柱铣刀铣平面

（1）顺铣和逆铣

在卧式铣床上用圆柱铣刀的圆周刀齿铣削平面的方法称周铣法，它又可分为顺铣和逆铣（图9-24）。在切削部位刀齿的旋转方向和工件的进给方向相同时，为顺铣；相反时，为逆铣。

顺铣时，每个刀齿的切削厚度是从最大减小到零，易于切入工件。铣刀对工件的垂直分力 F_v 将工件压向工作台，减少了工件振动的可能性，使铣削平稳。但铣刀对工件的水平分力 F_H 与工件的进给方向一致，有使工作台进给丝杠与固定螺母的工作侧面脱离的趋势（图9-25）。在水平分力的作用下，工作台会消除间隙向前窜动，使进给量突然增大，造成啃刀现象，甚至引起刀杆弯曲、刀头折断。

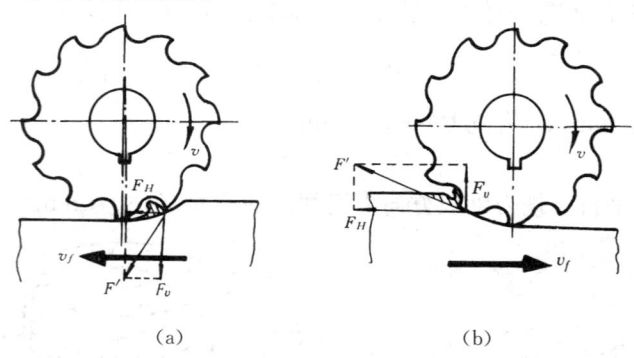

图 9-24 顺铣与逆铣
(a) 顺铣；(b) 逆铣

逆铣时，每个刀齿的切削厚度是从零增大到最大值，由于铣刀的切削刃具有一定的圆角半径，所以刀齿接触工件后要滑移一段距离才能切入，摩擦严重，加速刀具磨损，同时也使已加工表面粗糙度增大。而且铣刀对工件的垂直分力 F_v 促使工件产生上抬趋势，易产生振动而影响表面粗糙度。但铣刀对工件的水平分力与工作台进给方向相反，使丝杠和螺母总是在维持进给的那个工作侧面上靠紧，因而使丝杠与螺母的间隙对铣削没有影响。

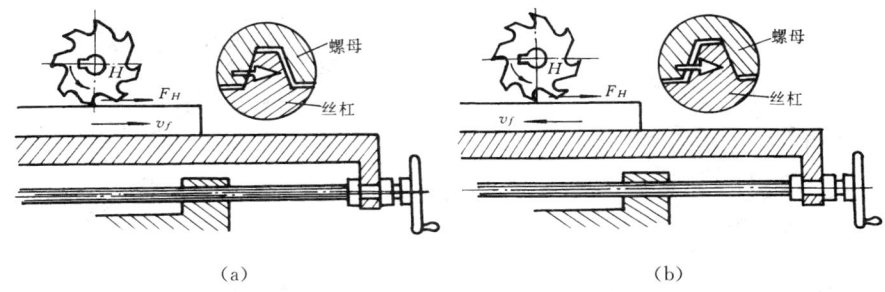

图 9-25　水平切削分力对丝杠、螺母的影响
(a) 顺铣；(b) 逆铣

综上所述，顺铣有利于提高刀具耐用度和已加工表面质量以及增加工件夹持的稳定性，被广泛采用。采用顺铣的铣床必须具备工作台丝杠与螺母的间隙调整机构，并在间隙已调整为零时才能采用顺铣。

（2）铣削步骤

① 根据工件的形状、加工平面的部位用合适的方法装夹工件。

② 选择并安装铣刀。采用排屑顺利、铣削平稳的螺旋齿圆柱铣刀。铣刀的宽度应大于工件待加工表面的宽度，以减少走刀次数。并尽量选用小直径铣刀，以防止产生振动。

③ 选取铣削用量。根据工件材料、加工余量、工件宽度及表面粗糙度要求等确定合理的切削用量，粗铣时，铣削宽度 $a_e=2\sim8\text{mm}$，每齿进给量 $a_f=0.03\sim0.16\text{mm}/Z$，铣削速度 $v=15\sim140\text{m/min}$。精铣时，铣削速度 $v\leqslant10\text{m/min}$ 或 $v\geqslant50\text{m/min}$，每转进给量 $f=0.1\sim1.5\text{mm/r}$，铣削宽度 $a_e=0.2\sim1\text{mm}$。

④ 调整铣床工作台位置。开车使铣刀旋转，升高工作台使工件与铣刀稍微接触。停车，将垂直丝杠刻度盘零线对准。将铣刀退离工件，利用手柄转动刻度盘将工作台升高到选定的铣削深度位置，固定升降和横向进给手柄，调整纵向工作台自动进给挡铁位置。

⑤ 铣削操作。先用手动使工作台纵向进给，当工件被稍微切入后，改为自动进给，进行铣削。

铣削平面操作要点

① 粗铣时，铣削用量选择的顺序是：先选取较大的铣削宽度 a_e，再选取较大的进给量 a_f，最后选取合适的铣削速度 v。

② 精铣时，铣削用量选择的顺序是：先选取较低或较高的铣削速度 v，再选取较小的进给量 a_f，最后根据零件尺寸确定铣削宽度 a_e。

③ 当用手柄转动刻度盘调整工作台位置时，要注意"回间隙"的方法，即如果不小心把刻度盘多转了一些，要反转刻度盘时，必须把手柄倒转 2 周后，再重新仔细地将刻度盘转到原定位置。这是因为丝杠和螺母间存在间隙，仅把刻度盘退到原定刻度线上是不能带动工作台退回到所需位置上的。

2. 用面铣刀铣平面

用面铣刀铣平面，可在立式铣床上进行（图 9-26），也可在卧式铣床上进行（图 9-27）。由于面铣刀的刀杆短，刚性好，铣削中振动小，因而可用较大的切削用量铣平面，以提高生产率。其铣削方法和步骤与圆柱铣刀铣平面相似。

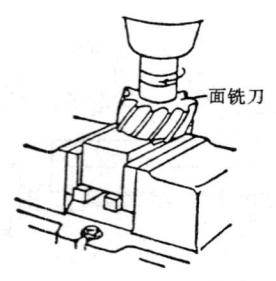

图 9-26 在立式铣床上铣平面

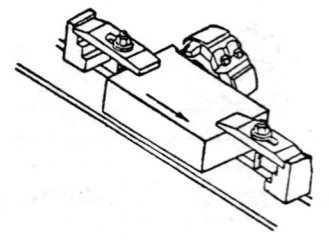

图 9-27 在卧式铣床上铣侧面

3. 铣平面质量分析

铣平面质量分析如表 9-2 所示。

表 9-2 铣平面质量分析

质 量 问 题	产 生 原 因
表面不光洁,有明显波纹或表面粗糙,有切痕,拉毛现象	① 进给量过大; ② 铣削进给时,中途停顿,产生"深啃"; ③ 铣刀安装不好,跳动过大,使铣削不平稳; ④ 铣刀不锋利、已磨损
平面不平整,出现凹下和凸起	① 机床精度差或调整不当; ② 端铣时主轴与进给方向不垂直; ③ 圆柱铣刀圆柱度不好

铣平面操作实习

结合生产铣平面或铣削图 9-28 所示六面体,铣削步骤如图 9-29 所示。

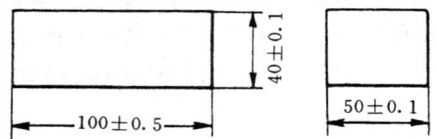

图 9-28 六面体加工图(材料:HT150)

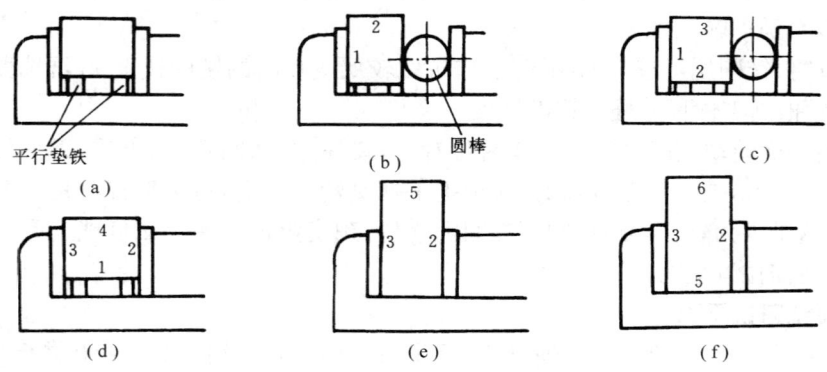

图 9-29 铣削六面体的顺序

铣削操作要点:铣第 5 面时,为了保证与第 1、2 面都垂直,除了使第 1 面与平口钳固定钳口贴合外,还要用角尺校正第 3 面对工作台台面的垂直度,如图 9-30 所示。

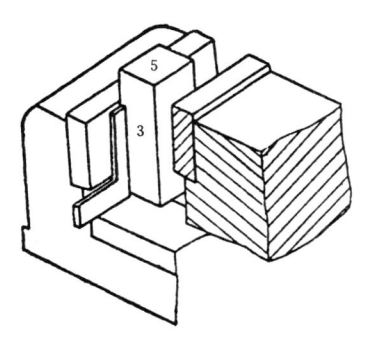

图 9-30　铣第五面时工件位置的校正

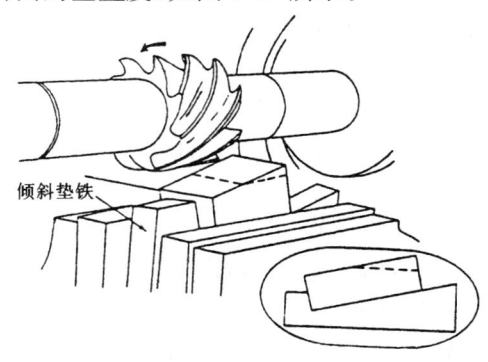

图 9-31　用倾斜垫铁铣斜面

三、铣斜面

1. 用倾斜垫铁铣斜面

按斜面的斜度选取合适的倾斜垫铁,垫在工件的基准面下,则铣出的平面就与基准面倾斜一定的角度(图 9-31)。

2. 用分度头铣斜面

用万能分度头将工件转到所需位置铣出斜面,常用于小型圆柱形工件的斜面铣削(图 9-32)。

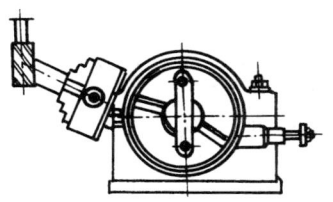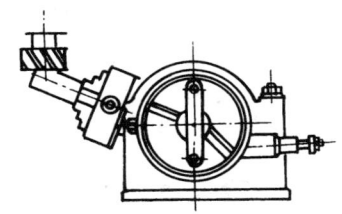

图 9-32　用分度头铣斜面

3. 用万能立铣头铣斜面

万能立铣头能方便地改变刀轴在空间的位置,可使铣刀相对工件倾斜一个角度来铣斜面(图 9-33)。

4. 用角度铣刀铣斜面

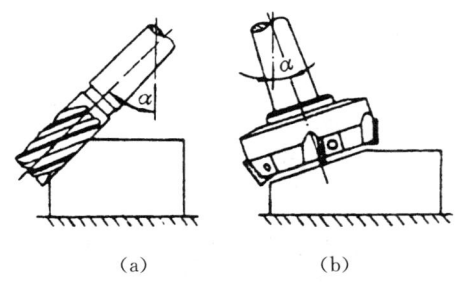

（a）　　　　（b）

图 9-33　用万能立铣头铣斜面

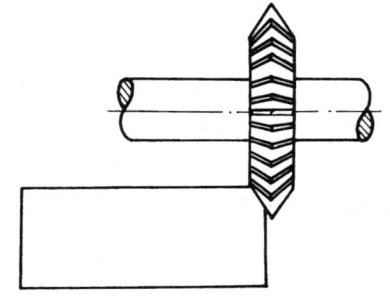

图 9-34　用角度铣刀铣斜面

较小的斜面可以用角度铣刀直接铣出,斜面的斜度由铣刀的角度保证(图 9-34)。

5. 斜面铣削质量分析

铣斜面时,通常出现的质量问题是倾斜角度不对,其产生原因:

(1) 工件垫衬不好,装夹不稳固,在铣削过程中产生走动。

(2) 用万能分度头使工件倾斜的角度或用万能立铣头使铣刀倾斜的角度不准确。

四、铣沟槽

利用不同的铣刀在铣床上可加工直角槽、V 形槽、T 形槽、燕尾槽和键槽等多种沟槽。

1. 铣键槽

键槽有封闭式和敞开式两种。

(1) 铣削方法

① 用平口钳装夹,在立式铣床上用键槽铣刀铣封闭式键槽(图 9-35),适用于单件生产。

② 批量生产时,在键槽铣床上利用抱钳装夹工件,用键槽铣刀铣封闭式键槽(图 9-36)。

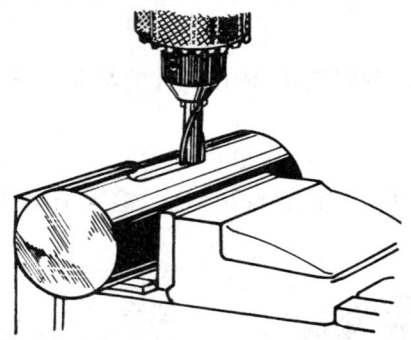

图 9-35　用平口钳安装铣封闭式键槽

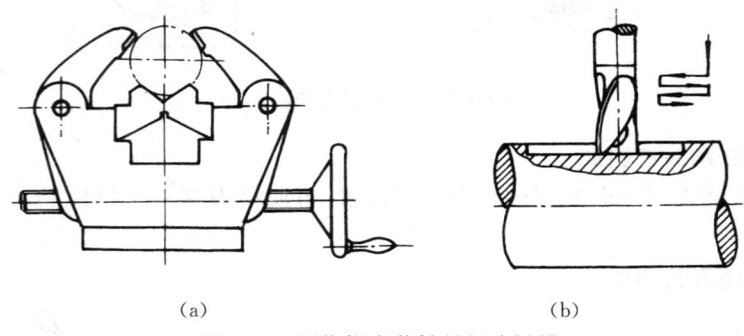

图 9-36　用抱钳安装铣封闭式键槽

(a) 用抱钳安装;(b) 铣削路径

③ 用 V 形铁和压板装夹,在立式铣床上铣封闭式键槽(图 9-37)。

④ 用分度头装夹,在卧式铣床上用三面刃铣刀铣敞开式键槽(图 9-38)。

铣键槽操作要点

① 为保证所铣键槽的对称性,在铣刀和工件安装好后,要进行仔细地对刀,以调整铣刀与工件的相对位置,使工件轴线与铣刀中心平面对准。最常用的对刀方法是切痕对刀法,如图 9-39 所示。

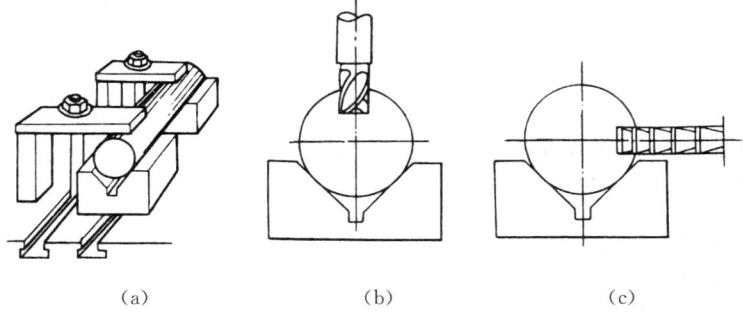

图 9-37 用 V 形铁和压板装夹工件铣键槽
(a) 用 V 形铁和压板装夹工件；(b) 用立铣刀铣键槽；(c) 用盘形铣刀铣键槽

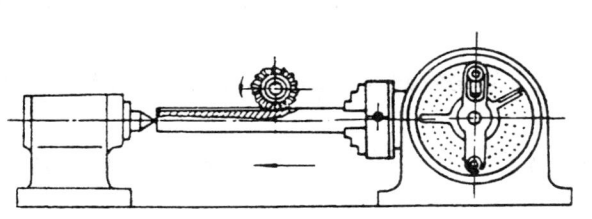

图 9-38 分度头装夹铣敞开式键槽

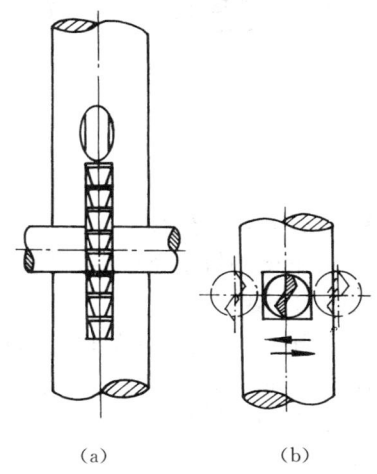

图 9-39 切痕对刀法
(a) 三面刃铣刀的切痕对刀法；
(b) 键槽铣刀的切痕对刀法

② 为保证所铣键槽的两侧面和底面都平行于工件轴线，装夹工件时必须使工件轴线与工作台的进给方向一致并与工作台台面平行。

(2) 键槽铣削质量分析

铣键槽时常见质量分析如表 9-3 所示。

表 9-3 铣键槽质量分析

质 量 问 题	产 生 原 因
槽的宽度尺寸不对	① 键槽铣刀装夹不好，与主轴的同轴度差 ② 铣刀已磨损 ③ 刀轴弯曲，铣刀摆差大
槽底与工件轴线不平行	① 工件装夹位置不准确，工件轴心线与工作台面不平行 ② 铣刀装夹不牢或铣削用量过大时，使铣刀被铣削力拉下
键槽对称性不好	对刀不仔细，使偏差过大
封闭槽的长度尺寸不对	① 工作台自动进给关闭不及时 ② 纵向工作台移动距离不对

第九章 铣 工 221

2. 铣 T 形槽

铣削步骤：

（1）在立式铣床上用立铣刀或在卧式铣床上用三面刃盘铣刀铣出直角槽[图 9-40(a)]。

（2）在立式铣床上用 T 形槽铣刀铣出底槽[图 9-40(b)]。

（3）用倒角铣刀倒角[图 9-40(c)]。

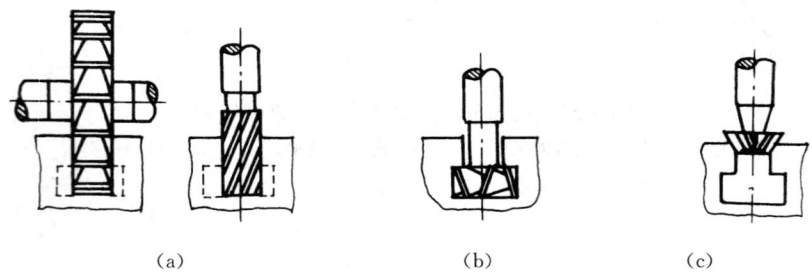

图 9-40　T 形槽的加工

(a) 铣直角槽；(b) 铣 T 形槽；(c) 倒角

铣 T 形槽操作要点

① T 形槽的铣削条件差，排屑困难。因此加工过程中要经常清除切屑，以防阻塞，否则易造成铣刀折断。

② 由于排屑不畅，切削热量不易散发，铣刀容易发热而失去切削能力。所以铣削过程中应使用足够的冷却液。

③ T 形槽铣刀的颈部直径较小，强度较差，当受到过大的切削力时容易折断。因此应选取较小的切削用量加工 T 形槽。

五、典型铣削示例

如图 9-41 所示工件铣削步骤如表 9-4 所示。

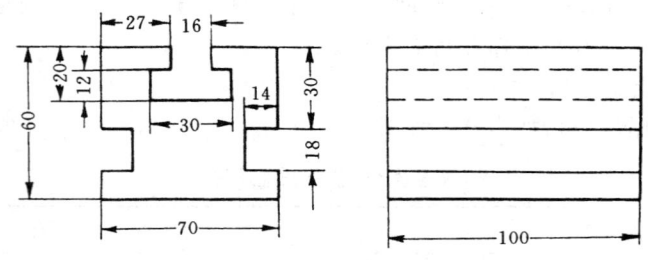

图 9-41　铣削工件

表 9-4　典型铣削步骤

加工方法	序号	简　图	操　作　要　点
铣水平面	1	图 9-29	按图 9-29 所示顺序铣削工件的六个面，保证各面的尺寸和位置关系

(续表)

加工方法	序号	简 图	操 作 要 点
铣直角槽	2		用三面刃盘铣刀铣直角槽,保证槽宽和槽深以及槽的位置尺寸
铣直角槽	3		换向,然后同序号2
铣T形槽	4		转向,用三面刃盘铣刀铣直角槽,保证槽宽、槽深及位置尺寸
铣T形槽	5		用T形槽铣刀铣T形槽,保证T形槽尺寸

第五节 齿形加工

齿轮齿形的加工有两种基本方法:成形法和展成法。

一、成形法

成形法是用与被切齿轮齿槽形状完全相符的成形铣刀切出齿形的方法。在铣床上铣齿即属于成形法加工。

1. 铣齿的步骤

(1) 把齿轮坯套在心轴上,用螺母压紧。再安装于卧式铣床分度头与尾座顶尖之间(图9-42)。

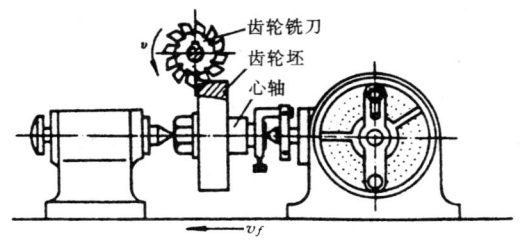

图 9-42 用模数铣刀加工齿形

(2) 选择铣刀。铣齿所用的成形铣刀称为模数铣刀，常用的是模数盘状铣刀。选择模数盘状铣刀时，除铣刀的模数和压力角必须和被切齿轮相同外，还要根据被切齿轮的齿数选用相应刀号的铣刀。铣刀刀号与加工齿数范围如表 9-5 所示。

表 9-5 模数铣刀的刀号及铣削齿数的范围

刀 号	1	2	3	4	5	6	7	8
加工齿数范围	12～13	14～16	17～20	21～25	26～34	35～54	55～134	135 以上及齿条
齿形								

(3) 调整铣削深度。齿槽的深度 H 可按下式计算

$$H = 2.25m$$

式中，H 为齿深，m 为模数。

铣削时工作台的升高量等于齿深。

(4) 每铣好一个齿槽后，就利用万能分度头进行一次分度，直到铣完全部轮齿。

2. 铣齿的特点及应用范围

铣齿的优点是在普通铣床上即可进行铣齿加工，不需要专门机床和昂贵的展成刀具，加工成本低。缺点是由于使用一个刀号的模数盘状铣刀加工一定范围的不同齿数齿轮，必然会产生齿形误差，使加工出的齿轮精度较低；另外，每切一齿都切入、切出、退出和分度而花费较长的辅助时间，生产效率低。因此，铣齿多用于修配或单件生产中加工一些精度要求不高的齿轮。

二、展成法

展成法是利用齿轮刀具与被切齿轮的相互啮合运动而切出齿形的方法。插齿和滚齿都属于展成法加工。

1. 插齿

在插齿机(图 9-43)上利用插齿刀加工齿轮齿形的方法称为插齿。

插齿刀的形状像一个直齿圆柱齿轮如图 9-44(a)所示，只是齿顶呈圆锥形，即轴向的外径不相同，以形成刀刃后角，在其大端面上磨出内圆锥面，以形成刀刃前角。插齿时，插齿刀与齿轮坯之间严格保持着一对渐开线齿轮的啮合运动关系。插齿刀在转动的同时还作上下往复运动，将齿轮坯齿间部分的金属切除而形成渐开线齿形[图 9-44(b)]。

插齿需具备五种运动：

(1) 主运动　插齿刀上下往复直线运动，用每分钟往复行程次数表示。

(2) 分齿运动　插齿刀与齿轮坯之间强制地保持一对传动齿轮啮合的运动。

(3) 圆周进给运动　插齿刀每上下往复一次，并在分度圆周长上转过一定的弧长。

(4) 径向进给运动　为了切出全齿深，插齿刀必须逐渐向齿轮中心移动的运动。

(5) 让刀运动　是工作台带动齿轮坯所作的短距离往复运动。即在插齿回程时，齿轮坯让开插齿刀以避免擦伤已加工表面和减少刀齿磨损。在插齿行程开始前再恢复原位。

插齿的精度可达 IT8～IT7 级，齿表面粗糙度 R_a 值可达 $1.6\mu m$。除广泛用来加工直齿圆柱齿轮外，还可用来加工多联齿轮和内齿轮。

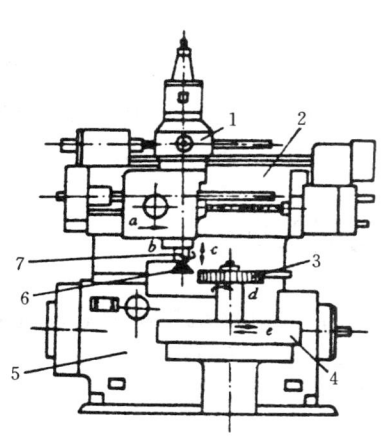
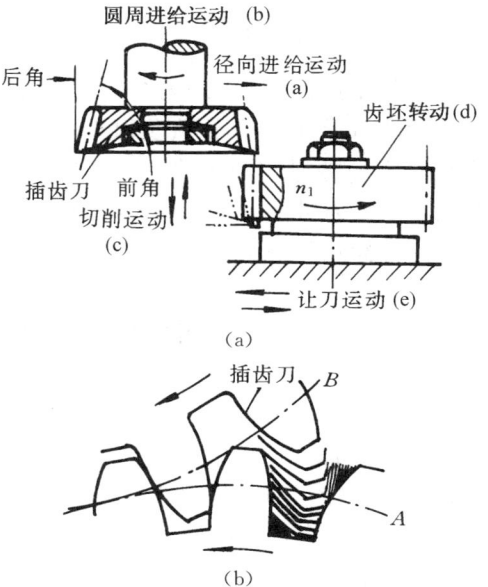

图 9-43 插齿机外形

1—刀架；2—横梁；3—工件；4—工作台；5—床身；6—插齿刀；7—刀架

图 9-44 插齿工作原理

(a) 插齿刀及其运动；
(b) 插齿刀切去工件上齿间部分金属

2. 滚齿

在滚齿机（图 9-45）上用齿轮滚刀加工齿轮齿形的方法称为滚齿（图 9-46）。

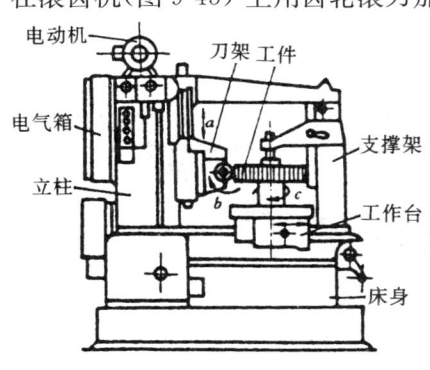
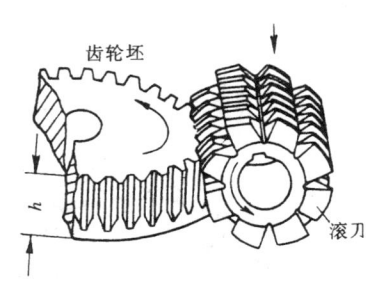

图 9-45 滚齿机床

图 9-46 滚齿时切削

齿轮滚刀的形状与蜗杆相似，垂直于螺旋槽开出沟槽而形成切削刃。滚刀的法向剖面为齿条齿形（图 9-47），因此滚齿可被看作是强制齿轮坯与齿条保持啮合运动关系。

滚齿时，滚刀的安装应偏转一个角度，使刀齿的旋转平面与齿轮的齿槽方向一致。

滚齿需具备以下三种运动：

(1) 主运动　滚刀的旋转运动。

(2) 分齿运动　是保证滚刀与被切齿轮之间啮合关系的运动。当滚刀每转一周时，相当于齿条轴向移动 K 个齿，要求齿轮坯也相应地转过 K 个齿（K 为滚刀头

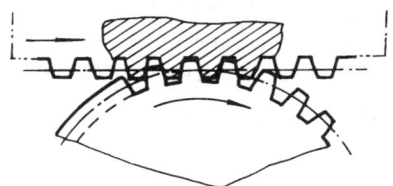

图 9-47 滚刀的法向剖面为齿条齿形

数),即 $\frac{K}{Z}$ 转(Z 为被切齿轮齿数)。

(3) **垂直进给运动** 是滚刀沿工件轴线的运动,以此保证切出全部齿宽。

滚齿的齿形加工精度可达 IT8～IT7 级,齿面的表面粗糙度 R_a 值可达 $3.2～1.6\mu m$。滚齿是连续切削,生产率较高。由于齿条与同模数的任何齿数的渐开线齿轮都能正确啮合,因此用一把滚刀可加工出模数相同而齿数不同的渐开线齿轮。滚齿主要用于加工直齿和斜齿的外圆柱齿轮和蜗轮。

第六节 铣削工艺的发展

目前铣削工艺在两个方面的发展是十分突出的:一是向用计算机控制的数控铣床和铣镗加工中心发展;二是涂层硬质合金机夹可转位刀片式铣刀的广泛应用。

数控铣床(图 9-48)是用计算机来控制铣床主轴的旋转运动和工作台的纵向、横向进给运动。它可承担多数中小型零件的铣削及复杂的立体成形表面的加工。

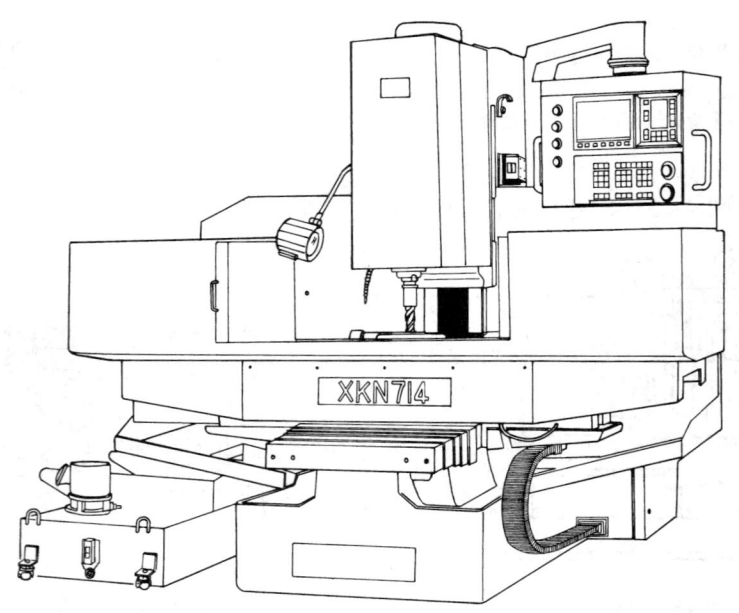

图 9-48 数控铣床

随着加工技术的发展,在数控铣床基础上发展了铣镗加工中心,其特点是除了能完成数控铣床上的铣削工作外,还可进行镗、钻、铰、攻丝等综合加工,并配有自动刀具交换系统、自动工作台交换系统、工作台自动分度系统等,在一次工件装夹中可以自动更换刀具进行铣、钻、铰、镗、攻丝等多工序操作。图 9-49 为具有自动换刀的两种不同刀库型式的铣镗加工中心。

涂层硬质合金机夹可转位刀片式铣刀(图 9-50)是一种新型铣刀,涂层硬质合金可转位刀片机夹在铣刀盘上,当切削刃磨损后只需将刀片转位后即可继续使用。由于它刚性好、效率高、加工质量好、加工成本低且使用方便,故得到广泛应用,特别适用于高速铣削。

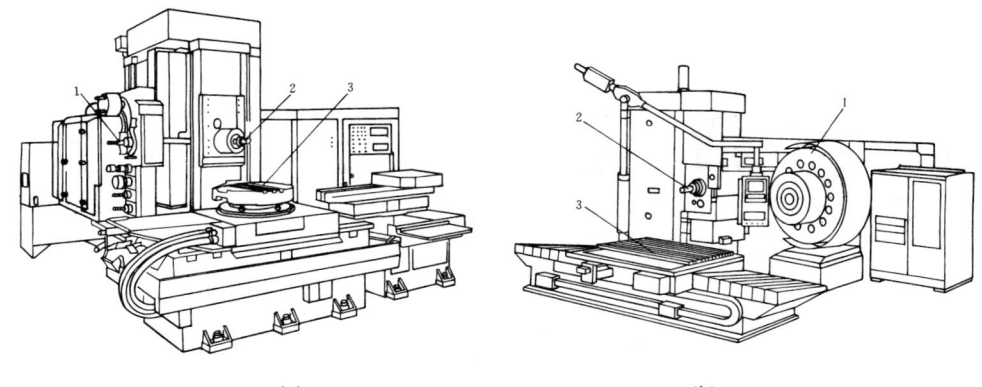

图 9-49 铣镗加工中心
(a) 链式刀库加工中心；(b) 转塔式刀库加工中心
1—刀库；2—主轴；3—工作台

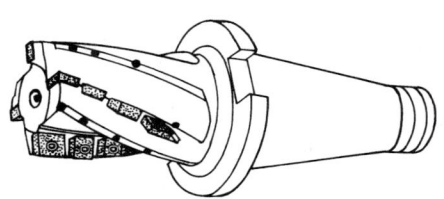

图 9-50 硬质合金可转位刀片立铣刀

第十章 磨 工

第一节 概 述

在磨床上用砂轮对工件进行切削加工称为磨削,磨削原理和砂轮组成如图10-1所示。磨削用的砂轮是由许多细小的极硬的磨粒用结合剂黏结而成。将砂轮表面放大,可以看到砂轮表面随机地布满很多尖棱形多角的磨粒。每个磨粒相当于一把小铣刀,当砂轮高速旋转时,磨粒就将工件表面的金属不断地切除。所以磨削的实质相当于多刀刃的超高速铣削。

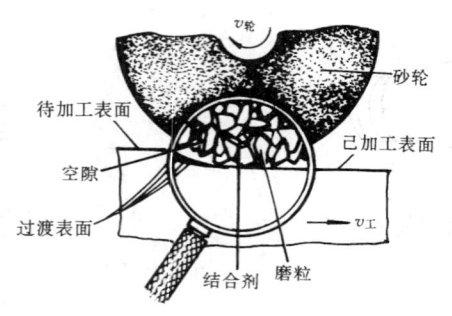

图10-1 磨削原理及砂轮组成

磨削加工后工件的尺寸精度一般能达到IT7～IT5级,表面粗糙度R_a为$0.8\sim0.1\mu m$,采用超精磨削或研磨,工件的尺寸精度可达到IT5～IT3级,表面粗糙度R_a为$0.1\sim0.05\mu m$。

由于砂轮的磨粒硬度极高,因此磨削不仅可以加工一般的金属材料,如碳钢、铸铁和有色金属,而且可以加工其他切削方法不能加工的各种硬材料,如淬硬钢、硬质合金、超硬材料、宝石、玻璃等。

磨削不仅可用于零件的内外圆柱面、圆锥面、成形表面的精加工,还可以代替车削、铣削、刨削作粗加工和半精加工用,而且可以代替气割、锯切来切断钢锭以及清理铸、锻件的硬皮和飞边,作毛坯的荒加工用。

在磨削过程中,由于磨削速度很高,产生大量的切削热,其温度可达1000℃以上,同时剧热的磨屑在空气中发生氧化作用产生火花。为了防止工件表面烧伤、工件变形,要使用大量的切削液来帮助散热,降低磨削温度,及时冲走磨屑,以保证工件加工质量。

第二节 磨 床

一、磨床类型与型号

磨床有外圆磨床、内圆磨床、平面磨床、齿轮磨床、导轨磨床、无心磨床、工具磨床等多种。常用的是外圆磨床和平面磨床。磨床型号的表示可见国标GB/T15375—94《金属切削机床型号编制方法》规定,如M1432A表示内容如下:

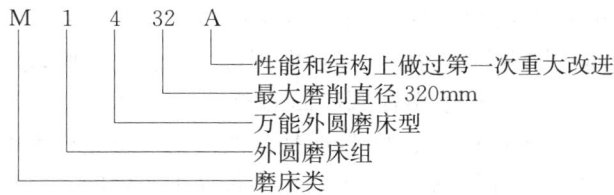

二、外圆磨床主要组成

外圆磨床又分普通外圆磨床和万能外圆磨床。两者主要的区别是：万能外圆磨床的头架和砂轮架下面都装有转盘，能绕垂直轴线偏转较大角度，并增加了内圆磨头等附件。因此万能外圆磨床不仅可以磨外圆柱面、端面及外圆锥面，还可以磨内圆柱面、内台阶面及锥度较大的内圆锥面。现以 M1432A 型万能外圆磨床为例进行介绍（图 10-2）。

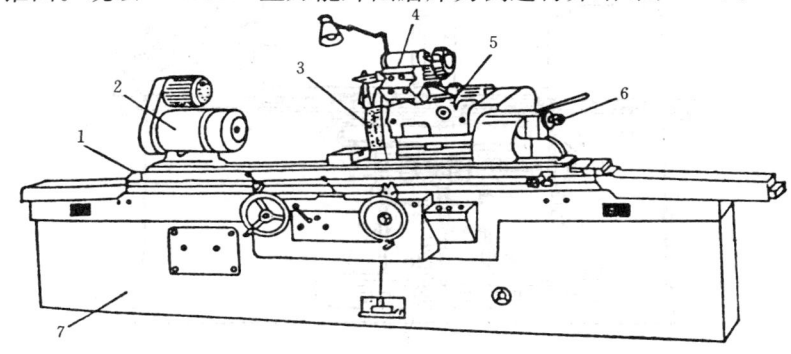

图 10-2 M1432A 型万能外圆磨床外形
1—工作台；2—头架；3—砂轮；4—内圆磨头；5—砂轮架；6—尾座；7—床身

1. 外圆磨床主要组成部分及作用

（1）床身　用来支承各部件，上部有工作台和砂轮架，内部装有液压传动系统。

（2）工作台　工作台装有头架和尾架。工作台有两层，下工作台可在床身导轨上作纵向往复运动，上工作台相对下工作台在水平面内能偏转一定的角度，以便磨削圆锥面。

（3）头架　头架内的主轴由单独的电动机经变速机构带动旋转，可得六种转速。主轴端部可安装顶针、拨盘或卡盘。工件可支承在头架顶针和尾架顶针之间，也可用卡盘安装。

（4）砂轮架　用于安装砂轮，并有单独的电动机带动砂轮高速旋转，砂轮架可在床身后部的导轨上作横向进给。进给的方法有自动周期进给、快速引进或退出、手动三种，前两种是靠液压传动来实现。

（5）尾座　用于支承工件。

2. 外圆磨床的液压传动

液压传动是利用液体的不可压缩性来传递运动的机构。液压传动具有运动平稳，传动力大，可在较大范围内进行无级变速，零件在油液中工作磨损小，易于实现自动化等特点，在磨床中已得到广泛应用。在外圆磨床上，液压传动系统主要完成下列运动：

（1）工作台纵向往复运动。

（2）工作台纵向行程终了时，砂轮架带动砂轮作一定的横向进给运动。

（3）砂轮架的快速引进或退出。

图 10-3 为外圆磨床工作台纵向往复运动液压传动系统的工作原理图。工作时，油经过滤油器被吸入油泵，油泵排出的压力油经过换向阀进入油缸的右腔，推动活塞带动工作台向左移动，油缸的左腔的油经换向阀、节流阀流回油箱。工作台行到左端终点时，固定在工作台侧面的挡块便自右向左推动换向手柄，同时换向阀活塞杆也左移到虚线位置，这时油泵排出的压力油经过换向阀进入油缸的左腔，推动活塞带动工作台向右移动，油缸的右腔的油经换向阀、节流阀流回油箱。工作台行到右端终点时，固定在工作台侧面的挡块便自左向右推动换向手柄，同时换向阀活塞杆又右移到图上位置，这样就实现了工作台纵向往复运动。

节流阀是用于控制流回油箱的油量，以调节工作台的运动速度。当液压系统中油的压力大于溢流阀调定的压力时，溢流阀自动开启，压力油经溢流阀流回油箱。工作台行程长度可改变左、右挡块之间的距离来调整。

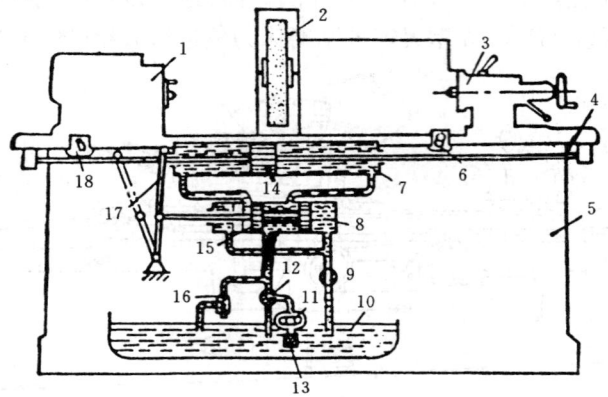

图 10-3　外圆磨床液压传动系统工作原理

1—头架；2—砂轮架；3—尾架；4—工作台；5—床身；6—右挡块；7—油缸；8—换向阀；9—节流阀；10—油箱；11—油泵；12—转阀；13—滤油器；14—活塞；15—阀芯；16—溢流阀；17—换向杠杆；18—左挡块

三、其他类型磨床

1. 内圆磨床

图 10-4 为 M2120 内圆磨床，它由床身、头架、磨具架和砂轮修整器等部件组成。头架可绕垂直轴转动角度，以便磨锥孔。工作台的往复运动也使用液压传动。

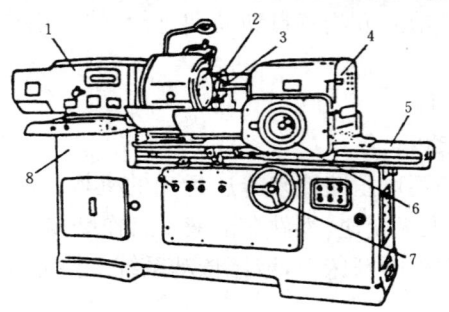

图 10-4　M2120 内圆磨床

1—头架；2—砂轮修整器；3—砂轮；4—磨具架；5—工作台；6—磨具架手轮；7—工作台手轮；8—床身

2. 平面磨床

平面磨床分为立轴式和卧轴式两类：立轴式平面磨床用砂轮的端面磨削平面，卧轴式平面磨床用砂轮的圆周面磨削平面。图 10-5 为 M7120A 卧轴矩形平面磨床，它由床身、工作台、立柱、滑鞍、磨具架和砂轮修整器等部件组成。

矩形工作台装在床身的水平纵向导轨上，其上有安装工件用的电磁吸盘。工作台的往复运动使用液压传动，也可用手轮操纵。砂轮装在磨头上，由电动机直接驱动旋转。磨头沿拖板的水平导轨作横向进给运动，由液压驱动或手轮操纵。拖板可沿立柱的垂直导轨移动，以调整磨头的高低位置及作垂直进给运动，这一运动由手轮操纵。

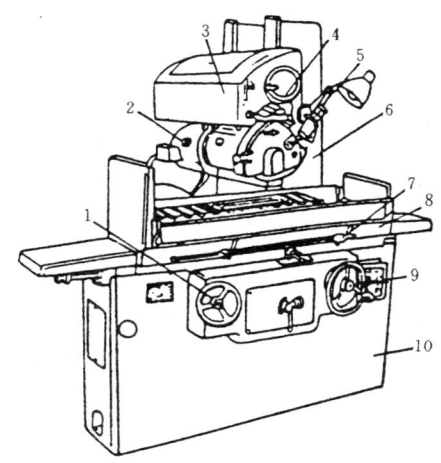

图 10-5　M7120A 卧轴矩形平面磨床

1—工作台手轮；2—磨具架；3—滑鞍；4—横向进给手轮；5—砂轮修整器；6—立柱；
7—行程挡块；8—工作台；9—垂直进给手轮；10—床身

3. 无心磨床

无心外圆磨削是一种高生产率、易于实现自动化的磨削方法。无心磨削原理如图 10-6 所示，工件不用顶尖支承，也不用卡盘装夹，而是置于砂轮与导轮之间的托板上。工件的待加工表面就是定位基准。砂轮磨削产生的磨削力将工件推向导轮，导轮是橡胶结合剂的砂轮，它的轴线稍后倾一些，靠导轮与工件之间的摩擦力，带动工件旋转并向前推进。工件在砂轮、托板、导轮间转动，利用三点成一圆的原理，将工件磨成圆形。

图 10-7 为 M1080 无心外圆磨床，它由床身、砂轮架、砂轮修整器、导轮架、导轮架座、导轮修整器、工件托板等部件组成。

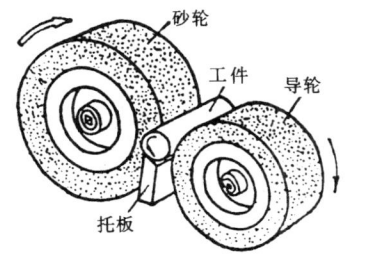 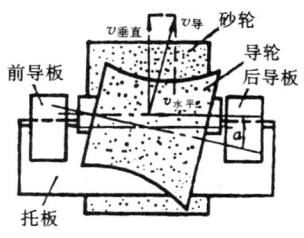

图 10-6　无心外圆磨削原理

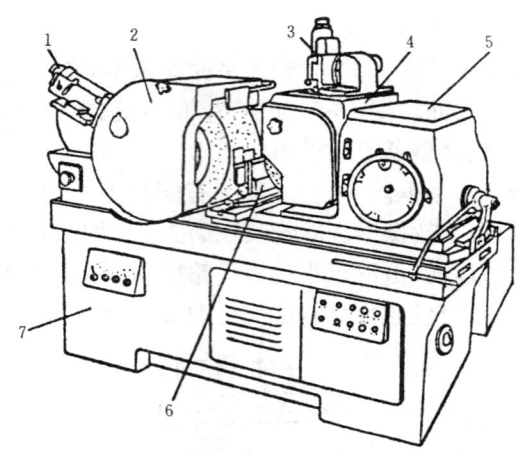

图 10-7　M1080 无心外圆磨床
1—砂轮修整器；2—砂轮架；3—导轮修整器；4—导轮架；5—导轮架座；6—工件托板；7—床身

磨床操作实习

以 M1432A 万能外圆磨床操作实习为例。操作时要注意安全,可参照车床的安全操作技术,但要注意砂轮是在高速旋转下工作的,禁止操作者面对砂轮站立。

① 停车熟悉磨床的外观和组成,熟悉磨床各操纵手柄及其作用。

② 熟悉磨床各手柄的操作及手动进给量的控制,各刻度盘上刻度值的使用。

③ 手动工作台作纵向往复运动,手动砂轮架作横向进给运动。

④ 开车练习砂轮的转动与停止,头架主轴的转动与停止。

⑤ 练习工作台采用液压控制时,其行程长度的调整、运行速度的调整、行至终端时停留时间的调整。

⑥ 练习液压控制时砂轮架的快速引进或退出。

⑦ 练习尾座顶尖的伸出与缩回。

第三节　砂　　轮

砂轮是由许多极硬的磨粒经过结合剂黏结而成的切削工具。砂轮表面上坚硬的棱角颗粒称为磨料,起着切削作用。把磨料黏结在一起的黏结材料叫做结合剂。磨料、结合剂之间有许多空隙,起着散热和容纳磨屑的作用。磨料、结合剂和空隙构成砂轮结构的三要素。

一、砂轮的特性与选用

砂轮特性包括磨料、粒度、结合剂、硬度、组织、形状和尺寸等。每种砂轮根据其本身的特性都有一定的适用范围,选用时应根据工件的材料,热处理方法以及形状和尺寸等选用合适的砂轮。

1. 磨料

磨料是砂轮的主要成分,它直接担负切削工作,必须具有很高的硬度,耐热性和相当的韧性,常用的磨料如表 10-1 所示。

表 10-1 常用磨料的代号、性能及用途

类别	名称	代号	特性	用途
氧化物	棕刚玉	A	含 91%～96%氧化铝,棕色,硬度高,韧性好,价格便宜	磨碳钢、合金钢、可锻铸铁
	白刚玉	WA	含 97%～99%氧化铝,白色,硬度比棕刚玉高,韧性低,磨削发热少	精磨淬火钢、高碳钢、高速钢、易变形的钢件
	铬刚玉	PA	玫瑰红色,韧性比白刚玉好	磨高速钢,不锈钢,成形磨削,刀具刃磨,高表面质量磨削
碳化硅	黑色碳化硅	C	含 95%以上的碳化硅,黑色或深蓝色,有光泽,硬度比白刚玉高,性脆而锋利,导热性能好	磨铸铁、黄铜、铝及非金属材料
	绿色碳化硅	GC	含 97%以上的碳化硅,绿色,硬度和脆性比黑色碳化硅高,导热导电性能好	磨硬质合金,玻璃,宝石,玉石,陶瓷等
高硬磨料	人造金刚石	MBD*	无色透明或淡黄色、黄绿色、黑色,性脆,硬度极高。价格贵	磨硬质合金,玻璃,宝石,难加工的高硬材料等
	立方氮化硼	CBN	黑色或淡白色,立方晶体,硬度略低于人造金刚石,耐磨,发热量小	磨高温合金,高钼,高钒,高钴合金,不锈钢等

* 人造金刚石的代号根据粒度范围不同有六种,此处只列出一种。

2. 粒度

粒度是指磨料颗粒的大小,即粗细程度。它分磨粒与微粉两组:磨粒用筛选法分类,是以 1 英寸(25.4mm)长的筛子上的孔网数来表示,粒度号越大,磨粒越细;微粉是用显微测量法实际量到的磨粒尺寸分类,在磨粒尺寸前加 W 来表示,因此用这种方法表示的粒度号越小,磨粒越细。通常磨软材料时,为防止砂轮堵塞,用粗磨粒。磨脆,硬材料和精磨时,用细磨粒。粒度大小对磨削效率和工件表面的粗糙度有很大的影响。不同粒度的使用范围如表 10-2 所示。

表 10-2 常用磨料的粒度、尺寸及应用范围

粒度	公称尺寸(μm)	应用范围	粒度	公称尺寸(μm)	应用范围
20# 24# 30#	1180～1000 850～710 710～600	荒磨钢锭,打磨铸件毛刺,切断钢坯等	100# 150# 240#	150～125 106～75 75～53	半精磨、精磨、珩磨、成形磨、工具磨等
40# 46# 60#	500～425 425～355 300～250	磨内圆、外圆和平面、无心磨,刀具刃磨等	W40 W28 W20	40～28 28～20 20～14	精磨、超精磨、珩磨、螺纹磨、镜面磨等
70# 80# 90#	250～212 212～180 180～150	半精磨、精磨内外圆和平面,无心磨和工具磨等	W14 ～ W0.5	14～10 ～ 0.5～更细	精磨、超精磨、镜面磨、研磨、抛光等

3. 结合剂

结合剂是砂轮中用以黏结磨粒的物质,它的种类与性质将影响砂轮的强度、耐热性、耐冲击性和耐腐蚀性等。结合剂对磨削温度,工件表面的粗糙度也有影响。常用结合剂如表10-3 所示。

表 10-3　常用结合剂的代号、性能及用途

名称	代号	性　　能	用　　途
陶瓷结合剂	V	性能稳定,气孔率大,耐热性、耐腐蚀性好,强度较大,黏结力大,弹性、韧性、抗振性差,价格便宜	轮速<35m/s,用于成形磨削,磨螺纹、齿轮、曲轴。能制各种磨具,应用最广
树脂结合剂	B	强度大,弹性好,耐冲击,自锐性好,气孔率小,耐热性、耐腐蚀性差,不宜长期存放	轮速>50m/s 的高速磨削,能制成薄片砂轮磨槽,刃磨刀具,高精度磨削
橡胶结合剂	R	强度、弹性更好,退让性好,磨时振动小,气孔率小,耐热性、耐油性差	可制成更薄的砂轮,无心磨导轮,柔软抛光轮
金属结合剂	M	韧性、成型性好,强度大,使用寿命长,自锐性差	制造各种金刚石磨具,一般用青铜,当直径<1.5mm 用电镀镍

4. 硬度

砂轮硬度是指结合剂黏结磨粒的牢固程度,即砂轮工作表面上的磨粒在磨削力的作用下脱落的难易程度。砂轮硬度软的,磨粒易脱落;反之,不易脱落。所以,砂轮的硬度与磨粒的硬度不是一个概念。砂轮的硬度对磨削生产率和加工的表面质量影响极大。砂轮的硬度等级如表10-4 所示。

表 10-4　砂轮的硬度等级名称及代号

硬度等级	大级	超软			软			中软		中		中硬			硬		超硬
	小级	超软1	超软2	超软3	软1	软2	软3	中软1	中软2	中1	中2	中硬1	中硬2	中硬3	硬1	硬2	
	代号	D	E	F	G	H	J	K	L	M	N	P	Q	R	S	T	Y
选　择		磨未淬硬钢选 L~N,磨淬硬合金钢选 H~K,高表面质量磨削选 K~L 刃磨硬质合金刀具选 H~J															

一般情况下,工件材料越硬,砂轮的硬度应选得软些,使磨钝的砂粒及时脱落,以便露出有尖锐棱角的新磨粒,以防止磨削温度过高而产生"烧伤"。工件材料越软,砂轮的硬度应选得硬些,以便充分发挥磨粒的切削作用。

5. 组织

砂轮的组织表示砂轮结构的松紧程度,它与磨粒、结合剂和气孔三者的比例有关。砂轮的组织号是以磨料所占砂轮体积的百分比来确定,组织号越大,磨料占砂轮体积越少,砂轮组织越松,磨削时不易堵塞,磨削效率高,但由于磨刃少,磨削后工件表面粗糙度较高。砂轮的组织分类及用途见表10-5。

表10-5 砂轮的组织分类及用途

类别	紧密	中等	疏松
组织号	0 1 2 3	4 5 6 7	8 9 10 11 12 13 14
磨料占砂轮体积(%)	62 60 58 56	54 52 50 48	46 44 42 40 38 36 34
用途	成型磨削,精密磨削	磨削淬火钢,刃磨刀具	磨削韧性大而硬度低的材料,大面积磨削

6. 形状与尺寸

为了适应在不同类型的磨床上磨削各种形状和尺寸的工件,砂轮也需制成各种形状和尺寸。在可能的情况下,砂轮的外径应尽量选得大一些,提高砂轮的线速度,以获得较高的生产率和较低的表面粗糙度,磨内圆时,砂轮的外径取工件孔径的2/3左右,有利于提高磨具的刚度。表10-6为常用砂轮的形状、代号。

表10-6 常用砂轮的形状、代号及用途(GB/T2484—94)

砂轮名称	代号	简图	主要用途
平形砂轮	1		用于磨外圆、内圆、平面、螺纹及无心磨等
双斜边形砂轮	4		用于磨削齿轮和螺纹
薄片砂轮	41		主要用于切断和开槽等
筒形砂轮	2		用于立轴端面磨
杯形砂轮	6		用于磨平面、内圆及刃磨刀具
碗形砂轮	11		用于导轨磨及刃磨刀具
碟形砂轮	12a		用于磨铣刀、铰刀、拉刀等,大尺寸的用于磨齿轮端面

7. 砂轮标志

砂轮标志是用符号和数字表示该砂轮的特性,标在砂轮的非工作表面上。例如:

```
1    400×40  × 203   A    46    L    5    V    30
形状  外径  厚度  孔径  磨料  粒度  硬度  组织号  结合剂  允许的磨削速度(m/s)
```

8. 砂轮的选用

选用砂轮时,应综合考虑工件的形状、材料性质及磨床条件等各种因素,具体可参照表10-7的推荐加以选择。

表 10-7 砂轮的选用

磨削条件	粒度		硬度		组织		结合剂			磨削条件	粒度		硬度		组织		结合剂		
	粗	细	软	硬	松	紧	V	B	R		粗	细	软	硬	松	紧	V	B	R
外圆磨削				●		●	●			磨削软金属	●		●		●		●		
内圆磨削		●		●			●			磨韧性、延展性大的材料	●		●		●			●	
平面磨削			●		●		●			磨硬脆材料		●	●				●		
无心磨削		●		●			●			磨削薄壁工件			●		●		●		
荒磨、打磨毛刺	●		●				●	●		干 磨							●		
精密磨削		●		●		●	●			湿 磨			●				●		
高精密磨削		●	●			●		●		成形磨削		●		●		●	●		
超精密磨削		●	●					●		磨热敏性材料	●						●		
镜面磨削		●		●			●			刀具刃磨				●			●		
高速磨削	●		●							钢材切断				●			●		●

二、砂轮的检查、平衡、安装和修整

砂轮在高速运转下工作,安装前先外观检查,再敲击听其响声判断砂轮是否有裂纹,以防止高速旋转时砂轮破裂。

为使砂轮工作时平稳,不发生振动,一般直径在 125mm 以上的砂轮都要进行静平衡调整。将砂轮装在心轴上,再放在平衡架导轨上。如果不平衡,较重的部分总是转到下面,这时可移动法兰盘端面环形槽内的平衡块进行平衡,反复进行,直到砂轮在导轨上任意位置都能静止为止(图 10-8)。

安装砂轮时,砂轮内孔与砂轮轴配合间隙要适当,过松会使砂轮旋转时偏向一边而产生振动,过紧则磨削时受热膨胀易将砂轮胀裂,一般配合间隙为 0.1～0.8mm。砂轮用法兰盘与螺母紧固,在砂轮与法兰盘之间垫以 0.3～3mm 厚的皮革或耐油橡胶制垫片(图 10-9)。

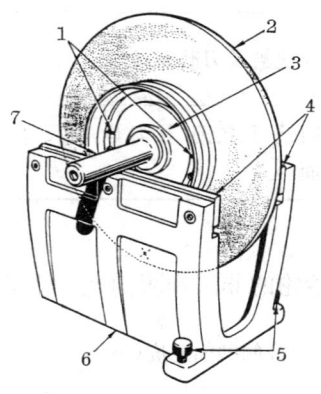

图 10-8 砂轮的静平衡
1—平衡块;2—砂轮;3—法兰盘;4—平衡导轨;5—调整钉;6—平衡架;7—心轴

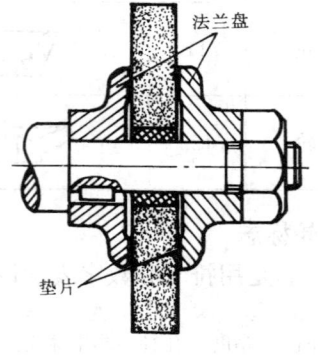

图 10-9 砂轮的安装

砂轮工作一段时间后,磨粒逐渐变钝,砂轮表面空隙堵塞,砂轮几何形状失准。使磨削质量和生产率都下降,这时需要对砂轮进行修整。修整砂轮通常用金刚石刀进行。修整时,金刚石刀与水平面倾斜5°～15°左右,与垂直面呈20°～30°,刀尖低于砂轮中心1～2mm以减少振动(图10-10)。修整时要用切削液充分冷却或干脆不用切削液,不可在点滴切削液下修整,以防止金刚石刀忽冷忽热而碎裂。修整时横向进给量0.01～0.02mm,纵向进给量与加工表面粗糙度有关,进给量越小,砂轮表面修出的微刃等高性好,磨出的工件表面粗糙度越低。

砂轮操作实习
① 识别各种类型的砂轮。
② 对平形砂轮进行静平衡调整。
③ 练习平形砂轮的安装和拆卸。

(1) 砂轮的静平衡调整
① 砂轮进行静平衡前,必须把砂轮法兰盘内孔、环形槽内、平衡块、平衡心轴和平衡架导轨等擦干净。

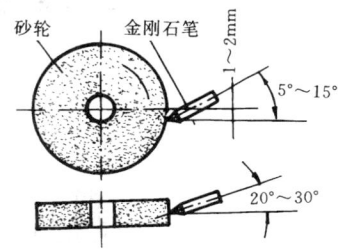

图 10-10　砂轮的修整

② 平衡架的两根圆柱导轨应校正到水平位置,砂轮进行静平衡时,平衡心轴轴线应与平衡架导轨轴线垂直。
③ 不断调整平衡块,如将砂轮转到任意位置时,砂轮都能停住,则砂轮的静平衡完毕。
④ 安装新砂轮时,砂轮要进行两次静平衡,第一次粗平衡后装上磨床,使用金刚石刀修整砂轮外圆和端面,卸下后再进行第二次精平衡。

(2) 砂轮的安装和拆卸
① 安装砂轮前,核对所选砂轮的性能、形状和尺寸,检查砂轮是否有裂纹。
② 砂轮孔与砂轮轴或台阶法兰间应有一定的间隙,以免磨削时主轴受热膨胀而把砂轮胀裂。
③ 用法兰盘装夹砂轮时,两法兰盘直径必须相等,其尺寸一般为砂轮直径的一半,不得小于砂轮直径的三分之一。
④ 紧固砂轮法兰盘时,螺母不能扳得太紧,以防把砂轮压碎。
⑤ 拆卸砂轮时,要注意螺母旋松的方向,不能搞错,以防把砂轮压碎。在磨床上,顺着砂轮旋转的方向扳动,是把螺母旋松;反之,扳紧。

第四节　磨　削　加　工

一、磨削运动

磨削时,一般有一个主运动和三个进给运动。这四个运动参数即为磨削用量,如图10-11所示。

1. 主运动

主运动是砂轮的高速旋转运动。主运动速度以砂轮外圆处的线速度v_c(m/s)表示,即:

$$v_c = \frac{\pi D_O N_O}{1000 \times 60}$$

式中，D_O、N_O 分别为砂轮的外径(mm)和转速(r/min)。一般磨削时，v_c 取 30～35m/s，高速磨削时，v_c 取 60～100m/s。

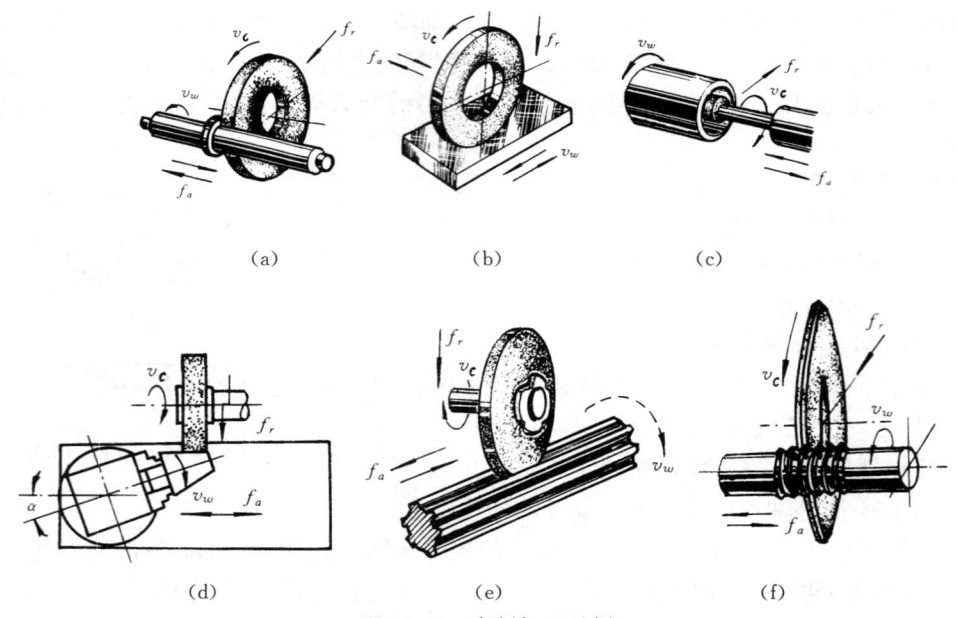

图 10-11　磨削加工示例

(a) 磨外圆；(b) 磨平面；(c) 磨孔；(d) 磨锥面；(e) 磨花键；(f) 磨螺纹

v_c—主运动速度；v_w—圆周进给速度；f_a—纵向进给量；f_r—横向进给量

2. 圆周进给运动

圆周进给运动是工件绕本身轴线作低速旋转的运动。圆周进给速度以工件外圆处的线速度 v_w(m/s)表示，即：

$$v_w = \frac{\pi D_w N_w}{1000 \times 60}$$

式中，D_w、N_w 分别为工件被磨表面的直径(mm)和转速(r/min)。v_w 取 0.2～0.4(m/s)，粗磨时取上限，精磨时取下限。

3. 纵向进给运动

纵向进给运动是工件沿砂轮轴线方向所作的往复运动，纵向进给量以 f_a(mm/r)表示，即：

$$f_a = (0.2～0.8)B$$

式中，B 表示砂轮宽度(mm)，粗磨时取上限，精磨时取下限。

4. 横向进给运动

横向进给运动是工件每次往复行程终了时，砂轮架带着砂轮向着工件作的横向移动，横向进给量以 f_r(mm/L 或 mm/2L)表示，其中 L 表示单行程，2L 表示往复双行程。

$$f_r = 0.005 - 0.05$$

粗磨时取上限，精磨时取下限。

二、磨外圆

1. 工件的装夹

磨削加工时,工件装夹是否正确、稳固、迅速和方便,不但影响工件的加工精度和表面粗糙度,还影响到生产率和劳动强度。在某些情况下,装夹不正确还会造成事故。

磨外圆时,常用的装夹工件的方法有以下几种:

(1) 用前、后顶尖装夹　磨床上采用的前、后顶尖都是死顶尖。这样,头架旋转部分的偏摆就不会反映到工件上来,用死顶尖的加工精度比活顶尖的高。带动工件旋转的夹头,常用的有四种,圆环夹头、鸡心夹头、对合夹头和自动夹紧夹头(图10-12)。

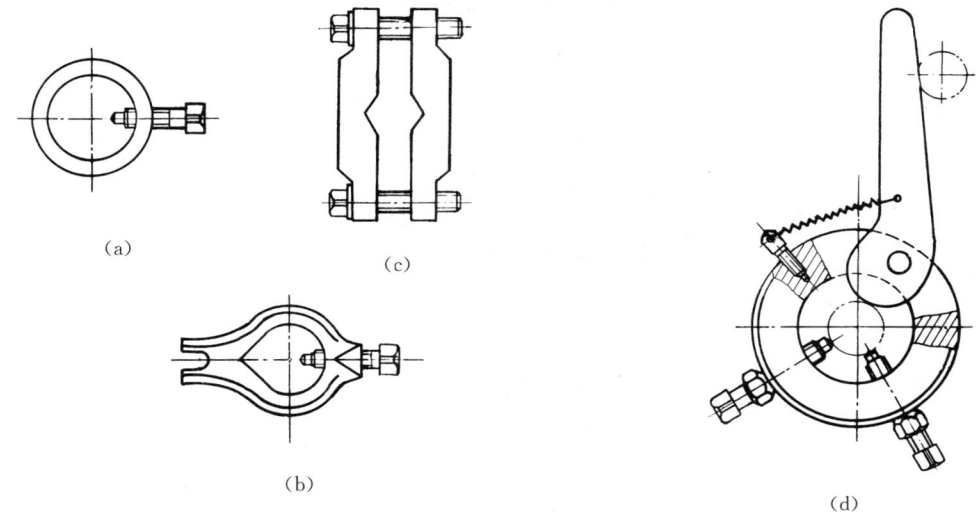

图 10-12　常用的夹头
(a) 圆环夹头;(b) 鸡心夹头;(c) 对合夹头;(d) 自动夹紧夹头

(2) 用心轴装夹　磨削套筒类零件时,常以内孔为定位基准,把零件套在心轴上,心轴再装夹在磨床的前、后顶尖上。常用的有锥形心轴、带台肩圆柱心轴、带台肩可胀心轴等,如图10-13所示。

(3) 用三爪卡盘或四爪卡盘装夹　磨削端面上不能打中心孔的短工件时,可用三爪卡盘或四爪卡盘装夹。四爪卡盘特别适于夹持表面不规则工件。

(4) 用卡盘和顶尖装夹　当工件较长,一端能打中心孔,一端不能打中心孔时,可一端用卡盘,一端用顶尖装夹工件。

2. 磨外圆的方法

在外圆磨床上磨外圆的方法有四种(图10-14)。

(1) 纵磨法　磨削时工件作圆周进给运动,同时随工作台作纵向进给运动,每一纵向行程或往复行程结束后,砂轮作一次小量的横向进给。当工件磨削至最终尺寸时,无横向进给地纵向往复几次,至火花消失为止。纵磨时磨削深度小,磨削力小,磨削温度低,再加磨到最后又作几次无横向进给的光磨行程,能逐步消除由于机床、工件、夹具弹性变形而产生的误差,所以磨削精度较高。

纵磨法是最通用的一种磨削方法,其特点是可用同一砂轮磨削长度不同的工件,且加工质量好。在单件、小批量生产以及精磨时被广泛使用。

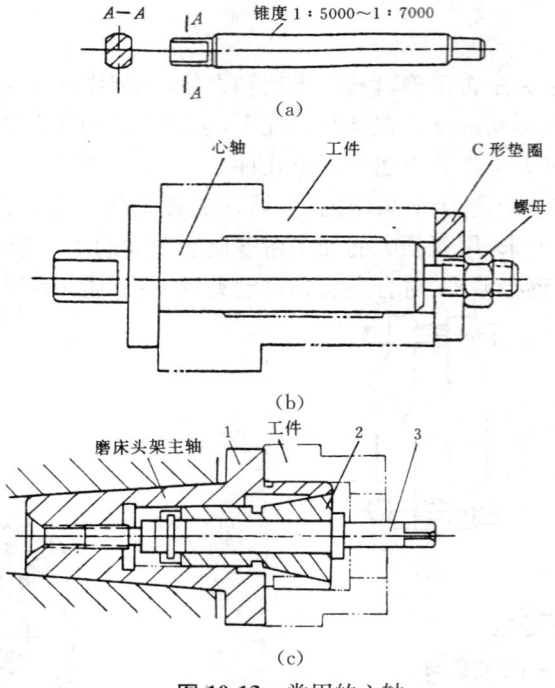

图 10-13　常用的心轴

(a) 锥形心轴；(b) 带台肩圆柱心轴；(c) 带台肩可胀心轴

1—主轴台肩；2—可胀心轴；3—拉杆

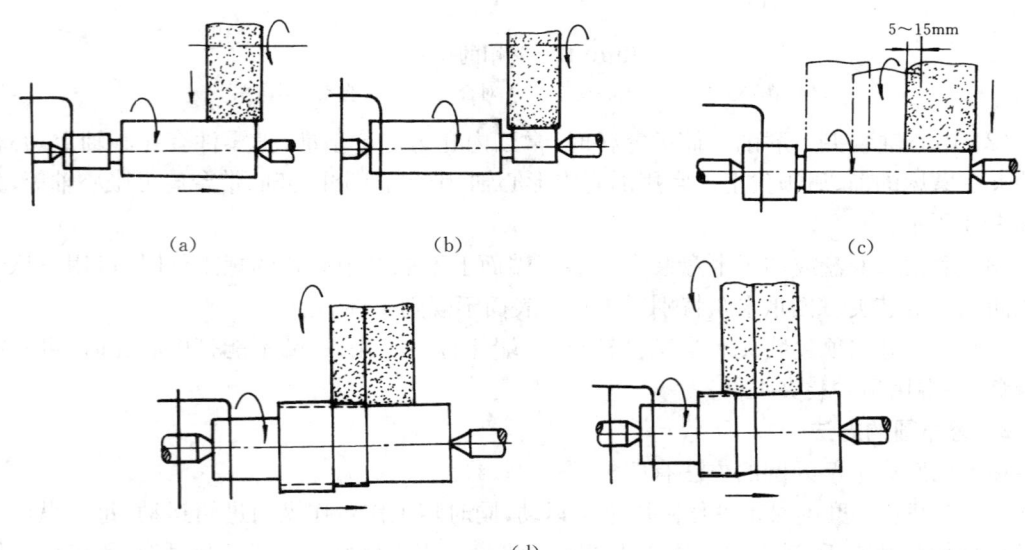

图 10-14　磨外圆的方法

(a) 纵磨法；(b) 横磨法；(c) 分段综合磨法；(d) 深磨法

(2) 横磨法(切入磨法)　磨削时工件无纵向进给运动，采用一只比工件需要磨削的表面宽(或等宽)的砂轮连续地或间断地向工件作横向进给运动，直至磨掉全部加工余量，此法又称径向磨削法或切入磨法。横磨法生产率高,但由于工件相对砂轮无纵向进给运动,相当于成形磨削,砂轮的形状误差直接影响工件的形状精度,另外,砂轮与工件的接触宽度大,则磨削力大,磨削温度高,因此砂轮要勤修整、切削液供应要充分,工件刚性要好。

横磨法主要用于磨削短外圆表面、阶梯轴的轴颈和粗磨等。

(3) 分段综合磨法　分段综合磨法是纵磨法和横磨法的综合应用。先在工件磨削表面的全长上,分成几段进行横磨,相邻两段间有 5～15mm 重叠,每段都留下 0.01～0.03mm 的精磨余量,然后用纵磨法将它磨去。

这种磨削方法综合了横磨法生产率高,纵磨法精度高的优点。当工件磨削余量较大,加工表面的长度为砂轮宽度的 2～3 倍,而一边或两边又有台阶时,采用此法最为合适。

(4) 深磨法　深磨法的特点是将全部磨削余量在一次纵走刀中磨去。砂轮一端外缘修成锥形或阶梯形,磨削时工件的圆周进给速度和纵向进给速度都很慢。最后再以无横向进给作纵向往复几次至火花消失为止,以获得较低的表面粗糙度。修整砂轮时,最大直径的外圆要修整得精细,因为它起精磨作用。

深磨法的生产率约比纵磨法高一倍,磨削力大,工件刚性及装夹刚性要求要好。它修整砂轮较复杂,只适合大批量生产,磨削允许砂轮越出被加工面两端较大距离的工件。

3. 外圆磨削的质量分析

磨削外圆时常见的质量问题有三个方面:形状误差、位置误差和表面缺陷,具体分析如表 10-8 所示。

表 10-8　外圆磨削质量分析

质量问题		产　生　原　因
形状误差	外圆断面不圆	① 中心孔不圆,孔内有异物,两中心孔轴线不一致,顶尖与中心孔锥角不一致,顶尖未顶紧等; ② 用卡盘装夹工件时,头架主轴径向跳动太大; ③ 砂轮主轴与轴承间间隙过大; ④ 磨前工件断面不圆,而且工件刚性又差; ⑤ 工件不平衡时,离心力作用,使较重的一边磨去多; ⑥ 工件热处理后还存在部分内应力,磨削后内应力重新平衡而产生变形
	外圆有锥度	工件轴线与工作台运动方向不平行造成。 ① 工作台未调整好,其纵向行程方向与外圆磨床主轴轴线不平行; ② 磨削一段时间后,头架轴承发热,头架主轴中心向砂轮架方向偏移,而尾架发热少,其中心不发生偏移,以致磨出的工件带有锥度; ③ 工作台和导轨间润滑油压力过大,工作台产生飘浮,使磨出的工件带有锥度
	外圆直径两端与中间不一致	① 工件刚性差,工件发生弹性弯曲,致使砂轮在工件两端磨去多,在中间磨去少,工件成腰鼓形; ② 磨细长轴时,未安装多个中心架,或中心架的支块调整得过松,工件上仍要产生腰鼓形误差; ③ 砂轮越出工件两端太多,机床、砂轮、工件的弹性恢复,使工件两端磨去过多,工件成腰鼓形; ④ 磨细长轴时,顶尖顶得过紧,工件因磨削热伸长变形受阻,产生弯曲,形成工件中间磨去多,两端磨去少,工件成马鞍形; ⑤ 磨薄壁套筒采用心轴安装,热胀后两端变形受阻,迫使筒体中间鼓起,磨后工件成马鞍形; ⑥ 使用中心架时,中心架的水平支块顶得过紧,磨后使工件成马鞍形

(续表)

质量问题		产 生 原 因
位置误差	阶梯轴各段轴径不同轴	① 顶尖与中心孔接触不好或过松、过紧； ② 头架主轴径向跳动大，磨削用量太大，各段轴径磨削余量不均匀
	台阶端面与轴线不垂直	① 砂轮端面与工件端面接触面积太大； ② 砂轮端面磨粒太钝，磨削力使砂轮架、工件产生弹性变形
表面缺陷	表面有波形纹	① 砂轮不平衡，砂轮电动机不平衡，砂轮硬度太大，砂轮磨钝后未及时修整； ② 头架主轴轴承间隙过大，砂轮主轴轴承间隙过大； ③ 工件或夹具不平衡。工件上中心孔不圆，磨削用量又较大； ④ 磨床附近有振动的机械在工作
	表面烧伤	① 砂轮太硬，粒度号太大，组织太紧； ② 没有经常修整砂轮，砂轮太钝； ③ 磨削用量太大，特别是磨削深度太大； ④ 切削冷却液供应不足
	表面拉毛	磨粒脱落在砂轮与工件之间，切削液过滤不干净

磨外圆操作实习

在磨床上用纵磨法磨外圆。

① 擦净工件两端中心孔，检查中心孔是否圆整光滑，否则需经过研磨。

② 调整头、尾座位置，使前后顶尖间的距离与工件长度相适应。

③ 在工件的一端装上适当的夹头、两中心孔加入润滑脂后，把工件装在两顶尖之间，调整尾座顶尖弹簧压力至适度。

④ 调整行程挡块位置，防止砂轮撞击工件台肩或夹头。

⑤ 调整头架主轴转数，测量工件尺寸，确定磨削余量。

⑥ 开动磨床，使砂轮和工件转动，当砂轮接触到工件时，开放切削液。

⑦ 调整切深后，进行试磨，边磨边调整锥度，直至锥度误差被消除。

⑧ 进行粗磨，工件每往复一次，切深为 0.01～0.025mm。

⑨ 进行精磨，每次切深为 0.005～0.015mm，直至到达尺寸精度。

⑩ 进行光磨，精磨至最后尺寸时，砂轮无横向进给，工件再纵向往复几次，直至火花消失为止。

⑪ 检验工件尺寸及表面粗糙度。

磨外圆操作要点

① 启动砂轮要点。

② 对接触点时，砂轮要慢慢靠近工件。

③ 精磨前一般要修整砂轮。

④ 磨削过程中，工件的温度会有所提高，测量时应考虑热膨胀对工件尺寸的影响。

三、磨内孔

磨内孔可在内圆磨床或万能外圆磨床上进行。与磨外圆相比，由于砂轮直径受到工件孔径的限制,一般较小,切削速度大大低于外圆磨削。而且砂轮轴悬伸长度又大,刚性较差,加上磨削时散热、排屑困难,磨削用量不能高,因此加工精度和生产效率都较低。

1. 工件的装夹

在内圆磨床上磨工件的内孔,如工件为圆柱体,且外圆柱体面已经过精加工,则可用三爪卡盘或四爪卡盘找正外圆装夹。如工件外表面较粗糙,或形状不规则,则以内圆本身定位找正安装。

在万能外圆磨床上磨圆柱体的内孔,短工件用三爪卡盘或四爪卡盘找正外圆装夹,长工件的装夹方法有两种:一种是一端用卡盘夹紧,一端用中心架支承[图 10-15(a)];另一种是用 V 形夹具装夹[图 10-15(b)]。

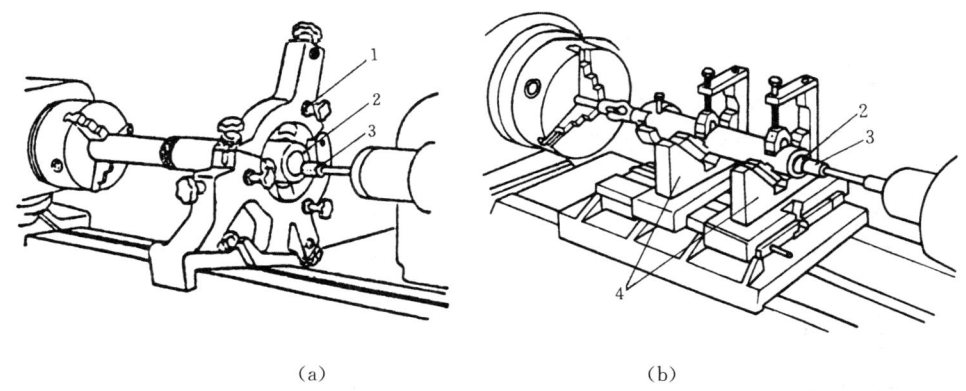

图 10-15 工件磨内孔时的装夹方法
(a)用卡盘和中心架装夹;(b)用 V 形夹具装夹
1—中心架;2—工件;3—砂轮;4—V 形夹具

2. 磨内孔的方法

磨削内孔一般采用纵向磨和切入磨两种方法(图 10-16)。磨削时,工件和砂轮按相反的方向旋转。砂轮在工件孔中的磨削位置有前接触和后接触两种(图 10-17)。一般在万能外圆磨床上采用前接触,在内圆磨床上采用后接触。

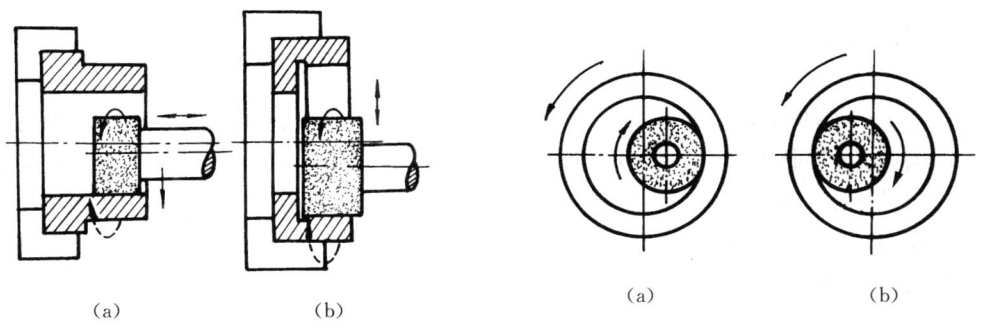

图 10-16 磨内孔的方法　　　　　图 10-17 砂轮在工件孔中的磨削位置
(a)纵向磨;(b)切入磨　　　　　　(a)后接触;(b)前接触

3. 内孔磨削的质量分析

磨削内孔时常见的质量问题也有三个方面:形状误差、位置误差和表面缺陷,具体分析如表 10-9 所示。

表 10-9　内孔磨削质量分析

质量问题		产 生 原 因
形状误差	孔的断面不圆	① 内圆磨床床头箱主轴承间隙过大； ② 磨薄壁套内孔时，卡盘夹紧力太大，使工件弹性变形，磨后从卡盘上取下工件，工件弹性恢复，工件孔断面便成为弧边三角形
	内孔有锥度	产生的原因基本上与磨外圆时分析相同。参阅表 10-8
	内孔两端成喇叭口	砂轮越程太大，砂轮位于两端时，砂轮轴弹性恢复，磨去量过多
位置误差	端面与孔不垂直，工件外圆与孔不同轴	工件未找正或没夹牢，用塞规检验时，工件发生微量位移等
表面缺陷	内孔表面较粗糙	① 砂轮修整得不光，砂轮磨钝或堵塞后未及时修整； ② 砂轮轴转速太低，砂轮轴径向跳动太大； ③ 砂轮切入深度太大或工作台纵向进给速度太快
	表面烧伤表面拉毛	产生的原因基本上与磨外圆时分析相同，参阅表 10-8。另外，砂轮直径选得太大或砂轮两边太尖锐。孔壁易产生拉毛现象

四、磨圆锥面

1. 工件的装夹

圆锥面有外圆锥面和内圆锥面两种。工件的装夹方法可参照磨外圆和内圆的装夹方法。

2. 磨外圆锥面方法

在万能外圆磨床上磨外圆锥面有三种方法。

(1) 转动工作台磨外圆锥面　它适合磨削锥度小而长度大的工件如图 10-18(a) 所示。

(2) 转动头架磨外圆锥面　它适合磨削锥度大而长度短的工件，如图 10-18(b) 所示。

(3) 转动砂轮架磨外圆锥面　它适合磨削长工件上锥度较大的圆锥面，如图 10-18(c) 所示。

3. 磨内圆锥面方法

磨内圆锥面有两种方法。

(1) 转动头架或转动床头箱磨内圆锥　在万能外圆磨床上转动头架或在内圆磨床上转动床头箱磨内圆锥面，前者适合磨削锥度较大的内圆锥面[图 10-18(d)]，后者适合磨削各种锥度的内圆锥面。

(2) 转动工作台磨内圆锥　在万能外圆磨床上转动工作台磨内圆锥面，它适合磨削锥度不大的内圆锥面，如图 10-18(e) 所示。

五、磨平面

1. 工件的装夹

磨平面一般使用平面磨床。平面磨床工作台通常采用电磁吸盘来安装工件，对于钢、铸铁等导磁性工件可直接安装在工作台上，对于铜、铝等非导磁性工件，要通过精密平口钳等装夹。电磁吸盘是按电磁铁的磁效应原理设计制造的。工件安放在电磁吸盘上通过磁力作

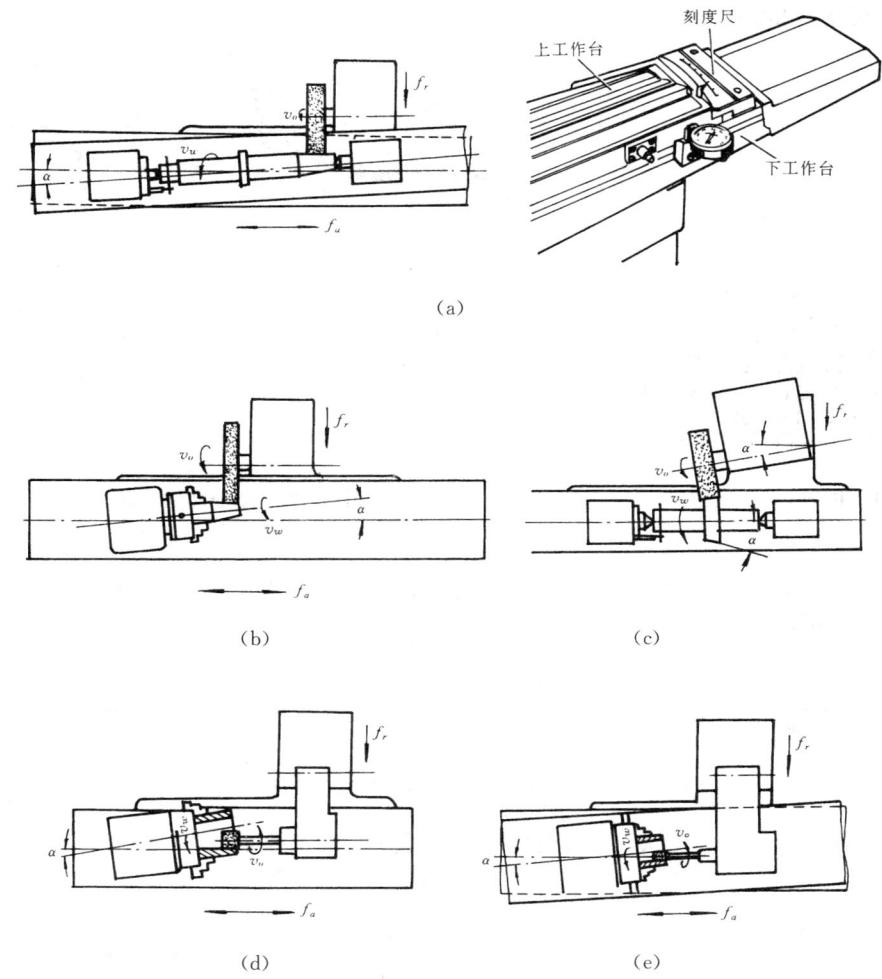

图 10-18 磨圆锥面方法
(a) 转动工作台磨外圆锥面；(b) 转动头架磨外圆锥面；(c) 转动砂轮架磨外圆锥面；(d) 转动头架磨内圆锥面；(e) 转动工作台磨内圆锥面

用将工件吸住，如图 10-19 所示。

2. 磨平面的方法

根据磨削时砂轮工作表面的不同，磨平面的方法有两种，即周磨法和端磨法，如图10-20所示。

(1) 周磨法　用砂轮的圆周面磨削平面。周磨时，砂轮与工件接触面积小，排屑和冷却条件好，工件发热量少，因此磨削易翘曲变形的薄片工件，能获得较好的加工质量，但磨削效率低。一般用于精磨。

(2) 端磨法　用砂轮的端面磨削平面。端磨时，由于砂轮轴伸出较短，而且主要是受轴向力，因而刚性较好，能采用较大的磨削用量。此外，砂轮与工件接触面积大，磨削效率高，但发热量大，也不易排屑和冷却，故加工质量较周磨低。一般用于粗磨和半精磨。

平面磨床的工作台有长方形和圆形两种，在这两种平面磨床上都能进行周磨和端磨。

3. 平面磨削的质量分析

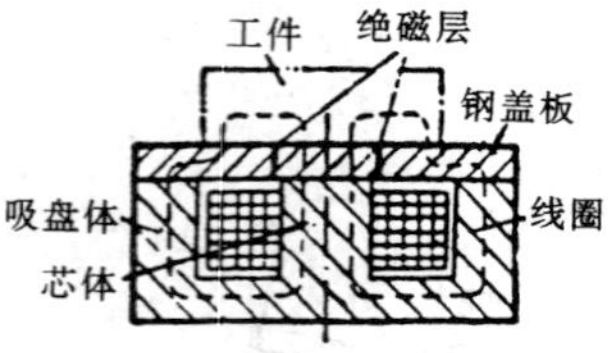

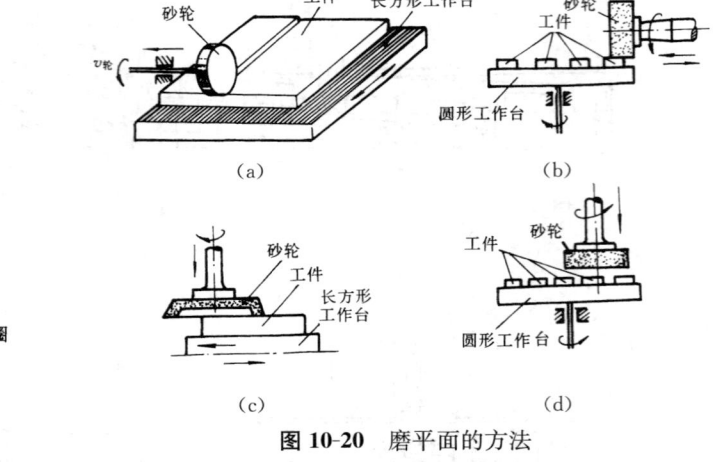

图 10-19 电磁吸盘

图 10-20 磨平面的方法
(a、b)周磨法；(c、d)端磨法

磨平面时常见的质量问题有：工件翘曲变形，磨削面不平，工件平行度有误差和表面缺陷。具体分析如表 10-10 所示。

表 10-10 平面磨削质量分析

质量问题	产 生 原 因
工件翘曲变形	① 薄形工件刚性差，工件受磨削热变形，且上层热下层冷，使工件弓起，磨后工件翘曲变形； ② 薄形工件两端被夹住不能伸展，工件也要翘曲变形； ③ 淬火后的工件和未经充分时效的铸件存在内应力，磨削后内应力重新分布而发生变形
磨削面不平	床身导轨、横拖板导轨磨损和变形，使工作台纵向运动、砂轮横向运动产生误差而引起
工件平行度误差	① 工件定位面上有毛刺，工件与电磁吸盘间有异物；电磁吸盘磨损或表面被划伤，划痕边上凸起； ② 工件用平口钳装夹时，工件下面的垫铁未垫实； ③ 砂轮选得太软，在磨削一个大平面过程中损耗太大； ④ 磨床纵、横导轨磨损或变形
表面缺陷 表面比较粗糙，有波纹振痕、烧伤和裂纹	产生原因基本上与磨外圆、内孔时分析相同，参阅表 10-8、表 10-9

六、典型磨削示例

图 10-21 所示轴套，材料为 45 钢调质，磨削前已经过半精加工，除孔 $\phi 25^{+0.045}_{\ 0}$、$\phi 40^{+0.027}_{\ 0}$ 和外圆 $\phi 45^{\ 0}_{-0.017}$ 及台阶端面外，都已加工至尺寸精度。要求内、外圆同心及孔与端面互相垂直是这类零件的特点。磨削时，为了保证位置精度的要求，应尽量在一次安装中完成全部表面加工。如不能做到，则应先加工孔，然后以孔定位，用心轴安装加工外圆表面和台阶端面。

图示轴套的磨削加工,为了保证孔$\phi 25^{+0.045}_{0}$的加工精度,安排了粗、精磨两个步骤。

磨削加工可在万能外圆磨床上进行,具体步骤如表 10-11 所示。

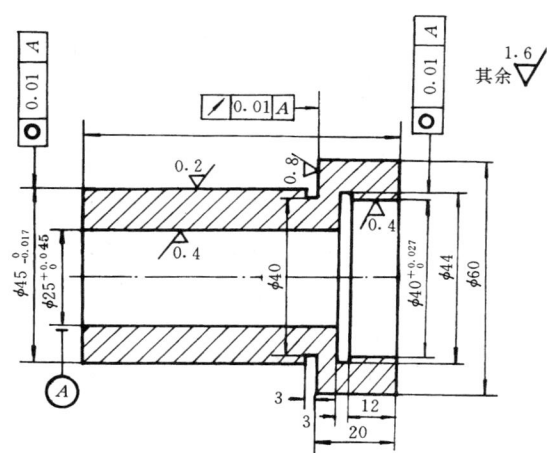

图 10-21 套类零件

表 10-11 轴套零件磨削加工步骤

序号	加工内容	加工简图	刀具
1	以$\phi 45^{0}_{-0.017}$外圆定位,将工件夹持在三爪卡盘中,用百分表找正。粗磨$\phi 25$内孔。留精磨余量0.04~0.06mm		用磨内孔砂轮,尺寸为$(12 \times 6 \times 4)$mm
2	更换砂轮,粗、精磨$\phi 40^{+0.027}_{0}$内孔		用磨内孔砂轮,尺寸为$(25 \times 10 \times 6)$mm
3	更换砂轮,精磨$\phi 25^{+0.045}_{0}$内孔		用磨内孔砂轮,尺寸为$(12 \times 6 \times 4)$mm
4	以$\phi 25^{+0.045}_{0}$内孔定位。用心轴安装,粗、精磨$\phi 45^{0}_{-0.017}$外圆及台阶面达到要求		用磨外圆砂轮,尺寸为$(300 \times 40 \times 127)$mm

第五节 光整加工

光整加工通常在精车、精镗和精磨之后进行。是获得高精度、小粗糙度的一种加工方法。通常包括光整磨削、研磨、珩磨和超精加工。

一、光整磨削

使工件获得表面粗糙度 R_a 值在 $0.1\mu m$ 以下的磨削称光整磨削。光整磨削主要是靠砂轮的精细修整,使砂轮磨粒微刃具有很好的等高性,因此能使被加工表面留下大量极微细的磨削痕迹。加上无火花磨削的阶段,在微刃切削、滑挤、抛光、摩擦等综合作用下,表面粗糙度可达到较低的数值。

光整磨削适用于各类精密机床主轴、关键轴套、轧辊、塞规、轴承套圈等的光整加工。

二、研磨

研磨是用游离磨粒和研具对工件表面进行微量去除的工艺方法,可以获得高精度和低粗糙度的工件。研磨的尺寸精度可达亚微米级,表面粗糙度 R_a 值达 $0.01\mu m$。研磨是传统的光整、精密加工方法之一,详见第五章内研磨部分。

三、珩磨

珩磨是在珩磨机上用细磨粒磨条组成的珩磨头加工零件内孔的一种光整加工工艺,如图 10-22 所示。一般珩磨后可将工件的形状和尺寸精度提高一级,表面粗糙度 R_a 可达 $0.2 \sim 0.025\mu m$。

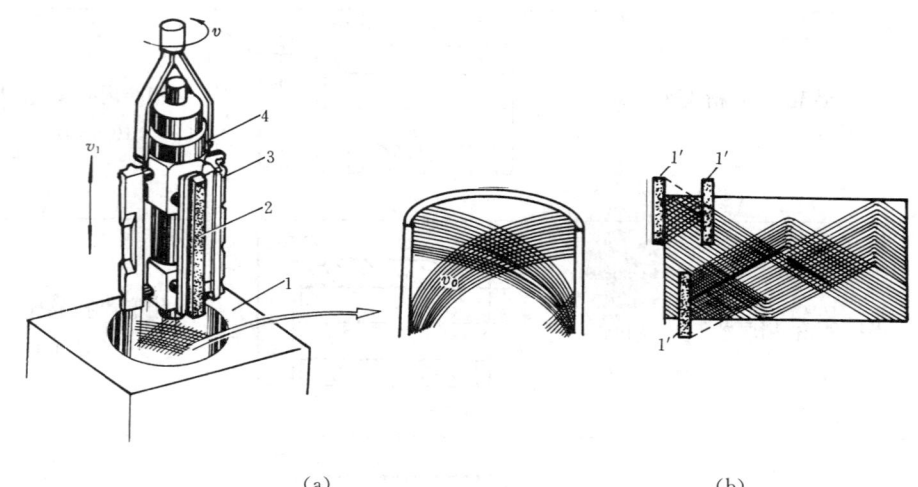

图 10-22　珩磨头及珩磨油石的切削轨迹
1—工件;2—磨条;3—磨条座;4—联轴器

珩磨加工的工件表面质量、加工精度和加工效率高,加工应用范围广、经济性好。

四、超精加工

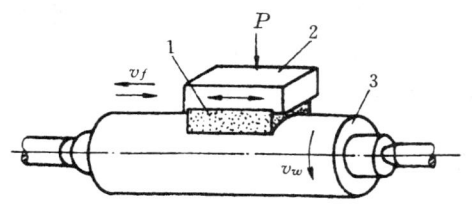

图 10-23 超精加工示意图
1—油石；2—振动头；3—工件

超精加工是用细磨粒的油石作高频率、短行程的往复运动，并以很小的压力对作回转运动的工件表面进行加工的方法。超精加工的余量极小（3～20μm），可获得很低的表面粗糙度值（R_a 为 0.16～0.01μm），但它只能改变表面的光滑程度，不能改变宏观的几何形状。图 10-23 为超精加工示意图。

超精加工能加工钢、铸铁、黄铜、铝、陶瓷、玻璃、硅和锗等各种金属与非金属材料，可以加工外圆、平面、内孔和各种曲面。超精加工主要用于内燃机曲轴、凸轮轴、活塞、活塞销等的光整加工。

第六节　磨削先进技术

近些年来，磨削加工技术正朝着以下方向发展：研制和使用新型的、超硬的磨料磨具；开发和推广精密、超精密磨削、高效磨削工艺；研制和应用高精度、高刚度的磨床和磨削加工中心。

一、新型和超硬磨料磨具

1. 陶瓷刚玉磨料

20 世纪 80 年代，美国推出两种新的陶瓷刚玉磨料 Cubitron（3M 公司）和 SG（Norton 公司）。Cubitron 经过化学陶瓷化处理。SG 经过晶体凝胶化处理，干燥固化后破碎成颗粒，最后烧结成磨料。这与原来的刚玉（A、WA 等）经熔炼后冷却固化，然后破碎的制法不同。SG 韧性好（为 A、WA 的 2～2.5 倍），晶体很小（0.1～0.2μm，而原来的刚玉为 5～10μm），耐磨，自锐性好，磨粒锋利，形状保持性好，寿命长。因此磨除率（单位时间内磨除材料量）高，磨削比（磨除材料量与砂轮损耗量之比）大。但它的制造成本较高。目前常用的是 SG 与 WA（或 A）的混合砂轮，SG 与 GC 混合的砂轮以及 SG 与 CBN 混合的砂轮。在工业发达国家这些磨料混合的砂轮已被普遍使用。

2. 人造金刚石砂轮

如图 10-24 所示，人造金刚石砂轮由磨料层、过渡层和基体三部分组成。磨料层由人造金刚石磨粒和结合剂组成，厚度约为 1.5～5mm，起磨削作用。过渡层不含人造金刚石，单由结合剂组成，其作用是使磨料层与基体牢固地结合在一起，并使磨料层能全部得到使用。基体起支承磨削层的作用，并通过它将砂轮紧固在磨床主轴上。基体常用铝、钢、铜或胶木等制造。人造金刚石砂轮用于磨削超高硬度的脆性材料，如硬质合金、花岗岩、宝石、光学玻璃和陶瓷等，还可磨削有一定韧性的热喷焊耐磨合金，如 NiCr15C、NiWC35 等。

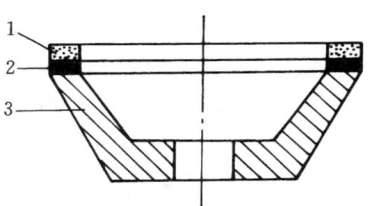

图 10-24　金刚石砂轮的构造
1—磨料层；2—过渡层；3—基体

3. 立方氮化硼砂轮

立方氮化硼砂轮的立方氮化硼颗粒粘在普通砂轮的表面,立方氮化硼只有一薄层。立方氮化硼磨粒非常锋利又非常硬,其寿命为刚玉磨粒的 100 倍。立方氮化硼砂轮用于磨削超硬的、高韧性的、难加工钢材,如高钒高速钢、耐热合金等。立方氮化硼砂轮特别适合高速磨削和超高速磨削。但需采用经改制的特殊水剂切削液而不能采用普通的水剂切削液。

二、高精度、小粗糙度磨削和高效磨削

1. 高精度、小粗糙度磨削

高精度、小粗糙度磨削包括精密磨削($R_a 0.05 \sim 0.1 \mu m$)、超精磨削($R_a 0.012 \sim 0.025 \mu m$)、镜面磨削($R_a 0.01 \mu m$ 以下)。它可以代替研磨加工,提高生产效率和减轻劳动强度。磨削加工时,对磨床的精度和运动平稳性、环境条件、砂轮的选用和修整、切削液的选择和浇注方式等都有较高的要求。

2. 高效磨削

高效磨削包括高速磨削、强力磨削和砂带磨削等。

（1）高速磨削

高速磨削是指砂轮速度提高到 45m/s 以上时的磨削加工。高速磨削可获得明显的技术经济效益。若将磨削速度由 30～35m/s 提高到 50～60m/s 时,生产效率可提高 30%～100%;砂轮耐用度提高约 0.7～1 倍;工件表面粗糙度降低约 50%。当前高速磨削的线速度 v_s 已达 250m/s,并已成功地进行了 v_s 达 500m/s 的超高速磨削试验。

（2）强力磨削

强力磨削一般指以大的磨削深度进行的磨削加工。如缓进给磨削(又称深磨),与普通磨削相比,磨削深度可达 1～30mm,约为普通磨削的 100～1000 倍,工件进给速度缓慢,约为 5～300mm/min,磨削工件,一次或数次行程即可磨到所要求的尺寸和形状精度。加工效率比普通磨削高 1～5 倍。缓进给磨削由于进给速度缓慢,减小了砂轮与工件的冲击,使振动和加工波纹减小,因而能获得较高的加工精度,且精度稳定性好。缓进给磨削的磨削区温度很低,表面残余应力小,故它亦称为无应力磨削。缓进给磨削适宜加工韧性材料(如镍基合金)和淬硬材料,并特别适合于各种成形面和沟槽、难加工材料的磨削加工,并可以从铸锻毛坯直接磨出符合要求的零件。

高速磨削和强力磨削对机床、砂轮及冷却方式等都有较高的要求。

（3）砂带磨削

砂带磨削是以高速运动的砂带作为磨具并辅之以接触轮、张紧轮、驱动轮等组成的磨头组件对工件进行加工的一种磨削方法(图 10-25)。

砂带由基体、结合剂和磨粒组成(图 10-26)。常用的基体是牛皮纸、布(斜纹布、尼龙纤维、涤纶纤维)和纸-布组合体。纸基砂带平整,磨出的工件表面粗糙度小。布基承载能力高,纸-布基综合两者的优点。砂带上的结合剂有两层,底胶把磨粒黏结在基体上,复胶固定磨粒间位置,结合剂常用的是树脂。砂带上仅有一层经过精选的粒度均匀的磨粒,通过静电植砂,使其锋刃向上,切削刃具有良好的等高性。因此,材料切除率高,磨削表面质量好。

20 世纪 60 年代制成砂带磨床后,砂带磨削发展非常快。目前工业发达国家的砂带磨削已占磨削加工量的一半左右。与砂轮磨削相比,砂带磨削具有以下特点:

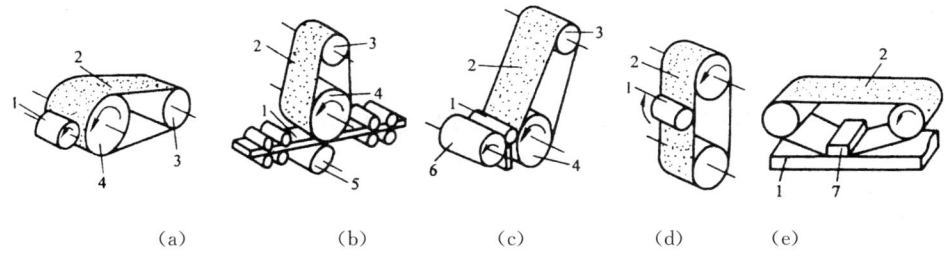

图 10-25 砂带磨削的几种形式
(a) 磨外圆；(b) 磨平面；(c) 无心磨削；(d) 自由磨削；(e) 成形磨削
1—工件；2—砂带；3—张紧轮；4—接触轮；5—承载轮；6—导轮；7—成形导向板

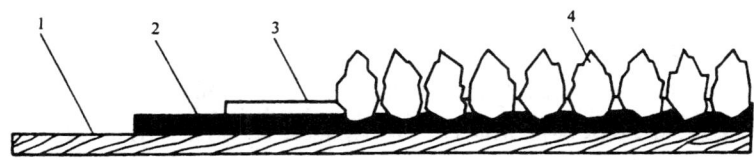

图 10-26 砂带的结构
1—基体；2—底胶；3—复胶；4—磨粒

① 磨削效率高。主要表现在材料切除率高和机床功率利用率高。如钢材切除率已能达到 $700\text{mm}^3/\text{s}$，超过了常规车削、铣削的生产效率。砂带磨削效率是铣削的 10 倍，普通砂轮磨削的 5 倍。

② 加工质量好。一般情况下，砂带磨削的加工精度比砂轮磨削略低，尺寸精度可达 $3\mu\text{m}$，表面粗糙度 R_a 达 $1\mu\text{m}$。但近年来，由于砂带制造技术的进步（如采用静电植砂等）和砂带机床制造水平的提高，砂带磨削已跨入了精密、超精密磨削的行列，尺寸精度最高可达 $0.1\mu\text{m}$，工件表面粗糙度 R_a 最高可达 $0.01\mu\text{m}$，即达镜面效果。

③ 磨削热小。工件表面冷硬程度与残余应力仅为砂轮磨削的十分之一，即使干磨也不易烧伤工件，而且无微裂纹或金相组织的改变，具有"冷态磨削"之美称。

④ 工艺灵活性大，适应性强。砂带磨削可以很方便地用于平面、外圆、内圆和异型曲面等的加工（发动机、汽轮机叶片、聚光镜灯碗、反射镜等）。

⑤ 材料、加工尺寸适应范围广。砂带磨削不但能加工金属材料，还可以加工皮革、木材、橡胶、尼龙和塑料等非金属材料，特别对不锈钢、钛合金、镍合金等难加工材料更显示出其独特的优势。在加工尺寸方面，砂带磨削也远远超出砂轮磨削，当前砂轮磨削的最大宽度仅为 1m，而宽达 4.9m 的砂带磨床已经投入使用。

⑥ 综合成本低。砂带磨床结构简单、投资少，操作简便，生产辅助时间少，对工人技术要求不高，工作时安全可靠。

砂带磨削也有不足之处，它占用空间大，噪声大；不能磨削小直径深孔、盲孔、柱坑孔、阶梯外圆和齿轮等；砂带消耗量很大。

20 世纪 90 年代美国的砂带已用 Cubitron 和 SG 磨料取代普通刚玉。新磨料韧性好，磨粒很少发生宏观折断，而只是微破碎产生新的锋刃。另外，由于采用新基体、新结合剂，砂带寿命延长，消耗量大大减少。近年来，砂带磨削也采用深切强力磨削，而且数控和自适应控制的砂带磨床也已应用。

先进的磨削技术,如高速重负荷磨削、恒压力磨削、宽砂轮和多砂轮磨削等等,它们都属于高效磨削。

三、超精度、高刚度磨床和磨削加工中心

1. 超精度、高刚度磨床

精密加工必须由高精度、高刚度的机床作保证。超精密磨床广泛采用油轴承、空气轴承和磁轴承实现磨床主轴的高速化和高精密化;利用静动压导轨、直线导轨、静动压丝杠实现导轨及进给机构的高速化和高精密化。同时在结构材料上,采用热稳定性好、抗振性强、耐磨性高的花岗石、人造花岗石、陶瓷、微晶玻璃等替代传统的铁系材料,极大地增加了机床的刚度。

2. 磨削加工中心

磨削加工中心(GC)与一般的 NC、CNC 磨床不同,它具备自动交换、自动选择及自动修整磨削工具的机能,一次装夹即能完成各种磨削加工,实现了磨削加工的复合化与集约化,甚至可实现无人化连续自动生产,不但大大缩短加工时间,节约工装费用,而且机床具有更高的刚度,能更好地防止热变形,进一步提高加工精度。磨削加工中心是当今磨削技术进步的主要标志,也是今后磨床技术的发展方向。

第十一章 数控机床操作

第一节 数控机床概述

一、数控机床简介

(一) 数控机床的基本组成及工作原理

数控机床作为一种典型的机电一体化设备,其组成主要包括机床控制系统和机床本体两大部分。从机械角度来讲,其基本布局和普通机床相似。因此,数控机床和普通机床相比,主要特征是后者具有功能强大的、智能化的电气控制系统,即计算机数控系统。一般的标准型数控机床组成如图 11-1 所示。

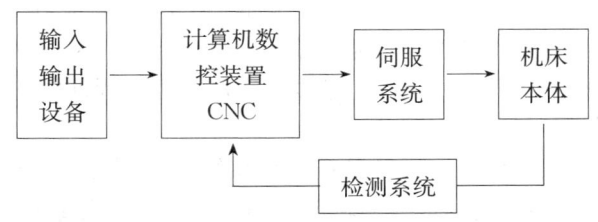

图 11-1 数控机床的基本组成

1. 输入、输出设备

输入设备的主要功能是将工件加工程序、机床参数及刀补值、间补值等数据输入到机床计算机数控装置。数控机床上的输入设备主要有键盘、光电阅读机、磁盘及磁带接口、通信接口等。输出设备主要是将工件加工过程和机床运行状态等打印或显示输出,以便于工作人员操作。一般的数控机床输出设备主要有 CRT 显示器、LED 显示器以及各种信号指示灯、报警蜂鸣器等。RS-232 接口是一种标准串行的输入、输出接口,可实现工件加工程序的打印、数控机床之间或机床和计算机之间的数据通信等。

2. 计算机数控装置

计算机数控装置,简称数控装置或 CNC 装置。它是数控机床的控制核心,其作用类似人的大脑,它的主要功能是接收输入设备输入的加工信息,完成数据的存储、计算、逻辑判断、输入输出控制等,并向机床各驱动机构发出运动指令,指挥机床各部件协调、准确地执行工件加工程序。

3. 伺服系统

伺服系统是指数控机床的电气驱动部分,它接收计算机数控装置发来的各种动作命令,并精确地驱动机床进给轴或主轴运动。伺服系统的性能是影响数控机床加工精度和生产效率的主要因素之一。

4. 机床本体

机床本体是数控机床的主体,是用来完成各种切削加工的机械部分。数控机床的机械结构,除了主运动系统、进给系统以及辅助部分,如液压、气动、冷却和润滑部分等一般部件,还有些特殊部件,如刀库、自动换刀装置(ATC)、自动托盘交换装置等。

5. 位置检测装置

在数控机床中,检测装置的作用主要是对机床的转速及进给实际位置进行检测并反馈回计算机数控装置,进行补偿处理。运动部分通过传感器,将角位移或直线位移转换成电信号,输送给计算机数控装置,与给定位置进行比较,并由计算机数控装置通过计算,继续向伺服机构发出运动指令,对产生的误差进行补偿,使机床工作台精确地移动到要求的位置。

(二)数控机床的分类

数控机床一般可以按以下几种分类方法进行分类:

1. 按工艺用途分类

(1)普通数控机床　普通数控机床一般指在加工工艺过程中的一个工序上实现数字控制的自动化机床,如数控铣床、数控车床、数控钻床、数控磨床与数控齿轮加工机床等。

(2)加工中心　加工中心是带有刀库和自动换刀装置的数控机床。它将数控铣床、数控镗床、数控钻床的功能组合在一起,零件在一次装夹后,可以将其大部分加工面进行铣、镗、钻、扩、铰及攻螺纹等多工序加工。加工中心的类型很多,一般分为立式加工中心、卧式中心和车削加工中心等。由于加工中心能有效地避免由于多次安装而产生的定位误差,所以它适用于产品更换频繁、零件形状复杂、精度要求高而生产周期短的产品。

2. 按运动方式分类

(1)点位控制系统　点位控制系统是指数控系统只控制刀具或机床工作台,从一点准确地移动到另一点,而点与点之间运动的轨迹不需要严格控制的系统。为了减少移动部件的运动与定位时间,一般先以快速移动到终点附近位置,然后以低速准确移动到终点定位位置,以保证良好的定位精度。移动过程中刀具不进行切削。使用这类控制系统的主要有数控镗床、数控钻床、数控冲床、数控弯管机等,如图11-2(a)所示。

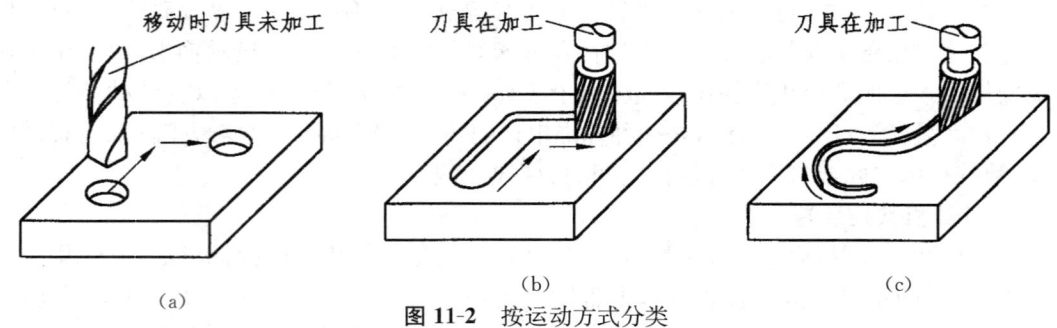

图 11-2　按运动方式分类

(2)点位直线控制系统　点位直线控制系统是指数控系统不仅控制刀具或工作台从一个点准确地移动到另一个点,而且保证在两点之间的运动为一条直线的控制系统。移动部件在移动过程中进行切削。应用这类控制系统的有数控车床、数控钻床和数控铣床等,如图11-2(b)所示。

(3) 轮廓控制系统　轮廓控制系统也称连续控制系统,是指数控系统能够对两个或两个以上的坐标轴同时进行严格连续控制的系统。它不仅能控制移动部件从一个点准确地移动到另一个点,而且还能控制整个加工过程每一点的速度与位移量,将零件加工成一定的轮廓形状。应用这类控制系统的有数控铣床、数控车床、数控齿轮加工机床和加工中心等,如图11-2(c)所示。

3. 按控制方式分类

(1) 开环控制系统　开环控制系统是指不带反馈装置的控制系统。它是根据穿孔带上的数据指令,经过控制运算发出脉冲信号,输送到伺服驱动装置(如步进电动机)使伺服驱动装置转过相应的角度,然后经过减速齿轮和丝杠螺母机构,转换成移动部件的直线位移。

由于开环控制系统不具有反馈装置,所以对移动部件实际位移量的测量及反馈与原指令值进行比较不进行检测,不能进行误差校正,因此系统精度较低(± 0.02mm)。虽然开环控制系统具有结构简单、工作稳定、使用维修方便而且成本低的优点,但它已不能满足数控机床日益提高的精度要求。图11-3所示为开环控制系统框图。

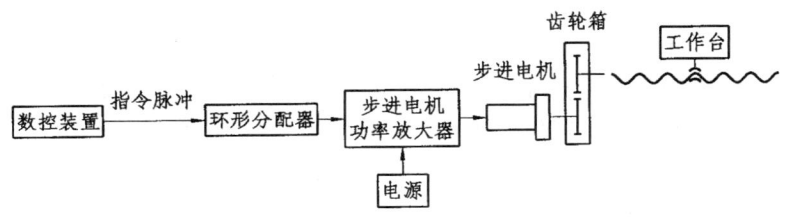

图 11-3　开环伺服系统

(2) 半闭环控制系统　半闭环控制系统是在开环控制系统的伺服机构中伴有角位移检测装置,通过检测伺服机构的滚珠丝杠转角间接检测移动部件的位移,然后反馈到数控装置的比较器中,与原输入指令位移值进行比较,用比较后的差值进行控制,使移动部件补充位移,直到差值消除为止的控制系统。由于半闭环控制系统将位移部件的传动丝杠螺母机构不包括在闭环之内,所以传动丝杠螺母机构的误差仍然会影响移动部件的位移精度。图11-4所示为半闭环控制系统框图。半闭环控制系统调试方便,稳定性好,目前应用较广泛。

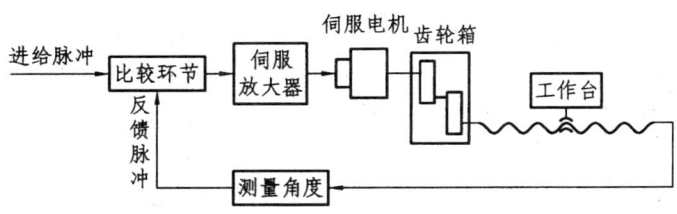

图 11-4　半闭环伺服系统

(3) 闭环控制系统　闭环控制系统是指在机床移动部件位置上直接装有直线位置检测装置,将检测到的实际位移反馈到数控装置的比较器中,与输入的原指令位移值进行比较,用比较后的差值控制移动部件作补充位移,直到差值消除时才停止移动,达到精确定位的控制系统。图11-5所示为闭环控制系统框图。

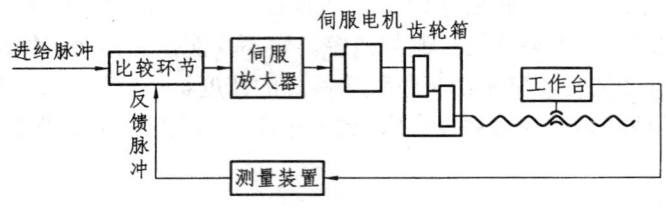

图 11-5 闭环伺服系统

闭环控制系统定位精度高(一般可达±0.01mm,最高可达 0.001mm),一般应用在高精度数控机床上。由于系统增加检测、比较反馈装置,所以结构比较复杂,调试维修比较困难。

(三) 数控机床的主要性能指标

1. 精度指标

(1) 定位精度及重复定位精度　定位精度是指数控机床工作台等移动部件在确定工艺达到的实际位置的精度,因此移动部件实际位置与理想位置之间的误差称为定位误差。定位误差包括伺服系统、检测系统、进给系统等误差,还包括移动部件导轨的几何误差等。定位误差将直接影响零件加工的位置精度。

重复定位精度是指在同一台数控机床上,应用相同程序相同代码加工一批零件,所得到的连续结果的一致程度。重复定位精度受伺服系统特性、进给系统的间隙与刚性以及摩擦特性等因素的影响。一般情况下,重复定位精度是成正态分布的偶然性误差,它影响一批零件加工的一致性,是一项非常重要的性能指标。

(2) 分度精度　分度精度是指分度工作台在分度时,理论要求回转角度值和实际回转角度值的差值。分度精度既影响零件加工部位在空间的角度位置,也影响孔系加工的同轴度等。表 11-1 为几种数控机床的精度指标。

表 11-1　几种数控机床的精度指标

机 床 型 号	定位精度(mm/mm)	重复定位精度(mm)	分度精度(″)
CINCINNATI	±0.025/1000	±0.006	±3
JC-018	±0.012/300	±0.006	
XH754	±0.02/300	±0.01	±10
TH6350	±0.005/全行程	±0.002	

(3) 分辨度与脉冲当量　分辨度是指两个相邻的分散细节之间可以分辨的最小间隔。对测量系统而言,分辨度是可以测量的最小增量;对控制系统而言,分辨度是指可以控制的最小位移增量,即数控装置每发出一个脉冲信号,反映到机床移动部件上的移动量,一般称为脉冲当量。脉冲当量是设计数控机床的原始数据之一,其数值大小决定数控机床的加工精度和表面质量。目前普通数控机床的脉冲当量一般采用 0.001mm;简易数控机床的脉冲当量一般采用 0.01mm;精密或超精密数控机床的脉冲当量采用 0.0001mm。脉冲当量越小,数控机床的加工精度和加工表面质量越高。

2. 可控轴数与联动轴数

数控机床的可控轴数是指机床数控装置能够控制的坐标数目。数控机床可控轴数与数控装置的运算处理能力、运算速度及内存容量等有关。世界上最高级数控装置的可控轴数已达到24轴,我国目前可控轴数有6轴。图11-6为六轴加工中心。

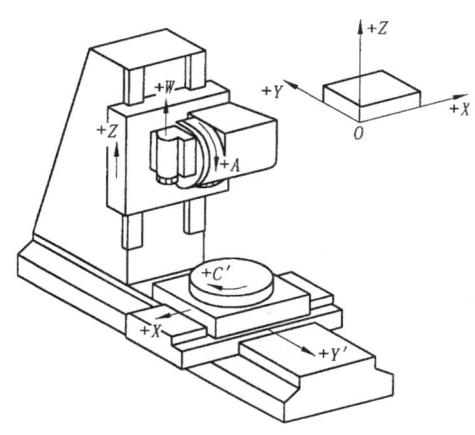

图 11-6　可控六轴加工中心示意图

数控机床的联动轴数是指机床数控装置的坐标轴同时达到空间某一点的坐标数目。目前有两轴联动、三轴联动、四轴联动、五轴联动等。三轴联动数控机床可以加工空间复杂曲面;四轴联动、五轴联动数控机床可以加工宇航叶轮、螺旋桨等零件。

3. 运动性能指标

数控机床的运动性能指标主要包括主轴转速、进给速度、坐标行程、摆角范围和刀库容量及换刀时间等。

(1) 主轴转速　数控机床的主轴一般均采用直流或交流调速主轴电动机驱动,选用高速精密轴承支承,保证主轴具有较宽的调速范围和足够高的回转精度、刚度及抗振性。目前,数控机床主轴转速已普遍达到5000～10000r/min,甚至更高,这样对各种小孔加工以及提高零件表面质量都极为有利。

(2) 进给速度　数控机床的进给速度是影响零件加工质量、生产效率以及刀具寿命的主要因素。它受数控装置的运算速度、机床运动特性及工艺系统刚度等因素的限制。目前国内数控机床的进给速度可达10～15m/min,国外一般可达15～30m/min。

(3) 行程　数控机床坐标轴 X、Y、Z 的行程大小,构成数控机床的空间加工范围,即加工零件的大小。行程是直接体现机床加工能力的指标参数。

(4) 摆角范围　具有摆角坐标的数控机床,其转角大小也直接影响到加工零件空间部位的能力。但转角太大又造成机床的刚度下降,因此给机床设计带来许多困难。

(5) 刀库容量和换刀时间　刀库容量和换刀时间对数控机床的生产率有直接影响。刀库容量是指刀库能存放加工所需要的刀具数量。目前常见的中小型加工中心多为16～60把,大型加工中心达100把以上。换刀时间指带自动交换刀具系统的数控机床,将主轴上使用的刀具与刀库上下一工序需用的刀具进行交换所需要的时间。目前国内均在10～20s内完成换刀;国外不少数控机床换刀时间仅为4～5s。

二、数控加工的基本方法

(一) 数控机床加工的概念

数控加工,就是泛指在数控机床上进行零件加工的工艺过程。数控机床的运动和辅助动作均受控于数控系统发出的指令。在数控机床上加工零件与在普通机床上加工零件,其加工方法并无多大差异,但在机床运动的控制上却有很大区别。在普通机床上加工时,机床的运动受控于操作人员。如机床的开启、主轴转速的变换、走刀路径、运动部件的位移量、切削用量的变更,以及机床的停止等都是依靠操作人员来控制的。在数控机床上加工零件时,机床的运动和辅助动作的实现均受控于数控系统发出的指令。而数控系统的指令是由加工人员根据工件的材质、加工要求、机床的特性和系统所规定的指令格式(数控语言或符号)编制的。编写加工(或运动)指令的过程就称为编程。所谓编程,就是把被加工零件的工艺过程、工艺参数、运动要求用数字指令形式(数控语言)记录在介质上,并输入数控系统。数控系统根据程序指令向伺服装置和其他功能部件发出运行或终断信息来控制机床的各种运动。当零件的加工程序结束时,机床便会自动停止。

机床的受控动作大致包括机床的起动、停止;主轴的启停、旋转方向和转速的变换;进给运动的方向、速度、方式;刀具的选择、长度和半径的补偿;刀具的更换、冷却液的开启、关闭等。在数控机床上加工零件所涉及的范围比较广,与相关的配套技术有密切的关系。合格的加工人员首先应该是一个很好的工艺员,应熟练地掌握工艺分析、工艺设计和切削用量的选择,能正确地提出刀具及辅助装置对零件的装夹方案,懂得工件的测量方法,了解数控机床的性能和特点,熟悉程序编制方法和程序的输入方式。

使用数控机床,不能把它看成使用的仅是一台机床,而应该把它看成是在使用一套成套设备,作为一项综合的成套技术来处理。因此,要求数控编程人员所掌握的知识要新,面要广,要远超过普通的工艺人员,否则就无法胜任程序的设计和编制工作。编程技巧对加工质量有一定的影响。好的加工程序可以适当提高工件的位置精度和解决表面加工质量。

(二) 数控加工工艺的编制方法

在数控机床上加工零件,无论是手工编程还是自动编程,首先遇到的问题就是工艺处理。数控机床用的零件程序通常要比普通机床用的零件工艺规程复杂得多。普通机床用的工艺规程实际上只是一个工艺过程卡,机床的切削用量、走刀路线、工序内的工步往往都由操作人员自行选定。在数控机床上,这些内容都要变成固定的程序,即使是操作者灵活掌握的东西,也要事先选定和安排好,写在程序里。零件程序要包括机床的运动过程、刀具的选择、走刀路线的确定、切削用量的选择等等。这就要求加工人员熟悉机床性能、特点、切削规范和刀具系统,加工程序不能有丝毫差错,否则加工不出合格零件。

1. 数控加工工艺的主要内容

(1) 选择适合加工该零件的数控机床并确定加工工艺内容。

(2) 零件图纸的数控工艺性分析。

(3) 制订工艺路线,如划分工序、加工顺序的安排、基准的选择和其他工作的衔接等。

(4) 数控工序的设计,如加工步、刀具的选择、夹具的定位与安装、走刀路线的确定、切削用量的选择,测量零件的精度等。

(5) 有关数控工序、程序的调整,如对刀、刀具补偿等。

(6) 数控加工中的余量分配。

(7) 数控机床上部分工艺指令的处理。

2. 确定加工工序和加工路线

在数控机床上加工零件时,对加工的工序要进行划分,工序的划分主要有以下几种方法:

(1) 刀具集中法　为了提高效率,减少换刀次数,压缩空程时间,减少不必要的定位误差,加工中心大多数采用按刀具集中所有加工工序的方法来加工零件。就是用同一把刀加工完该零件上所有需要同一把刀加工的部位,然后再换刀。

(2) 先粗后精法　根据零件形状、尺寸和精度,以及零件刚度和变形因素,可以安排先粗加工,后精加工,粗加工后让零件冷却,恢复一段时间,然后再精加工,这种方法称为按粗精加工来划分工序。

(3) 先面后孔法　零件上既有面加工,又有孔加工时,可以先面加工后孔加工,按这种方法划分工序有利于提高孔的加工精度。

加工路线的确定应保证零件的加工精度和表面粗糙度,加工路线实际是指加工过程中刀具运动的轨迹和方向。走刀路线的选择应考虑以下几个方面:

(1) 尽量缩短走刀路线,减少空程走刀,提高工效。

(2) 走刀路线要保证加工零件的表面粗糙度和尺寸精度要求。

(3) 有利于简化数值计算,减少程序段数和编程工作量。

3. 选择刀具、确定切削用量

安装方便、刚性好、精度高、耐用度好是选择刀具的先决条件,粗精加工可选择不同的刀具。编程时,要考虑刀具的结构尺寸和调整尺寸。特别在自动换刀的数控机床上,刀具安装后要进行对刀,把刀具参数存入机床,刀具参数可以在机外调整,也可以在机内调整(一般较好的数控机床都有对刀仪,把对刀调整好的数据存入刀具系统,编程时调用所需刀具即可)。

编程时切削用量主要由主轴转速、背吃刀量、进给量等几个方面组成。

切削用量受机床刚度和刀具刚度、耐用度的限制,在刚度允许的情况下,应尽可能地使背吃刀量等于零件的加工深度,减少走刀次数,提高工效。对于表面粗糙度和精度要求高的零件,可以留下少量精加工余量进行精加工。数控机床的精加工余量可比普通机床少一些。总之,粗加工时,为提高工效,应尽可能使背吃刀量增大;精加工时,为提高精度和表面粗糙度,应尽可能提高主轴转速,降低进给量。不同的工序其切削用量都不一样,编程时都应写入程序。具体数值应根据机床说明书和切削原理中的有关资料,结合实际经验予以确定。

(三) 手工编程的一般步骤

编程就是把零件的工艺过程、工艺参数及其他辅助动作,按动作顺序,按数控机床规定的指令、格式,编成加工程序,记录于控制介质即程序载体(如纸带、磁带、磁盘),输入数控装置,从而指挥机床加工。以下为手工编程的一般步骤。

1. 确定工艺过程及工艺路线

按照一般的工艺原则确定加工方法,划分加工阶段,选择机床、刀具、切削用量及定位夹紧方法;根据数控机床加工特点,做到工序集中、换刀次数少、空行程路线短等。

2. 计算刀具轨迹的坐标值

根据零件的形状、尺寸、走刀路线，计算出零件轮廓上各几何元素的起点、终点、圆弧的圆心坐标。若数控系统无刀补功能，则应计算刀心轨迹。当用直线、圆弧来逼近非圆曲线时，应计算曲线上各节点的坐标值。

3. 编写加工程序

手工编程适合于零件形状较简单、加工工序较短、坐标计算较简单的场合，对于形状复杂（如空间自由曲线、曲面）、工序很长、计算烦琐的零件可采用计算机辅助编程。

4. 程序输入数控系统

可通过键盘直接将程序输入数控系统，也可先制作控制介质（穿孔带等），再将控制介质上的程序输入数控系统。

5. 程序检验

对有图形显示功能的数控机床，可进行图形模拟加工，检查刀具轨迹是否正确。对无此功能的数控机床可进行空运转检验。

以上工作只能检验刀具运动轨迹的正确性，验不出对刀误差或某些计算误差引起的加工误差以及加工精度。所以还要进行首件试切，可先用铝、塑料、石蜡等易切材料。试切后若发现试切的工件不符合要求，可修改程序或进行刀具尺寸补偿。

（四）数控程序编制

1. 加工程序的组成

一个完整的加工程序是由若干个程序段组成的，而每一个程序段又由若干个指令字组成。每个指令字都是控制系统的一个具体指令，它由地址符（又称指令字符）和若干个十进制数字组成的。例如，

```
O1000                                    程序名
N010  G92  X0    Y0    Z0
N020  M03
N030  G01  X100  Y100  F200  S1500       程序段
……
N100  M05
N110  M30
```

这是一个加工程序，由 11 个程序段组成，开头有程序号 O1000，结束有 M30 结束指令，每个程序段中又包含多种指令字符，如 G、M、S、F、X、Y、Z 等。数控编程中常用的地址符及其功能如表 11-2 所示。

表 11-2 常用地址符及其功能

名 称	地址符	格 式	功 能
程序名	O	O1～O9999，应单列一行，顶行、顶格书写	程序编号地址
程序段号	N	N1～N9999	程序段顺序编号地址

(续表)

名　称	地址符	格　　式	功　　能
准备功能	G	G00～G99	用来规定刀具和工件的相对运动轨迹、机床坐标系、坐标平面、刀具补偿、坐标偏置等加工操作
辅助功能	M	M00～M99	用于机床功能的开/关控制,一个程序段中只能有一个M代码。如果同时出现了两个或两个以上的M代码时,只有最后的一个M代码才有效
进给功能	F	F0～F24000	指令机床切削的进给速度
主轴功能	S	S0～S9999	指令机床主轴的每分转速
刀具功能	T	T0～T99	指定机床在加工时所用的刀具
尺寸字	X,Y,Z A,B,C U,V,W	X-99999.999～X99999.999,其他类同	指令机床上刀具运动到达的坐标尺寸、角度坐标或圆心的坐标尺寸
	R	R_	
	I,J,K	I_J_K_(圆弧中心相对于圆弧起点的坐标增量)	
半径补偿功能	D	D_	半径补偿地址
长度补偿功能	H	H_	长度补偿地址
暂停功能	P	G04　P0～P99999.999(秒)	指令机床暂停时间
指定程序号	P	M98　P1～P9999	调用子程序
重复次数	L	L2～L9999	指令子程序执行次数
参数	P,Q,R	固定循环的参数	

2. 准备功能字

准备功能字的地址符为G,所以又称G指令。G指令有两种形式:一种叫作模态代码,它一旦被执行,则可一直延续到被同一组的其他代码取代或其被取消;另一种叫作非模态代码(或一次性代码),它只在所在的程序段中有效。不同组的G代码可以放在同一程序段中,而且与放置的先后顺序无关。表中00组的G代码是非模态的,其他组的G代码是模态的,表中有"◆"标记的为系统缺省值。表11-3为FANUC-0M系统G指令一览表。

表 11-3 G 指令一览表

G代码	组别	状态	功 能	后 续 地 址 字
G00	01	◆	快速定位	X,Y,Z,A,B,C,U,V,W
G01			直线插补	
G02			顺圆插补	X,Y,Z,U,V,W,I,J,K,R
G03			逆圆插补	
G04	00		暂停	P
G07			虚轴指定	X,Y,Z,A,B,C,U,V,W
G09			准停校验	
G11	07	◆	单段允许	
G12			单段禁止	
G17	02	◆	X(U)Y(V) 平面选择	X,Y,U,V
G18			Z(W)X(U) 平面选择	X,Z,U,W
G19			Y(V)Z(W) 平面选择	Y,Z,V,W
G20	08		英寸输入	
G21		◆	毫米输入	
G22			脉冲当量	
G24	03		镜像开	X,Y,Z,A,B,C,U,V,W
G25		◆	镜像关	
G28	00		返回到参考点	
G29			由参考点返回	
G33	01		螺纹切削	K
G40	09	◆	刀具半径补偿取消	
G41			左刀补	D
G42			右刀补	
G43	10		刀具长度正向补偿	H
G44			刀具长度负向补偿	
G49		◆	刀具长度补偿取消	
G50	04	◆	缩放关	
G51			缩放开	X,Y,Z,P
G52	00		局部坐标系设定	
G53			直接机床坐标系编程	

（续表）

G代码	组别	状态	功能	后续地址字
G54	11	◆	工作坐标系1选择	
G55			工作坐标系2选择	
G56			工作坐标系3选择	
G57			工作坐标系4选择	
G58			工作坐标系5选择	
G59			工作坐标系6选择	
G60	00		单方向定位	X,Y,Z,A,B,C,U,V,W
G61	12		精确停止校验方式	
G64		◆	连续方式	
G65	00		子程序调用	P,A~Z
G68	05		旋转变换	X,Y,Z,R
G69		◆	旋转取消	
G73	06		高速深孔钻削循环	X,Y,Z,P,Q,R
G74			逆攻丝循环	
G76			精镗循环	
G80		◆	固定循环取消	
G81			钻孔、锪孔循环	
G82			带停顿的钻孔循环	
G83			深孔钻循环	
G84			攻丝循环	
G85			镗孔循环	
G86			镗孔循环	
G87			反镗循环	
G88			镗孔循环	
G89			镗孔循环	
G90	13	◆	绝对值编程	
G91			增量值编程	
G92	11		工件坐标系设定	X,Y,Z,A,B,C,U,V,W
G94	14	◆	每分进给	
G95			每转进给	

(续表)

G代码	组别	状态	功 能	后 续 地 址 字
G98	15		固定循环返回到起始点	
G99		◆	固定循环返回到R点	

目前国际上实际使用的G功能字,其标准化程度较低,只有G01~G04、G17~G19、G40~G42的含义在各系统中基本相同;G90~G92、G94~G97的含义在多数系统内相同。有些数控系统规定可使用几套G指令。这说明在编程时必须遵照机床数控系统说明书编制程序。

3. 辅助功能字

辅助功能字的地址符为M,所以又称为M指令。在一个程序段中只能有一个M代码。如果同时出现两个或两个以上的M代码时,只有最后的一个M代码才有效。表11-4为FANUC-0M系统M功能一览表。

表11-4 M功能一览表

代 码	功 能	代 码	功 能
M00	程序停止	M06	换刀
M01	选择停止	M08	切削液打开
M02	程序结束	M09	切削液关闭
M03	主轴顺时针方向起动	M30	程序结束并返回
M04	主轴逆时针方向起动	M98	调用子程序
M05	主轴停止起动	M99	子程序结束,返回主程序

当程序运行M00指令时,机床的主轴、进给及冷却都停止,但所有的现存模态信息仍保持不变。该指令主要用于加工过程中测量刀具和工件的尺寸、工件装夹、手动变速等固定手工操作。操作完后,只需重新按操作面板上的"启动"键,系统便可继续执行后续程序。

M01指令与M00指令相类似。要使M01指令有效,必须按下操作面板上的"选择停止"键,否则系统仍然执行后续的程序段。该指令常用于工件关键尺寸的停机检查等情况。当检查完后,只需重新按操作面板上的"启动"键,系统便可继续执行后续程序。

系统执行M02和M30指令时,机床的主轴、进给、冷却全都停止。M02指令使机床停在程序结束处,而M30指令可结束程序并使之返回到程序的开始处。

三、数控机床的坐标系

数控系统依据工件加工程序控制机床进行自动切削加工,其实质就是控制刀具和工件的相对运动,那么就需要在机床上建立描述刀具和工件相对位置关系的坐标系统,以便数控系统向机床坐标轴发出控制信号,完成规定的运动。

(一) 数控机床的坐标系和坐标轴

1. 数控机床的坐标系

标准的坐标系是笛卡尔坐标系,如图 11-7 所示。数控机床坐标轴的指定方法已标准化,我国在 JB/T3051-1999 中规定了各种数控机床的坐标轴和运动方向。它规定直角坐标系中 X、Y、Z 三个直线坐标轴和 A、B、C 三个回转坐标轴的关系,其正方向用右手螺旋定则判定。

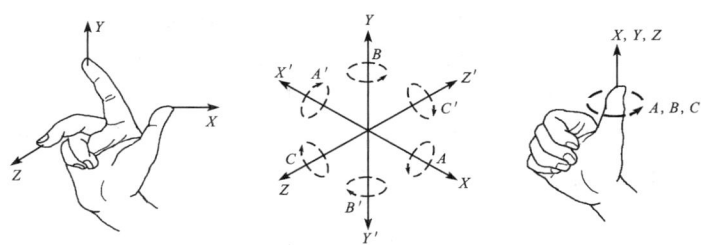

图 11-7 右手笛卡儿坐标系

2. 坐标轴及其运动方向

无论机床的具体运动方式如何,数控机床的坐标运动都指的是刀具相对于工件的运动。机床的某一部件的正方向是增大工件和刀具距离(即增大工件尺寸)的方向,刀具切入工件的方向为负方向。

(1) Z 轴坐标　Z 轴是首先要指定的轴,是指机床上提供切削力的主轴的轴线方向,Z 轴的方向是由传递切削力的主轴确定的,与主轴轴线平行的坐标轴即为 Z 轴,如图 11-8 所示。

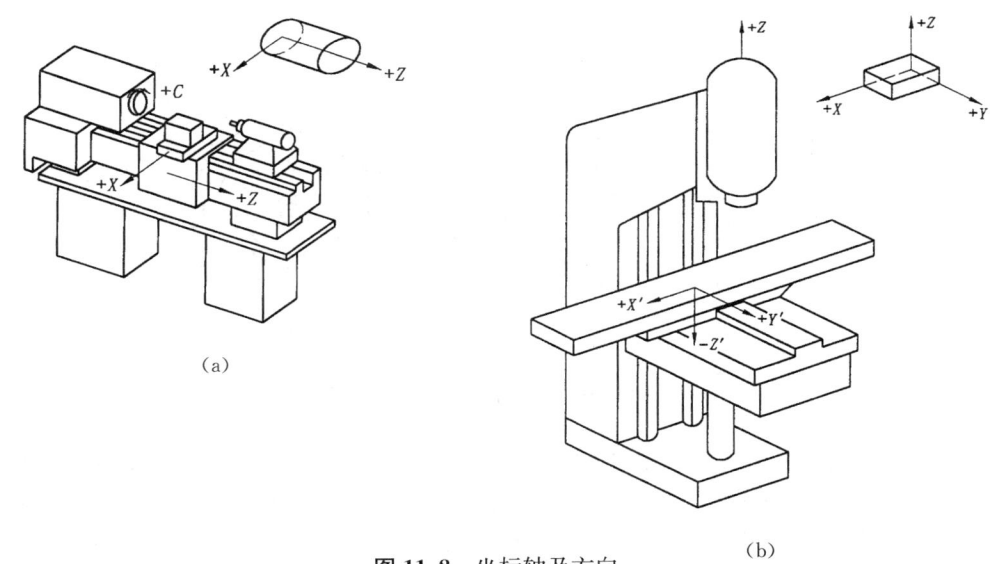

(a)

(b)

图 11-8 坐标轴及方向

(2) X 坐标轴　X 轴通常是水平的,且平行于工件装夹表面、且垂直于 Z 轴。这是在刀具或工件定位平面内运动的主要坐标。对于工件旋转的机床(如车床),X 坐标的方向是在工件的径向上,且平行于横滑座,刀具离开工件旋转中心的方向为 X 轴正方向,如图 11-8(a)所示。对于刀具旋转的机床(如铣床),若 Z 轴是垂直的,当从刀具主轴向立柱看时,X 运动的正方向指向右,如图 11-8(b)所示。

(3) Y 坐标轴 Z 轴与 X 轴决定后,根据右手直角笛卡尔坐标系,与它们互相垂直的轴便是 Y 轴。

(二) 机床坐标系和工件坐标系

1. 机床坐标系

(1) 机床坐标系原点 机床坐标系原点也叫机床零点或机械原点,是由机床厂家在设计机床时确定的。它不但是机床坐标系的原点,同时也是其他坐标系(如工件坐标系)的基准点。由于数控机床各坐标轴的正方向是定义好的,所以机床零点一旦确定,机床坐标系就确定了。例如,立式数控铣床的机床原点为主轴中心线与工作台台面的交点(图 11-9)。数控车床的机床原点通常定在主轴装夹法兰盘的端面中心点上(图 11-10)。

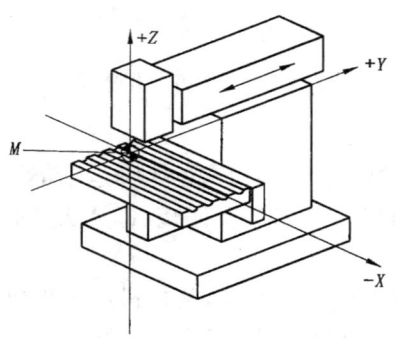

图 11-9 立式数控铣床机床坐标原点

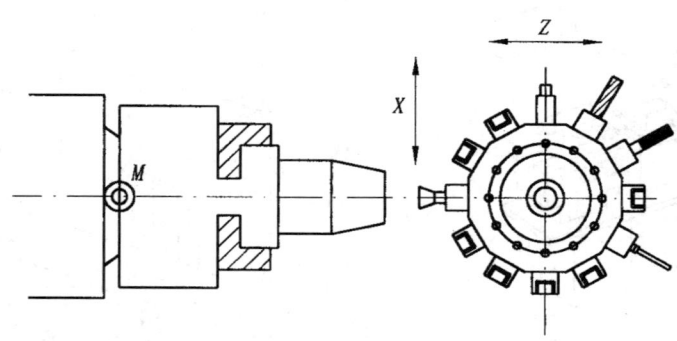

图 11-10 数控车床机床坐标原点

(2) 机床参考点 机床参考点是相对机床零点的一个特定点,一个可参考值。它由机床厂家在机床硬件上测量出其位置后输入到数控系统中,用户不得随意改动。机床参考点的坐标值小于机床的行程极限。设立机床参考点的主要意义在于建立机床坐标系。

(3) 机床坐标系的建立 机床原点虽然由厂家确定了,这仅仅是机械意义上的确定,而计算机数控系统还是不能识别这个基准坐标系,即数控系统并不知道以哪一个点作为基准对机床的工作台位置进行跟踪、显示等。为了让计算机数控系统识别机床坐标系,就必须执行回参考点的操作,通常称为机床回零点。

① 回零过程　在 CK0630 型数控车床的操作面板上有一个回零按钮"ZERO"，当按下这个按钮时将会出现一个回零窗口菜单,显示操作步骤。按照这个步骤,依次按下"X"钮、"Z"钮,那么机床工作台将沿着 X 轴和 Z 轴的正方向以快进速度运动,当工作台运动到参考点的位置,就会压下参考点的接近开关,工作台减速停止。回参考点的工作完成后,显示器即显示机床参考点在机床坐标系中的坐标值(如 X400、Z400),此时机床坐标系已经建立(这里的 X 坐标值用直径方式表示为 400,机床上实际值为 200,如图 11-11 所示)。

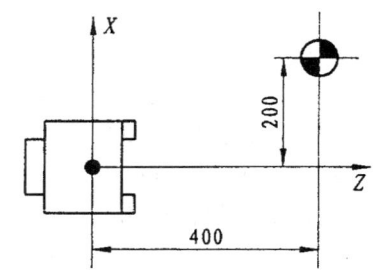

图 11-11　机床零点与机床参考点关系

② 回零原理　如上所述,回机床零点的目的是为了让数控系统识别机床原点的位置,而机床原点是数学意义上的点。在 CK0630 型数控车床上,机床原点位于卡盘端面后 20mm 处,当然工作台不能回到这个点去。从 CK0630 型数控车床的回零过程可以看出,机床工作台事实上是回机床参考点。当工作台碰到参考点的接近开关时,在显示参考点坐标值的同时,给数控系统一个到位信号,数控系统将会记忆这个坐标值并认为该值就是该点在机床坐标系中的坐标值,而这个坐标值就是由机床厂家测量确定好的,在 CK0630 型数控车床中为 X400、Z400。由以上的说明可以看出,只要确定了机床的参考点,事实上也就确定了机床的坐标原点。机床参考点和机床零点的关系如图 11-11 所示。因此,通常我们所说的通电后回零点实际上指的是回参考点而不是机床零点。

2. 工件坐标系

工件坐标系是用于确定工件几何图形上各几何要素(点、直线和圆弧)的位置而建立的坐标系。工件坐标系的原点即是工件零点。选择工件零点时,最好把工件零点放在工件图的尺寸能够方便地转换成坐标值的地方。车床工件零点一般设在主轴中心线上,工件的右端面或左端面。铣床工件零点,一般设在工件外轮廓的某一个角上或工件中心,进刀深度方向的零点,大多取在工件表面。

工件零点的一般选用原则：

(1) 工件零点选在工件图纸的尺寸基准上。这样可以直接用图纸标注的尺寸,作为编程点的坐标值,减少计算工作量。

(2) 能使工件方便地装卡、测量和检验。

(3) 工件零点尽量选择在尺寸精度较高、粗糙度较低的工件表面上。这样可以提高工件的加工精度和同一批零件的一致性。

(4) 对于有对称形状的几何零件,工件零点最好选在对称中心上。

3. 刀架相关点和行程极限

(1) 刀架相关点　从机械意义上说,所谓寻找机床参考点,就是使刀架与机床参考点相重合。所有刀具的长度补偿量均是刀尖相对该点长度尺寸,即为刀长,可采用机上或机外刀具测量的方法测得每把刀具的补偿量。实际上有些数控机床使用某把刀具,其他刀具的长度补偿均以该刀具作为基准,对刀则直接用某标准刀具完成。这实际上是把基准刀具刀尖作为刀架相关点,其含义与上相同。但采用这种方式,当基准刀具出现误差或损坏时,整个刀库的刀具要重新设置。

（2）行程极限　数控机床是一种相对昂贵的设备，为了预防一些大的事故，在数控机床上不但设置有行程开关等硬极限保护外，为了更加安全，一般还设置有软极限保护。

硬极限行程开关一旦被压下，就立即切断驱动电源，并通知数控系统产生超程报警。软极限通过设置机床各轴在机床移动的最大与最小坐标值来完成的。该区域内部称为工作区域。软极限应该设置在硬极限的里面。当工作台移动的范围等于软极限值时，数控系统就会发出指令，切断强电电源，同时发出报警信号。软极限通常根据用户的需要可以修改，而硬极限一经厂家设定后不能改动。

（三）绝对坐标系和相对坐标系

刀具（或机床）运动轨迹的坐标值均是从某一固定坐标原点计算的坐标系，称为绝对坐标系。刀具运动轨迹的终点坐标是相对于起点坐标的坐标系，称为相对坐标系（或增量坐标系）。具体阐述及应用请参见数控车床与数控铣床相应内容。

第二节　数　控　车　床

一、数控车床简介

数控车床主要用于轴类零件或回转体零件的加工，能自动完成内外圆柱面、圆锥面、母线为曲线的旋转体、螺纹等工序的切削加工，也能进行切断、割槽、钻孔、扩孔、铰孔等工作。数控车床品种繁多，结构各异，分类方法也很多，一般有下列几种分类方法。

（一）按刀架的位置数控车床可分以下几种

（1）水平刀架型　其与普通车床形式基本相同，在床身上刀架水平放置，刀架主要有四方和六角等形式。

（2）垂直刀架型　刀架在工件的上方，切削时切屑直接落到床身底部，排屑效果最好。

（3）倾斜刀架型　是目前数控车床中最广泛采用的一种，它的床身与水平面成一个夹角，床身刚性较好，排屑容易，顶尖可以与主轴轴线一致，操作性也很好。

（二）按功能数控车床可以分为这样几种

（1）高效率车床　主要有一个主轴两个回转刀架及两个主轴两个回转刀架等形式。

（2）高精度车床　主要用于加工需要镜面加工并且形状、尺寸精度都要求很高的零件，可以代替磨削加工。这种车床在机床的各个方面均采取了很多相应的措施，以保证能进行高精度加工。

（3）车削加工中心　其除了可以进行一般的车削加工外，还可以进行铣削、钻削等多种加工。它是采用转盘式可换刀的刀架，并且有刀库，主轴可以进行回转轴径向位置的控制（C 轴控制）。车削加工中心可进行四轴（X、Y、Z、C）控制，而一般的数控车床只能两轴（X、Z）控制。

（三）数控车床与普通车床的区别和联系

1. 数控车床组成

（1）增加的组件

① 计算机数控装置　目前计算机数控装置绝大部分采用微型计算机控制，由输入输出、运算器、控制器、存储器等组成。通过操作面板上的各按钮和键输入，或用计算机键盘输

入后通过专用联接线输入数控装置。

② 反馈系统　由传感器(位置检测装置)测出机床刀架实际移动的位移或丝杠转过的角度,转换成电信号,反馈到计算机数控装置中,与输入指令比较,发出相应修改指令,纠正误差。

③ 主轴脉冲发生器　与主轴同步旋转,把主轴转速信息传给数控装置,对节距计算控后,发给伺服系统,使刀架移动一导程,进行螺纹车削。

(2) 变化的组件

① 电动刀架代替普通车床的手动刀架。

② 伺服驱动系统:(滚珠丝杠、伺服电机或步进电机与连接部件,控制电路,功率放大电路等)代替普通车床的光杠、丝杠及进给箱和溜板箱。

③ 辅助控制装置　机床主轴的开、停、正、反转及转速的控制,冷却泵起停,切削的输送,工件的输送等自动控制装置代替普通车床的手动操作。并将机床主轴改成变频电机的电主轴。

④ 以变速电机加单级减速代替交流电动机及主传动变速系统。

(3) 其他辅助装置

① 数控车床一般采用滚珠丝杠以及专用轴承,而且大部分采用了自动润滑。

② 数控车床还可配备自动排屑装置、液压动力卡盘和气动防护门等。

(四) 数控车床功能及主要技术参数

数控车床加工零件精度高,质量稳定。而且数控车床能够加工在普通车床上难以完成的母线、复杂曲线构成的回转曲面或普通车床操作技术难度大的各种复杂工序加工。数控车床将有效地提高生产率,减轻了劳动强度,减少误操作。数控车床为单件、小批量加工出高精度、形状复杂的零件提供自动加工手段。

表 11-5 为某一台数控车床的主要技术参数。

表 11-5　数控车床的主要技术参数

允许最大工件回转直径	500mm
最大车削直径	310mm
最大车削长度	650mm
主轴转速范围	35～3500rpm
主轴孔径	80mm
刀架有效行程	X轴 182mm,Z轴 675mm
快速移动速度	X轴 10m/min,Z轴 15m/min
刀架工位数	10 把
刀具规格	车刀 25mm×25mm,镗刀 ϕ12～45mm
尾座套筒直径	90mm

(续表)

尾座套筒行程	130mm
主轴电机	11kW(连续),30min 超载 15kW
进给电机	X 轴 0.9kW,Z 轴 1.8kW
控制轴数	X 轴、Z 轴,手动方式同时仅控制一轴
最小设定单位	X 和 Z 轴 0.001mm(0.0001in)
最小移动单位	X 轴 0.0005mm(0.00005in) Z 轴 0.001mm(0.0001in)
最大编程尺寸	±9999.999mm ±9999.9999in
可存储程序	63 个
显示语言	英语
环境	环境温度:运行时 0～45℃ 相对湿度:低于 75%

(五)数控车床加工对刀具的要求及选用

数控加工刀具除应具有普通车床刀具的高硬度和耐磨性、足够的强度和韧性、高的耐热性外,还应需满足高的切削速度和进给速度、高的可靠性和使用寿命等,即:

(1)切削速度和进给速度　刀具应能满足高切削速度或进给速度的要求,以提高生产效率。

(2)可靠性　要求刀具及刀夹具有很好的可靠性和较强的适应性,以保证数控车削中不会因发生刀具意外损坏而影响到加工的顺利进行。

(3)使用寿命　一把刃磨好的刀具,从开始切削至磨损量达到磨钝标准为止所使用的切削时间,称为刀具寿命。一把新磨好的刀具,从开始切削,经过反复刃磨,使用,直至完全失去切削能力而报废的实际总切削时间,称为刀具的总寿命。数控机床使用的刀具其寿命越长越好。

(4)刀具交换精度　换刀后,刀具的位置、尺寸允许变化的范围称为刀具的交换精度。数控加工应具有一定的刀具交换精度,换刀后如超过其允许变化的范围,则要通过刀补方法调整。

(5)刀具交换速度　数控机床要求刀具交换速度要快,能在最短的时间内完成。

现代数控车削中,可使用焊接式车刀。目前已广泛地使用系列化、标准化的机夹式刀具。这类刀具主要是针对刀具的刀头(切削部分)和刀柄部分进行标准化的。

对于外圆车刀、端面车刀、内孔车刀、螺纹车刀、割槽刀等都有了相应的国家标准。根据刀柄可以选择合适的刀头。常用的不重磨车刀片,也有多种标准形状和系列化的规格。在加工过程中,要求尽量选择通用的标准刀具,不用或少用非标准的刀具;尽量使用不重磨刀片;尽量选用标准的模块化的刀具夹具。

二、数控车床加工指令及编程

（一）数控车床编程基础

1. 数控车床编程原点、坐标值及方向确定

数控车床是回转体加工车床,一般只有两个坐标轴,X 轴和 Z 轴。如图 11-12 所示,Z 轴是主轴的回转轴线,远离工件的方向为正。坐标原点可以设在工件外侧端面中心,坐标原点也可以设在工件内侧端面中心或某一端面中心。X 轴是与 Z 轴相垂直平面上的刀具运动方向,也是远离工件为正。X 的值为直径尺寸,其原点始终为工件中心处。Z 的值为轴向尺寸。图中刀具 A 的位置为:X50.0 Z35.0,刀具 B 的位置为:X80.0 Z-25.0。

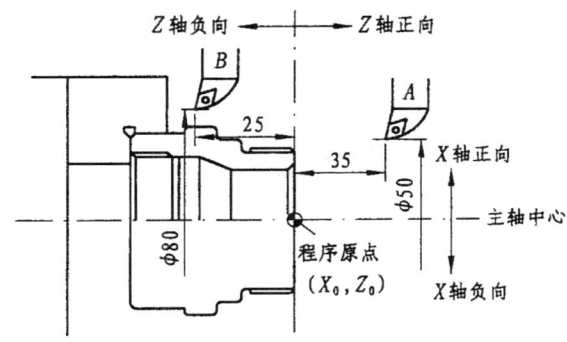

图 11-12 程序原点和坐标值
X:直径尺寸 Z:轴向尺寸

2. 数控车床编程单位

（1）公制、英制编程 轴的数量单位有公制和英制两种,即程序中的各个参数以公制或英制单位给定。程序中公制尺寸和英制尺寸不能混用,要用指令指定。大部分数控车床采用公制尺寸。要注意,对于指令中的坐标值(指 X 和 Z 的值),如果有小数点的,尺寸单位是毫米;如果没有小数点的,尺寸单位就是微米。

指令格式:G21;以下程序中的参数为公制尺寸
　　　　　G20;以下程序中的参数为英制尺寸

（2）直径、半径编程 数控车床的编程有直径和半径两种方法。直径编程指的是 X 轴上的有关尺寸是直径值;半径编程时则为半径值。一般常用为直径编程。

3. 数控车床坐标系统

（1）机床坐标系 机床坐标系是以机床机械原点为坐标原点,建立起来的 X~Z 直角坐标系统。刀架在离车头最远处。如图 11-13 所示。它是设置工件坐标系的依据。机床坐标系在出厂前已由机床制造厂调整好。回零操作,就是使刀架退回到绝对坐标值 X=0,Z=0 处。若原点在卡盘中心处,回零在距原点最远处,例 Z=350,X=300。

（2）工件坐标系 工件坐标系也称编程坐标系,原点选在工件的回转中心上,可以设置在工件的左端面(或右端面)上。一般设置在右端面,对刀方便。在对刀时使工件坐标系原

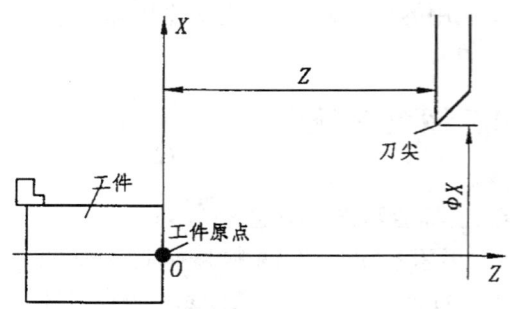

图 11-13 机床坐标系

点相对坐标为 0。即 $X=0$ $Z=0$。

（3）工件坐标系的设定 G50（或 G92）

工件坐标系可以用下列指令设定：

G50X(a) Z(b);

式中，a、b 为刀尖距工件坐标系原点距离。

这个坐标系的特点是：

① 执行该段程序，刀具不动。

② 该指令设定前，必须进行对刀操作，刀尖对准工件坐标系原点后（一般在右端面），使车刀刀尖退到(a,b)处。

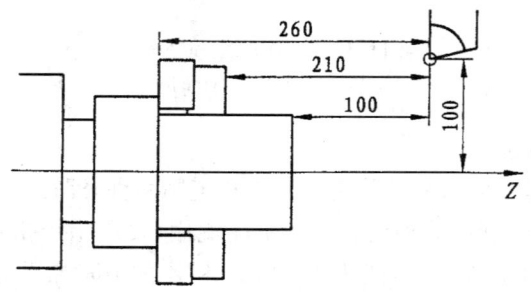

图 11-14 Z 坐标零点设置

如图 11-14 所示 Z 坐标零点设置的三种方法如表 11-6 所示。

表 11-6

Z 坐标零点设置	设在工件左端面	设在工件右端面	设在卡盘端面
程序原点距离	G50X200.0 Z260.0	G50X200.0 Z100.0	G50X200.0 Z210.0
刀尖距原点距离	X200,Z260	X200,Z100	X200,Z210

4. 主轴功能

主轴功能也称主轴转速功能即 S 功能，它是用来指令主轴转速（切削速度）的功能。S

功能用地址 S 及其后的数字来表示,S 功能的单位是:r/min。

S1000M03 表示主轴正转:1000r/min。

S600M04 表示主轴反转:600r/min。

如粗车钢件时工件直径在 $\phi50\sim\phi100$,采用硬质合金车刀一般选 S400r/min 以下。

精车时,则可提高至 S600~1000r/min。

随着硬质合金车刀片有关耐热性耐磨性提高,转速还可以提高,加工有色金属时,转速还可以提高。

转速代码还可用速度 v(m/min)表示即

$$v=(\pi n D)/1000 \text{m/min}$$

式中:n 为转速(r/min),D 为直径(mm)。

在单件加工时,其程序的转速设定在 1500r/min,并通过调节数控车床操作面板上转速倍率,则得到实际所需粗、精加工各需的转速。

5. T 功能(刀具功能)

T 后面有 4 位数字,前两位是刀具号,后两位是刀具补偿号(含刀具长度补偿与刀尖圆弧半径补偿)。例如 T0303 表示 3 号刀及 3 号刀具长度和刀具半径补偿。补偿的具体数据,在机床面板上,可到 3 号刀具补偿位来查找与修改。如后两位数为零,例如 T0300,表示取消刀具补偿状态,调用第三号刀具。

6. F 功能(进给量)

(1) F 后面的数值表示的是主轴每转一转的切削进给量,一般粗车选 0.3~0.4mm/r 即 F0.3~0.4,精车选 F0.10~0.15,但切螺纹时 F 表示的螺纹螺距,如 F3 表示螺纹螺距为 3mm。

(2) 在 G98 码状态下表示每分钟进给量。如 G98 F200 表示进给量为 200mm/min,精车一般选 50mm 即 F50 左右,粗车选 F100 以上。

在单件加工时,其程序的 F 可设定为 F200~F300,并通过调节数控车床操作面板上进给倍率,则得到实际所需粗、精加工各需的进给量。

(二)数控车床常用指令及编程方法

1. 绝对值指令和增量值指令

绝对值编程和增量值编程是对坐标尺寸的两种不同的度量方式。绝对值编程时,无论刀具运动到那一点,各点的坐标均以工件坐标系原点为基准读取。增量值编程时,刀具当前的坐标是以前一点的坐标值为基准而读取的。即绝对值指令是用轴移动的终点位置的坐标值进行编程的方法。增量值指令是用轴移动量直接编程的方法。

如图 11-15 的移动用绝对值指令编程和增量值指令编程的情况如下:

X70.0 Z40.0;或 U40.0W-60.0;

绝对值编程/增量值编程指令,用地址字区别:

X,Z:绝对值指令,U,W:增量值指令。

注:绝对值和增量值指令在一个程序段内可以混用。但当 X 和 U 或者 W 和 Z 在一个程序段中混用时,后面指

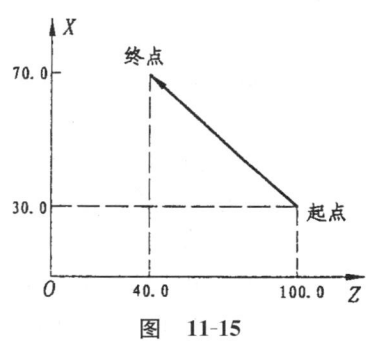

图 11-15

令值有效。

2. 快速点定位指令 G00

指令格式：G00 X(U)_ Z(W)_；

G00 是刀具从当前位置快速运动并定位于工件坐标系的 X，Z 处的目标位置的定位指令。当用相对值编程时，U、W 后面的数值则是现在点与目标点之间的距离与方向。快速进给速度已由机床设定。

例如：图 11-16 所示，从起点 A 快速移动到目标点 B。

其绝对值方式编程为：G00 X60.0 Z100.0

其增量值方式编程为：G00 U40.0 W80.0

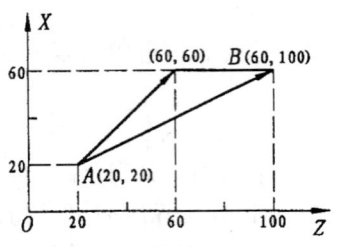

图 11-16　快速点定位

3. 直线插补指令 G01

指令格式：G01 X(U)_Z(W)_F_；

直线插补指令 G01 是直线运动指令。它是用来指令刀具以 F 进给速度，在坐标系中以插补联动方式作直线插补运动（直线切削）的指令。G01 是一模态指令。

在程序中，进给速度 F 是指刀具在切削路径上的进给速度，在加工锥度时，刀具会产生 X 方向和 Z 方向的进给速度：

例如：图 11-17 所示。

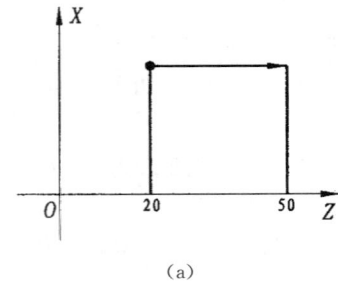
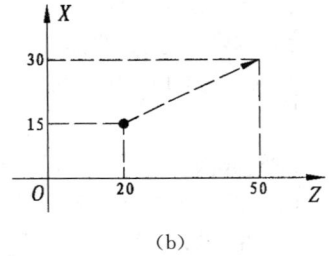

图　11-17

a) G01　Z50. F100；或 G01　W30. F100；

b) G01　X30. Z50. F100；或 G01　U15. W30. F100。

4. 圆弧插补（切削）指令（G02、G03）

圆弧插补指令 G02（顺时针）、G03（逆时针）是圆弧运动指令。它是用来指令刀具在给定平面内以 F 进给速度，作圆弧插补运动（圆弧切削）的指令。G02、G03 是模态指令。

(1) 指令格式：

　　G02　X(U)_Z(W)_ R_F_；

　　G03　X(U)_Z(W)_ R_F_；

　　或 G02(3)　X(U)_Z(W)_I_K_

在指令格式中，I，K 为圆弧中心相对于圆弧起点坐标的增量值和方向，R 为圆弧半径。有的机床，只能用上述一种表示。顺时针时用 G02，逆时针时用 G03。

(2) 圆心角大于 180 度时，R 后半径数值用"一"表示。

(3) 当圆心角为 360 度时，只能用圆心坐标增量值 I，K 表示。

(4) 圆弧终点的地址的确定　用地址 X、Z 或 U、W 指令圆弧的终点，是表示用绝对值或用相对值表示圆弧的终点,当用绝对值编程时,X、Z 后续数字为圆弧终点在工作坐标系中的坐标值。当采用相对值编程时,U、W 后续数字为起点到终点的距离。

举例:图 11-18 所示。

注意:

(1) 把圆弧中心设置为"I","J"和"K"时,必须设置为圆弧起点到圆弧中心的增量值(增量命令)。

(2) 命令里的"I0","J0"和"K0"可以省略。

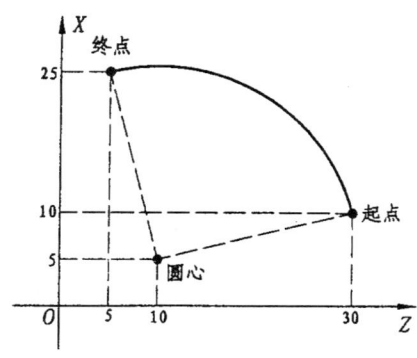

图 11-18

圆弧起点的 X 坐标值——————————10.
圆弧中心的 X 坐标值——————————5.
因此,"I"就是-5(5-10=-5)
圆弧起点的 Z 坐标值——————————30.
圆弧中心的 Z 坐标值——————————10.
因此,"J"就是-20(10-30=-20)
结果,这个情况下圆弧命令如下所列:
G03　X25.　Z5.　I-5.　J-20.F0.2;
或者,G03　U15.　W-25　I-5.　J-20.F0.2;
因为圆弧半径通常是已给了的,也能够用圆弧半径给命令赋值。
在已给的例子里,圆弧半径是 20.616。因此,该命令能够如下表示:
G03　X5.　Y25.　R20.616 F0.2;
或者,G03　X-25.　Y15.　R20.616 F0.2;

5. 单一形状固定循环指令 G90

G90 是单一形状固定循环指令,该循环主要用于轴类零件的外圆、锥面的加工。

(1) 外圆切削循环指令格式:

G90　X(U)_　Z(W)_F_;

如图 11-19 所示,刀具从循环起点开始按矩形循环,最后又回到循环起点。图中虚线表示按 R 快速运动,实线表示按 F 指定的工作进给速度运动。X、Z 为圆柱面切削终点坐标值;U、W 为圆柱面切削终点相对循环起点的增量值。其加工顺序按 1、2、3、4 进行。刀具按 F 指令速度运动外,刀具在驱入、退出工件和返回起始点都是快速进给速度(G00 指令的速度)进行的。

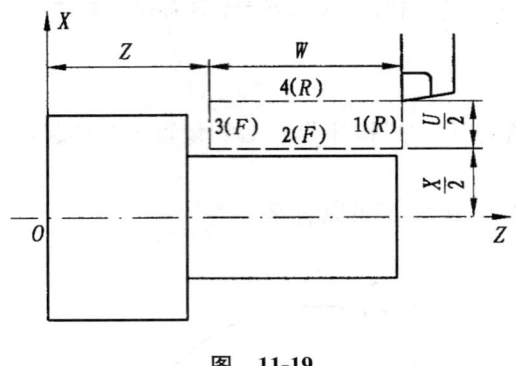

图 11-19

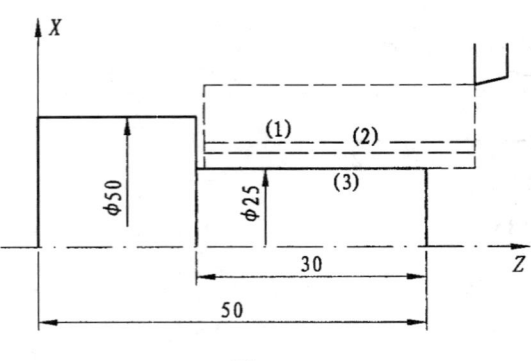

图 11-20

（2）编程举例：加工如图 11-20 所示的工件，分三刀车削，其有关程序如下：
......
N003　G00　X45.0　Z53.0
N004　G90　X35.0　Z30.0　F60.0;
N006　　　　X30.0
N007　　　　X25.0
......

6. 锥面切削循环指令 G90

（1）指令格式：G90 X(U)_Z(W)_I_F_

如图 11-21 所示，I 为锥度部分大端与小端之半径差。以增量值表示，其负符号取决于锥端面位置，当刀具起于锥端大头时，I 为正值；起于锥端头时，I 为负值。即起始点坐标大于终点坐标时 I 为正，反之为负。

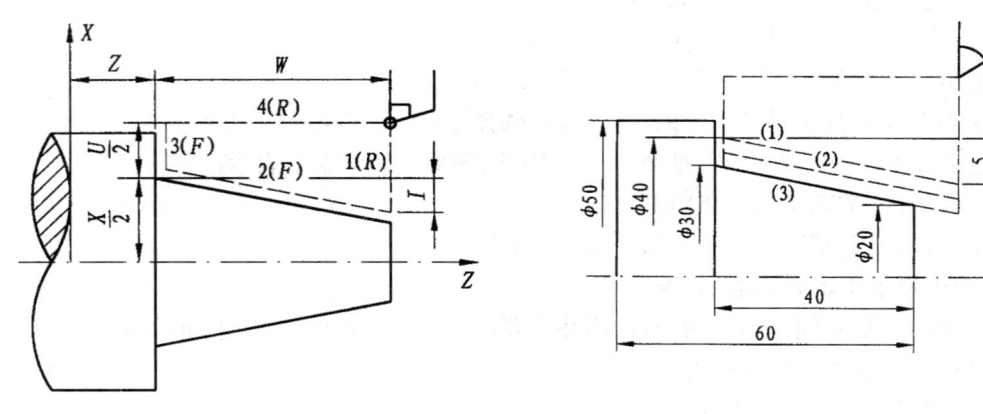

图 11-21　　　　　　　　　　　　图 11-22

（2）编程举例：加工如图 11-22 所示的工件，其有关程序如下：
......
N005　G90　X40.0　Z—40.0　I—5.0　F40.0;

```
N006        X35.0
N007        X30.0；
```
......

7. 螺纹加工指令 G32

螺纹切削分为单行程螺纹切削、简单螺纹循环和螺纹切削复合循环。

单行程螺纹切削 G32(也有用 G33),G32 指令可以执行单行程螺纹切削,车刀进给运动严格根据输入的螺纹导程进行。但是,车刀的切入、切出、返回均需编入程序。

其指令格式为:G32   X(U)_Z(W)_F_,式中 F 为螺纹导程。

8. 螺纹切削循环 G92

G92 指令格式:G92   X(U)_Z(W)_I_F_

螺纹切削循环 G92 为简单螺纹循环,该指令可切削锥螺纹和圆柱螺纹,其循环路线与前述的单一形状固定循环基本相同,只是 F 后的进给量改螺距值即可。

图 11-23 所示为圆柱螺纹循环。刀具从循环点开始,按 A、B、C、D 进行自动循环,最后又回到循环起点 A。图中虚线表示按及快速移动,实线表示按指定的工作进给速度移动。X、Z 为螺纹终点(C 点)的坐标值;U、W 为螺纹终点坐标相对于螺纹起点的增量坐标;I 为锥螺纹起点和终点的半径差。加工圆柱螺纹时 I 为零,可省略。如图 11-24 所示。

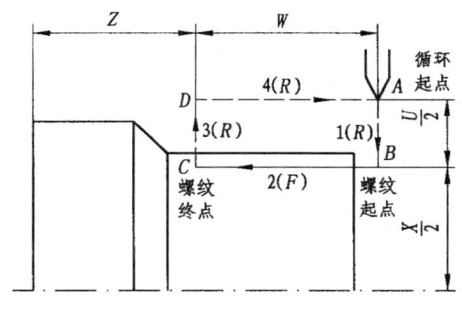

图 11-23

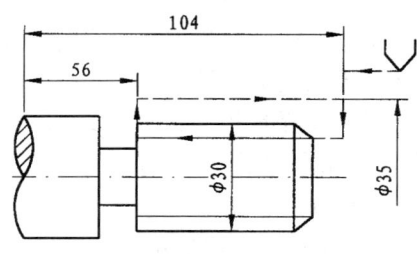

图 11-24

```
G50   X270.0   Z260.0              设定坐标系
S300                                主轴 300r/min
T0101   M03                         主轴正转
G00   X35.0   Z104.0
G92   X29.2   Z56.0   F1.5          螺纹切削循环 1
X28.6                               螺纹切削循环 2
X28.2                               螺纹切削循环 3
X28.04                              螺纹切削循环 4
G00   X270.0   Z260.0   M05         回起刀点,主轴停
M02                                 程序结束
```

9. 复合型固定循环

(1) 外圆粗车固定循环(G71)   如果在下图 11-25 用程序决定 A 至 A′至 B 的精加工形状,用 Δd(背切刀量)车掉指定的区域,留精加工预留量 Δu/2 及 Δw。

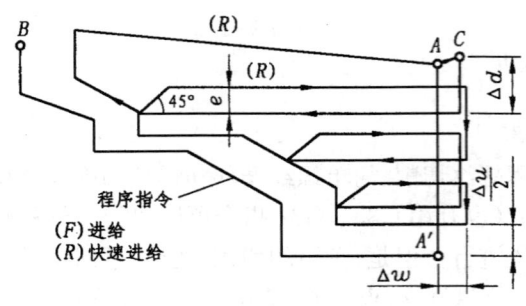

图 11-25

指令格式：G71U(Δd)R(e)
G71P(ns)Q(nf)U(Δu)W(Δw)F(f)S(s)T(t)
或 G71P(ns)Q(nf)U(Δu)W(Δw)F(f)S(s)T(t)
Δd：背切刀量（半径指定）
不指定正负符号。切削方向依照 AA′ 的方向决定，在另一个值指定前不会改变。
e：退刀行程
ns：精加工形状程序的第一个段号。
nf：精加工形状程序的最后一个段号。
Δu：X 方向精加工预留量的距离及方向。（直径/半径）
Δw：Z 方向精加工预留量的距离及方向。
（2）精加工循环指令：G70　P　ns　Q　nf
用 G71 粗车削后，G70 精车削。
G70　P（ns）　Q(nf)
ns：精加工形状程序的第一个段号。
nf：精加工形状程序的最后一个段号。
注意：在粗加工循环 G71～G73 状态下，如在 G71～G73 以前或在指令中指令了 F、S、T，则 G71～G73 中指令的 F、S、T 优先有效，而 N(ns)N(nf) 程序段中指令的 F、S、T 无效；在精加工循环 G70 状态下，如在 N(ns)N(nf) 程序段中更改了 F、S、T，则后者优先有效。在 G70～G73 功能中，N(ns) 至 N(nf) 间的程序段不能使用子程序。循环结束后刀具快速回到循环起始点。
复合型固定循环（G70，G71）的实例（图 11-26）。

N010　G50　X200.　Z220.
N020　G00　X160.　Z180.
N030　G71　P040　Q100　U4.0　W2.0　D7.0　F30.0　S500
N040　G00　X40.　S800
N050　G01　W—40.　F15.
N060　G01　X60.　W—30—0
N070　G01　W—20.
N080　G01　X100.　W—10.

N090　G01　W—20．
N100　G01　X140．　W—20．
N110　G70　P040　Q100

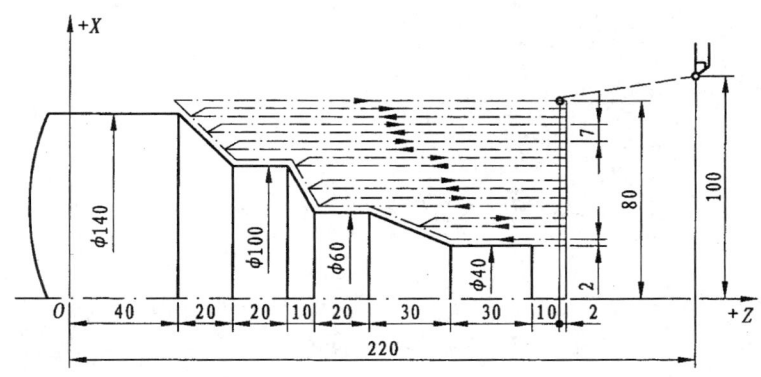

图 11-26

10．子程序

在主程序中，当某一程序反复出现（即工件上相同的切削路线重复）时，可以把这类程序作为子程序，并事先存储起来，使程序简化。

调用子程序（M98）格式

M98　PXXXXXX；

格式中，P 为要调用的子程序号；前两位 XX 为重复调用子程序的次数，若省略，则表示只调用一次子程序，后四位 XXXX 为子程序名。

子程序的格式

0XXXX

程序体

M99

其中 M99 指令为子程序结束并返回主程序 M98　PXXXXXX 的下一程序段，继续执行主程序。

三、数控车床的基本操作

（一）数控系统操作面板

数控系统操作面板也称 CRT/MDI 面板。CK-6136 数控车床的数控系统操作面板如图 11-27 所示。它是由 CRT 显示器和 MDI 键盘两部分组成。

1．主功能键

POS 键显示现在机床的位置。

说明：按该键或 PAGE 键显示三种画面：

（1）坐标系位置或按软键"BAC"键。

（2）相对坐标系（按 REL 键）。

（3）综合位置（按 ALL 键）。

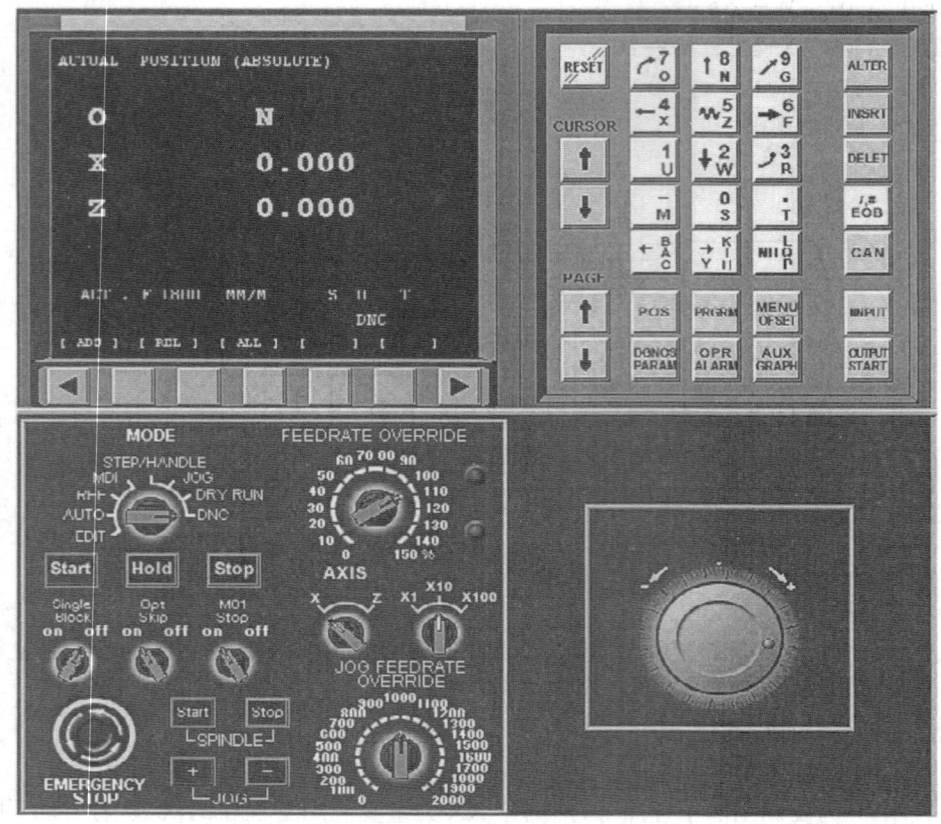

图 11-27

PRGRM 键在 EDIT 方式下,用于编辑、显示存储器里的程序;在 MDI 方式下,用于输入显示 MDI 数据;在机床自动操作时,用于显示程序指令值。

MENU/OFSET 键用于设定、显示补偿值和宏程序变量。

OPR/ALARM 键用于显示报警号。

AUX/GRAPH 键用于图形的显示。

DGNOS/PARAM 键用于参数的设定、显示及自诊断数据的显示。

2. 数据输入键

数据输入键(地址数字键)可用来输入字母、数字及其他的符号。每次输入的字符都显示在 CRT 屏幕上。

3. 程序编辑键

ALTER 键用于程序更改。

INSRT 键用于程序插入。

DELET 键用于程序删除。

4. 复位键

RESET 键,当机床自动运行时,按下此键,则机床的所有操作都停下来。此状态下若恢复自动运行,滑板需返回机床参考点,程序将从头执行。

5. 启动/输出键

OUTPUT START 键,按下此键,便可执行 MDI 的命令。

6. 输入键

INPUT 键,按下此键,可输入参数或补偿值等,也可以在 MDI 方式下输入命令数据。

7. 删除键

CAN 键用于删除已输入到缓冲器里的最后一个字符或符号。如:当输入了 N150 后,又压下此键,则 N150 被删去。

8. 程序结束键

EOB 键也称回车键,按下此键程序段结束。

9. 光标移动键(CURSOR)

用于光标移动。箭头向上键将光标向上移,箭头向下键将光标向下移。

10. 页面键(PAGE)

用于屏幕换页。箭头向上键向前翻页,箭头向下键向后翻页。

11. 软键

即子功能键,在主功能状态选择下级子功能,其含义显示于当前屏幕上对应软键的位置。

12. CRT 显示器

CRT 显示器可以显示机床的各种参数和功能。如显示机床参考点坐标、刀具起始点坐标、输入数控系统的指令数据、刀具补偿量的数值、报警信号、自诊断结果、滑板快速移动速度以及间隙补偿值等。

（二）机床操作面板

机床操作面板开关及按钮的功能说明:

循环启动按钮:用于自动方式下自动运行的启动,其上指示灯亮,机床处于自动运行状态。

进给暂停按钮:在自动运行状态下,暂停进给(滑板停止移动),但 M、S、T 功能仍进给保持然有效,其上指示灯亮,机床处于暂停进给状态。按程序启动按钮,可以恢复自动运行方式选择旋钮用于选择操作方式(如无此方式选择按钮,则按 OPR/ALARM 可出现选择功能字符屏幕。)

"EDIT"编辑方式:可将工件程序手动输入到存储器中;可以对存储器内的程序进行修改、插入和删除。

"AUTO"自动运行的起动:执行存储器中的程序,机床自动加工工件。

"MDI"手动数据输入方式:用 MDI 键盘直接将程序段输入到存储器内,并立即运行,将此方法称为 MDI 工作方式;用 MDI 键盘将加工程序输入到存储器内,此方法称为手动数据输入。

"STEP"步进进给方式:可让刀具按一定的当量产生移动。当有轮时,该方式无"HANDLE"手摇轮方式:可转动手摇轮使滑板移动,每次只能移动一个坐标轴。并可以选择 X1、X10 和 X100 三种滑板移动的速度。

"JOG"手动连续进给:按钮使滑板快速移动,移动速度由 JOG 进给速度设定。

快速进给按钮:刀具的快速进给。

步进进给按钮：手动连续进给，步进进给。

单段程序旋钮：开关置于"ON"位置，在自动运行方式下，执行一个程序段后自动停止；开关置于"OFF"位置时则连续运行程序。

跳过任选程序：开关置于"ON"位置，对于程序开头有"/"符号的程序段被跳过不执行；将开关置于"OFF"段开关位置时"/"符号无效。

空运转旋钮：开关置于"ON"位置，程序中的 F 代码无效，拖板以进给倍率开关指定的速度移动，同时拖板的快速移动有效；开关置于"OFF"位置，F 代码有效。

返回参考点：返回参考点，与 X、Z 轴选择共用。

快速进给倍率：可以将以下的快速进给速度由倍串开关变为 100％，50％，25％或 F 值（由机床厂设定）该功能用于下列情况：

(1) 由 G00 指令的快速进给。

(2) 固定循环中的快速进给。

(3) 指令 G27，G28 时的快速进给。

(4) 手动快速进给。

(5) 手动返回参考点的快速进给。

步进进给量：选择步进进给 1 步的移动量。(0.001、0.01、0.1、1)

紧急停止按钮：当出现异常情况时，按下此按钮机床立即停止工作。待故障排除恢复机床工作时，需按照按钮上的箭头方向转动，按钮即可弹起。

机床锁住：使机床操作面板的机床锁住处于"ON"自动运行加工程序时，机床刀架并不移动，只是在 CRT 上显示各轴的移动位置。该功能用于加工程序的检查。

手动绝对值：自动运转中插入手动运转时，选择是否将手动移动量加到绝对值寄存器中。

进给倍率：选择自动运转中，进给速度的倍率量。

JOG 进给速度：选择手动连续进给速度。

手摇脉冲发生器：通常被称为手摇轮或手轮。转动手摇轮，使滑板沿 X 轴或 Z 轴移动。手摇轮顺时针转为坐标轴的正向，手摇轮逆时针转为坐标轴的负向。

手脉倍率选择：选择手脉进给中，1 个刻度移动量的倍率。

(三) 回零操作

回零的概念：

回零又称回机床零点或回机械零点（回零原理等参见数控机床概论相关内容）。

机床（机械）零点是数控机床上机床移动部件（刀架，工作台等）沿其坐标轴正向移动的极限位置。该点在制造厂出厂时调好。

回零的目的：

一般数控机床说明书规定：开机后先回零，再进行对刀，自动加工等操作；并定期回零。这是因为开机后回零可消除屏幕显示的随机动态坐标，使机床有个绝对的坐标基准；再连续重复的加工以后，回零可消除进给运动部件的坐标积累误差。

回零的方法：

1. 指令回零　通过加工程序中的指令，实现自动返回机床零点。

2. 操作回零　通过面板上的键盘操作，使各轴自动返回机床零点。

以 CK6136 车床为例回零操作方法如下：
选择操作面板上的方式按钮。
1. 将 MODE 旋钮将旋钮拨到 REF 挡。
2. 选择"X"轴，按 JOG"＋"使"X"轴回到零点。
3. 选择"Z"轴，按 JOG"＋"，使"Z"轴回到零点。
使返回参考点指示灯亮，完成返回零点操作。
回零注意点：
1. 回零前选择进给倍率低一些，降低回零速度避免来不及减速而超程。
2. 回零后刀具即时接近工件避免重新需回零时超程。
（四）手动操作
数控机床通过面板的手动操作，可完成进给，主轴开停，刀具转位，冷却开停等功能。
主轴及冷却操作：
在手动，点动状态下，操作面版上的按钮可设置主轴转速；起动主轴正，反转和停止；使冷却液开，关；也可在程序中用有关代码来实现。
手动换刀
对于有自动换刀装置的数控车床，可通过程序中指令使刀架自动转位，也可通过面板上有关按钮。手动控制刀架转位即手动换刀。
机床各轴手动运转：

1. 手动返回参考点（可实现回零）
（1）使方式选择开关或光标置于 JOG 的位置上。
（2）并使返回参考点的开关置于 ON 状态。
（3）点动＋X,（－X）,＋Y（－Y）,＋Z（－Z），使各轴向参考点方向 JOG 进给。
（4）使返回参考点指示灯亮，完成返回参考点。

2. 手动连续进给
（1）使方式选择开关或光标置于 JOG 的位置。
（2）选择移动轴＋X,－X,＋Z,－Z,刀架在所选择的轴方向上移动（手动只能轴运动）。
（3）选择 JOG 进给速度。
（4）按快速进给按钮，才能手动快速进给（注：此时与 G00 快速定位相同）。

3. 步进（STEP）进给（增量进给）
（1）使方式选择开关置于 STEP 的位置。（若有手动手轮，该项无）
（2）选择移动量，移动量分别为 X1、X10、X100、X1000 分别表示为 0.001mm、0.01mm、0.1mm、1mm。
（3）选择移动轴，若按一次轴选择开关，仅在轴方向上移动其规定的移动量。关断后再次接通时，又仅移动规定的移动位置。其中步进移动速度与 JOG 进给速度相同。若按快速进给按钮，变为快速进给。快速进给时，快速进给倍率有效。

4. 手动手轮进给
（1）使方式选择旋钮或显示屏的方式选择屏上光标置于 HANDLE 的位置。
（2）选择手摇脉冲发生器移动的轴。[＋X （－X） ＋Z （－Z）]
（3）顺时针转（＋方向）或逆时针转（－方向）转动手摇脉冲发生器，使机床微量进给（1

格为 0.001mm)。移动量可按手动倍率开关切换。用×10 的移动量为 10 倍,用×100 的移动量为 100 倍。一般选小倍率,而提高手轮转动速度来提高进给速度,接近工件时,降低手板转动速度。

(五) 编辑操作

进入编辑状态,可通过键盘,键入一个新程序,或在屏幕上进行程序修改。

程序的存储、编辑:

在此状态,可以通过键盘存储程序,对程序号进行检索,对程序进行各种编辑操作。

1. 由键盘存储程序号

操作步骤:

(1) 用选择方式旋钮或在选择方式菜单 MODE 选择 EDIT 方式。

(2) 按"PRGRM"键。

(3) 键入地址 O 及要存储的程序号。

(4) 按"INSRT"键,用此操作可以存储程序号,以下在每个字的后面键入程序,用"INSRT"键存储。

2. 输入程序

在程序号输入后可以输入程序:

(1) 屏幕上倒数第二行出现地址 ADRS 后,输入地址,然后输入数字。(地址键与数字键共用一个键时,会自动切换)

(2) 按 INPUT 键使地址和数据输入。

(3) 在该程序段输入结束后,按"/,EOB"键使该程序段结束。

(4) 按 INSRT 键自动出现程序段序号,例"N010"。

3. 程序号检索

操作步骤:

(1) 选择方式(EDIT 和 AUTO 方式)。

(2) 按"PRGRM"键,键入地址 O 和要检索的程序号。

(3) 按"CURSOR"向下键,检索结束时,在 CRT 画面的右上方,显示已检索的程序号。在 EDIT 方式时,连续按"CURSOR"向下键,被存储的程序一个一个被显示。

(4) 若要删除全部显示序,在操作时输入－9999,按"DELET"键。

4. 删除程序

操作步骤:

(1) 选择 EDIT 方式。

(2) 按"PROGRM"键,键入地址 O 和要删除的程序号。

(3) 按"DELET"键,可以删除程序号所制定的程序。

5. 字的插入、变更、删除

操作步骤:

(1) 选择 EDIT 方式。

(2) 按"PRGRM"键,选择要编辑的程序。

(3) 检索要变更的字。

(4) 进行字的插入、变更、删除等编辑操作。要操作 INSRT,ALTER,DELET 键。

6. CRT/MDI 设定参数

操作步骤:

(1) 按"PARAM"键和按"PAGE"键显示设定参数页面。

(2) 使当前状态处于 EDIT 方式,按 PRGRM 键输入地址 O 及程序号、程序指令,再按 INSRT 键,将程序存储。

(六) 数控车床对刀与偏移设置

1. 数控车床对刀方法

机床坐标系原点一般设在工件右端面:

(1) G50,首先执行回参考点操作:

① X 方向测量,沿毛坯轴向切削,测量直径 D;

② 记录当时(MACHINE)所显示的 X 位置坐标(Xm);

③ 计算 xp=Xm−D;

④ Z 方向测量,沿毛坯径向切削端面;

⑤ 记录当时(MACHINE)所显示的 Z 位置坐标(Zm);

⑥ zp=Zm;

⑦ 在相对坐标系中,设置 Xp 为 0,Zp 为 0。再使车刀在该相对坐标系中退到(Xa,Zb)处,即可建立 G50 Xa Zb;

⑧ 如果使用多把刀具,需要对每一把刀进行测量,分别记录其 xp,zp,在刀偏中输入差值。

(2) 使用 G54

① X 方向测量,沿毛坯轴向切削,测量直径 D;

② 记录当时(MACHINE)所显示的 X 位置坐标(Xm);

③ 计算 xp=Xm−D;

④ Z 方向测量,沿毛坯径向切削端面;

⑤ 记录当时(MACHINE)所显示的 Z 位置坐标(Zm);

⑥ 计算 zp=Zm;

⑦ 把 xp 和 zp 输入 G54 参数(如果使用多把刀,这组数据作为基准刀数据);

⑧ 如果使用多把刀具,需要对每一把刀进行测量,分别记录其 xpi,zpi;

⑨ 计算每把刀与基准刀的偏移值

$$\Delta Xi = xp - xpi \quad \Delta Zi = zp - zpi$$

⑩ 把 ΔXi 和 ΔZi 输入相应的刀具偏移值。

提示:一般在这种情况下,基准刀具的 X 和 Z 方向偏移值设为 0。

2. 试切削

当试加工后发现工件尺寸不符合要求时,可根据零件实测尺寸进行刀偏量修改。如测得工件外圆尺寸偏大 0.30mm(是用 1 号刀加工的),可在刀偏量修改状态下,将 1 号的 X 方向刀偏量改小 0.30mm。

3. 机械间隙补偿量的设置与修改

机床的机械传动部件(如滚珠丝杠等)因反向间隙产生的误差,经测量后已作为补偿量,由生产厂家设置好。经长期使用或磨损等原因间隙变大,用户可根据实测数据进行重新设置或修改。步骤详见该类机床说明书。

（七）自动加工

在执行程序的自动加工之前，以下操作应已完成：

（1）加工程序进入 CNC 系统　可通过编辑或通讯操作完成。

（2）图形模拟加工显示。

（3）参数设置操作　输入刀具长度，半径，位置补偿值。

（4）回零操作　若程序中指令回零，则不必进行手动回零。

（5）设置工件零点（置零）操作　按上述方法已设置了 G54 的 X、Z 值，或用 G92（G50）车刀在起刀点位置。

以 CK6136 为例，试切削步骤：

（1）将程序中的光标设在程序开始，将方式选择设为 EDIT，按 PRGRM，RESET 键。

（2）按 SINGLE BLOCK（单步执行）将其设为 ON。

（3）方式选择设为 AUTO。

（4）切削深度尽量小，检查主轴转速、进给量。检查刀架位置，注意换刀空间。

（5）关闭防护门，注意安全。

紧急时按"急停"键。

（6）按 PRGRM 及软键 CHECK。

执行程序，按"循环起动"链。

（7）检查下一句将要执行的程序，再按"循环起动"键。检查一句，执行一句，直到程序结束（即单步执行方式）。

（8）实测工件，修改刀补，达到尺寸要求。

（9）首件合格，可批量加工，改单段执行为连续执行。

CK6136 结束加工：

（1）去除工件毛刺，将工件卸下。

（2）将机床打扫干净。

（3）确认"进给保持"及"循环起动"灯关闭。

（4）确认机床侧的可动部分停止不动。

（5）按 NC 电源 OFF。

（6）拉下机床总电源。

（八）安全操作

1. 数控车床安全操作

（1）数控车床的开机、关机顺序，一定要按照机床说明书的规定进行操作。

（2）主轴启动开始切削之前一定要关好防护罩门，加工程序在正常运行中严禁开启防护罩门。

（3）机床在正常运行时不允许打开电气柜的门，禁止按动"急停"、"复位"按钮。

（4）操作者不得随意更改数控装置内设备生产厂设定的参数。

2. 急停处理

（1）当加工过程中出现急情况时，可执行紧急停止功能，一般步骤如下：

按下面板急停按钮。此时主轴，进给系统电源被切断，主轴停转，机床各轴停止移动。

（2）释放急停按钮，解除急停状态。一般通过旋转急停按钮、按复位键实现。

(3) 检查并消除故障。

3. 超程处理

在手动,自动加工过程中,若机床移动部件(如刀架,工作台等)超出其运动极限位置(软件行程限位或机械限位),则统屏幕超程报警,蜂鸣器尖叫或红色警灯亮,机床锁住。处理方法一般为:(A)解除报警;(B)手动将超程部件移至安全行程内。

4. 报警处理

数控系统对其软、硬件及故障具有自我诊断能力(称自诊断功能),该功能用于监视整个加工过程是否正常,并及时报警。报警形式常见为屏幕出错显示、机床锁住、蜂鸣器叫、警灯亮等。

报警内容常见有程序出错、操作出错、超程、各类接口错误、伺服系统出错、数控系统出错、刀具破损等。

具体的报警处理方法各机床不同。一般当 CRT 屏幕有出错显示号时,可查阅维修手册的"错误代码表",查出产生故障的原因,采取相应措施。当屏幕无出错显示时,可用自诊断功能查阅或见维修手册。

四、数控车床加工操作实例

例 1 如图 11-28 所示的零件,编制数控车床加工程序并操作。

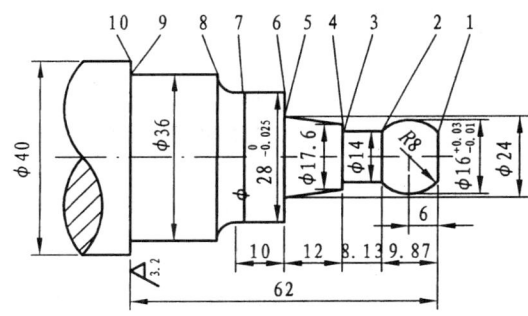

图 11-28

1. 编程步骤

(1) 建立工件坐标系,工件坐标原点在工件右端面中心处,即编程零点。
(2) 确定加工轮廓各交点、切点 1~10 的坐标值,列表如下:

	X	Z	U	W
①	10.583	0	10.583	0
②	14	−9.87	3.417	−9.87
③	14	−18	0	−8.13
④	17.6	−18	3.6	0
⑤	24	−30	6.4	−12
⑥	28	−30	4	0
⑦	28	−40	0	−10

⑧	36	−44	8	−4
⑨	36	−62	0	−18
⑩	41	−62	5	0

(3) 注意点：

① 1 点 X1 值计算：

$$X1 = \sqrt[2]{8^2 - 6^2} = 10.583。$$

② 一切起刀点值 X1max＜毛坯直径 ϕ40。

$$X1max = X1 + \Delta X \cdot L + \Delta。$$

X1——最后一刀，起刀点 X 值。

ΔX——每次加工背切削量。

L——子程序循环次数。

Δ——精车余量。

所以 X1max = 10.583 + 2 × 14 + 0.417 = 39(mm)。

即第一刀起刀点 X 值为 39mm，每次切的 2mm，经 14 次循环车削达 X1 = 11mm，留有 0.417mm 余量。

③ 加工从 1 到 10 点 X 增量为 41 − 10.583 = 30.417。

(4) 程序

主程序号 P1230；子程序号 P1231

   P1230

N10 G54   建立工件坐标系

N20 M03 S800   主轴正转 800 转/分

N30 M08   开切削液

N40 G00 X39. Z1.   剩达 1 点第一刀起始点右 1mm 处

N50 M98 P141231   调用子程序 P1231 14 次

N60 G00 X50.   子程序结束后退到 X50 处

N70 Z40.   退至 Z40 处

N80 M09   关切削液

N90 M05   停主轴

N100 M30   程序结束

   P1231

N10 G01 Z0 F200   达到 1 点第一刀位置

N20 G03 U3.417 W-9.87 R8 加工圆弧到达 2 点

N30 G01 W-8.13   直线加工到 3 点

N40 U3.6   车端面到达 4 点

N50 U6.4 W-12   车锥面达到 5 点

N60 U4.   车端面达到 6 点

N70 W-10.   车 ϕ28 处到圆弧起点 7 点

N80 G02 U8. W-4. R4.   车圆弧到达 8 点

N90	G01	W-18.	车 ϕ36 外圆到达 9 点
N100	U5.		车端面到达 10 点
N110	G00	W63.	回到原点右 1mm 处
N120	G00	U-32.417	每次循环一次向第一点 X 向进 2mm
N130	M99		子程序结束

精车时,只要改主程序中:

N40　G00　X10.583 Z1.　　（X 值与从 11 逐渐逼近 10.583,最后 X 值据测量结果定）

N50　M98 P1231　　执行子程序一次

2. 加工步骤

（1）开机。

（2）回零操作　降低进给倍率,避免超程。

（3）装工件　工件伸出长度为:加工长度加 20mm。

（4）装刀具　装准中心高,正偏刀主偏角为 93°,副偏角略大,30°左右伸出长 25～30mm 左右。

（5）选择"手动手轮"（或连续进给）功能使车刀离开零点,接近工件。

（6）在手动,手轮（或连续进给）低倍率时,车端面,只 X 向退刀,记下 Z 读数（例 Z－68.72）车外圆,只 Z 向退刀,记下读数 X（例 X－88.40）。

（7）停车,测量外径 D,例 ϕ39.15 得工件坐标系原点 X 坐标为:X－D 例－88.40－39.15＝－127.55。

（8）在编辑功能下,从面板上输入 G54X __ Z __　例 X－127.55　Z－68.72。

（9）在编辑功能下,从面板上输入所编程序号及全部程序。

（10）程序检查:

① 校对输入的程序有无差错;

② 在空运行下,测试规迹,若规迹不显示或显示规迹错则需修改程序,使规迹完全能正确显示。

（11）在自动运行状态下,先单步执行该程序,检查每一程序段执行情况,刀具与工件相对的实际位置与坐标显示值是否正确,当循环一次后,完全判定正确无误,改为自动执行程序。

（12）在加工过程中,要勾去切屑,可在刀具不切的起始点处,暂停程序执行,同时可测量余量是否正确。

（13）精车时,只要改程序中的两句,采用逐渐逼近起刀点 X 值 Z 值的方位,控制加工尺寸。若几个外圆直径有不同的公差带或加工实际有变化,只需修改程序相关的 X,Z 值若各轴段 X,Z 实际尺寸为同一方向增大相同数值,则可通过修改刀具。

例 2　如图 11-29 所示工件,毛坯为 ϕ45mm 长 90mm 棒材,材料为 45 钢。

（一）工艺分析

1. 零件图样要求,毛坯情况,确定工艺方案及加工路线

（1）短轴类零件,轴心线为工艺基准,用卡盘夹持 ϕ45mm 外圆,伸出长度为 70mm,一

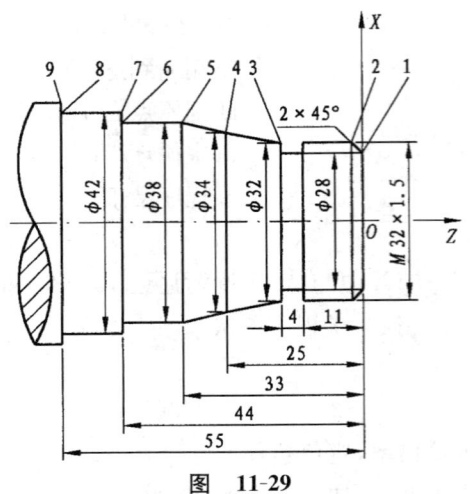

图 11-29

次装夹完成粗精加工。

（2）工步顺序

① 粗车外圆。基本采用阶梯切削路线。

② 自右向左精车右端面及各外圆面。

③ 切槽至 $\phi 28mm$。

④ 车螺纹，切削深度（总余量）为 1.08×1.5，分三刀车准。

2. 选择机床设备

根据零件图样要求，选用经济型数控机床即可达到要求。

3. 选择刀具

根据加工要求，选用三把刀具，T01 为粗加工刀，选 90 度外圆车刀，可选用主偏角较大的外圆刀为切刀槽，刀宽为 4mm，T03 为 60 度螺纹刀。同时把三车刀在自动换刀刀架上安装好，对刀，把它们的刀偏值输入相应的刀具参数中。

4. 定切削用量

一般选转速 $n=400\sim600$ 转，粗车进给量选 F150，精车进给量选 F30～40。粗车切削深度为 3mm，精车切削深度为 0.5mm。

5. 定工件坐标系，对刀点和换刀点

确定以工件右端面与轴心线的交点 O 为工件原点，建立 XOZ 工件坐标系。

6. 确定各交点（1～9）坐标值及增量坐标值

	X	Z	U	W
1	28	0	28	0
2	31.80	−2	3.8	−2
3	31.80	−15	0	−13
4	34	−25	2.20	−10
5	38	−33	4	−8
6	38	−44	0	−11
7	42	−44	4	0

| 8 | 42 | −55 | 0 | −11 |
| 9 | 46 | −55 | 4 | 0 |

(二)编程加工

主程序号　　　　　　　　P1231

　N010　G54
　N020　T01
　N030　M03　S400
　N040　G00　X43.50　Z1.
　N050　M98　P5　1232
　N060　G00　X28.　Z1
　N070　M98　P1232
　N080　G00　X100.　Z100.
　N090　T02
　N100　G00　Z−15.
　N110　　　X35.
　N120　G01　X28.　F50
　N130　G00　X100.
　N140　　　Z100.
　N150　T03
　N160　G00　Z5.　X33.
　N170　G92　X31.4　Z13　F1.5
　N180　X31.
　N190　X30.60
　N200　X30.40
　N210　X30.35
　N220　G00　X100.
　N230　　　Z100.
　N240　M05
　N250　M30

子程序　　P1232

　N010　G01　W−1.　F150.
　N020　G01　U3.8　W−2.
　N030　　　　　　W−13.
　N040　　　U2.20　W−10.
　N050　G02　U4.　W−8　R20.
　N060　G01　　　W−11.
　N070　　　U4.

```
N080            W-11.
N090     U4.
N100 G00        W56.
N110     U-21.
N120 M99
```

第三节 数控铣床

一、数控铣床简介

(一) 数控铣床功能与分类

数控铣床是目前广泛采用的数控机床,主要用于各类复杂的平面、曲面和壳体类零件的加工,如各类模具、样板、叶片、凸轮、连杆和箱体等,并能进行铣、钻、扩、铰、镗孔的工作,特别适合复杂曲面、模具零件的加工。与普通铣床相比,数控铣床的加工精度高,精度稳定性好,适应性强,操作劳动强度低,特别适应于复杂形状的零件或对精度保持性要求较高的中、小型零件的加工。数控铣床的组成如图 11-30 所示。

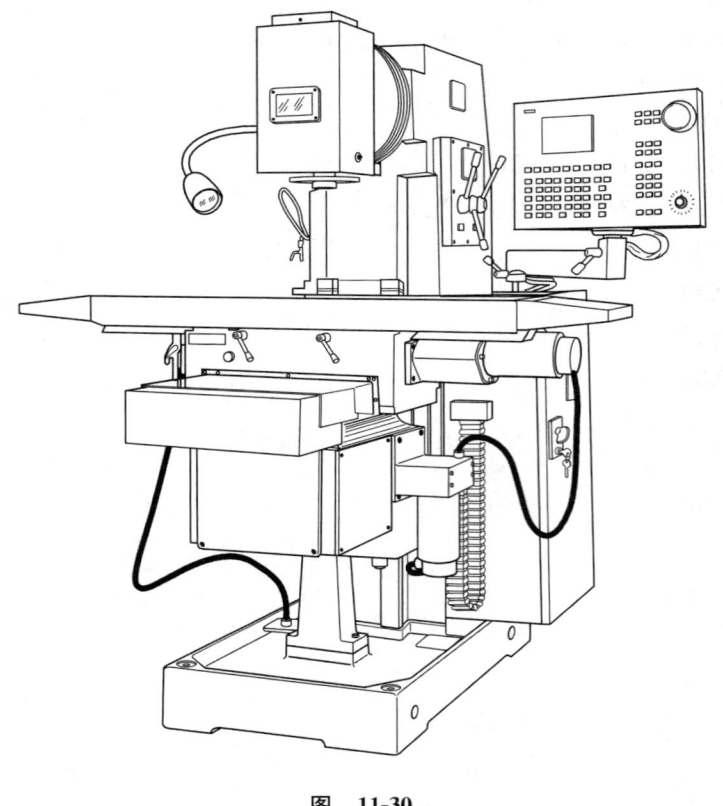

图 11-30

数控铣床一般按主轴位置的不同,可分为数控立式铣床、数控卧式铣床和数控立卧转换铣床。中型立式数控铣床是应用范围最广的一种,其主轴垂直于水平面,一般采用纵向和横向工作台移动方式,主轴沿垂直溜板上下运动。

按照数控系统控制的坐标轴数量来看,目前三坐标数控立式铣床仍占大多数,可分为两轴半联动铣床(只能进行三坐标中的任意二个坐标联动加工)、三轴联动铣床(能进行三坐标联动加工)、四轴联动铣床(除三个坐标轴联动外,主轴还可绕 X、Y、Z 坐标轴中的一个轴作摆角运动)及五轴联动铣床(除三个坐标轴联动外,主轴还可绕 X、Y、Z 坐标轴中的两个轴作摆角运动)等。一般来说,机床控制的坐标轴越多,特别是要求联动的坐标轴越多,机床的功能、加工范围及可选择的加工对象也越多。但随之而来的是机床的结构更复杂,对数控系统的要求更高,编程的难度更大,设备的价格也更高。

(二) 数控铣床结构及技术参数

数控铣床品种很多,结构也有所不同,但在许多方面是有共同之处的。数控铣床主要由工作台、主轴箱、立柱、床身、电气柜和 CNC 系统等组成。工作台的 X、Y 向进给运动由电机直接拖动,结构简单,调整方便。立柱用于实现主轴箱的垂直移动和支撑作用。在立柱上端的电机直接带动丝杠,可使主轴箱垂直移动。

现以 XK5032 型数控铣床为例介绍数控铣床的主要技术参数:

工作台工作面积	320mm×1220mm
工作台纵向行程(X 轴)	750mm
工作台横向行程(Y 轴)	350mm
升降台垂直行程(手动)	400mm
主轴孔锥度	ISO40#,7:24
主轴(套筒)垂直行程(Z 轴)	150mm
主轴中心线至床身垂直导轨的距离	330mm
主轴端面至工作台面的距离	90~490mm
主轴转速范围高速挡	80×4500r/min
主轴转速范围低速挡	45×2600r/min
进给速度范围(X、Y、Z 轴)	5×2500mm/min
快速移动速度(X、Y、Z 轴)	5000mm/min
主电动机功率	3.7kW/5.5kW
三个坐标的进给电动机的额定转矩	3N·m,3.6N·m(AC)
机床外形尺寸(长×宽×高)	1964mm×2190mm×2673mm
机床净重	2200kg

二、数控铣床刀具及找正工具

(一) 数控铣床刀具

数控铣床刀具选择得是否恰当,不仅影响数控铣床的加工效率,还影响工件的加工质量。因此在选择刀具时应充分考虑数控铣床高速、高效和自动化程度高的特点,选择合适的加工刀具。

刀具的选择是在数控编程的人机交互状态下进行的。应根据机床的加工能力、工件材料的性能、加工工序、切削用量以及其他相关因素正确选用刀具及刀柄。刀具选择总的原则是:安装调整方便,刚性好,耐用度和精度高。在满足加工要求的前提下,尽量选择较短的刀柄,以提高刀具加工的刚性。

选取刀具时,要使刀具的尺寸与被加工工件的表面尺寸相适应。

(1) 平面零件周边轮廓的加工,常采用立铣刀。

(2) 铣削平面时,应采用镶装的不可重磨可转位硬质合金端铣刀,一般分两次走刀,即粗铣和精铣。粗铣刀的直径要小一些,精铣刀的直径要大一些,最好能包容整个加工面的宽度。

(3) 加工精度要求较高的凹槽时,选用直径较槽宽小一些的高速钢立铣刀(或键槽铣刀),先铣槽的中部,然后利用半径补偿来铣削两边,直到达到精度要求为止。

(4) 加工毛坯表面时,选用硬质合金立铣刀,可进行强力切削。

(5) 加工孔时,要用中心钻打中心孔或刚性较好的短外头锪孔(有时还能代替孔口倒角),用以引正钻头。在进行深孔加工时,特别要注意冷却和排屑,一般选用钻深孔子程序进行钻削,即工进一段后钻头退出排屑,再工进,再排屑直到孔深。

(6) 对一些立体型面和变斜角轮廓外形的加工,常采用球头铣刀、环形铣刀、锥形铣刀和盘形铣刀。

(7) 在进行曲面加工时,由于球头刀具的端部切削速度为零,因此,为保证加工精度,切削行距一般取得很密,故球头刀常用于曲面的精加工。而平头刀具在表面加工质量和切削效率方面都优于球头刀,因此,只要在保证不过切的前提下,无论是曲面的粗加工还是精加工,都应优先选择平头刀。

在经济型数控加工中,由于刀具的刃磨、测量和更换多为人工手动进行,占用辅助时间较长,因此,必须合理安排刀具的排列顺序。一般应遵循以下原则:

(1) 尽量减少刀具数量。

(2) 一把刀具装夹后,应完成其所能进行的所有加工部位。

(3) 即使是相同尺寸规格的刀具,粗精加工的刀具也应分开使用。

(4) 先铣后钻。

(5) 先进行曲面精加工,后进行二维轮廓精加工。

(6) 在可能的情况下,应尽可能利用数控机床的自动换刀功能,以提高生产效率等。

(二) 常用找正工具

工件安装在工作台上后,需找正工件几何中心。找正时,应根据工件形状,选择相应的找正工具。

对于长方体类零件,其几何中心位置一般用专用测量工具如浮动测量仪来确定。浮动测量仪(图11-31)主要由固定轴1与浮动轴3等组成。中间用拉簧2依靠销钉4及拉簧盖5、固定轴1与浮动轴3弹性连接。由于测量仪是浮动的,因此当测量仪靠近工件侧面测量时,不会损坏铣床主轴和工件

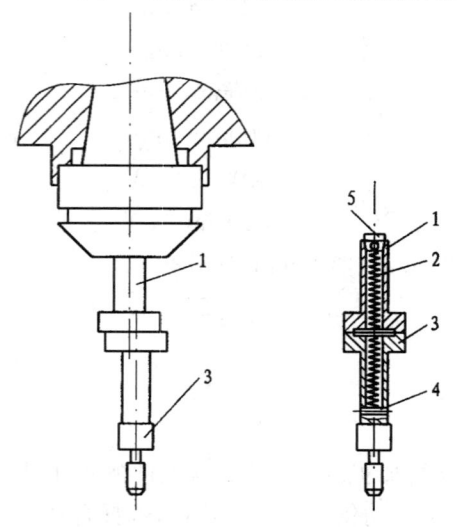

图11-31 浮动测量仪
1—固定轴;2—拉簧;3—浮动轴;
4—销钉;5—拉簧盖

侧面。对于圆柱形工件,其几何中心一般用百分表找正。

三、数控铣床加工常用指令

(一)确定工件加工坐标系

在数控机床上加工工件之前,首先确定工件加工坐标系,编程时以该坐标系原点作为零点进行编程,工件加工坐标系一旦建立,便一直有效,直到被新的工件加工坐标系所取代。

工件加工坐标系原点的选择要尽量满足编程简单、尺寸换算少、引起的误差小、在机床上容易找正、在加工过程中检查方便等条件。一般情况下,以坐标或尺寸标注的零件,工件加工坐标系原点应选在尺寸标注的基准点;对称零件或以同心圆为主的零件,工件加工坐标系原点应选在中心线或圆心上;Z轴的原点通常选在工件的上表面。

1. 设定工件加工坐标系指令 G92

程序格式:G92　X_Y_Z_

式中,X_,Y_,Z_是刀具在该工件加工坐标系中的初始位置。

G92指令的作用是确定刀具在工件加工坐标系中的位置,该位置随着刀具位置的改变而改变。在图11-32中,如果刀具位置在点 M,则应执行程序段

　　N20　G92　X0　Y0　Z30.;

执行后的刀具在该坐标系中的位置是(0,0,30)。如果刀具位置在点 M',则应执行程序段

　　N20　G92　X100.　Y120.　Z30.;

执行后的刀具在该坐标系中的位置是(100,120,30)。

2. 选择加工坐标系指令 G54

程序格式:G54　X_Y_Z_

式中,X_,Y_,Z_是刀具在该工件加工坐标系中的初始位置。

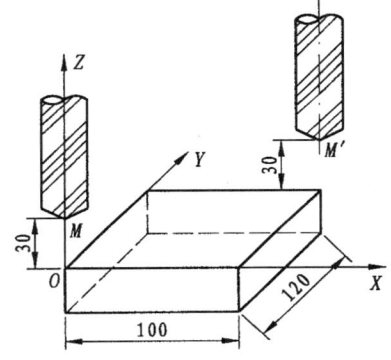

图 11-32　G92 设定加工坐标系

G54是确定刀具在机床坐标系中的位置,且不随刀具位置的改变而改变。其后的X、Y、Z坐标值是指刀具在工件加工坐标系中的位置。如果要改变刀具在机床坐标系中的位置,只能通过MDI方式更改。

(二)绝对尺寸与相对尺寸

1. 绝对尺寸指令 G90

编程格式为:G90　X_Y_Z_

式中,X、Y、Z值是相对于固定坐标系原点的坐标值。在数控铣床中,绝对坐标系用得较多,在以下程序中均以绝对尺寸编程。

2. 相对尺寸指令 G91

编程格式为:G91　X_Y_Z_

式中,X、Y、Z值是相对于前一位置坐标值的增量。

图 11-33 表示绝对尺寸与相对尺寸的关系,如果刀具由点 A 移动到点 B,两者编程方式如下:

绝对尺寸编程:G90　G01　X90.　Y60.;

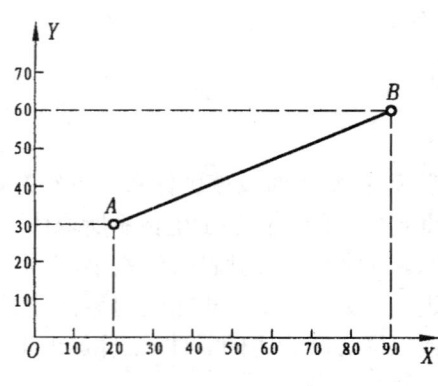

图 11-33 绝对尺寸与相对尺寸

相对尺寸编程：G91　G01　X70.　Y30.；

（三）快速点定位指令 G00

G00 使刀具从所在位置快速移动到目标位置，其速度一般由机床制造厂家设定，程序中不必给出进给速度指令。

编程格式为：G00　X_Y_Z_

式中，X、Y、Z 值是刀具快速移动到达的目标位置的坐标值。

G00 指令后若直接跟 X、Y、Z 轴坐标值时，由于三个坐标轴同时联动，快速移动到目标位置，这样刀具和工件很容易发生碰撞。因此，使用 G00 指令时先移动 Z 轴到安全高度，然后移动 X、Y 轴。

（四）直线插补指令 G01

执行该指令后，刀具从所在位置按程序段中给定的进给速度 F 直线移动到目标位置，若程序段中进给速度 F 不指令，则进给速度为 0。

编程格式为：G01　X_Y_Z_F_

式中，X、Y、Z 值为刀具直线移动到达的目标位置的坐标值，F 为进给速度，单位为 mm/min。

图 11-34 所示为一矩形零件，加工坐标系原点为 O 点，加工路线为 O→A→B→C→D→A→O，编制程序如下：

………

N110　G00　G90　X20.　Y10.；　　　　　　快速移动，O→A
N120　G01　X90.　（Y10.）　F150.；　　　直线移动 A→B
N130　（X90.）　Y60.；　　　　　　　　　直线移动 B→C
N140　X20.　（Y60.）；　　　　　　　　　直线移动 C→D
N150　（X20.）　Y10.；　　　　　　　　　直线移动 D→A
N160　G00　X0　Y0；　　　　　　　　　　快速移动，A→O

………

注意：在上述程序段中，括号中的内容可省略。

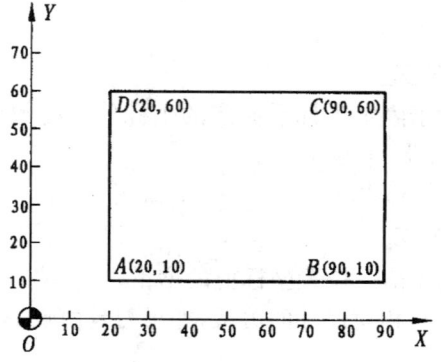

图 11-34　G01 编程例图

（五）平面选择指令 G17、G18、G19

该组指令用于选择直线、圆弧插补平面。G17 选择 XOY 平面，G18 选择 XOZ 平面，G19 选择 YOZ 平面，如图 11-35 所示。在数控铣床上，系统初始状态为 G17 状态。

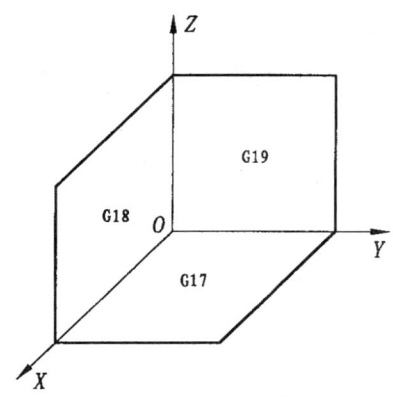

图 11-35　插补平面选择

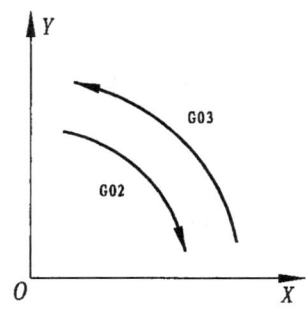

图 11-36　圆弧顺逆方向的判别

（六）圆弧插补指令 G02、G03

G02 指令使刀具从圆弧起点按顺时针方向移动到圆弧终点，G03 指令使刀具从圆弧起点按逆时针方向移动到圆弧终点。圆弧顺时针、逆时针方向的判别方法是：沿着不在圆弧平面内的坐标轴由正方向向负方向看去，顺时针方向为 G02，逆时针方向为 G03，如图 11-36 所示。

圆弧插补指令由插补平面（默认 XOY 平面）、回转方向、终点坐标及半径组成。编程格式为：

$$\begin{Bmatrix} G02 \\ G03 \end{Bmatrix} X\_Y\_ \begin{Bmatrix} I\_ J\_ \\ R\_ \end{Bmatrix} \quad F\_$$

式中的 X、Y 为圆弧的终点坐标。

式中 R 为圆弧半径，I、J 为圆弧的圆心坐标，无论何时它们都是圆弧起点到圆心点的增量距离，F 为进给速度。

注意：在 YOZ 平面、ZOX 平面内加工圆弧时，应把 X、Y、I、J 作相应的调整。

加工图 11-37 所示圆弧 AB 时，编程如下：

半径编程　　G03　X20.　Y40.　R300.　F100.；
圆心编程　　G03　X20.　Y40.　I-30.　J-10.　F100.；

对于整圆，其起点和终点相重合，用 R 编程无法定义，所以只能用圆心坐标编程。加工图 11-38 所示整圆时，编程如下：

A 为起点顺时针一周整圆编程　　G02（X30.　Y0）I-30.（J0）F100.；
B 为起点逆时针一周整圆编程　　G03（X0　Y-30.　I0）J30.　F100.；

当圆弧所夹的圆心角小于等于 180°时，R 值为正；当圆弧所夹圆心角大于 180°时，R 值为负；若 R 不指令，将被视为直线移动。如图 11-39 所示。

小圆弧：G03　X0　Y30.　R30.　F100.；
大圆弧：G03　X0　Y30.　R-30.　F100.；

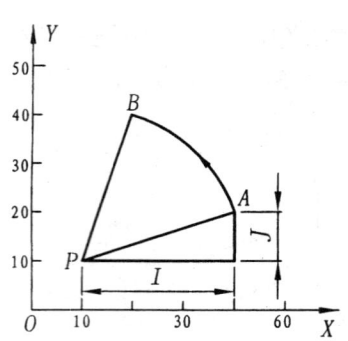

图 11-37 圆弧编程

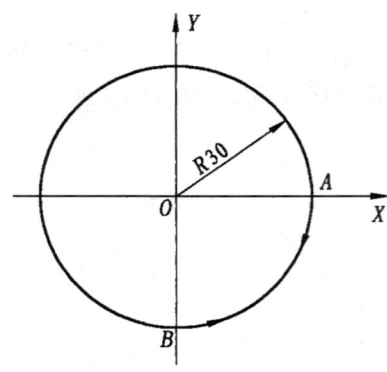

图 11-38 整圆编程

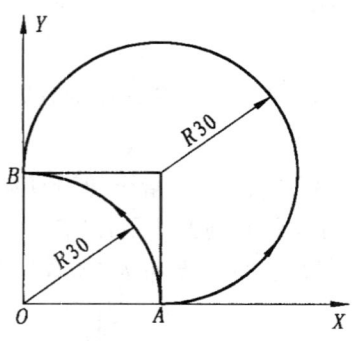

图 11-39 圆弧半径表示方法

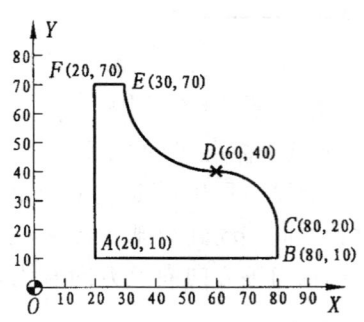

图 11-40 圆弧编程例图

若需加工如图 11-40 所示零件,CD 弧的半径为 20mm,DE 弧的半径为 30mm,编程原点为 O 点,加工路线为 O→A→B→C→D→E→F→A→O,编制程序如下:

……

```
N110  G00  G90  X20.  Y10. ;           快速点定位 O→A
N120  G01  X80.  F150. ;                直线插补 A→B
N130  Y20. ;                            直线插补 B→C
N140  G03  X60.  Y40.  R20. ;           圆弧插补 C→D
N150  G02  X30.  Y70.  R30. ;           圆弧插补 D→E
N160  G01  X20. ;                       直线插补 E→F
N170  Y10.                              直线插补 F→A
N180  G00  X0  Y0;                      快速点定位 A→O
```

……

(七)半径编程、直径编程

由于数控铣床 CNC 系统种类较多,在输入刀具补偿数值时,有时需输入刀具直径,即为直径编程;有时需输入刀具半径,即为刀具半径编程。究竟用直径编程还是用半径编程,应参见机床说明书。本书介绍半径编程。

(八)刀具半径补偿指令 G41、G42、G40

在数控铣床上加工工件外轮廓或内腔时,由于铣刀总存在一定的半径,所以铣刀中心轨迹与工件轮廓不重合。这样,在编制工件加工程序时,必须按照铣刀中心轨迹进行编程,其数据计算有时相当复杂,尤其当铣刀因磨损、重磨、换新刀而导致铣刀直径发生变化时,必须重新计算铣刀中心轨迹,修改程序,这样既繁琐,又不易保证加工精度。而刀具半径补偿指令的作用就是在加工外轮廓或内腔时,只需直接根据工件轮廓编程,然后由系统自动计算出偏移后的刀具中心轨迹,刀具中心按此轨迹运动,这种功能称为刀具半径补偿功能。

在图 11-41 中,用半径为 R 的刀具加工 A 轮廓的工件时,通过刀具中心的轨迹应是轨迹 B。B 即为 A 仅离开 R 的偏置轨迹。作出该偏置轨迹的功能称为刀具半径补偿功能。

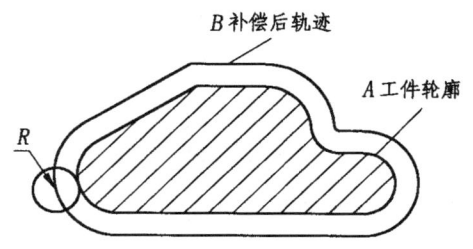

图 11-41 刀具半径补偿

刀具半径补偿有两种形式,左刀补指令 G41 和右刀补指令 G42,G40 为取消刀具补偿指令。编程格式为:

G41/G42　G00/G01　X_ Y_ D_
G40　G00/G01　X_ Y_

式中的 X、Y 为工件加工坐标系中直线的终点坐标。式中 D 为偏置代号,取值范围从 D00～D99。其 D00 中的偏移量始终为 0。

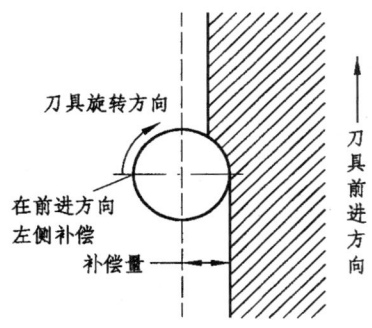 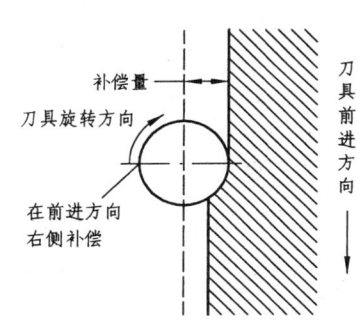

图 11-42 刀具半径补偿方向

G41 是指沿着刀具运动方向看(假设工件不动),刀具位于工件左侧的刀具半径补偿;G42 是指沿着刀具运动方向看(假设工件不动),刀具位于工件右侧的刀具半径补偿。如图 11-42 所示。

使用刀具半径补偿的优越性在于:

(1) 在编程时可以不考虑刀具的半径,直接按图所给尺寸编程,只要在实际加工时输入刀具的半径即可。

(2) 可以使粗精加工的程序简化。如图 11-43 所示,利用有意识的改变刀具半径补偿量,则可利用同一刀具、同一程序、不同的切削余量完成加工。从图中可以看出,当设定补偿量为 ac 时,刀具中心按 cc′ 运动;第二次设定补偿量为 ab 时,刀具中心按 bb′ 运动完成切削。

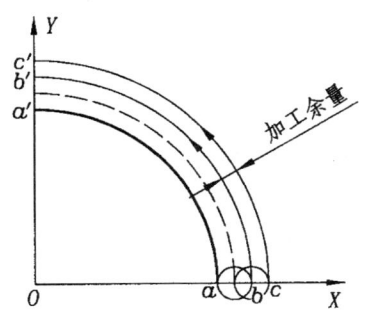

图 11-43 刀具半径补偿量用法

使用刀具半径补偿指令需注意的是：

(1) 存放刀具半径的地址由 D 偏置代号指定，用 CRT/MDI 方式手动输入。

(2) 从无刀具补偿状态进入刀具补偿状态或从刀具补偿状态进入撤销刀具补偿状态时，移动指令只能是 G01 或 G00。

(3) 若 D 代码中存放的偏置量为负值，那么 G41 和 G42 可以互相取代。

（九）辅助功能指令

数控加工常用的辅助功能指令见《数控加工概论》中的表 11-4。需注意的是在一个程序段中只能有一个 M 代码。如果同时出现了两个或两个以上的 M 代码时，只有最后的一个 M 代码才有效。

四、数控铣床面板操作及注意点

各种类型的数控机床，由于所采用的数控系统不同以及功能的差异，其控制面板也有所不同。但不管怎样，其控制开关、按键等却具有相同的功能。现在就以 XK5032 型数控铣床为例进行介绍。

XK5032 型数控铣床配备 FANUC-OM 数控系统，该系统的控制面板由 NC 系统控制面板（CRT/MDI 面板）和机床操作面板两部分组成。

（一）面板介绍

1. 下操作面板（图 11-44）

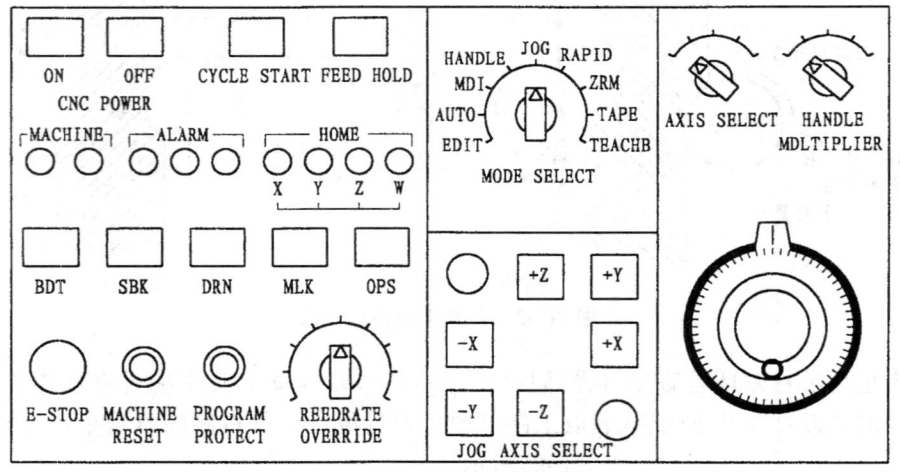

图 11-44　数控机床下操作面板

面板上各键的作用可参见数控车床相应内容。

注意：数控铣床的操作面板比数控车床多了＋Y 和－Y 键，用来控制 Y 轴的移动。

2. CRT/MDI 控制面板

CRT/MDI 控制面板由一个屏幕显示器（CRT）和一个 MDI 键盘组成，如图 11-45 所示。

在 CRT 显示屏幕下有一排软键，其作用是在进入主功能状态（POS、PRGRM、MENU OFSET、DGNOS PARAM、OPR ALARM 和 AUX GRAPH）后，再选择下级子功能（软键）

进行具体操作。软键的功能随主功能键的不同而各异。

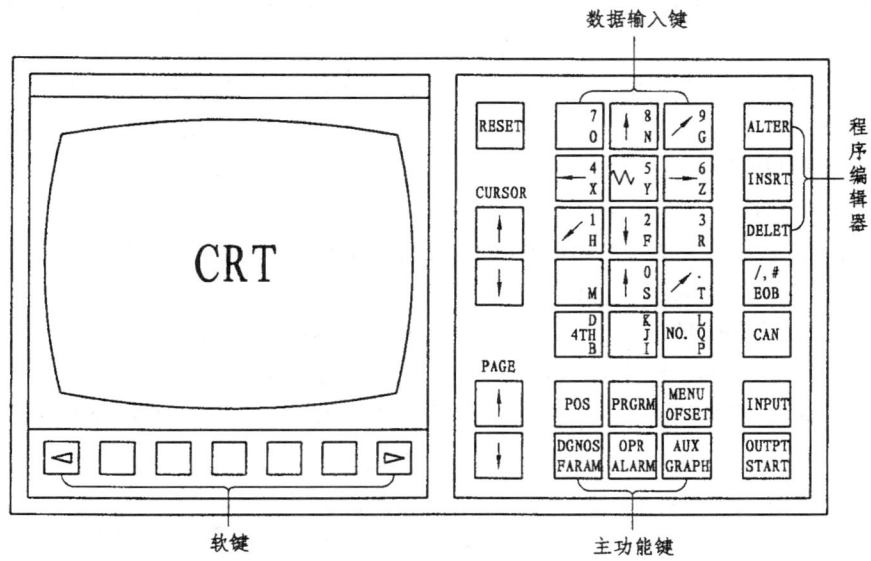

图 11-45　数控机床 CRT/MDI 面板

面板上各键的作用可参见数控车床相应内容。

注意：使用 DELET 键时，若删除的内容是程序段号，则该程序段的全部内容一起被删除；若删除的内容是程序号，则整个程序的内容全部被删除。

3. 机床右操作面板（图 11-46）

面板上各键的作用可参见数控车床。

（二）面板操作

1. 用点动的方式移动工作台

这种方法适用于微量调整工作台位置，如在工件找正时需使用此方法。具体步骤如下：

（1）把 MODE SELECT 方式选择旋钮置于 JOG 位置。

（2）按 JOG AXIS SELECT（手动进给轴和方向选择旋钮）中的 －X（或－Y、－Z）键，则工作台沿－X（或－Y、－Z）方向移动。松开按钮，工作台则停止移动。

（3）用 FEEDRATE OVERRIDE 进给速率修调旋钮调节工作台移动速度。

注意：在步骤 2 中，不能按＋X（或＋Y、＋Z）键，否则 ALARM 报警指示灯中的 CNC 灯亮，提示机床超程。只有在机床沿－X（或－Y、－Z）方向移动一段距离后，才能按＋X（或＋Y、＋Z）键，但也不能超过机床极限位置。

2. 用手动快速进给方式移动工作台

这种方法适用于工作台较长距离的移动，且移动速度较快。具体步骤如下：

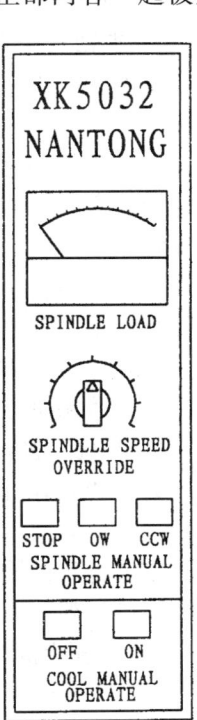

图 11-46　数控机床右操作面板

(1) 把 MODE SELECT 旋钮置于 RAPID(手动快速进给方式)位置。

(2) 按 JOG AXIS SELECT 中的－X(或－Y、－Z)键,则工作台沿－X(或－Y、－Z)方向快速移动。松开按钮,工作台则停止移动。

注意:在步骤 2 中,不能按＋X(或＋Y、＋Z)键,否则 ALARM 中的 CNC 灯亮,提示机床超程。只有在机床沿－X(或－Y、－Z)方向移动一段距离后,才能按＋X(或＋Y、＋Z)键,但也不能超过机床极限位置。

3. 用 MDI 方式输入简单指令

MDI 输入方式主要是在 CRT/MDI 面板上完成,而输入的内容则显示在 CRT 屏幕上。如果要输入 X10.500 Y200.500,操作步骤如下:

(1) 将 MODE SELECT 旋钮置于 MDI 位置(手动数据输入方式)。

(2) 将 PROGRAM PROTECT(程序保护)开关钥匙右旋(接通此开关)。

(3) 按 PRGRM 键(程序键),当 CRT 屏幕左上角显示 MDI,左下角显示出 ADRS 后,才能输入地址符。

(4) 用数据输入键,输入 X10.500。

(5) 按 INPUT 键(输入键),X10.500 被输入并显示(在按 INPUT 键之前,如果发现键入错误,可按 CAN 键,再一次键入 X 及正确的数字)。

(6) 输入 Y200.500。

(7) 按 INPUT 键,Y200.500 被输入并显示。

(8) 按 CYCLE START 键(循环启动键),工作台移动到(10.500,200.500)处。

4. 主轴旋转与停止

要使数控机床的主轴旋转或停止旋转,可通过右操作面板上的按钮进行操作。步骤如下:

(1) 将 MODE SELECT 旋钮置于 JOG 或 HANDLE(手摇脉冲发生器操作方式)位置。

(2) 按 SPINDLE MANUAL OPERATE 键中的 CW 或 CCW 键,则主轴顺时针或逆时针旋转。

(3) 按 SPINDLE MANUAL OPERATE 键(主轴手动操作键)中的 STOP 键(手动主轴停止),则主轴停止旋转。

(4) 用 SPINDLE SPEED OVERRIDE(主轴转速修调旋钮)调节主轴旋转速度。

(三) 数铣加工操作注意点

1. 开机及机床回零

为了让计算机数控系统识别机床坐标系,就必须在机床开机后执行回参考点的操作,通常称之为机床回零操作。机床零点及设置等可参见数控机床概论相应内容。

在进行数控铣床加工时,首先要接通总电源,然后接通数控系统电源,并对机床进行回零操作。步骤如下:

(1) 接通机床电源总开关。

(2) 使 E-STOP 键(急停键)处于断开位置。

(3) 按 CNC POWER 键(CNC 电源键)中的 ON 键,接通 CNC 系统电源。

(4) 按 MLK 键(机床锁定键),使灯灭。

(5) 把 MODE SELECT 旋钮调到 ZRM(手动返回机床参考点)方式。

(6) 按+X键,直到 HOME 指示灯(回零指示灯)中的 X 灯亮,表示 X 轴回零结束。

(7) 用同样方法,使 Y 轴、Z 轴回零。

在工作台移动过程中,如果 ALARM-CNC 报警指示灯亮并报警,则表示 X 轴(或 Y 轴、Z 轴)的移动范围超过了机床限定的界限,此时必须立即停止移动工作台并解除报警,方法如下:

(1) 将 MODE SELECT 旋钮置于 JOG 位置。

(2) 按住 MACHINE RESET 键(机床复位键),同时按下-X(或-Y、-Z)键,使工作台脱离极限位置回到工作区间,机床即可恢复正常工作。

2. 工件找正

机床回零结束后,便可把工件安装在工作台上,然后把刀具移到所设定的工件加工坐标系原点,即找正工件。在加工开始前,首先应确定刀具初始位置,一般刀具初始位置与工件加工坐标系原点重合。工件加工坐标系原点一般选在工件几何中心,并应根据工件形状,选用百分表或专用测量工具来确定工件几何中心。

对于长方体类工件,用浮动测量仪找正工件中心。找正时先把浮动测量仪安装在铣床主轴孔中,开动铣床并使主轴中速旋转,然后用手动方法移动工作台,使浮动测量仪头部逐渐靠近并接触工件左侧面。当观察到浮动轴与固定轴同轴旋转时,记录下显示屏幕上 X 轴的坐标尺寸 $X_{左}$;然后工作台下降,调整工作台位置,使浮动测量仪头部逐渐靠近并接触工件右侧面,当观察到浮动轴与固定轴同轴旋转时,记录下显示屏幕上 X 轴的坐标尺寸 $X_{右}$;此时长方体工件的 X 方向中心位置 X_0 值应为

$$X_0 = (X_{右} - X_{左})/2$$

用同样方法计算出 Y_0 值为

$$Y_0 = (Y_{前} - Y_{后})/2$$

对于圆柱形工件,可用百分表找正。

工件中心坐标值 X_0 和 Y_0 坐标确定后,移去相应的测量工具,换上铣刀,用试切法确定刀具 Z 轴位置。铣刀安装正确后,手动移动工作台,当工件上表面靠近铣刀底面时,用 0.1mm 塞尺测量工件与铣刀底面的距离,直到塞尺有接触感。此时 CRT 屏幕上 Z 轴的坐标尺寸为 Z_1 即长方体工件 Z 方向的中心位置 $Z_0 = Z_1 - 0.1$。

3. 加工方式

在本章前二节已讲述普通机床加工时机床的启动、停止、刀具运动、速度变换等都是由人工直接控制的;而数控机床加工是用数控装置或计算机控制机床进行自动加工。先把被加工工件的加工要求、工艺参数、刀具和机床的运动方式等用指令方式输入系统,经系统运算处理后,转换成能驱动机床运动的程序指令,控制数控机床加工出合格的工件。

在加工前要对所加工的工件进行工艺分析,拟定加工方案,确定加工路线和加工内容,选择合适的刀具和切削用量,选用合适的夹具及装夹方法。

铣削平面类工件时,一般采用立铣刀的侧刃进行切削。为了减少接刀痕迹,保证工件表面质量,对刀具的切入和切出点(即起刀点和退刀点)要精心设计。

铣削工件外轮廓时,铣刀应在工件轮廓曲线的延长线上切入和切出,而不应沿法向直接切入工件,以避免被加工面产生痕迹,保证工件轮廓光滑。铣削工件内轮廓时,切入和切出无法外延,这时只能以圆弧方式切入和切出工件或者沿工件轮廓两几何元素的交点处以螺

旋方式下刀,下刀过程中要避免停顿。内腔切削完后退刀时,应尽量使铣刀沿 Z 轴退至安全高度,然后返回工件加工坐标系原点。

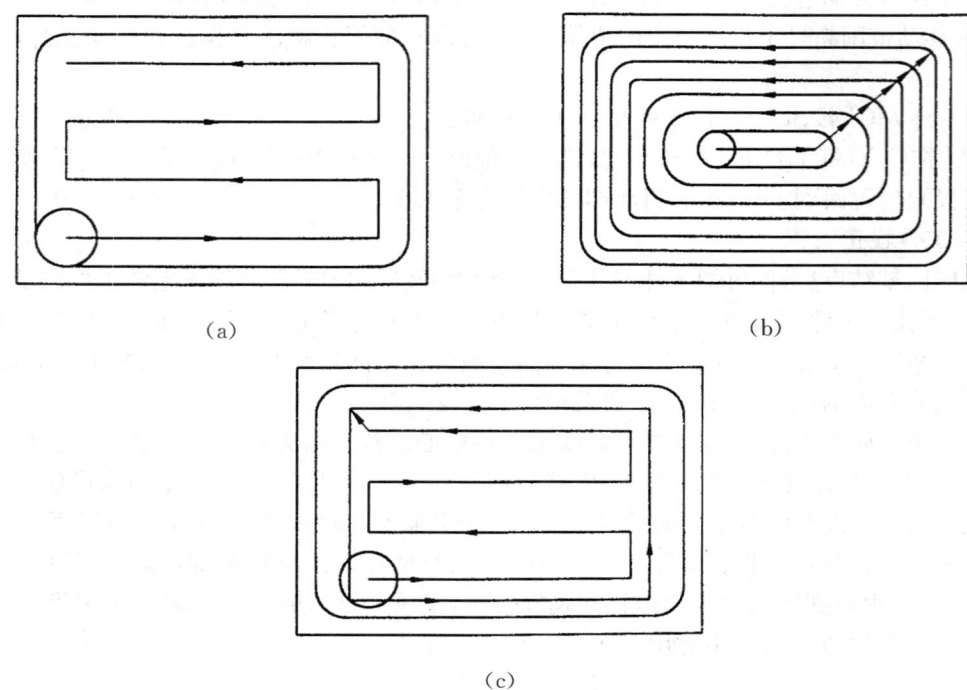

图 11-47 内腔加工路线

图 11-47 所示的图(a)和图(b)分别为采用行切法和环切法加工内腔的走刀路线,其中行切法又可分为横切法(轨迹为水平线)与纵切法(轨迹为竖直线)。环切法中刀具轨迹计算比较复杂,若轮廓由直线、圆弧组成,则计算稍微简单一些;若轮廓由曲线组成,则计算比较复杂。图(c)为先用行切法加工去除大部分材料,最后用环切法光整轮廓表面。以上三种方法中,图(a)计算简单,但纹路最差;图(b)计算复杂,但纹路效果好;图(c)结合两者优点,是最好的方案。

4. 程序编辑

刀具位置确定以后,便可以把程序输入 CNC 系统,也可以调用 CNC 系统内部的程序进行加工。

(1) 输入程序

① 把 MODE SELECT 旋钮置于 EDIT 方式(编辑方式);

② 将 PROGRM PROTECT 钥匙右旋(处于接通位置);

③ 按 PRGRM 键;

④ 输入程序号(程序编号不可与已有的程序编号重复),并按 INSRT 键(插入键)输入;

⑤ 开始输入程序,在输入过程中系统根据输入顺序自动判别取字母还是取数字。每输入完一个程序段,需按 EOB 键(程序段结束键),系统自动在程序段末加入分号并换行;

⑥ 保存程序。

(2) 调用程序

① 把 MODE SELECT 旋钮置于 EDIT 方式；

② 将 PROGRM PROTECT 钥匙右旋（处于接通位置）；

③ 按 PRGRM 键；

④ 输入程序号，按 INPUT 键输入。

程序输入或被调用后，如果发现程序有错误，可用 ALTER（修改）、INSRT、DELET（删除）键修改、插入或删除。

5. 参数设置

(1) 工件加工坐标系原点数据的输入

刀具起刀点位置确定后，如果用 G54 指令设定加工坐标系，则需把起刀点位置的坐标值 X_0、Y_0、Z_0 输入到 CNC 数控系统中，方法如下：

① 将 MODE SELECT 旋钮置于 MDI 位置；

② 将 PROGRAM PROTECT 钥匙右旋（处于接通位置）；

③ 按 MENU OFSET 键（菜单设置键）三次；

④ 按 CURSOR（光标移动键）中的"↓"键，分别把 X_0、Y_0、Z_0 值输入到 CNC 系统；

⑤ 按 CYCLE START，运行 MDI 指令。

(2) 刀具半径偏置数据的输入

刀具半径补偿值及代号确定后，应把该代号及数值输入到 CNC 数控系统中，方法如下：

① 将 MODE SELECT 旋钮置于 MDI 位置；

② 将 PROGRAM PROTECT 钥匙右旋（处于接通位置）；

③ 按 MENU OFSET 键二次；

④ 按 CURSOR 中的"↓"键找到相应的 D 代号，输入刀具半径补偿值。

6. 模拟运行

在进行自动加工之前，可利用程序模拟来检验所编制程序的正确性，操作步骤如下：

(1) 将 MODE SELECT 置于 AUTO（自动方式）位置；

(2) 将 PROGRAM PROTECT 钥匙右旋；

(3) 按 PRGRM 键；

(4) 调整下列各键状态：SBK（单段程序执行键）灯灭，DRN（空运行键）灯亮，MLK 灯亮，FEED HOLD（进给保持键）灯亮；

(5) 按循环启动键 CYCLE START。

7. 自动加工

模拟运行通过后，就可以进行自动加工。操作步骤如下：

(1) 把 MODE SELECT 旋钮置于 AUTO 方式；

(2) 将 PROGRAM PROTECT 开关的钥匙右旋；

(3) 按 PRGRM 键；

(4) 调整下列各键状态：SBK 灯灭，DRN 灯灭，MLK 灯灭，FEED HOLD 灯灭；

(5) 按 CYCLE START 键。

在加工过程中如果出现紧急情况，可按机床急停按钮，使机床停止运行，查找并排除故障。此时由于机床是在中途停止,所以重新启动后,应先用手动方式回机床零点,以免引起加工误差。

8. 安全操作

数控铣床加工操作时要充分注意安全,特别要避免使刀具与机床、工件或夹具发生碰撞。因为数控机床维修难度大且费用高。如果能做到以下几点,碰撞还是能够避免的。

(1) 利用模拟显示功能　一般较为先进的数控机床都有图形显示功能。当输入程序后,可以调用图形模拟显示功能,详细观察刀具的运动轨迹,以便检查刀具与工件或夹具是否有可能碰撞。

(2) 工件找正必须正确　应按照有关规则建立工件加工坐标系,仔细找正工件,尤其是Z轴方向,如果出错,铣刀与工件相碰的可能性就非常大。

(3) 提高编程技巧　程序编制是数控加工至关重要的环节,提高编程技巧可以在很大程度上避免一些不必要的碰撞。

例如:铣削工件内腔,当铣削完成时,需要铣刀快速退回至工件上方100mm处,如果用N50　G00　X0　Y0　Z100 编程,这时机床将三轴联动,则铣刀极有可能与工件发生碰撞,造成铣刀与工件损坏,严重影响机床精度,这时可采用下列程序:

N40　G00　Z100.；
N50　X0　Y0；

即刀具先退至工件上方100mm处,然后再返回工件加工坐标系原点,这样便不会碰撞。

在加工中或遇到紧急情况时,有三种应急措施:

(1) 按下"FEED HOLD"键,使工件暂时停止移动,排除故障后,再按下"CYCLE START"键,仍可继续加工;

(2) 按下"E-STOP"键,终止除去机床电源外的所有机床运动,记录下报警等信息,排除故障后,重新开始;

(3) 切断机床电源,停止一切操作,排除故障后重新开始。

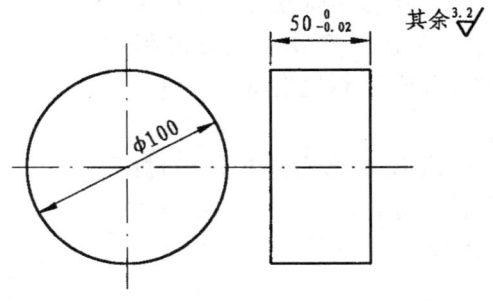

图 11-48　综合题编程例图

五、数控铣床加工操作实例

例 1　工件毛坯尺寸为 $\phi100\times55$mm,材料为铝。要求在数控铣床上加工到如图 11-48 所示尺寸。

[分析]

(1) 根据图纸要求,应在数控铣床上铣削平面,深度 5mm 分两次走刀,第一次粗铣

4.5mm,第二次精铣 0.5mm。

(2) 确定加工坐标系原点。因为是圆柱形工件,所以工件加工坐标系原点设在圆心,Z轴位置在工件上表面。

(3) 输入坐标偏置值。工件用百分表找正后,记录下 CRT 屏幕上的 X、Y、Z 值,然后通过 MDI 方式输入 CNC 系统中的 G54 坐标系。

(4) 安装工件及刀具。工件用三爪卡盘装夹,刀具选用 φ8mm 键槽铣刀,铣刀转速为 1200r/min,进给速度 120mm/min。

(5) 加工时起刀点在(-49,49),依次纵向进刀,直到铣完整个平面,从点(49,-49)处退刀。然后进行测量,高度应为 50.5mm。然后在 MDI 方式下改变 G54 坐标中的 Z 值,使 $Z_1 = Z - 0.5$,进行第二次加工。

[编程]

O1000		
N010	G54;	建立工件加工坐标系
N020	G00 Z50.;	铣刀快速上升到安全高度 Z=50mm 处
N030	X0 Y0;	铣刀快速移动到坐标原点(0,0)
N040	X-49. Y49.;	铣刀快速移动到起刀点(-49,49)
N050	Z2. M03 S1200.;	铣刀快速下降,主轴转
N060	G01 Z-4.5 M08 F120.;	铣刀以速度 F 下降到粗加工深度,冷却开
N070	X49.;	
N080	Y43.;	
N090	X-49.;	
N100	Y37.;	
N110	X49.;	
N120	Y31.;	
N130	X-49.;	
N140	Y25.;	
N150	X49.;	依次纵向进刀,加工平面
N160	Y19.;	
N170	X-49.;	
N180	Y13.;	
N190	X49.;	
N200	Y7.;	
N210	X-49.;	
N220	Y1.;	
N230	X49.;	
N240	Y-5.;	
N250	X-49.;	
N260	Y-11.;	
N270	X49.;	

N280 Y-17.;	
N290 X-49.;	
N300 Y-23.;	
N310 X49.;	
N320 Y-29.;	
N330 X-49.;	依次纵向进刀,加工平面
N340 Y-35.;	
N350 X49.;	
N360 Y-41.;	
N370 X-49.;	
N380 Y-47.;	
N390 X49.;	
N400 G00 Z50.;	铣刀快速上升到安全高度
N410 X0 Y0;	返回工件加工坐标系原点
N420 M05;	主轴停
N430 M09;	冷却关
N440 M30;	程序结束并返回

在数控铣床上加工平面,除了用上述方法外,还可用专用循环指令进行加工,该指令随着机床系统的不同而不同,具体用法可参见机床说明书,这里不再详细介绍。

例 2 在例一所加工的圆台上铣一个正方形内腔,尺寸如图 11-49 所示。

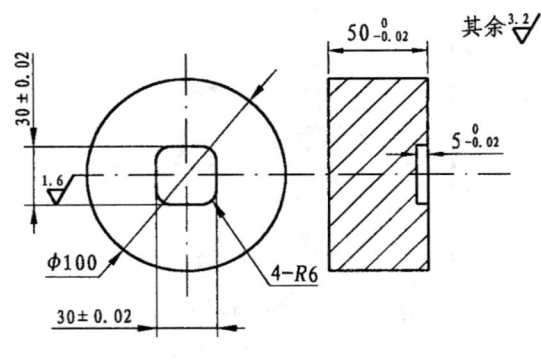

图 11-49 综合题编程例图

[分析]

(1) 根据图纸要求,应加工内腔轮廓。内腔深度 5mm 分两次走刀,第一次粗铣 4.5mm,第二次精铣 0.5mm。

(2) 工件加工坐标系的设定方法同例一。

(3) 刀具选用 ϕ8mm 键槽铣刀,铣刀转速为 1200r/min,进给速度 120mm/min。

(4) 在进行内腔加工时应考虑刀具偏置,而加工内腔时 G41 为顺铣方式,G42 为逆铣方式。为了得到较好的加工质量,一般选用顺铣方式,故用 G41 指令加工。

(5) 由于加工内腔时起刀点无法设置在其轮廓的延长线上,本例题把起刀点设定在点 P1

(10,10),然后以圆弧方式进刀至 P2 点,并沿逆时针方向加工,最后从 P2 点以圆弧方式退刀至点 P3(−10,10),加工路线为:P1→P2→A→B→C→D→E→F→G→H→P2→P3。

(6) 确定各点的坐标值。

(7) 为了保证内腔的尺寸精度,先输入刀具偏置值 D02=4.5。第一次加工后,测量内腔及深度,尺寸分别为 29mm 及 4.5mm。然后在 MDI 方式下改变 G54 坐标中的 Z 值,使 Z1=Z−0.5,进行第二次加工。深度加工到尺寸要求后,调整刀具偏置数值,使 D02=4,进行第三次加工(轮廓精加工)。经过三次加工后,内腔尺寸已达到要求,但在内腔中部还留有一段材料未切除。要切除这段材料,可用两种方法,其一是增大刀偏数据,其二是用手工方法切除。

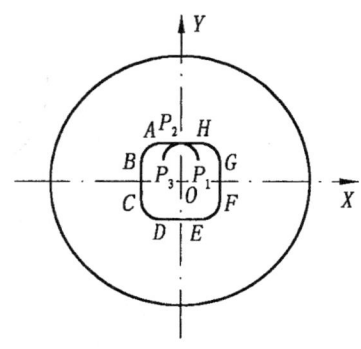

图 11-50 综合题编程例图

[编程](图 11-50)

O2000

N010	G54;		建立工件加工坐标系
N020	G00 Z50.;		铣刀快速上升到安全高度 Z=50mm 处
N030	X0 Y0		铣刀快速移动到坐标原点(0,0)
N040	Z2. M03 S1200.;		铣刀快速下降,主轴转
N050	G01 Z-4.5 M08 F120.;		铣刀以速度 F 下降到粗加工深度,冷却开
N060	G41 X5. Y10. D02;		铣刀以直线移动到 P1 点,建立刀补
N070	G03 X0 Y15. R5.;		圆弧 P1→P2
N080	G01 X-9.;		直线 P2→A
N090	G03 X-15. Y9. R6.;		圆弧 A→B
N100	G01 Y-9.;		直线 B→C
N110	G03 X-9. Y-15. R6.;		圆弧 C→D
N120	G01 X9.;		直线 D→E
N130	G03 X15. Y−9. R6.;		圆弧 E→F
N140	G01 Y9.;		直线 F→G
N150	G03 X9. Y15. R6.;		圆弧 G→H
N160	G01 X0;		直线 H→P2
N170	G03 X-5. Y10. R5.;		圆弧 P2→P3
N180	G00 Z50.;		铣刀快速上升到安全高度
N190	G40 X0 Y0;		返回工件加工坐标系原点,取消刀补
N200	M05;		主轴停
N210	M09;		冷却关
N220	M30;		程序结束并返回

例 3 在例 2 所加工的圆台上铣一个十字形外轮廓,尺寸如图 11-51 所示。

[分析]

(1) 根据图纸要求,应加工外轮廓。轮廓深度 8mm 分三次走刀,第一次粗铣 4mm,第二次

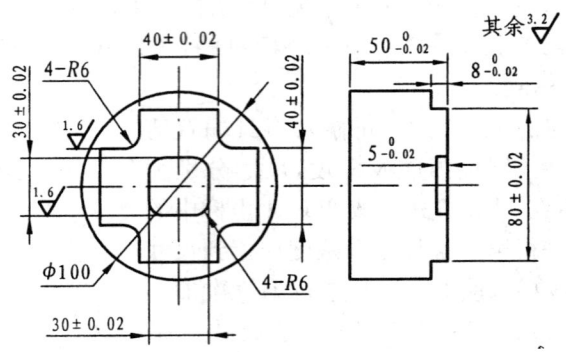

图 11-51 综合题编程例图

粗铣 3.5mm,第三次精铣 0.5mm。

(2) 工件加工坐标系的设定及工件找正方法同例一。

(3) 刀具选用 φ8mm 键槽铣刀,铣刀转速为 1200r/min,进给速度 120mm/min。

(4) 在进行外轮廓加工时应考虑刀具偏置,而加工外轮廓时 G41 为顺铣方式,G42 为逆铣方式。为了得到较好的加工质量,一般选用顺铣方式,故用 G41 指令加工。

(5) 在加工外轮廓时,起刀点应设定在工件轮廓延长线上,因此可设在点 P(-70,20)处,

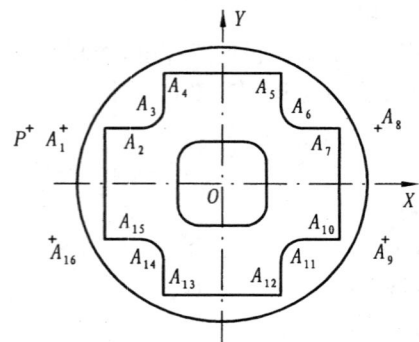

图 11-52 综合题编程例图

切入工件后沿顺时针方向加工,从点 A_{16}(-55,-20) 处退刀。加工路线为:P→A_1→A_2→A_3→A_4→A_5→A_6→A_7→A_8→A_9→A_{10}→A_{11}→A_{12}→A_{13}→A_{14}→A_{15}→A_{16}。

(6) 确定各点坐标值。

(7) 为了保证轮廓的尺寸精度,先使刀具偏置数值 D03=4.5,第一次加工后轮廓的尺寸分别为 41mm、81mm 及 4mm。然后在 MDI 方式下改变 G54 坐标中的 Z 值,使 Z_1=Z-3.5,进行第二次加工,加工完后深度应为 7.5mm。用同样方法使 Z_2=Z_1-0.5,进行第三次加工,加工完后深度应为 8mm。最后调整刀具偏置数值,使 D03=4,进行轮廓精加工。多余材料的切除同例 2。

[编程](图 11-52)

O3000

N010	G54;	建立工件加工坐标系
N020	G00 Z50.;	铣刀快速上升到安全高度 Z=50mm 处
N030	X0 Y0	铣刀快速移动到坐标原点(0,0)
N040	X-70. Y20.;	铣刀快速移动到起刀点 P(-70,20)
N050	Z0 M03 S1200.;	铣刀快速下降,主轴转
N060	G01 Z-4. M08 F120.;	铣刀以速度 F 下降到粗加工深度,冷却开
N070	G41 X-50. D03;	铣刀以直线到 A_1 点,建立刀补
N080	X-26.;	直线 A_1→A_2

N090　G03　X-20.　Y26.　R6.；　　　圆弧 A2→A3
N100　G01　Y40.；　　　　　　　　直线 A3→A4
N110　X20.；　　　　　　　　　　　直线 A4→A5
N120　Y26.；　　　　　　　　　　　直线 A5→A6
N130　G03　X26.　Y20.　R6.；　　　圆弧 A6→A7
N140　G01　X55.；　　　　　　　　直线 A7→A8
N150　Y-20.；　　　　　　　　　　直线 A8→A9
N160　X26.；　　　　　　　　　　　直线 A9→A10
N170　G03　X20.　Y-26.　R6.；　　圆弧 A10→A11
N180　G01　Y-40.；　　　　　　　 直线 A11→12
N190　X-20.；　　　　　　　　　　直线 A12→A13
N200　Y-26.；　　　　　　　　　　直线 A13→A14
N210　G03　X-26.　Y-20.　R6.；　 圆弧 A14→A15
N220　G01　X-55.；　　　　　　　 直线 A15→A16
N230　G00　Z50.；　　　　　　　　铣刀快速上升到安全高度
N240　G40　X0　Y0；　　　　　　　返回工件加工坐标系原点
N250　M05；　　　　　　　　　　　主轴停
N260　M09；　　　　　　　　　　　冷却关
N270　M30；　　　　　　　　　　　程序结束并返回

第四节　电火花加工

一、电火花加工简介

电火花加工是在一定介质中,利用两极(工具电极与工件电极)之间脉冲性火花放电时的电腐蚀现象对材料进行加工,以使零件的尺寸、形状和表面质量达到预定要求的加工方法。这种加工方法也被称为放电加工或电蚀加工。

（一）电火花加工的基本原理

1. 极间介质的电离击穿与形成放电通道

由于工具电极和工件的微观表面是凹凸不平的,极间距离又很小,因而极间电场强度是很不均匀的,两极间离得最近的突出点或尖端处的电场强度一般为最大。当阴极表面某处的电场强度增加到 $10^6 V/cm^2$ 以上时,就会产生场致电子发射,由阴极表面逸出电子。在电场作用下电子高速向阳极运动并撞击介质中的分子和中性原子,产生碰撞电离,形成带负电的粒子(主要是电子)和带正电的粒子(正离子),导致带电粒子雪崩式增多,使介质击穿而放电。从雪崩电离开始到建立放电通道的过程非常迅速,t 一般为 $10^{-7} \sim 10^{-8}$ s,间隙电阻从绝缘状态迅速降低到几分之一欧,间隙电流迅速上升到最大值。由于放电通道直径很小,所以通道中的电流密度 i 可高达 $10^5 \sim 10^6 A/cm^2$。间隙电压 u 则由击穿电压迅速下降到火花维持电压(一般为 20~25V)。图 11-53 为矩形波脉冲放电时的电压 u 和电流 i 波形。

2. 能量的转换、分布与传递

极间介质一旦被击穿,脉冲电源就通过放电通道瞬时释放能量,把电能转换为热能、动能、磁能、光能、声能及电磁波辐射能等(其中大部分转换成热能),使两极放电点和通道本身温度剧增(通道中心温度高达 10000℃ 以上),该处即产生局部的熔化或气化,u、i 通道中的介质也气化或热裂分解,还有一些热量在传导、辐射过程中被消耗掉。

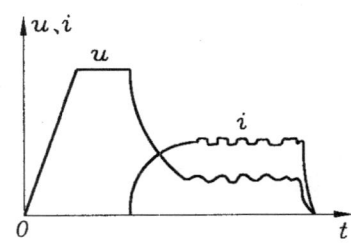

图 11-53 脉冲放电时的 u、i 波形

3. 电极材料的抛出

传递给电极的能量转化成热能,并在电极表面形成一个瞬时高温热源;在脉冲放电初期,高温热源将使电极放电点部分材料气化,在气化过程中,产生很大的热爆炸力,使被加热至熔化状态的材料挤出或溅出。

4. 极间介质的消电离

一次脉冲放电结束,此后还应有一段间隔时间,使间隙介质消除电离,即放电通道中的带电粒子复合为中性粒子,恢复本次放电通道处间隙介质的绝缘强度,以免总是重复在同一处发生放电而导致电弧放电,这样可以保证按两极相对最近处或电阻率最小处形成下一次击穿放电通道。

(二)电火花加工的基本条件

1. 工具电极和工件电极之间在加工中必须保持一定的间隙,一般是几个微米至数百微米。因此,加工中必须用自动进给调节机构来保证加工间隙随加工状态而变化。

2. 火花放电必须在一定绝缘性能的介质中进行,液体介质有压缩放电通道的作用,同时液体介质还能把电火花加工过程中产生的金属屑、炭黑等电蚀产物从放电间隙中排出去,并对电极和工件有较好的冷却作用。对导电材料进行尺寸加工时,极间应有液体介质;表面强化时,极间为气体介质。

3. 放电点局部区域的功率密度足够高,即放电通道要有很高的电流密度(一般为 $10^5 \sim 10^6 \text{A/cm}^2$)。这样,放电时所产生的热量,才足以使电极表面的局部金属瞬时熔化甚至汽化。

4. 火花放电是瞬时的脉冲性放电。放电的持续时间一般为 $10^{-7} \sim 10^{-3}$ s。由于放电时间短,使放电时产生的热量来不及扩散到电极材料内部,能量集中、温度高,放电点集中在很小范围内。如果放电时间过长,就会形成持续电弧放电,使加工表面材料大范围熔化烧伤而无法用作尺寸加工。

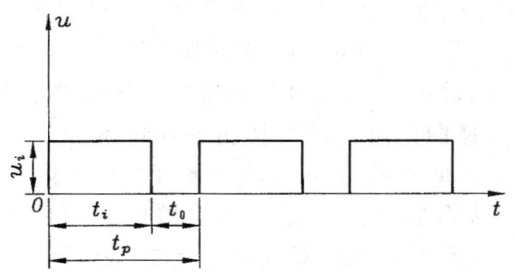

图 11-54 脉冲电源空载电压波形

t_i—脉冲宽度;t_0—脉冲间隔;t_p—脉冲周期

5. 在先后两次脉冲放电之间,有足够的停歇时间 t_0(图 11-54),排除电蚀产物,使极间介质充分消除电离,恢复绝缘性能,以保证每次脉冲放电不在同一点进行,避免发生局部烧伤现象,使重复性脉冲放电顺利进行。

以上这些问题的解决,是通过图 11-55 所示的电火花加工系统来实现的。工件 5 与工具 3 分别与脉冲电源 2 的两输出端相联接。自动进给调节装置 1 使工具和工件间保持一很小的间隙,当脉冲电压加到两极之间,便在当时条件下相对某一间隙最小处或绝缘强度最低处击穿介质,在该局部产生火花放电,放电点处产生瞬时高温,使工具和工件表面都蚀除掉一小部分金属,各自形成一个小凹坑。脉冲放电结束后,经过一段时间间隔,使工作液恢复绝缘,第二个脉冲电压又加到两极上,又会在当时极间距离相对最近或绝缘强度最弱处击穿放电,又电蚀出一个小凹坑……如此连续不断地重复放电,工具电极不断地向工件进给就可将工具的形状复制在工件上,加工出所需要的零件。整个加工表面将由无数个小凹坑所组成,如图 11-56 所示,其中图 11-56(a)表示单个脉冲放电后的电蚀坑,图 11-56(b)表示多次脉冲放电后的电极表面。

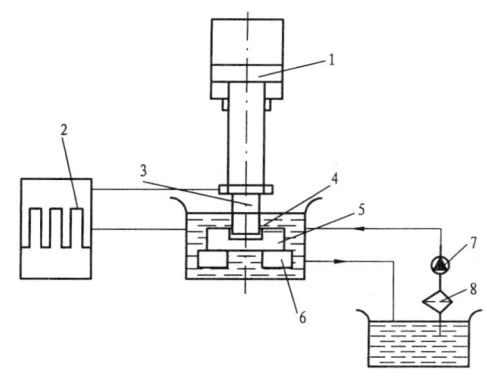

图 11-55 电火花加工原理

1—调节装置;2—脉冲电源;3—工具;4—液体绝缘介质;
5—工件;6—垫架;7—液压泵;8—过滤器

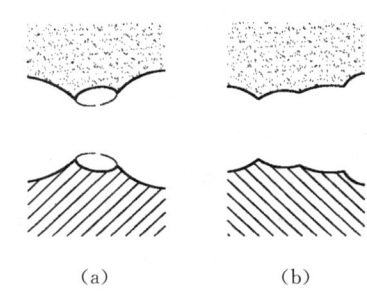

图 11-56 电火花加工表面局部放大

(三)电火花加工按工艺分类及应用

1. 电火花穿孔成型加工

这种加工方法是通过工具电极相对于工件作进给运动,把工具电极的形状和尺寸反拷在工件上,从而加工出所需要的零件。这种加工方法又可分为电火花穿孔和型腔加工两类。电火花穿孔一般指贯通的二维型孔的电火花加工,主要用于型孔(圆孔、方孔、多边孔、异形孔)、曲线孔(弯孔、螺旋孔)、小孔、微孔等加工,例如落料模、复合模、级进模、拉丝模、喷嘴、喷丝孔等。型腔电火花加工一般指三维型腔和型面的电火花加工,主要用于塑料模、锻模、压铸模、挤压模、胶木模以及整体叶轮、叶片等各种曲面零件。

2. 电火花线切割

这种加工方法是用移动着的线状电极丝按预定的轨迹进行切割加工。由于这种加工方法省去了制造成形工具电极的麻烦,而且工具电极丝的损耗还可在很大程度上得到补偿,因而具有很大的优越性,所以近年来在国内外都获得较大的发展和广泛应用。适用于加工各种形状复杂而精密的冲裁模以及切割各种精密小型零件和工具等。

3. 电火花磨削

这种加工方法实质上是应用机械磨削的成形运动进行电火花加工。工具电极与工件电极之间作相对运动,其中之一或两者作旋转运动。在加工过程中,不需要电火花成形那样的伺服进给运动。电火花磨削主要用于磨平面和内外圆、小孔、深孔,以及成形搪磨和铲磨等。

4. 电火花展成加工

这种加工方法是利用成形工具电极与工件电极作相对应的展成运动(回转、回摆或往复运动等),使两者相对应的点保持固定重合的关系,逐点进行电火花加工。它的特点是工具与工件相互接近的部位切向相对运动线速度甚小,有时几乎等于零。目前应用较广的是共轭回转加工,如螺纹环规、丝规、小模数齿轮、内螺旋齿轮等回转体零件加工。此外,还有棱面展成、锥面展成、螺旋面展成加工等。

5. 电火花表面强化

这种加工方法一般是以空气为极间介质,工具电极相对于工件作小振幅的振动,两者时而短接,时而离开。在这过程中产生脉冲式的火花放电,使空气中的氮或工具材料渗透到工件表层内部,以改善工件表面的机械性能。目前主要用于金属表面渗氮、渗碳或涂覆特殊材料,也可用于金属表面高速淬火。

6. 非金属电火花加工

一般是用高频高压的脉冲电源,通过尖状电极施加在所要加工的非金属工件上,使其产生火花放电而瞬时释放出大量的热量。从而使工件的局部材料瞬时熔化和汽化,以达到加工的目的。这种加工方法主要用于半导体、非导电体材料的穿孔加工。

7. 其他电火花加工

除上述几种应用外,电火花加工还可用于打印标记、刻字、取出折断在零件中的丝锥或钻头,以及对已淬火零件进行整修等。

二、电火花穿孔、成型加工及操作实例

(一)电火花加工机床的型号规格

1985年起国家把电火花穿孔、成形加工机床定名为 D71 系列,其型号表示方法如下:

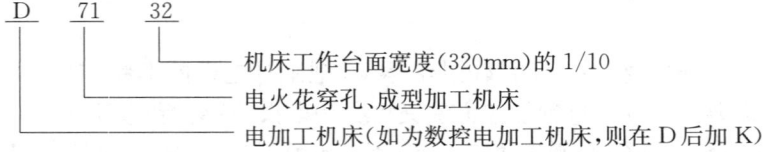

典型的国产电火花加工机床设备为 D7140,它是工作台面宽为 400mm 的中等尺寸电火花机床。如果是单轴(主轴)数控,则型号为 D7140ZK,如果是三轴(XYZ)数控,则型号为:D7140K,有时在脉冲电源上也表明 NC(数控)型。

目前有些国产电火花机床的型号命名往往加上本厂厂名拼音代号及其他代号,如汉川机床公司加 HC、北京凝华实业公司加 NH 等,中外合资及外资厂的型号更不统一,采用其自定的型号系列表示方法,没有统一的规范。

(二)电火花加工机床的组成部分

它包括主机、电源箱、工作液循环过滤系统三大部分组成。

1. 机床本体

它由床身 1 和立柱 2、主轴头 3、工作台 4 等组成，如图 11-57 所示。

（1）床身和立柱　床身和立柱是一个基础结构，由它确保电极与工作台、工件之间的相互位置。

（2）工作台　工作台主要用来支承和装夹工件，它分上、下两层（上溜板和下溜板），如图 11-57。在实际加工中，通过转动纵横向丝杠来改变电极与工件的相对位置。工作台上面还装有工作液槽，使电极和被加工件浸泡在工作液里，起到冷却、排屑作用。

（3）主轴头　主轴头是电火花穿孔、成形加工机床的一个关键部件，它的结构由伺服进给机构、导向和防扭机构、辅助机构三部分组成。它控制工件与工具电极之间的放电间隙。

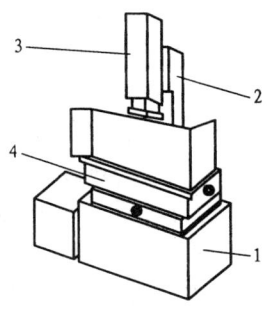

图 11-57　机床本体
1—床身；2—立柱；
3—主轴头；4—工作台

（4）主轴头和工作台的主要附件

① 可调节工具电极角度的夹头　调节装夹在主轴下的工具电极，在加工前用螺钉调节到与工件基准面垂直。在加工型孔或型腔时，还可以在水平面内调节、转动一个角度，使工具电极的截面形状与加工出工件型孔或型腔预定的位置一致。

② 平动头　平动头是一个使装在其上的电极能产生向外机械补偿动作的工艺附件。它在电火花成形加工采用单电极加工型腔时，可以补偿上一个加工规准和下一个加工规准之间的放电间隙差和表面粗糙度值之差。

2. 电源箱包括脉冲电源、自动进给控制系统和其他电气。

3. 工作液循环过滤系统包括液压泵、过滤器和各种控制阀、管道等。

（三）电火花加工中的一些基本规律

电火花加工是基于电能瞬时、局部转换成热能来熔化和汽化而蚀除金属的，因此与金属切削加工靠塑性变形来去除金属的原理和基本规律完全不同。只有了解和掌握电火花加工中的基本工艺规律，才能正确地针对不同工件材料选用合适的工具电极材料；只有合理地选择粗、半精、精加工参数和规准，才能充分发挥脉冲电源和电火花加工机床的作用，多快好省地加工出合格的模具或产品。

影响金属蚀除率（生产率）的主要因素：

1. 极性效应的影响

在电火花加工过程中，无论是正极还是负极，都会受到不同程度的电蚀。即使是相同材料（例如钢加工钢），正、负电极的电蚀量也是不同的。这种两极材料相同，单纯由于正、负极性不同而彼此电蚀量不一样的现象叫做极性效应。如果两极材料不同，则极性效应更加复杂。在生产中，通常把工件接脉冲电源的正极（工具电极接负极）的加工方法，称"正极性"加工；反之，工件接脉冲电源的负极（工具电极接正极）时，称"负极性"加工，又称"反极性"加工。当采用窄脉冲（例如纯铜电极加工钢时，$t_i<10\mu s$）精加工时，应选用正极性加工；当采用长脉冲（例如纯铜加工钢时，$t_i>100\mu s$）粗加工时，应采用负极性加工，可以得到较高的蚀除速度和较低的电极损耗。

2. 电参数对蚀除率的影响

所谓电参数是指脉冲宽度 t_i（或放电时间 t_e）；脉冲间隔 t_o、峰值电压 u_i 和峰值电流 i_e

等。其中实际起作用的是放电时间 t_e 和放电峰值电流 i_e，两者的乘积表征着单个脉冲的能量 E_M，E_M 大，蚀除率就高。但脉冲间隔 t_o 过大，会减少每秒的放电次数，从而降低平均蚀除率。因此蚀除率（生产率）正比于 t_e、i_e，反比于 t_o。

3. 金属材料对蚀除率的影响

当脉冲放电能量相同时，金属的熔点、沸点、比热容、熔化热、汽化热愈高，则电蚀量愈小，其加工的难度就愈大。各种金属材料电火花加工的难易程度依次为：钨、铜、银、钼、铝、钽、铂、铁、镍、不锈钢、钛。

4. 影响蚀除率的一些其他因素

主要有工作液的种类和性能，以及冲油、抽油流速、流量等影响。

（四）电火花简单穿孔、型腔加工

1. 电极材料的选用

在加工中应用得较多的电极材料是紫铜和石墨，其共同特点是粗加工时损耗小，各自的特点是：

紫铜——容易制成薄片或其他复杂形状电极；尺寸精度好；加工过程稳定；加工表面粗糙度低；精加工损耗小。

石墨——容易修整与成形；重量轻；加工表面粗糙度稍差；精加工时损耗较大；易产生电弧烧伤。

另外，对冲模，电火花穿孔加工常"钢打钢"直接配合法。

此法是直接用钢凸模作为电极直接加工凹模，加工时将凹模刃口端朝下形成向上的"喇叭口"，加工后将工件翻过来使"喇叭口"（此喇叭口有利于冲模落料）向下作为凹模，电极也倒过来把损耗部分切除或用低熔点合金浇固作为凸模。

2. 工具电极的装夹

工具电极的装夹最常用的是用可调节工具电极角度的夹头来安装，另外，也可用专用夹头来安装它，可以大大提高电极的装夹定位精度。

3. 电规准的选用

冲模、型腔模加工一般选择粗、中、精三种规准。

粗规准主要采用较大的电流，较长的脉冲宽度（$t_i = 50 \sim 500 \mu s$），采用铜电极时电极相对损耗应低于 1%。

中规准用于过渡性加工，以减少精加工时的加工余量，提高加工速度，中规准采用的脉冲宽度一般为 $10 \sim 100 \mu s$。

精规准用来最终保证模具所要求的配合间隙、表面粗糙度、刃口斜度等质量指标，并在此前提下尽可能地提高其生产率。故应采用小的电流，高的频率、短的脉冲宽度（$2 \sim 6 \mu s$）。

粗规准和精规准的正确配合，可以适当解决电火花加工时的质量和生产率之间的矛盾。

（五）电火花加工操作实例

1. 冷冲模的电火花加工如图 11-58。$L1 = \phi 20_{-0.021}$ $L2 = \phi 20^{0.032}$ $S_L = 0.04 \sim 0.08$。

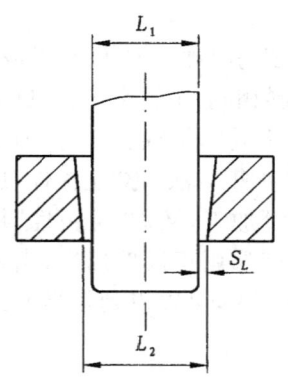

图 11-58 冷冲模电火花加工

2. 工具电极（冲头）的准备：选用材料淬火 Cr12，由磨床加工至图纸尺寸。(做电极的一端,直径磨至 $\phi 18.8 \times 12$)。

3. 工件材料(凹模)的准备:选用材料淬火 40Cr,型孔部分要先加工出预孔 $\phi 19.4$mm。

4. 工艺方法:单电极直接成型法,反打正用。

5. 使用设备:苏州沙迪克三光有限公司的 E46PM 机床。

6. 装夹、校正、固定

电极装夹在主轴上,通过调节螺钉调节到与工件基准面垂直,垂直度小于 0.01/100。工件安装在油杯中,两端面保持与工作台平行。

7. 加工规准

(1) 格式 N_Z_AP_BP_TA_TB_SP_GP_UP_DN_PO_F1_F2_TM

其中每一条程序也称为电规准(EDM 参数)它主要包括 Z—加工深度、AP—低压电流、BP—高压电流、TA—放电时间、TB—放电休止时间、SP—伺服敏感度、GP—放电正面间隙电压、UP—上升、DN—下降、PO—极性、F1—大面积加工、F2—深孔加工。

(2) 编写 EDM 参数 开机后,按 F3 程式编辑进入图 11-59 画面。

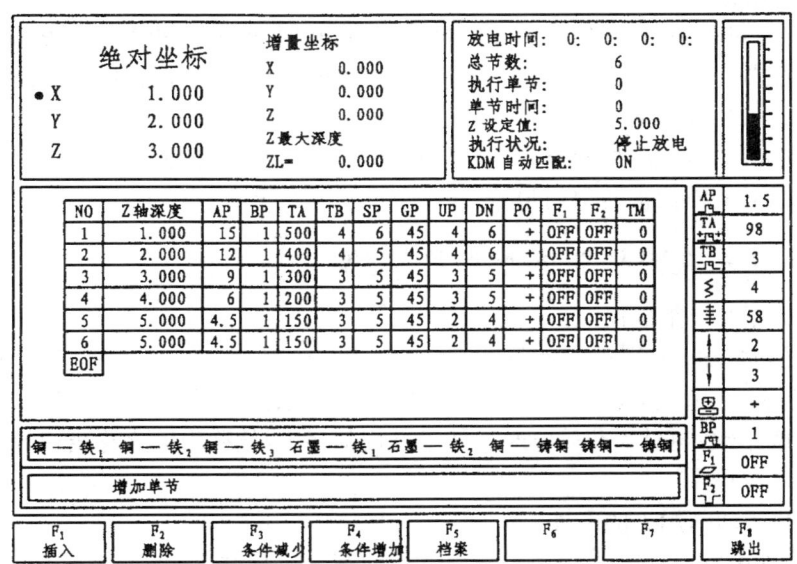

图 11-59 E46PM 机床操作界面

① 使用上下光标选择至编辑栏。

② 如 Z 轴编辑栏,须输入数字 11mm。

③ 如是 EDM 参数,用"F3"、"F4"更改参数。

④ 用 F1 分别插入两条程序:

N1 Z-11 AP-9 TA-30 TB-4 SP-6 GP-45 UP-4 DN-6 PO+ F1-OFF F2-OFF TM-0

N1 Z-11 AP-3 TA-4 TB-3 SP-4 GP-60 UP-2 DN-3 PO+ F1-OFF F2-OFF TM-0

用"F2"删除不要的程序。编辑完成用"F8"跳出。

8. 加工操作

（1）用手控盒放油，浸没工件。

（2）工具电极微碰工件，发出蜂鸣声，按手控盒"Z-"键。

（3）按手控盒放电加工"ON"键，开始加工。

（4）加工完毕，主轴自动上升 Z 轴 10mm 高度，机器自动停。

9. 加工效果

配合间隙 0.045mm，单面斜度 0.03mm，表面粗糙度 R_a1.6μm。

（六）安全操作防护

1. 电气安全

电火花加工是直接利用电能使金屑蚀除的工艺，除了有与一般机床相同的用电安全要求外，电源（或控制柜）外壳、油箱外壳要妥善接地，防止人员触电，并起到抗干扰、电磁屏蔽的作用。加工中，禁用裸手接触加工区任何金属物体，若调整冲液装置必须停机进行，保障操作人员及电极、工件的安全；不在工作箱内放置不必要或暂不使用的物品，防止意外短路。

2. 火灾的防止

电火花加工过程中，万一发生火灾，在最初的短暂时间内，着火范围一般局限在工作箱内，火势容易控制，直至扑灭。所以，操作人员在机床开动，尤其是放电开始后，绝不允许远离机床，以便在发生火情的初期，及时将火扑灭。

如果发生火灾，首先应切断电源，即切断总电源或近处机床电源，然后用机床旁配备的灭火器材扑救，必要时向消防部门报警。

三、电火花线切割加工及操作实例

（一）电火花线切割概述

电火花线切割加工（Wire Cut Electrical Discharge Machining，简称，WEDM）是在电火花加工基础上于 20 世纪 50 年代末最早在苏联发展起来的一种新的工艺形式，它是利用线状电极（铜丝或钼丝）通过火花放电对工件进行切割加工，故称为电火花线切割，也简称线切割，现已获得广泛应用。

1. 电火花线切割加工的原理

电火花线切割加工的基本原理是利用移动的细金属导线（铜丝或钼丝）作电极，对工件进行脉冲火花放电、切割成形。

根据电极丝的运行速度，电火花线切割机床通常分为两大类：一类是高速走丝电火花线切割机床（WEDM—HS），这类机床的电极丝作高速往复运动，一般走丝速度为 8～10m/s，这是我国生产和使用的主要机种，也是我国独创的电火花线切割加工模式；另一类是低速走丝电火花线切割机床（WEDM—LS），这类机床的电极丝作低速单向运动，一般走丝速度低于 2.5m/s，这是国外生产和使用的主要机种。

图 11-60 为高速走丝电火花线切割工艺及装置的示意图。其中 1 为绝缘底板、2 为工件、3 为脉冲电源、4 为钼丝、5 为导轮；加工时是利用细钼丝 4 作工具电极进行切割，贮丝筒 7 使钼丝作正反向交替移动，加工能量由脉冲电源 3 供给。在电极丝和工件之间浇注工作液介质，工作台在水平面两个坐标方向各自按预定的控制程序，根据火花间隙状态作伺服进给移动，从而合成各种曲线轨迹，把工件切割成形。

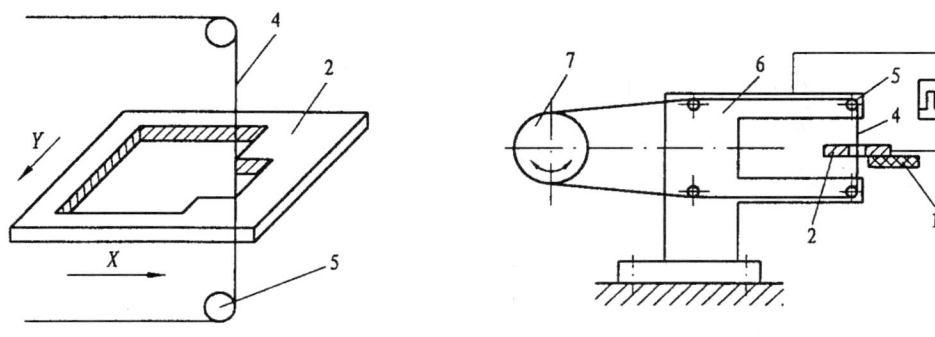

图 11-60 电火花线切割工艺及装置示意图
1—绝缘底板；2—工件；3—脉冲电源；4—钼丝；5—导轮；6—机架；7—贮丝筒

2. 电火花线切割加工的工艺特点及应用

（1）能加工各种高硬度、高强度、高韧性和高脆性的导电材料。如淬火钢、硬质合金等。

（2）用非成型工具电极即可实现复杂形状工件的加工。

（3）加工对象主要是平面形状，当机床上加上能使电极丝作相应倾斜运动的功能后，也可加工锥面。

（4）用数字控制的多轴复合运动，可方便地加工复杂形状的直纹表面（图 11-61）。

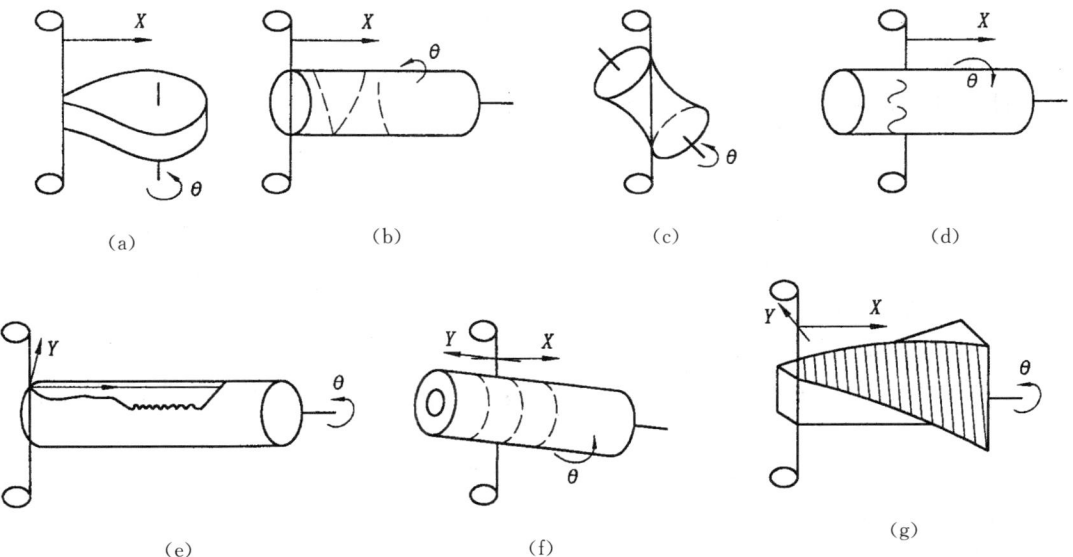

图 11-61 电火花切割加工零件
(a) 加工平面凸轮；(b) 加工螺旋面；(c) 加工曲面；(d) 加工端面凸轮；
(e) 加工宝塔；(f) 加工螺旋；(g) 加工扭转台

（5）电极丝直径较细（$\phi 0.025 \sim 0.3$ mm），切缝很窄，有利于材料的利用，还适合加工细小零件；例如采用 $\phi 0.03$ mm 的钨丝作电极丝时，切缝可小到 0.04mm，内角半径小到 0.02mm。

（6）电极丝在加工中是移动的，不断更新（低速走丝）或往复使用，可以完全或短时不考虑电极丝损耗对加工精度的影响。

(7) 依靠计算机对电极丝轨迹的控制和偏移轨迹的计算,可方便地调整凹凸模具的配合间隙,依靠锥度切割功能,有可能实现凹凸模一次同时加工。

(8) 常用去离子水(低速走丝机)和乳化液(高速走丝机)作工作液,不会起火,可连续运转。

(9) 自动化程度高、操作方便、加工周期短、成本低。

(二) 电火花线切割加工机床的组成

电火花线切割加工机床,一般由机床主机、脉冲电源和控制系统组成。

1. 机床型号

按 GB7925-87 规定电火花切割机床的主参数为工作台的横向行程,第二主参数为工作台的纵向行程,其型号系列表示为:

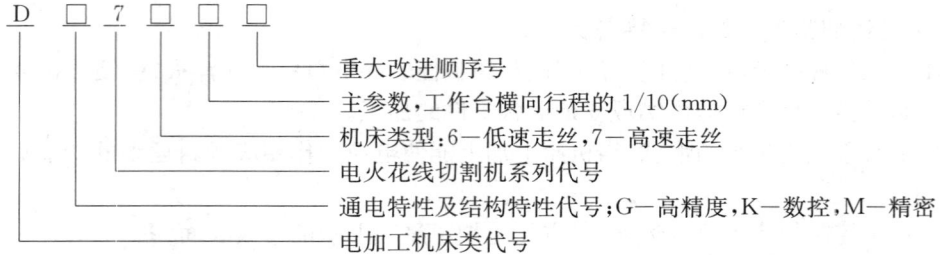

例如 DK7732 表示横向行程为 320mm 的快速走丝电火花数控线切割机床。

2. 机床主机

机床主机的主要部件结构为:床身、工作台、运丝机构、工作液系统。

(1) 床身部分　床身一般为铸铁件,用于支承和连接工作台、运丝机构等,安放机床电气,存放工作液系统。

(2) 工作台　用于安装并带动工件在 XOY 平面内作 X、Y 两个方向的移动。一般都采用"十"字滑板、滚动导轨和滚动丝杠传动副,由步进电机接收计算机发出的脉冲信号,通过丝杠转动,带动工作台直线运动。

(3) 运丝机构　高速走丝系统由电动机通过联轴节带动贮丝筒交替作正、反向转动,一定长度的钼丝整齐的卷绕在贮丝筒上,并经过丝架作往复高速移动(线速度通常为 8~10m/s)。

(4) 工作液系统　工作液系统由工作液、工作液箱、工作液泵和循环导管组成。工作液起绝缘、排屑、冷却的作用。

3. 脉冲电源

脉冲电源又称高频电源,其作用是把普通的 50Hz 交流转换成高频、单向的脉冲电压。由于线切割加工受电极丝允许承载电流的限制,单个脉冲能量、平均电流一般较小,脉宽一般为 $2\sim60\mu s$,所以加工时总是采用工件接正极,钼丝接负极。脉冲电源的形式很多,如晶体管矩形波脉冲电源、高频分组脉冲电源、并联电容型脉冲电源和低损耗电源等。

4. 数控装置

控制系统的主要作用是在电火花线切割加工过程中,按加工要求自动控制电极丝相对工件的运动轨迹和进给速度,来实现对工件的形状和尺寸加工。电火花线切割机床控制系统的具体功能包括轨迹控制和加工控制。

(1) 轨迹控制　电火花线切割机床的轨迹控制系统曾经历过靠模仿形控制、光电跟踪仿形控制,现在已普遍采用数字程序控制,并已发展到微型计算机直接控制阶段。

(2) 加工控制功能　线切割加工控制和自动化操作方面的功能很多,并有不断增强的趋势,这些功能主要包括:进给控制、短路回退、间隙补偿、图形的缩放、旋转和平移、适应控制、自动找中心、信息显示等。

(三) 电火花线切割加工程序的编制

线切割机床的控制系统是按照控制指令去控制机床加工的。因此必须事先把要切割的图形,用机器所能接受的语言编排好指令,并告诉控制系统。这项工作叫做数控线切割编程,简称编程。

为了便于机器接受指令,必须按照一定的格式来编制线切割机床的数控程序。目前高速走丝线切割机床一般采用 3B(个别扩充为 4B 或 5B)格式,而低速走丝线切割机床通常采用国际上通用的 ISO(国际标准化组织)或 EIA(美国电子工业协会)格式。

1. 3B 代码程序的手工编程方法

(1) 3B 代码程序格式　高速走丝线切割机床采用统一的五指令 3B 程序格式,即 BxByBJGZ。

其中:B——分隔符,用它来区分、隔离 x、y 和 J 等数码,B 后面的数字如为 0,则此 0 可以不写;

x、y——直线的终点或圆弧的起点坐标值,取绝对值,以 μm 为单位;

J——计数长度,以 μm 为单位。一般写六位数,如 J=2188μs,应写为 002188;

G——计数方向,分 Gx 或 Gy;

Z——加工指令,分直线 L 和圆弧 R 两大类。

常见的图形都是由直线或圆弧组成的,任何复杂的图形,只要分解为直线和圆弧就可依次分别编程。编程时需用的参数有五个:切割的起点或终点坐标 x、y 值,表示直线的终点或圆弧起点的坐标值,编程时均取绝对值,单位为 μm;切割时的计数长度 J(切割长度在 X 轴或 Y 轴上的投影长度)亦以 μm 为单位;切割时的计数方向 G,分 Gx 或 Gy,即可按 X 方向或 Y 方向计数,工作台在该方向每走 $1\mu m$ 即计数累减 1,当累减到计数长度 $J=0$ 时,这段程序加工完毕;切割轨迹的类型,称为加工指令 Z,分为直线 L 与圆弧 R 两大类。直线又按走向和终点所在象限而分为 L_1、L_2、L_3、L_4 四种;圆弧又按第一步进入的象限及走向的顺、逆而分为 SR_1、SR_2、SR_3、SR_4 及 NR_1、NR_2、NR_3、NR_4 八种。如图 11-62 所示。

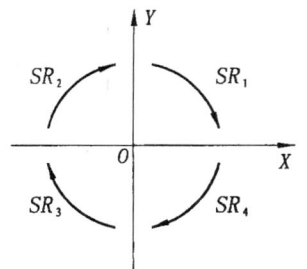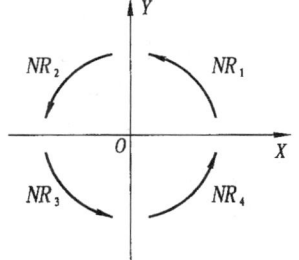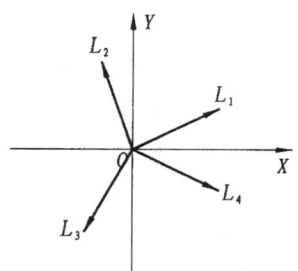

图 11-62　直线和圆弧的加工指令

(2) 编程举例

例：加工图 11-63 所示工件，从 A 点开始逆时针加工。该工件由两条直线和两条曲线组成，所以要分四段来编制程序，步骤如下：

① 暂时不考虑钼丝切入路线与偏移的程序

a. 加工直线 AB。坐标原点应取在 A 点，终点坐标 B 在第一象限 X=10000，Y=40000，因 Y>X，取 G=Gy。程序为：B1   B4   B040000   Gy   L1

b. 加工圆弧 BC。坐标原点应取在点 O，起点坐标 B 在第一象限为 X=25000，Y=60000，终点坐标 C 在第二象限 X=25000，Y=60000，因 Y>X，取 G=Gx。程序为：B25000   B60000   B050000   Gx   NR1

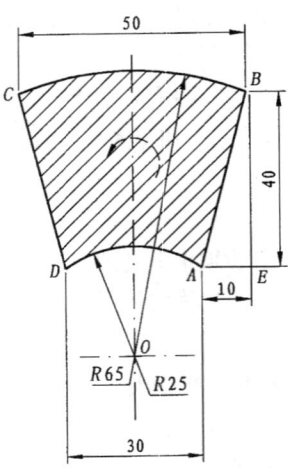

图 11-63   工件加工图

c. 加工直线 CD。坐标原点应取在 C 点，终点坐标 D 在第四象限 X=10000，Y=40000，因 Y>X，取 G=Gy。程序为：B1   B4   B040000   Gy   L4

d. 加工圆弧 DA。坐标原点取在点 O，起点坐标 D 在第二象限为 X=15000，Y=20000 终点坐标 A 在第一象限 X=15000，Y=20000，因 Y>X，取 G=Gx。程序为：B15000   B20000   B030000   Gx   SR2 整个工件的程序如表 11-7 所示：

表　11-7

N	B	X	B	Y	B	J	G	Z
1	B	1	B	4	B	040000	Gy	L1
2	B	25000	B	60000	B	050000	Gx	NR1
3	B	1	B	4	B	040000	Gy	L4
4	B	15000	B	20000	B	030000	Gx	SR2
5								D

② 实际加工时必须考虑切入路线和偏移

图 11-63 实体工件如果用钼丝直径为 φ0.18mm，按 a 种程序加工，实际尺寸会比图纸尺寸小 0.2mm 左右。所以必须要考虑偏移量 f（图 11-64）。偏移量 f=电极丝半径 r+放电间隙 l（受加工电流与工作液影响，WEDN-HS 方式下一般取 l=0.01mm）。加工半径为 R 的圆，从 E 点切入到 F，再以半径 R_1 加工整圆，再回到 E 点；加工半径为 R 的孔，先在 O 点钻一个小孔，把电极丝穿好，然后从 O 点加工到 F 点，再以半径 R_2 加工整圆，再返回到 O 点。

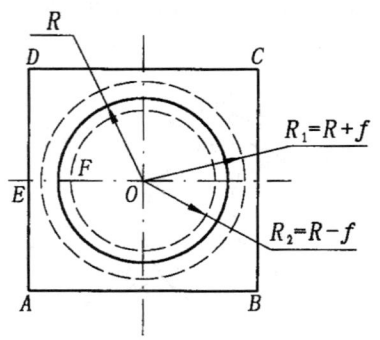

图 11-64   偏移量 f 图

2. ISO 代码程序的手工编程方法

(1) ISO 代码程序段的格式　对线切割加工而言,加工一段直线和圆弧的 ISO 代码程序段的普通格式为:

N—G—X(U)—Y(V)—I—J—M—

(2) 编程举例

例:加工图 11-65 所示的工件,不考虑偏移量,以钼丝中心来编程。从 A 点开始顺时针加工,A 点坐标(-10,-10)。工件坐标系原点在 O 点。一般以 G91 方式来编制程序为:

```
N0010   G91    G92    X-10000   Y-10000
N0020   G01    X0     Y35000
N0030   G02    X20000 Y0        I10000   J0
N0040   G01    X0     Y-15000
N0050   G01    X40000 Y0
N0060   G02    X0     Y-20000   I0       J-10000
N0070   G01    X-60000 Y0
N0080   M00
N0090   M02
```

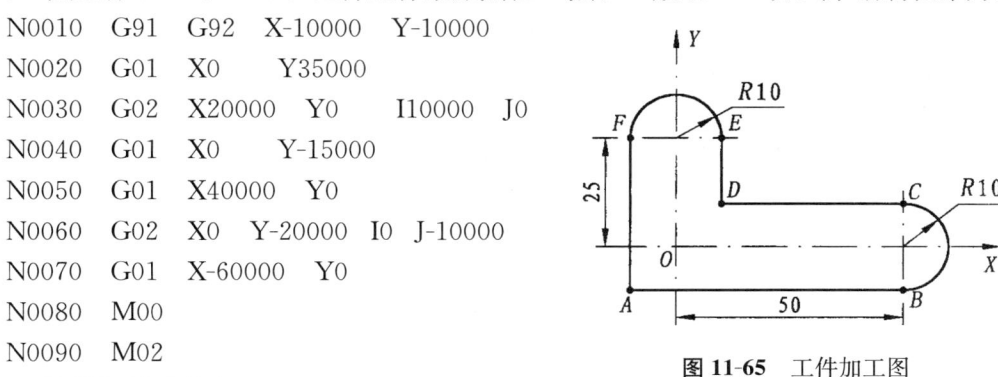

图 11-65　工件加工图

3. 计算机辅助编程

由于计算机技术的飞速发展,新近出产的数控线切割机床很多都有计算机辅助编程系统。早期购买的机床,也逐步配上了计算机辅助编程系统。

从输出方式看,大部分都能输出 3B 或 4B 程序、显示图形、打印程序、打印图形以及用穿孔机穿出纸带等。有的还能输出 ISO 代码,同时把编出的程序直接传输到线切割控制器。另外还有编程兼控制的系统。

YH 绘图式线切割自动编程系统(以下简称 YH 编程系统或系统)是采用先进的计算机绘图技术,融绘图、编程为一体的线切割编程系统。

(1) YH 编程系统的特点　采用全绘图式编程,只要按被加工零件图样上标注的尺寸在计算机屏幕上作图输入,即可完成自动编程,输出 3B 或 ISO 代码切割程序,无需硬记编程语言规则。

YH 编程系统作命令的选择,状态、窗口的切换全部用鼠标实现。(为以后叙述方便起见称鼠标左键为命令键,鼠标右键为调整键),如需要选择某图标或按钮(菜单按钮、参数窗控制钮),只要将光标移到相应位置轻按一下命令键,即可实现相应的操作。

(2) YH 编程系统举例　根据工件图形(见图 11-66)采用全绘图式编程,操作步骤如下:

① 先画圆 C_1、C_2、C_3　由于是已知定圆,可采用键盘命令键入,在圆图标的状态下,把光标移入键盘命令框。在弹出的输入框中按格式输入:

[50,0],40(回车);

[0,80],16(回车);

[50,30],10(回车)。

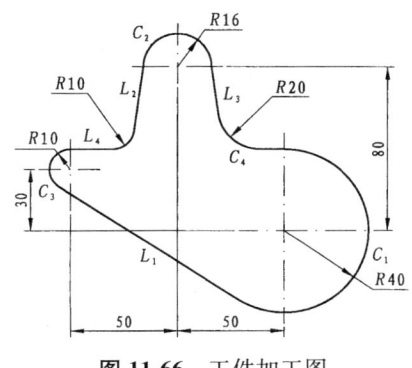

图 11-66　工件加工图

② 作圆 C_1 和圆 C_3 间的公切线 L_1　选择切圆或切线图标(光标移入切圆或切线图标，轻点命令键)；该图标呈深色，即进入切圆或切线状态，将光标移到任一圆的任意位置上待光标呈手指形时，按下命令键(不能放)，再移动光标至另一圆周上光标呈手指形后释放。在两圆之间出现一条深色连线，再将光标(已呈"田"形)移至该连线上，光标变成手指形时轻点命令键(一按就放)，即完成公切线输入。

注意，由于两个圆共可生成四条不同位置的公切线，所以连线的位置应当与实际需要的切线相同，系统就会准确地生成所需的公切线。

③ 作圆 C_2 的切线 L_2　选择点图标(光标移入点图标，轻点命令键)，将光标移入键盘命令框，键入：

[-30,0] (回车)；

屏幕上作出一点，光标点取切圆或切线图标，将光标移到点[-30,0]上，光标呈"×"形后，按下命令键(不能放)，移动光标，拉出一条蓝色连线至圆 C_2 左侧圆周上，待光标呈手指形后，释放命令键；而后，光标呈"田"字形，再移动光标至该蓝色连线上；光标呈手指形时轻点命令键，即生成切线 L_2。L_3 切线画图方法与 L_2 切线画图方法相同。

④ 作圆 C_3 的切线 L_4　选择点图标(光标移入点图标，轻点命令键)，将光标移入键盘命令框，键入：

[0,40] (回车)；

屏幕上作出一点，光标点取切圆或切线图标，将光标移到点[0,40]上，光标呈"×"形后，按下命令键(不能放)，移动光标拉出一条蓝色连线呈圆 C_3 左侧圆周上，待光标呈手指形后，释放命令键，而后，光标呈"田"字形，再移动光标至该蓝色连线上，光标呈手指形时轻点命令键，即生成切线 L_4。

⑤ 作过渡圆 R_{10}　在过渡圆图标状态下，光标移至交点处，呈"×"形时，按下命令键(不能放)，同时向左上方拉出一条引线后，释放命令键。用弹出的小键盘输入"10(回车)"，即得过渡圆。

⑥ 作公切圆 C_4　在相切的两个元素 L_3、C_1 间作一条连线。光标移到 L_3 上，光标呈手指形时按下命令键(不能放)，再将光标移动到 C_1 上(以光标变形为准)后，释放命令键。在相切的两个元素间，出现深色连线。将"田"形光标移至该连线上(光标变成手指形)，按下命令键并移动光标(不能放)。屏幕上将画出切圆，并弹出能显示半径变化值的参数窗。当半径跳到需要的值 $R=20$ 时，释放命令键，这就完成了切圆输入。用光标点取半径数据框，可用键盘直接输入半径值(注：圆心修改无效，它由半径确定后自动计算得到)。

⑦ 图形最后清理、剪除和存盘　图形画完后要进行清理、剪除，对于复杂图形，要边画边清除：光标在清理图标上轻点命令键，移入主屏幕，系统自动清除非闭合线段和辅助圆。然后光标在剪刀形图标上轻点一下，从屏幕左下方出现的工具包中取出剪刀形光标，移至不要的线段上，使它变红，光标呈手指形时，轻点命令键就能剪除。修剪完成后，把剪刀放回工具包。

利用 YH 编程软件可进行模拟切割加工编程。最后以文件名 YUANHU 存盘。

4. 电火花线切割机床的操作方法

以苏州长风有限责任公司生产的 DK7732E 机床为例。图 11-67 为机床外形图。

(1) 机床面板按钮

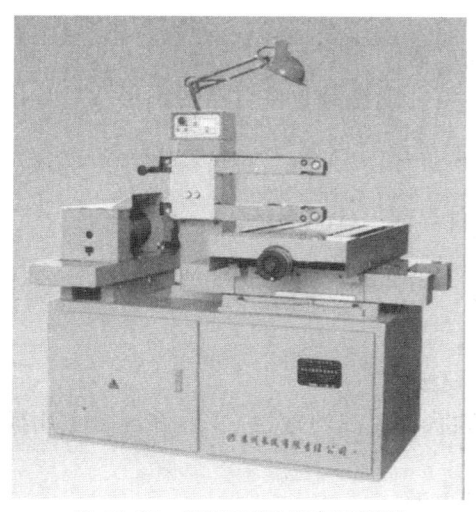

图 11-67 DK7732E 机床外形图

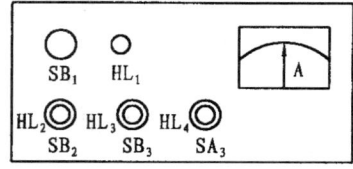

图 11-68 机床按钮面板图

DK7732E 机床按钮面板如图 11-68 所示

SB_1—总停钮　　　　　　HL_1—电源灯

SB_2—运丝开　　　　　　HL_2—运丝机构指示灯

SB_3—水泵开　　　　　　HL_3—水泵指示灯

SA_3—脉冲电源开关　　　HL_4—脉冲电源指示灯

A—电流表

（2）控制系统　CNC-10 控制系统置于控制用 PC 机的电子盘内。每次开机自动启动。控制界面分为三个功能区：(图 11-69 为控制屏幕)

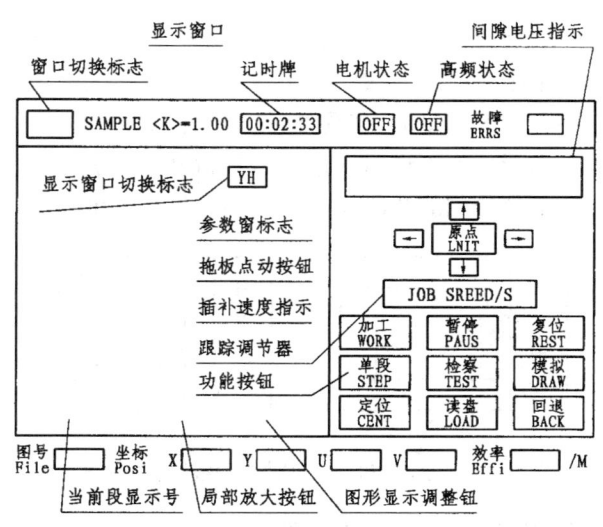

图 11-69 CNC-10 系统控制屏幕

（3）机床操作　加工操作（DK7732E 机床）

① 机床电气操作

a. 开机床总开关 QS(在机床后面)。
b. 开控制柜钥匙开关,CNC-10 控制系统自动启动。
c. 运行 YH 编程软件。在进入 YH 后,用菜单中读盘命令将自己的图形 YUANHU 调出。
d. 利用 YH 软件对图形进行自动编程。
e. 用菜单中的送控制台功能进入 CNC-10 软件界面。(图 11-69)

② 切割工件
a. 按下 SB2,开动运丝机构。(工件安装完毕)
b. 按下 SB3,开动水泵。
c. 用手动对刀,使工具电极丝接近工件,但不要接触。
d. 在 CNC-10 界面中,将电机状态监控与高频状态监控均置为 OFF,在屏幕上用模拟功能进行切割模拟。
e. 模拟正确后,按下机床 SA3 按钮,启动脉冲电源。
f. 在 CNC-10 控制界面中,按[加工]或"W"键,即进入加工状态(系统将自动开启电机及高频)。

(4) 机床操作注意事项　电火花线切割加工已广泛用于国防和民用的生产和科研工作中,用于加工各种难加工材料、复杂表面和有特殊要求的零件、刀具和模具。电火花线切割加工中应注意以下的一些工艺问题。

① 工件材料内部残余应力对加工的影响　对热处理后的坯件进行电火花线切割加工时,由于大面积去除金属和切断加工,会使材料内部残余应力的相对平衡状态受到破坏从而产生很大的变形,破坏了零件的加工精度。

为了减少这些情况,应选择锻造性能好、淬透性好、热处理变形小的材料。

另一方面在电火花线切割加工工艺上也要作合理安排。

例如:要选择合理的切割路线,如图 11-70 所示,其中图 11-70(a)的切割路线是错误的,按此加工,切割完第一道工序,继续加工时,由于原来主要连接的部位被割离,余下的材料与夹持部分连接较少,工件刚度大为降低,容易产生变形,而影响加工精度。如按图 11-70(b)的切割路线加工,可减少由于材料割离后残余应力重新分布而引起的变形。所以,一般情况下,最好将工件与其夹持部分分割的线段安排在切割总程序的末端。

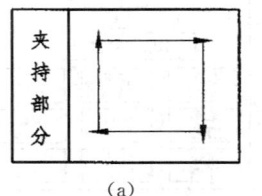 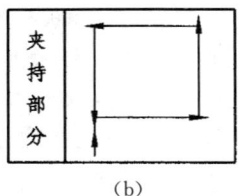

图 11-70　工件切割路线图

② 电极丝初始位置的确定　在线切割加工中,需要确定电极丝相对工件的基准面、基准线或基准孔的坐标位置。对加工要求较低的工件,可直接目测来确定电极丝和工件的相互位置,也可借助于 2～8 倍的放大镜进行观测。也可采用火花法,即利用电极丝与工件在一定间隙下发生放电的火花,来确定电极丝的坐标位置。对加工要求较高的零件,可采用电

阻法,利用电极丝与工件基面由绝缘到短路接触的瞬间,两者间电阻突变的特点来确定电极丝相对工件基准的坐标位置。

③ 电规准的选择　由于线切割加工一般都选用晶体管高频脉冲电源,用单脉冲能量小、脉宽窄、频率高的电参数进行正极性加工。要求获得较好的表面粗糙度值时,所选的电规准要小,若要求获得较高的切割速度,脉冲参数要选大一些,但加工电流的增大受到电极丝截面积的限制,过大的电流将引起断丝。

加工大厚度工件时,为了改善排屑条件,宜选用较高的脉冲电压、较大的脉宽和峰值电流,以增大放电间隙,帮助排屑和使工作液进入加工区。在容易断丝的场合(如切割初期加工面积小、工作液中电蚀产物浓度过高,或是调换新钼丝时),都应增大脉冲间隔时间,减小加工电流,否则将会导致电极丝的烧断。

④ 模拟运行时电机与高频监控都置为 OFF。

⑤ 切记:先关高频电源 SA3 和水泵 SB3,再按总停 SB1,停止运丝运动。

⑥ 脉冲电源参数切不可在加工过程中变更。

⑦ 装夹工件时一般用手旋紧螺母即可。还可以使用磁性夹具、或专用夹具等。

⑧ 工件伸出支架部分要大于实际工作尺寸。

第十二章 特种加工工艺

第一节 概 述

一、特种加工产生背景

随着科技与生产的发展，许多现代工业产品要求具有高强度、高速度、耐高温、耐低温、耐高压等技术性能，为适应上述各种要求，需要采用一些新材料、新结构，从而对机械加工提出了许多新问题，如高强度合金钢、耐热钢、钛合金、硬质合金等难加工材料的加工；陶瓷、玻璃、人造金刚石、硅片等非金属材料的加工；高精度、表面粗糙度极小的表面加工；复杂型面、薄壁、小孔、窄缝等特殊工件的加工等等。此类加工如采用传统的切削加工往往很难解决，不仅效率低、成本高，而且很难达到零件的精度和表面粗糙度要求，有些甚至无法加工。特种加工工艺正是在这种新形势下迅速发展起来的。

二、特种加工的特点

特种加工工艺是直接利用各种能量，如电能、光能、化学能、电化学能、声能、热能及机械能等进行加工的方法。相对于传统的常规加工方法而言，它又称为非传统加工工艺，它与传统的机械加工方法比较，具有以下特点：

（1）"以柔克刚"。特种加工的工具与被加工零件基本上不接触，加工时不受工件的强度和硬度的制约，故可加工超硬脆材料和精密微细零件，甚至工具材料的硬度可低于工件材料的硬度。

（2）加工时主要用电、化学、电化学、声、光、热等能量去除多余材料，而不是主要靠机械能量切除多余材料。

（3）加工机理不同于一般金属切削加工，不产生宏观切屑，不产生强烈的弹、塑性变形，故可获得很低的表面粗糙度，其残余应力、冷作硬化、热影响程度等也远比一般金属切削加工小。

（4）加工能量易于控制和转换，故加工范围广，适应性强。

由于特种加工方法具有其他加工方法无可比拟的优点，因此已成为机械制造科学中一个新的重要领域，在现代加工技术中，占有越来越重要的地位。

三、特种加工的分类

特种加工一般按照所利用的能量形式分为以下几类：
电、热能——电火花加工、电子束加工、等离子弧加工；

电、机械能——离子束加工；

电、化学能——电解加工、电解抛光；

电、化学、机械能——电解磨削、电解珩磨、阳极机械磨削；

光、热能——激光加工；

化学能——化学加工、化学抛光；

声、机械能——超声加工；

液、气、机械能——磨料喷射加工、磨料流加工、液体喷射加工。

值得注意的是将两种以上的不同能量和工作原理结合在一起，可以取长补短获得很好的效果，近年来这些新的复合加工方法正在不断出现。

四、各种特种加工方法的比较

表12-1、12-2、12-3就各种特种加工方法的工艺能力和经济性、适用的工件形状和材料进行了综合比较。

表12-1 各种特种加工方法的工艺能力和经济性

加工方法	工艺能力					经济性			
	精度 (μm)	表面粗糙度 (μm)	表面损伤层深 (μm)	加工圆角半径 (mm)	材料去除率 (mm^3/min)	设备投资	工装费用	工具消耗	能量消耗
电火花加工	15	0.2~12.5	125	0.025	800	中	高	高	高
电子束加工	25	0.4~2.5	250	2.5	1.6	很高	低	低	低
等离子弧加工	125	粗糙	500		75000	低	很低	低	低
激光加工	25	0.4~12.5	125	2.5	0.1	很高	低	低	低
电解加工	50	0.1~2.5	5.0	0.025	1500	很高	中		高
电解磨削	20	0.02~0.08	5.0		1500	高	中	低	中
化学加工	50	0.4~2.5	50	0.125	15	中	低		低
超声加工	75	0.2~0.5	25	0.025	300	低	低	中	低
磨料喷射加工	50	0.5~1.2	2.5	0.10	0.8	很低	低	低	低

表12-2 各种特种加工方法适用的工件形状

加工方法	孔				通槽		型面	回转面	切割	
	精密小孔直径		一般孔长径比		精密	一般			浅	深
	<0.025 (mm)	>0.025 (mm)	<20	>20						
电火花加工	□	△	○	△	○	○	△	□	△	□
等离子弧加工	×	×	△	×	□	□	×	□	○	○
激光加工	○	○	△	□	×	×	×	×	○	△
电解加工	×	×	○	○	△	○	○	○	×	×
化学加工	△	△	○	○	×	×	×	×	×	×
超声加工	×	○	○	△	○	○	△	×	○	□
磨料喷射加工	×	×	△	×	△	△	×	×	○	×

注：○—好；△—尚好；□—不好；×—不适用。

表 12-3 各种特种加工方法适用的材料

加工方法 \ 材料	铝	钢	高合金钢	钛合金	耐火材料	塑料	陶瓷	玻璃
电火花加工	△	○	○	○	□	×	×	×
电子束加工	△	△	△	△	○	△	○	△
等离子弧加工	○	○	○	○	□	□	×	×
激光加工	△	△	△	△	○	△	△	△
电解加工	○	○	○	○	○	×	×	×
化学加工	○	○	○	○	○	□	□	□
超声加工	□	□	□	△	○	△	○	○
磨料喷射加工	△	△	○	△	○	△	○	○

注：○—好；△—尚好；□—不好；×—不适用。

五、特种加工对机械制造的变革

由于特种加工的特点以及逐渐广泛的应用，引起了机械制造工艺技术领域内的许多变革，例如对材料的可加工性、工艺路线的安排、新产品的试制过程、产品零件的结构设计、零件结构工艺性好坏的衡量标准等产生一系列的影响。

(1) 提高了材料的可加工性。以往认为金刚石、硬质合金、淬硬钢、石英、玻璃、陶瓷等是很难加工的。现在已经广泛采用的由金刚石、聚晶（人造）金刚石制造的刀具、工具、拉丝模具，可以用电火花、电解、激光等多种方法来加工。材料的可加工性不再与硬度、强度、韧性、脆性等成直接、反比关系，对电火花、线切割加工而言，淬硬钢比未淬硬钢更易加工。

(2) 改变了零件的典型工艺路线。以往除磨削外，其他切削加工、成形加工等都必须安排在淬火热处理工序之前，这是一切工艺人员决不可违反的工艺准则。特种加工的出现，改变了这种一成不变的程序格式。由于它基本上不受工件硬度的影响，而且为了免除加工后再引起淬火热处理变形，一般都先淬火而后加工。最为典型的是电火花线切割加工、电火花成形加工和电解加工等都必须先淬火，后加工。

特种加工的出现还对工序的"分散"和"集中"产生了影响。以加工齿轮、连杆等型腔锻模为例，由于特种加工时没有显著的切削力，机床、夹具、工具强度、刚度再不是主要矛盾。因此，即使是较大的、复杂的加工表面，往往宁可用一个复杂工具、简单的运动轨迹、一次安装、一道工序加工出来，这样做工序比较集中。

(3) 试制新产品时，采用光电和数控电火花线切割，快速原型制造（RP）等方法，可以直接加工出各种标准和非标准直齿轮（包括非圆齿轮、非渐开线齿轮），微电机定子，转子硅钢片，各种变压器铁心，各种特殊、复杂的二次曲面体零件。这样可以省去设计和制造相应的刀、夹、量具，模具以及二次工具，大大缩短了试制周期。

(4) 特种加工对产品零件的结构设计带来很大的影响。例如，花键孔、轴，枪炮膛线的齿根部分，从设计观点为了减少应力集中，最好做成小圆角，但拉削加工时刀齿做成圆角对排屑不利,容易磨损,所以刀齿只能设计与制造成清棱清角的齿根,而用电解加工时由于存在尖角变圆现象,可加工出小圆角的齿根。又如各种复杂冲模如山形硅钢片冲模,过去由于不易制造,往往采用拼镶结构,采用电火花、线切割加工后,即使是硬质合金的模具或刀具,也可做成整体结构。喷气发动机涡轮也由于电加工而可采用整体结构。

(5) 对传统的结构工艺性的好与坏需要重新衡量。过去认为盲孔、方孔、小孔、窄缝等是工艺性很"坏"的典型,工艺、设计人员非常"忌讳",有的甚至认为是"禁区"。特种加工的采用改变了这种现象。而且,对于电火花穿孔和电火花线切割工艺来说,加工方孔和加工圆孔的难易程度是一样的。喷油嘴小孔,喷丝头小异形孔,涡轮叶片上大量的小冷却深孔,窄缝,静压轴承、静压导轨的内油囊型腔,采用电加工后则变难为易。过去淬火前忘了钻定位销孔、铣槽等工艺,淬火后这种工件只能报废,现在则可用电火花打孔、切槽进行补救。相反有时为了避免淬火开裂、变形等影响,故意把钻孔、开槽等工艺安排在淬火之后,这在不了解特种加工的审查人员看来,将认为是工艺、设计人员的"过错",其实是他们没有及时进行知识更新,不了解特种加工的产生和发展使这种工艺安排已经成为可能。

本章就电火花加工、电解加工、超声波加工、激光加工、电子束加工、离子束加工、电铸加工等方法的工作原理、特点及应用场合等作简单介绍。

第二节 电火花加工

电火花加工是特种加工的方法之一,它主要包括电火花成形加工和电火花线切割加工,其能量来源形式为电能与热能。电火花加工的基本原理、特点与应用请参见第十一章数控机床操作第四节电火花加工的内容。

第三节 电解加工

一、电解加工的基本原理

电解加工是利用金属在电解液中产生阳极溶解的电化学腐蚀原理,将工件加工成型的,所以又称电化学加工,其原理如图 12-1 所示。在工件和工具电极之间接上低电压(6～24V)、大电流(500～2000A)的稳压直流电源,工件接正极(阳极),工具接负极(阴极),两者之间保持较小的间隙(通常 0.02～0.7mm),在间隙中间通过高速流动的导电的电解液。在工件和工具之间施加一定的电压时,工件表面的金属就不断地产生阳极溶解,溶解的产物被高速流动的电解液不断冲走,使阳极溶解能够不断地进行。

电解加工开始时,工件的形状与工具阴极形状不同,工件上各点距工具表面的距离不相等,因而各点的电流密度不一样。距离近的地方电流密度大,阳极溶解的速度快;距离远的地方电流密度小,阳极溶解的速度慢。这样,当工具不断进给时,工件表面上各点就以不同的溶解速度进行溶解,工件的型面就逐渐地接近于工具阴极的型面,加工完毕时,即得到与工具型面相似的工件。

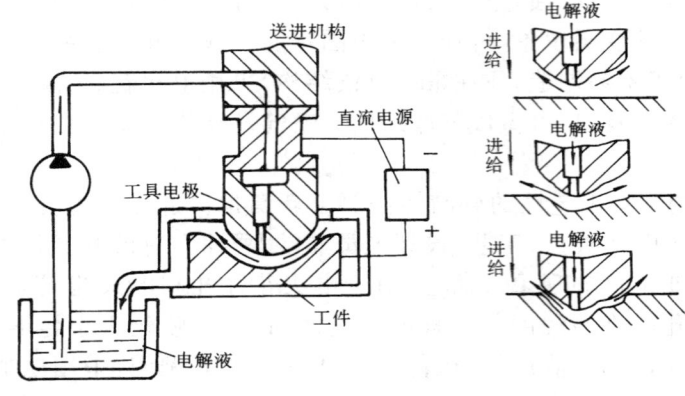

图 12-1 电解加工原理

二、电解加工的特点与应用

1. 电解加工的特点

（1）以简单的进给运动，一次加工出形状复杂的型面或型腔，加工速度快，且不产生毛刺。

（2）可加工高硬度、高强度和高韧性等难切削材料，且加工以后材料表面的硬度不发生变化。

（3）在加工中，工具电极是阴极，阴极上只发生氢气和沉淀而无溶解作用，因此工具电极无损耗。

（4）加工中无机械力和切削热的作用，所以在加工面上不产生应力、变形及加工变质层。

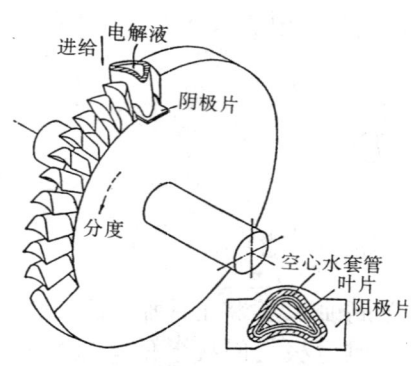

图 12-2 电解加工整体叶轮

（5）由于影响电解加工的因素很多，故难实现高精度的稳定加工。工具电极制造需要熟练的技术。电解液有腐蚀性，电解产物有污染，因此机床要有防腐措施，电解产物要进行处理，设备总费用高。

2. 电解加工的应用

电解加工是继电火花加工之后发展较快、应用较广的一种新工艺，生产效率比电火花加工高 5～10 倍。电解加工主要用于加工各种形状复杂的型面，如汽轮机、航空发动机叶片（图 12-2）；各种型腔模具，如锻模、冲压模；各种型孔、深孔；套料、镗线，如炮管、枪管内的来复线等。此外还有电解抛光、去毛刺、切割和刻印等。电解加工适用于成批和大量生产，多用于粗加工和半精加工。

第四节　超声波加工

一、超声波加工的基本原理

超声波加工是利用工具作超声频振动，通过磨料撞击和抛磨工件，从而使工件成形的一种加工方法。其原理如图 12-3 所示。加工时,在工具和工件之间注入液体(水或煤油等)和磨料混合的悬浮液,工具对工件保持一定的进给压力,并作高频振荡,频率为 16~30kHz,振幅 0.01~0.15mm。磨料在工具的超声振荡作用下,以极高的速度不断地撞击工件表面,其冲击加速度可达重力加速度的一万倍左右,使材料在瞬时高压下产生局部破碎。由于悬浮液的高速搅动,又使磨料不断抛磨工件表面。随着悬浮液的循环流动,使磨料不断得到更新,同时带走被粉碎下来的材料微粒。加工中,工具逐渐地伸入到工件中,工具的形状便"复印"在工件上。

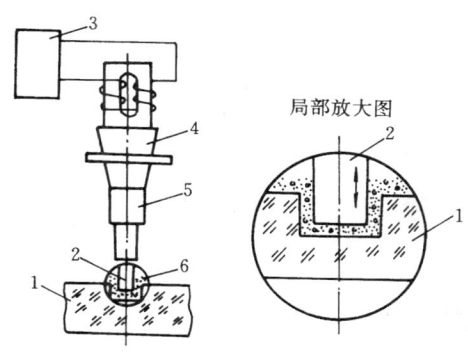

图 12-3 超声波加工原理
1—工件;2—工具;3—超声波发生器;4—超声换能器;5—振幅扩大棒;6—悬浮液

在工作中,超声振动还使悬浮液产生空腔,空腔不断扩大直至破裂,或不断被压缩致闭合。这一过程时间极短,空腔闭合压力可达几千大气压,爆炸时可产生水压冲击,引起加工表面破碎,形成粉末。同时悬浮液在超声振动下,形成的冲击波,还使钝化的磨料崩碎,产生新的刃口,进一步提高加工效率。

二、超声波加工的特点与应用

1. 超声波加工的特点

(1) 适合于加工各种硬脆材料,特别是不导电的非金属材料,例如玻璃、陶瓷、石英、锗、硅、石墨、玛瑙、宝石、金刚石等。对于导电的硬质合金、淬火钢等也可加工,但加工效率比较低。

(2) 在加工中不需要工具旋转,因此易于加工各种复杂形状的型孔、型腔、成型表面等。如采用中空形状工具,还可以实现各种形状的套料。

(3) 超声波加工是靠极小的磨料作用,所以加工精度较高,一般可达 0.02mm,表面粗糙度可达 $R_a 1.25 \sim 0.1 \mu m$,被加工表面也无残余应力、组织改变及烧伤等现象。

(4) 因为材料的去除是靠磨粒直接作用,故磨料硬度一般应比加工材料高,而工具材料的硬度可以低于加工材料的硬度,如可采用中碳钢、各种型材、管材和线材作工具。

(5) 加工精度较高,但生产效率较低,工具磨损也较大。

2. 超声波加工的应用

电火花加工和电解加工,一般只能加工金属导电材料,而较难加工不导电的非金属材料。然而超声波加工不仅能加工高熔点的硬质合金、淬火钢等硬脆合金材料,而且适合于加工玻璃、陶瓷、半导体锗和硅片等不导电的非金属硬脆材料。主要用于孔加工、套料、雕刻以及研磨金刚石拉丝模等，同时还可以用于清洗、焊接和探伤等（图12-4）。

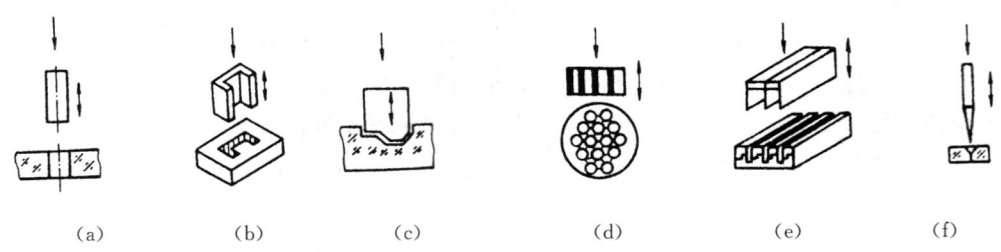

图 12-4　超声波加工应用举例

(a) 加工圆孔；(b) 加工异形孔；(c) 加工型腔；(d) 切割小圆片；
(e) 多片切割；(f) 研磨拉丝模

第五节　激光加工

一、激光加工的基本原理

激光是一种亮度高、方向性好、单色性好的相干光。由于激光发散角小和单色性好，通过光学系统可以聚焦成为一个极小光束（微米级）。激光加工时，把光束聚集在工件的表面上，如图12-5所示。由于区域很小，亮度高，其焦点处的功率密度可达 $10^8 \sim 10^{10}\,\text{W/mm}^2$，温度可达10000多摄氏度。在此高温下，任何坚硬的材料都将瞬时急剧熔化和蒸发，并产生很强的冲击波，使熔化物质爆炸式地喷射去除，激光加工就是利用这种原理进行打孔、切割的。

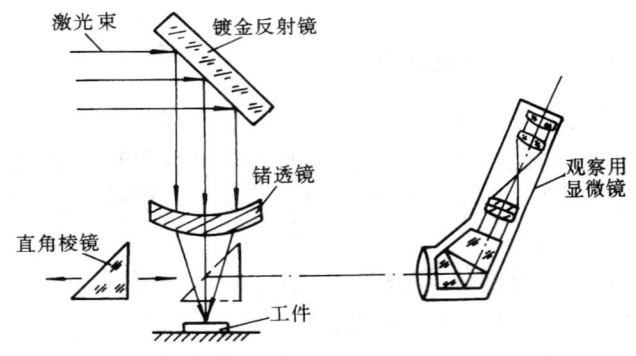

图 12-5　激光加工原理

二、激光加工的特点与应用

1. 激光加工的特点

（1）不受工件材料性能限制，几乎能加工所有的金属材料和非金属材料，如硬质合金、不锈钢、宝石、金刚石、陶瓷等。

（2）不受加工形状限制，能加工各种微孔（$\phi 0.01 \sim 1\,\text{mm}$）、深孔（深径比达可 $50 \sim 100$）、窄缝，也可切割异形孔，适宜于精密加工。

(3) 打孔速度高(仅千分之一秒),适宜于自动操作,工作效率高,并且工件热变形小。激光打孔不需要工具,不存在工具损耗问题。

(4) 可透过透明介质(如玻璃等)进行加工,这对某些特殊情况(例如在真空中加工)是十分有利的。

2. 激光加工的应用

(1) 激光打孔　利用激光,可加工微型小孔,目前已应用于化学纤维喷丝头打孔,仪表中的宝石轴承打孔,金刚石拉丝模具加工以及火箭发动机和柴油机的燃料喷嘴加工等。

(2) 激光切割　激光切割时,使光束与工件作相对移动,即可将工件分割开。激光切割不仅具有切缝窄、速度快、热影响区小、省材料、成本低等优点,而且可以在任何方向上切割,包括内尖角。目前激光已成功地用于切钢板、不锈钢、钛、钽、铌、镍等金属材料以及布匹、木材、纸张、塑料等非金属材料。

激光还用于热处理和焊接,具体内容参见第一章中热处理和第四章特种焊接部分。

第六节　电子束加工

一、电子束加工的基本原理

电子束加工基本原理如图 12-6 所示。在真空条件下,利用电流加热阴极发射电子,带负电荷的电子高速飞向阳极,途经加速极加速,形成电子束,并通过电磁透镜聚焦,使能量密度集中,可以把 1kW 或更高的功率集中到直径为 $5 \sim 10 \mu m$ 的斑点上,获得高达 $10^9 W/cm^2$ 左右的功率密度。高速电子撞击工件材料时,因电子质量小,速度大,动能几乎全部转化为热能,使工件材料被冲击部分的温度,在百万分之一秒时间内升高到几千摄氏度以上,热量还来不及向周围扩散,就已把局部材料瞬时熔化、气化直到蒸发去除。所以电子束加工是通过热效应进行加工的。

二、电子束加工的特点及应用

1. 电子束加工的特点

(1) 能量密度高,聚集点范围小,加工速度快,效率高。

(2) 电子束加工是一种热加工,主要靠瞬时蒸发,工件很少产生应力和变形,而且不存在工具损耗等。

(3) 电子束加工是在真空室内进行的,熔化时没有空气的氧化作用,加工点上化学纯度高。

(4) 电子束的强度和位置均可由电、磁的方法直接控制,可控性好,便于实现自动化。

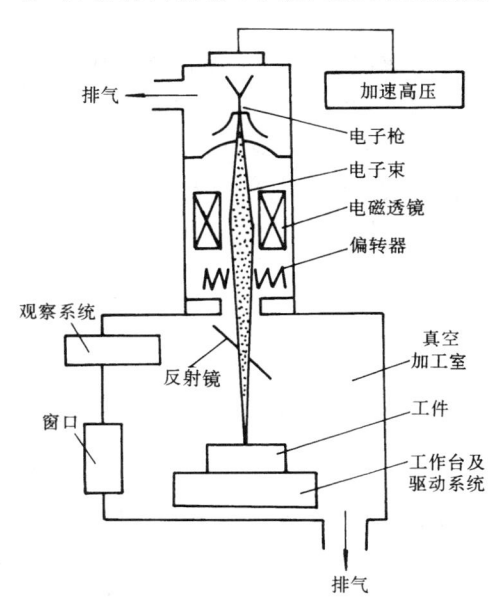

图 12-6　电子束加工原理

2. 电子束加工的应用

电子束常用于精微深孔和窄缝等的加工；硬脆性、韧性、导体、非导体以及热敏性材料的加工；易氧化的金属、合金材料和要求纯度极高的半导体材料的加工。

第七节 离 子 束 加 工

一、离子束加工的基本原理

离子束加工原理与电子束加工类似，也是在真空条件下，把氩（Ar）、氪（Kr）、氙（Xe）等惰性气体，通过离子源产生离子束，并经过加速、集束、聚焦后，投射到工件表面的加工部位，以实现去除加工。与电子束加工所不同的是离子的质量比电子的质量大千万倍，例如最小的氢离子，其质量是电子质量的 1840 倍，氩离子的质量是电子质量的 7.2 万倍。由于离子的质量大，故在同样的电场中加速较慢，速度较低，但是，一旦加速到最高的速度时，离子束比电子束具有更大的能量。

二、离子束加工的特点与应用

1. 离子束加工的特点

（1）离子束通过离子光学系统进行扫描，可使微离子束聚焦到光斑直径 1μm 以内进行加工，并能精确控制离子束流注入的宽度、深度和浓度等，因此能精确控制加工效果。

（2）加工在真空中进行，离子的纯度比较高，适合于加工易氧化的金属、合金和半导体材料等。加工时产生的污染少。

（3）离子束加工是靠离子撞击工件表面的原子而实现的。这是一种微观作用，宏观作用力小，工件应力、变形小，所以对脆性、半导体、高分子等材料都可以加工。

2. 离子束加工的应用

主要用于精密、微细以及光整加工，特别是对亚微米至纳米级精度的加工。通过对离子束流密度和能量的控制，可对工件进行离子溅射、离子铣削、离子蚀刻、离子抛光和离子注入等加工。例如利用离子溅射，加工非球面透镜、金刚石刀具的最后刃磨；利用离子蚀刻，借助于掩膜技术可以在半导体上刻出小于 0.1μm 宽度的沟槽；利用离子抛光，可以把工件表面的原子一层层地抛掉，从而加工出没有缺陷的光整表面。

第八节 电 铸 加 工

一、电铸加工的基本原理

电铸是在原模上电解沉积金属，然后分离以制造或复制金属制品的加工工艺。基本原理与电镀相同。不同之处是：电镀时要求得到与基体结合牢固的金属镀层，以达到防护、装饰等目的；而电铸层要求与原模分离，其厚度也远大于电镀层。

电铸加工的原理如图 12-7 所示，用可导电的原模作阴极，用于电铸的金属作阳极，金属盐溶液作电铸液，即阳极金属材料与金属盐溶液中的金属离子的种类相同。在直流电源作用下,电铸溶液中金属离子在阴极还原成金属;沉积于原模表面,而阳极金属则源源不断地变成离子溶解到电铸液中进行补充,使溶液中金属离子的浓度保持不变。当阴极原模电铸层逐渐加厚达到要求的厚度时,与原模分离,即获得与原模型相反的电铸件。

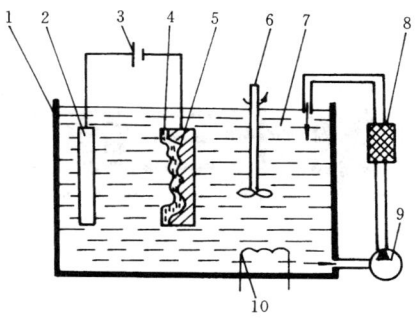

图 12-7 电铸加工原理图

1—电铸槽;2—阳极;3—直流电源;4—电铸层;5—原模(阴极);6—搅拌器;7—电铸液;8—过滤器;9—泵;10—加热器

二、电铸加工的特点和应用

1. 电铸加工的特点

(1) 能把机械加工较困难的零件内表面转化为原模外表面,能把难成型的金属转化为易成型的原模材料,如石蜡、树脂(非金属材料表面需作导电涂层处理)等。因而能制造用其他方法不能或很难制造的特殊形状的零件。

(2) 能准确地复制表面轮廓和微细纹路。

(3) 能够获得尺寸精度高,表面粗糙度 $R_a 0.1\mu m$ 以上的产品。同一原模生产的电铸件一致性好。

(4) 可以获得高纯度的金属制品。

(5) 可以制造多层结构的构件,并能把多种金属、非金属拼铸成一个整体。

(6) 电铸加工的缺点是:生产周期长,尖角或凹槽部分铸层不均匀,铸层存在一定的内应力,原模上的伤痕会带到产品上等。

2. 电铸加工的应用

电铸加工主要用于制造下列工件:形状复杂,精度高的空心零件,如波导管等;注塑用的模具、厚度仅几十微米的薄壁零件;复制精细的表面轮廓,如唱片模、艺术品、纸币、证券、邮票的印刷版等;表面粗糙度标准样块、反光镜、表盘、喷嘴和电加工电极等。

第十三章 塑料成形加工

第一节 概 述

塑料工业是一个新兴的领域，又是一个发展迅速的领域。塑料已进入一切工业部门以及人们的日常生活中。塑料因其材料本身资源丰富、性能优越、加工方便，而广泛应用于包装、日用消费品、农业、交通运输、电子、电信、机械、建筑材料等各个领域，并显示出其巨大的优越性和发展潜力。当今世界把一个国家的塑料消费量和塑料工业水平作为衡量一个国家工业发展水平的重要标志之一。

塑料工业含塑料生产和塑料制件生产两大部分。塑料生产是指树脂或塑料制件原材料的生产，通常由树脂厂来完成。塑料制件生产（即塑料成形加工）是根据塑料性能，利用各种成形加工手段，使其成为具有一定形状和使用价值的物件或定形材料。

塑料制件生产主要包括成形、机械加工、修饰和装配等四个生产过程。成形是塑料制品生产中最重要的过程，其他三个过程视制件要求而取舍。塑料制件生产过程和成形方法如下：

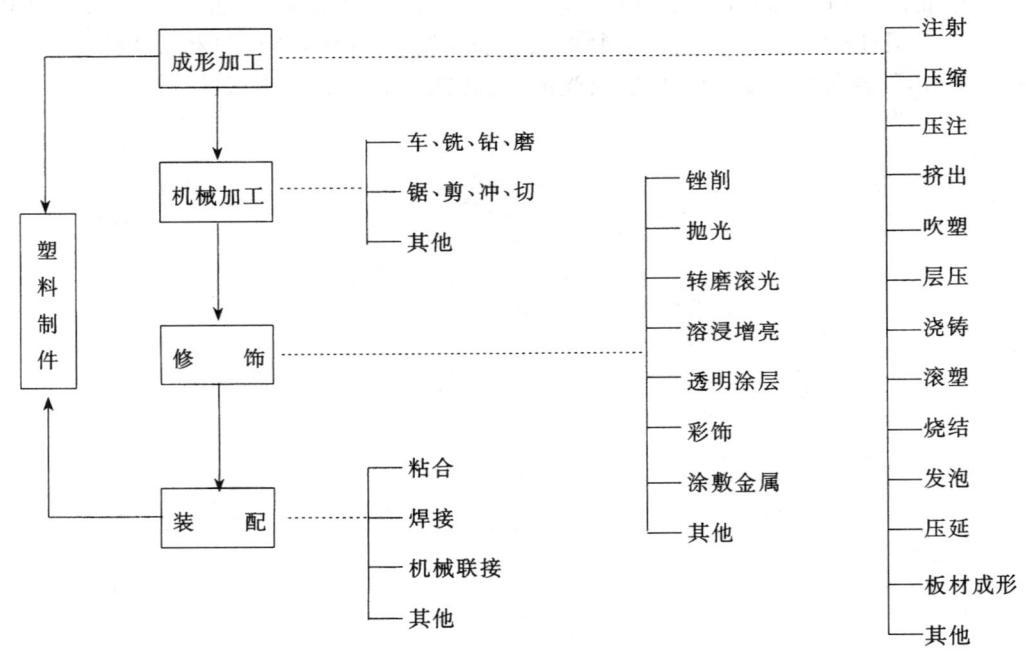

可见塑料成形方法的种类繁多，其中主要有注射成形、压缩成形、压注成形、挤出成形、

中空吹塑成形等。

第二节　塑料的注射成形

注射成形是根据金属压铸成形原理,利用塑料的可挤压性与可模塑性,先将松散成形物料从注射机的料斗送入高温的机筒内加热熔融塑化,成为黏流态熔体,然后在柱塞或螺杆的高压推动下,以很大的流速通过机筒前端的喷嘴注射入温度较低的闭合模具中,经保压冷却定形后,开模取出具有一定形状和尺寸的塑料制品。注射成形生产工艺过程如图 13-1 所示。

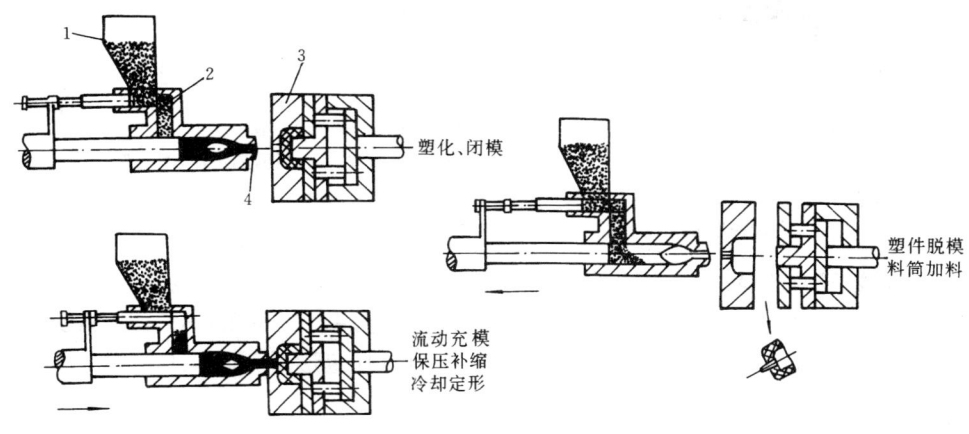

图 13-1　注射成形过程
1—料斗；2—机筒；3—模具；4—喷嘴

注射成形所使用的设备是注射机,普遍使用的是柱塞式注射机和螺杆式注射机。

除尺寸很大的制品外,注塑成形能一次成形出外形复杂、尺寸精确、可带有各种金属嵌件的三维尺寸模塑制品。目前已开发出了一些专用于成形有特殊性能或特殊结构要求制品的专用注塑技术,如高尺寸精度制品的精密注塑、复合色彩制品的多色注塑等。

注射成形用途广泛,具有成形周期短、效率高、容易实现自动化、加工适应性强等优点,缺点是设备昂贵。

第三节　塑料的挤出成形

挤出成形方法是将颗粒状塑料加入挤出机料筒内,经外部加热和料筒内螺杆的机械作用,使塑料熔融成黏流状(塑化),并借助螺杆的旋转推进力使熔料通过机头里具有一定形状的空道(机头口模),成为截面与机头口模形状相仿的连续体(挤出成形),经冷却凝固则得连续的塑料型材制品(冷却定形)。

图 13-2 为管材挤出成形工艺过程示意图。挤出成形设备常由挤出机、挤出机头(模具)、挤出辅助装置等组成。通常,挤出成形工艺过程包括塑化、挤出成形、冷却定形三个阶段。

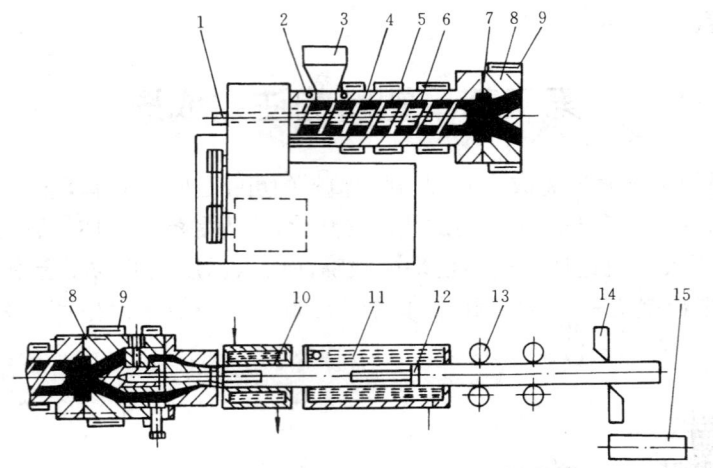

图 13-2　管材挤出成形

1—螺杆冷却水入口；2—料斗冷却区；3—料斗；4—料筒；5—料筒加热器；6—螺杆；7—多孔板；8—机头(挤出模)；9—机头加热器；10—定径套；11—冷却装置；12—压缩空气堵头；13—牵引装置；14—切断装置；15—管材

常用挤出成形在金属铜或铝的芯线外包覆一层塑料绝缘套以制造电线和电缆。芯线由放线架上引出先后通过除油装置和预热器，进入线、缆包层专用机头，在机头内包覆熔融的塑料层后引入冷却水槽，热的包覆塑料层在冷却槽内冷却定形后，由牵引装置以恒定的速度送往收线架上卷绕而成为电线产品(图 13-3)。

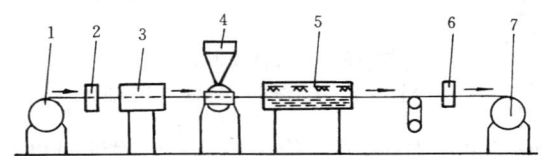

图 13-3　电线塑料包层工艺过程示意

1—放线架；2—除油装置；3—预热器；4—挤压机；
5—冷却槽；6—检验仪器；7—收线架

挤出成形在塑料成形加工生产中占有很重要的地位，全世界塑料制品中，挤出成形制品约占 30%。它可以生产带塑料包覆层的工业产品(如电线、电缆等)，以及各种截面的塑料型材。近年来，挤出成形在汽车和建筑行业的应用也日益广泛，例如汽车上的一些装饰板、建材中的门窗板框、壁板、地板、屋顶、给排水管、隔音隔热材料等，均可使用挤出成形制品。

挤出成形生产过程连续、高效、操作简单、投资少、见效快。

第四节　塑料的压缩成形和压注成形

一、压缩成形

压缩成形又称压塑成形、模压成形等，它的基本成形原理是将松散的固态成形物料直接加入成形温度下的模具中,然后合模加压,使其软化熔融,并按模具型腔成形,最终经过固化变成为塑料制件。其成形过程如图13-4所示。

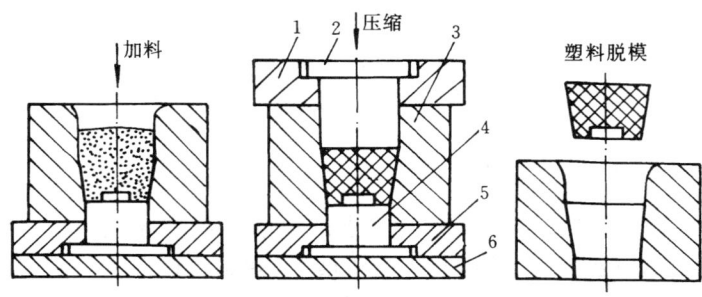

图 13-4　压缩成形
1—上模座；2—上凸模；3—凹模；4—下凸模；5—下模板；6—下模座

压缩成形所使用的设备为液压机和螺旋压力机。压缩成形主要用于热固性塑料。

与注射成形相比,压缩成形可采用普通液压机,而且压缩模结构简单,塑件成形收缩率小,性能均匀。其缺点是成形周期长,效率低,塑件精度难以控制,模具寿命短,不容易实现自动化生产。

二、压注成形

当前压注成形主要用于生产热固性塑料制品。其成形原理如图13-5所示,先将固态成形物料(最好是预压成锭或经预热的物料)加入装在闭合的压注模具上的加料腔内,使其受热软化为黏流态,并在压力机柱塞压力作用下,经过浇注系统充满型腔,塑料在型腔内继续受热受压,产生交联反应而固化定形,最后开模取出塑件。

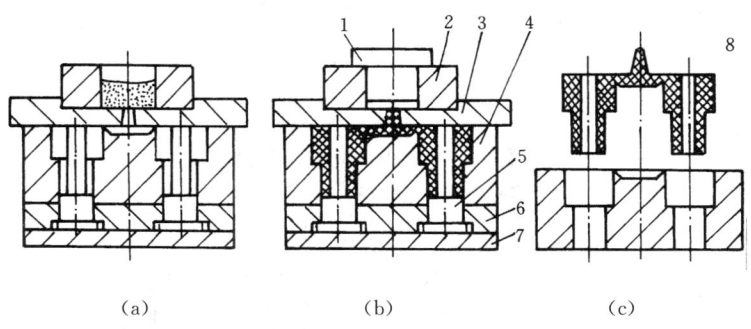

图 13-5　压注成形
1—压注柱塞；2—加料腔；3—上模座；4—凹模；5—凸模；6—凸模固定板；
7—下模座；8—制品

压注成形和注射成形的相同之处是熔料均是通过浇注系统进入型腔,不同之处在于,前者塑料是在模具加料室内塑化,而后者则是在注射机的料筒内塑化。压注成形是在克服压缩成形缺点,吸收注射成形优点的基础上发展起来的。

第五节　塑料的吹塑成形

借助于压缩空气,使处于高弹态或塑性状态的空心塑料型坯发生吹胀变形,再经冷却定形,获取塑料制品的加工方法称吹塑成形。吹塑成形可分为中空塑件吹塑和薄膜吹塑等。

一、中空塑件吹塑成形

中空塑件吹塑是将处于高弹态或塑性状态的空心塑料型坯置于闭合的吹塑模具型腔内,然后向其内部通以压缩空气,迫使其表面积增大,并贴紧模腔内壁,最后经冷却定形,便可得到具有一定形状和尺寸的中空塑件吹塑制品。

利用中空塑件吹塑成形可以生产各种容器。适于中空吹塑的塑料有聚乙烯、聚苯乙烯、聚氯乙烯、线型聚酯、醋酸纤维素、聚酰胺、聚碳酸酯、聚甲醛等。

吹塑成形过程包括塑料型坯的制造和型坯的再成形(吹塑)。根据型坯制造方法不同,吹塑成形又有注射吹塑和挤出吹塑之分,不同点在于,前者用注射方法制造型坯,而后者采用挤出方法制造型坯。图 13-6、图 13-7 分别为注射吹塑成形和挤出吹塑成形的工艺图。

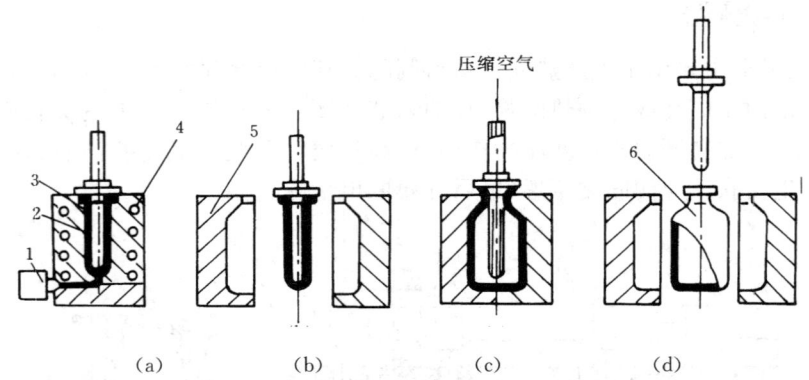

图 13-6　注射吹塑成型工艺过程

1—注射机；2—注射型坯；3—空心凸模；4—加热器；5—吹塑模；6—制品

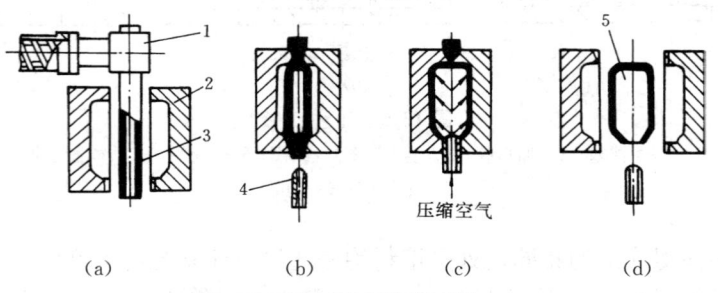

图 13-7　挤出吹塑成形

1—挤出机头；2—吹塑模；3—管状型坯；4—压缩空气吹管；5—制品

二、薄膜吹塑成形

薄膜吹塑成形是生产塑料薄膜广泛使用的方法,它是利用挤出机头将熔融塑料成形为薄膜管坯后,从机头中心向管坯吹入压缩空气,迫使管坯在高温下发生吹胀变形并转变成管状薄膜(俗称泡管),泡管在牵引力作用下运动到人字板处开始被压拢叠合,然后经夹料辊到达卷取辊,经卷取辊收卷成为薄膜制品(图13-8)。

吹塑成形可以生产聚氯乙烯、聚乙烯、聚丙烯、聚苯乙烯、聚酰胺等各种塑料薄膜。

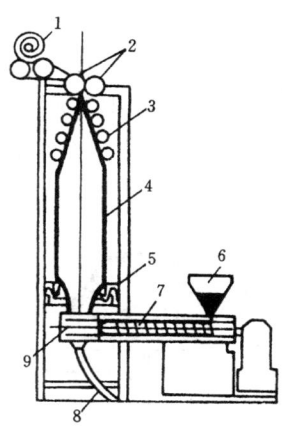

图 13-8 挤压吹塑薄膜机

1—卷取辊;2—夹料辊;3—导辊;4—吹塑薄膜;
5—冷却系统;6—料斗;7—螺杆;8—空压管;9—吹塑机头

第六节 塑料的板、片材成形

以塑料板材或片材为原料,并在模具内将其转变为塑料制品的各种成形加工方法统称板、片材成形,包括真空成形、气压成形和板、片材模压成形。

一、真空成形

用真空泵将塑料板、片材与模具型面构成的封闭空腔内的空气抽取干净以后,借助于大气压力使板、片材发生塑性胀形变形(表面积增大而厚度减薄),并贴紧模具型面转变成塑料制品的加工方法称为真空成形。真空成形一般只适用于热塑性塑料,如聚乙烯、聚氯乙烯、ABS、聚甲基丙烯酸甲酯等。

真空成形的工艺过程为:将热塑性塑料板、片固定在成形模具上,用辐射加热器将坯料加热至软化温度,然后在模具内抽真空,使软化的坯料被吸附于模具型面上,继而让塑件在模中充分冷却、定形,最后取出或用压缩空气吹出塑件。

真空成形有凹模真空成形、凸模真空成形和凸凹模真空成形三种方法。凹模真空成形法所生产的塑件外表面精度较高,一般用于成形深度不大的塑件,如果塑件深度太大,则在型腔底部拐角处制品壁厚会显著变薄,图13-9为凹模真空成形。

凸模真空成形用于生产深度较大的薄壁塑件(高径比可达1.5∶1),并可获得较准确的内部形状和尺寸,图 13-10 为凸模真空成形。成形深腔型件时,则可用凸凹模真空成形法。

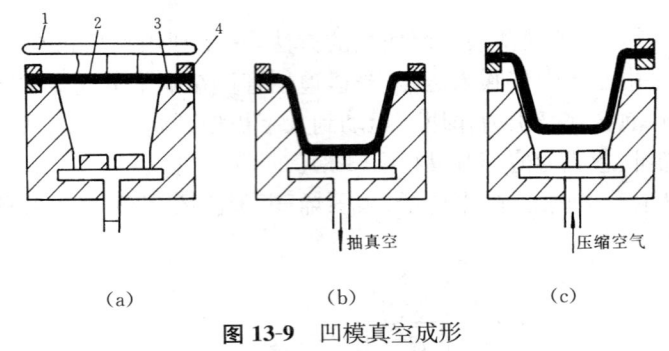

图 13-9　凹模真空成形

1—辐射加热器；2—塑料板材；3—凹模；4—压环

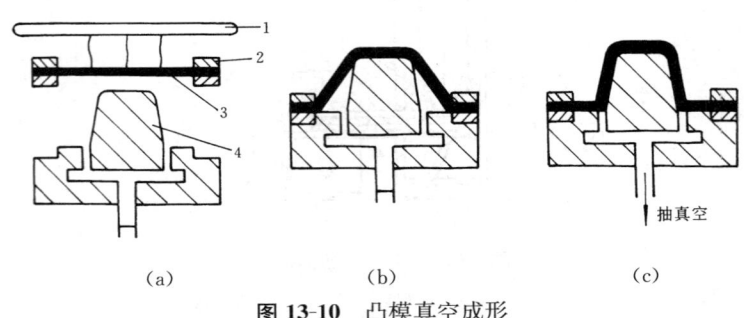

图 13-10　凸模真空成形

1—辐射加热器；2—压环；3—塑料板材；4—凸模

真空成形具有设备简单、成本低、生产率高、能加工大型薄壁塑件等优点,制件轻而薄,美观透明,广泛用于轻工用品、食品包装和家电等行业。

二、气压成形

将压缩空气吹入模具,迫使加热软化后的塑料板、片材发生塑性变形(表面积增大、厚度减薄),并使其贴紧模具型面从而转变成塑件的加工方法称为气压成形。可见其成形原理与真空成形相似,区别是气压成形是加压,真空成形是利用负压。气压成形压制较厚(1～5mm)的板材时,其制品精度、表面质量比真空成形好(图 13-11)。

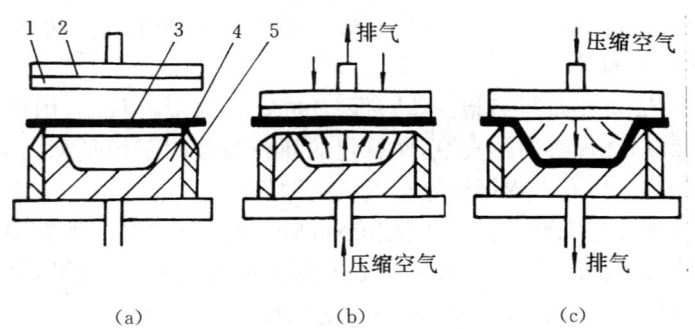

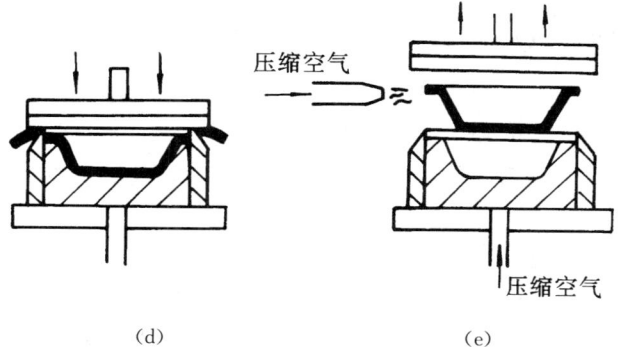

图 13-11 气压成形
1—加热板；2—上模座；3—板材；4—凹模；5—型刃

三、板、片材模压成形

借助于压力机将板材或片材在模具中成形为塑件的生产方法称为板、片材模压成形。这种方法是近年来发展较快的一种新型塑料成形方法。它的特点是成形压力大，可用于成形厚度较大的塑料板、片材或增强板、片材。根据其成形温度不同，板、片材模压成形可分为冷冲压和热压成形。

1. 冷冲压

在常温下对塑料板、片进行冲压成形的方法称为冷冲压。主要适用于具有超高相对分子质量的聚乙烯、改性聚丙烯、聚苯乙烯、ABS、聚酰胺和聚甲醛等塑料板、片材。冷冲压不需要对板材或片材进行加热，成形周期短，生产效率高。

冷冲压方法有拉深成形、橡皮凹模拉深成形、液体凸模拉深成形等。

2. 热压成形

板、片材热压成形是一种将塑料板材或片材加热到一定温度后，再对其进行模压的成形方法。与其他成形方法相比，板、片热压成形的优点是可用普通压力机成形长玻璃纤维或连续玻璃纤维增强的大型塑件，而且生产投资低。

第七节　塑料的其他成形方法

一、层压成形

层压成形是将浸有或涂有树脂的基体片材按一定数量叠合在一起，经过加热、加压使之成为层合板、层合管或层合棒等塑件的加工方法。

层压塑件的特点是综合了树脂和基体材料两者的性能，而且具有强度高、重量轻、不易受潮等优点。因此，层压塑件的应用很广泛。

可用作层压基体片材的原材料主要有玻璃纤维织物、合成纤维织物、麻纤维织物、纸张、棉布、石棉、碳纤维、硼纤维和陶瓷纤维等。这些基体材料经过酚醛树脂、环氧树脂、有机硅树脂、氨基树脂或不饱和聚酯等浸渍和涂拭后，再经过干燥便可作为层压成形的原材料投入使用、裁减和叠合。

二、泡沫塑料成形

泡沫塑料是以树脂为基础而内部具有无数微孔性气体的塑料制品,又可称为多孔性塑料。至今,几乎所有热固性和热塑性塑料都能制成泡沫塑料。

泡沫塑料具有许多其他塑料制品无法相比的优点,如质轻(密度低)、可防止空气对流、不易传热、能吸音等等。

泡沫塑料的发泡方法通常有以下三种。

(1) 物理发泡法 即利用物理原理进行发泡。如在压力作用下,将稀有气体溶于熔融或糊状聚合物中,经减压放出溶解气体发泡;利用低沸点液体蒸发汽化发泡等。

(2) 化学发泡法 即利用化学发泡剂加热后分解放出气体发泡或利用原料组分之间相互反应放出的气体发泡。

(3) 机械发泡 即利用机械的搅拌作用,混入空气发泡。

根据弹性模量的不同,泡沫塑料可分为软质、半硬质、硬质泡沫塑料。泡沫塑料还有开孔和闭孔之分,开孔塑料指内部微孔相互连通;闭孔则相互不连通。

三、压延和涂层成形

压延成形是将加热塑化的热塑性塑料通过两个以上旋转辊筒的间隙,而使其成为规定尺寸的连续片材的成形方法。

压延成形所采用的原材料主要是乙烯、纤维素、改性聚苯乙烯等塑料。压延产品有薄膜、片材、人造革和其他涂层制品等,如图 13-12 所示。

压延软质塑料薄膜时,如果将布或纸随同塑料通过压延机的最后一对辊筒,则薄膜就会紧覆在布或纸上,所得到的塑件常称为涂层布或涂层纸(亦称人造革),这种方法通称压延涂层法,如图 13-13 所示。

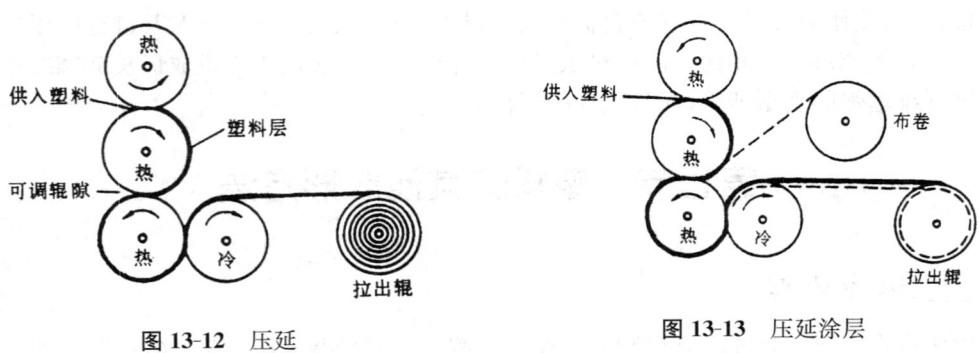

图 13-12 压延   图 13-13 压延涂层

四、铸塑成形

铸塑成形类似于金属铸造,将配好的液态原料浇入模具,使其按模腔形状和尺寸固化为塑料制品。铸塑成形使用的设备简单,成形时一般不需加压或稍许加压,对模具强度要求很低,生产投资小,适于成形各种尺寸的塑料制品,但其成形周期长、生产效率低、制品尺寸精度很差。根据成形特点不同,铸塑成形分为静态浇铸、嵌铸、离心浇铸等。

搪塑也属铸塑成形,它是根据静态浇铸原理而衍生出的成形方法,可以只用凹模型腔成形软质中空塑料制品(如塑料娃娃等),目前多将这种方法用于聚氯乙烯塑料。搪塑成形的主要特点是设备费用低、工艺操作比较简单、生产率高,但制品厚度和重量的精确度比较差。

浸涂成形虽不属于铸塑成形范畴,但其原理和成形过程与搪塑相似。浸涂成形示意图如13-14,它使用凸模来成形软质中空制品。首先将经过预热的凸模浸入装有塑料糊的容器中,然后慢慢提起,在此浸入和提起过程中,塑料糊便会在凸模型面上附着一层膜状凝胶,将凸模连同凝胶一起类似于搪塑进行热处理和冷却,便可从凸模上脱取所需的制品。

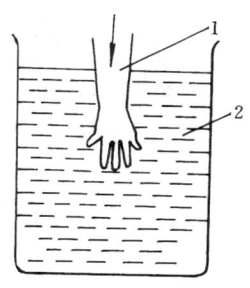

图 13-14　浸涂成型示意
1—凸模;2—塑料糊

五、旋转成形

旋转成形又称滚塑成形,它所使用的成形物料分为两类:一类为液态或糊状原料;另一类则为粉料。液态或糊状料的旋转成形与离心浇铸相似,可认为是一种特殊的铸塑方法,主要用于聚氯乙烯塑料,其制品包括玩具、皮球、瓶罐容器等,近年来也逐渐开始有大型中空塑件出现。粉状物料旋转成形是一种最经济的大型中空塑件成形方法,目前已经用于聚乙烯、聚丙烯、ABS、聚酰胺和聚碳酸酯等多种塑料,塑件的直径和长度可达数米,容积可达 $10m^3$。

六、烧结成形

塑料烧结成形与金属粉末成形原理相似,首先将松散的粉状物料用压力机在模内进行冷压预成形,然后将型坯从模中脱出并置于烧结炉中进行加热和保温,由于烧结温度必须高于塑料的熔融温度,所以由松散粉粒冷压而成的型坯在烧结过程中将会熔结成密实的整体,再经冷却便是制品。

目前烧结成形主要用于黏度很高、流动性极差的聚四氟乙烯和具有超高相对分子质量的聚乙烯等塑料。

七、缠绕成形

缠绕成形一般用于生产热固性玻璃钢塑件,图13-15为缠绕成形示意图。其工作原理是用浸有树脂的玻璃纤维(或织物)在型模上作规律性缠绕后,通过加热使缠绕物按照型模外形固化,然后再行脱取获得制品。

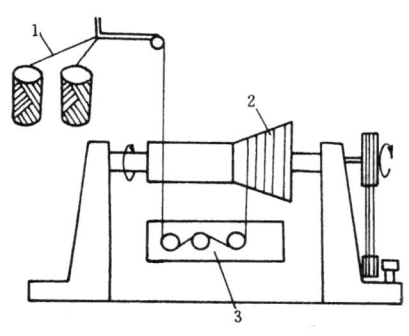

图 13-15　缠绕成形
1—玻璃纤维;2—型模;3—树脂熔融

缠绕成形不仅可以利用不同的缠绕规律充分发挥玻璃纤维的增强作用,并使制品获得很高的强度,而且还很容易实现缠绕机械化、自动化及计算机控制。缠绕成形可以生产各种大型玻璃钢制品,如各种贮罐、箱体、压力容器、增强管道、飞机整流罩以及火箭的壳体等。

八、喷射成形

图 13-16是喷射成形示意图,其工艺过程为:将玻

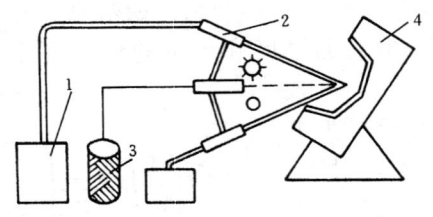

图 13-16　喷射成形
1—树脂；2—喷枪；3—玻璃粗纱；
4—型模

璃粗纱切割后输送给喷枪并与同时输送过来的树脂进行混合，通过喷枪压力可将混合物迅速喷射到模具型面，直到其黏附厚度达到预定数值以后，停止喷射并对型面上黏附的混合物进行滚轧，以赶走空气并压平其表面，一旦将这些工作完成，便可在室温或加热条件下对其进行固化，然后通过脱模便可获得制品。利用喷射成形可以生产浴房隔间、浴盆、船壳、汽车覆盖件、家具以及各种容器和贮罐。

第十四章 零件的表面处理

第一节 概　　述

一、零件的表面

从日常生活的感性认识和传统的物理学知识而言，所谓表面，常简单地认为是物质的界面，亦即不同物质的分界面。并认为界面以内的材料，无论是表层或是内部都是均质且同性的。这样，机械零件的表面就是零件材料与环境介质的分界面而已。从工程观点而言，零件的表面是和内层有机联系着的，但在组织、性能上又是与零件本体显著不同的一个表面层，如图 14-1 所示。零件的表面层由下列几个分层构成。

最外层为吸附层，是浮尘和各种气体分子的吸附膜。即使是洁净表面，其厚度也达 0.5nm 左右。

氧化层，在常温常压的大气环境条件下，其厚度在 10nm 左右。就普通钢质零件而言，在工件机加工过程中，当切削出新鲜金属表面时，瞬间即形成这一层。其氧化层的结构如图 14-2 所示。

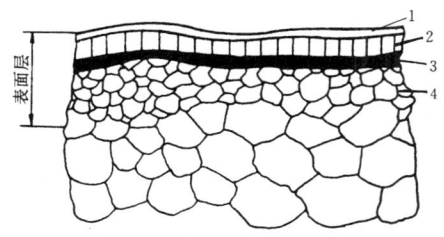

图 14-1　零件的表面结构

1—吸附层；2—氧化层；3—贝氏层；4—变形层

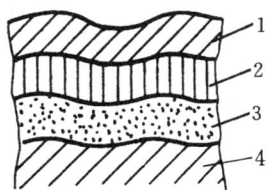

图 14-2　氧化层的结构

1—Fe_2O_3 层；2—Fe_3O_4 层；
3—FeO 层；4—基体

其靠近基体的内层是氧化亚铁（FeO），组织疏松，多孔隙，因而与基体金属结合松弛，易脱落。但因外侧背靠高力学性能的磁性氧化铁层（Fe_3O_4），所以铁锈是成片剥落的，不像铝的氧化物、锌的氧化物那样呈粉末状剥落。

绝大多数零件均由切削加工制成，在切削过程中，被加工表面会发生微熔和塑流，下面又是金属内层，迅速导热而冷却，从而形成了细晶组织，还伴有氧化物、杂质等，构成了贝氏层的组织特征。

从工件上切下一层加工余量，在切削力作用下，必然会产生严重的塑性变形，残留在零件表面上，这一变形了的金属层愈靠近内层其变形程度也愈小，如图 14-1 所示。

其次，零件的表面并不是光滑的，而是由一连串起伏不平的微凸体所组成的。微凸体的高度和分布状态,取决于获得该表面的机械加工工艺方法。研磨、抛光加工后的表面很光洁,且其几何形貌呈各向同性分布;车削、刨削、铣削加工后的表面按其加工精度的不同,微凸体的高度也不一,且都呈定向分布。零件的这种表面形貌会直接影响其使用性能。

二、零件表面处理

使用状态下零件承载、环境或工作介质对零件的物理、化学作用,一般都发生在表面上或从表面开始逐渐地侵入零件内部。例如,摩擦副的摩擦和磨损过程,大气介质中零件的锈蚀,海水或化学介质对零件的腐蚀,皆是发生在表面,并从表面开始侵袭到内部的。无论是磨损失效,还是疲劳失效,都是零件表面相互接触时因各种因素所发生的表面层材料的损伤过程。

根据零件的材料特性及其失效机理,改善零件的使用性能,提高其工作可靠性和精度寿命,改变表面层的组织和成分,使零件具备防锈、耐蚀、耐磨、装饰性,以及获得特殊使用要求下的物理、化学性能(如抗高温氧化、冲蚀、侵蚀、气蚀等),这就是零件表面处理的目的。目前零件的表面处理已是表面工程技术学科中极为重要的内容。

第二节　表面氧化处理

一、表面氧化处理基本原理

钢铁的氧化处理一般可用化学、电化学等方法,目前生产中普遍采用的是碱性化学氧化法。零件经过碱性化学氧化处理后,所生成的表面膜,比其他处理方法,如蒸气氧化处理和常温氧化处理等致密、坚韧,又与零件本身结合十分牢固,从而阻隔了各类腐蚀介质对零件金属的直接接触,起了有效的分隔作用,而其本身的化学性能又十分稳定,加上适当的后处理,如干燥、上油、涂脂,零件耐大气腐蚀而不易生锈。

零件在碱性氧化性溶液内(常用的为 $NaOH$ 和 $NaNO_2$ 的水溶液),先在表面上生成一层亚铁酸钠(Na_2FeO_2)膜:

$$3Fe+5NaOH+NaNO_2 \longrightarrow 3Na_2FeO_2+H_2O+NH_3\uparrow$$

由于溶液的氧化性和亚铁酸钠的化学活性,亚铁酸钠进一步反应生成铁酸钠($Na_2Fe_2O_4$):

$$6Na_2FeO_2+NaNO_2+5H_2O \longrightarrow 3Na_2Fe_2O_4+7NaOH+NH_3\uparrow$$

亚铁酸钠和铁酸钠之间产生相互作用,生成了所需的四氧化三铁(Fe_3O_4),形成了一种磁性氧化铁膜,包覆在零件表面上:

$$Na_2FeO_2+Na_2Fe_2O_4+2H_2O \longrightarrow Fe_3O_4+4NaOH$$

由于电极电位差的驱动,使这一化学作用过程自动地向未成膜和膜厚度较薄未足够致密的部位转移,因而能自发地生成厚度和性能均匀一致的保护膜层。

二、表面氧化处理的工艺步骤

1. 前处理工艺

净化表面,清除污垢,去油污,除锈斑,使零件表面呈新鲜金属表面状态。表面有焊疤或严重锈蚀时,需先以金刚砂布打磨平整洁净,再进行后续工序。局部锈迹或精密零件,可用金相砂纸或油石研磨,也可用研磨膏磨光。零件表面沾有动、植物油污,可以皂化法去除之,常用 NaOH、Na_2CO_3、$Na_3PO_4 \cdot 12H_2O$(7∶1∶0.6 摩尔比)的 20%水溶液,浸洗 30min 左右,视油污量而定;沾有矿物油污,可用乳化法去除之,常用烷基苯磺酸钠(R—〈 〉—SO_3Na)或石油磺酸钠的 3%水溶液浸洗 30min 左右即可。然后,在还原液中使零件表面原子激活化,显现出新鲜金属表面状态,常用 12mol/L 的盐酸(HCl)、尿素[$CO(NH_2)_2$]、乌洛托品[$(CH_2)_6N_4$](50∶0.5∶0.2)的 50%水溶液浸洗 10~30min,视需要而定。最后,清水洗涤后擦干或晾干。

2. 氧化处理工艺

将净化后的零件浸入碱性氧化性介质内,常用 NaOH、$NaNO_2$(3∶1)的 75%水溶液,在 138~142℃下保温 5~30min 进行氧化处理,在零件表面上生成一薄层磁性氧化铁(Fe_3O_4)膜。

3. 后处理工艺

经氧化处理后的零件浸入 60~80℃的 N46 润滑油内,以提高其表面的润滑能力。

三、表面氧化处理的特点与应用

钢铁材料经化学氧化处理后,其表面上生成一薄层化学性能十分稳定的黑色磁性氧化铁(Fe_3O_4)膜。膜厚一般为 0.5~1.6μm。这样的厚度通常对零件本身的基本尺寸、公差等级和表面粗糙度等级无显著影响;当膜厚达 2.0μm 以上时,零件表面层弹性显著增加,且摩擦因数明显减小,润滑性提高;同时,表面膜的吸附能力增大,形成良好的减摩、耐磨、润滑作用。

钢铁的氧化处理广泛用于机械零件、电子设备、精密光学仪器、弹簧和兵器等的防护装饰方面。但使用过程中应定期擦油。

第三节 表面镀覆处理

一、化学镀覆处理基本原理

化学镀覆处理是不使用外接电源,直接运用化学方法将溶液中的金属离子借还原剂所提供的电子还原成原子态,并沉积到零件表面上的工艺方法。化学镀镍是常用的化学镀覆方法。

化学镀镍的工艺原理是通过有控制的氧化-还原反应而产生金属表面沉积的工艺过程。如图 14-3 所示,借还原剂的化学反应,构成了还原过程。处在同一工艺液电解质内的零件表面因成分、组织上的差异,表面上各部分的电极电位不尽一致,电极电位较负的部分被氧化而失去电子,离子进入溶液,形成了如图 14-3 所示的阳极区电化学作用:

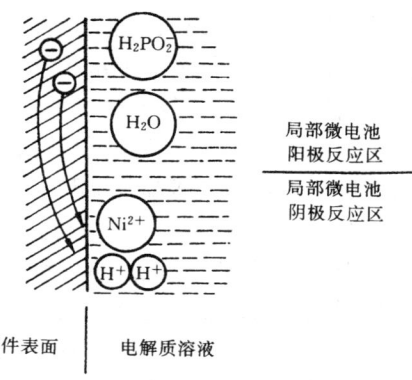

图 14-3 化学镀覆工艺原理图

$$H_2PO_2^- + H_2O \longrightarrow H_2PO_3^- + 2H^+ + 2e$$
$$H_2PO_2^- + [H] \longrightarrow P + H_2O + OH^-$$

由于零件经前处理后显现的新鲜金属表面的化学活泼性和表面能较高，阳极反应区所生成的初生态氢吸附在其表面上，当遇到电解质溶液中的镍离子（Ni^{2+}）时，产生了零件表面上阴极区的电化学作用：

$$Ni^{2+} + 2e \longrightarrow Ni$$
$$2H^+ + 2e \longrightarrow H_2 \uparrow$$
$$3Ni + P \longrightarrow Ni_3P$$

上述过程同时发生在零件表面上，由于零件表面的催化作用，以及反应生成的镍磷合金沉积层也是新鲜金属表面，表面能很高，也起催化活化作用，由此而使化学反应过程不断地进行下去，所以它是自催化镀覆。工艺措施适当，就可以获得性能优良的镀层。同时，这一过程有着自动平衡作用，由于已镀和未镀的部分、镀层厚度不同的部分之间电极电位的差异，使零件表面上的局部阳极区和局部阴极区的位置不断地自动调整，从而会自发地生成厚度和性能均匀一致的镀层。

二、化学镀覆处理的工艺步骤

1. 前处理工艺

净化表面，清除污垢，去油污，除锈斑，使零件表面呈新鲜金属表面状态。其具体步骤与上节所讲的前处理具体工艺相同。

2. 镀覆处理工艺

将净化后的零件浸入酸性电解质溶液[常用硫酸镍、次亚磷酸钠、柠檬酸钠（3∶1∶1）的5％水溶液]内，并加入少量的缓冲剂、稳定剂、润湿剂、光亮剂等添加剂，pH 为 5.5～7，在温度为（92±3）℃下保温 10～60min（反应时间长短，视所需镀层厚度而定），进行表面镀覆处理，在零件表面上生成一薄层镍-磷合金镀层（为方便起见，可购已配制好的市售工艺液）。

3. 后处理工艺

经表面镀覆处理后的零件浸入 60～80℃ 的 N46 润滑油内，以提高其表面的润滑能力。

三、化学镀覆处理的特点与应用

化学镀覆处理和电镀不同，它是不使用电源，直接运用化学方法对零件表面进行处理的工艺方法。与电镀相比，它有许多优点，不仅可在金属等良导体零件表面上镀覆，也可以在半导体甚至非导体材料上沉积下一层镀层，并可在众多类型的工艺品上（甚至可在树叶和鲜花表面）上镀覆上一层永久性的装饰层。化学镀覆可镀镍、镀铜、镀银、镀金、镀钴等。

零件表面经化学镀镍后，其所生成的镍金属镀层主要为磷在镍中的过饱和固溶体。根据镀层中磷含量的多少，其组织也有所不同。镀层经加热时效后，获得稳定的 Ni 和 Ni_3P 镀层组织，硬度和耐磨性进一步提高。对大气、海水和常见的化工腐蚀介质具有优良的耐蚀性能。因其镀层致密、孔隙率低、硬度高、镀层均匀、深镀能力好、化学稳定性高、可焊性好，所以其耐蚀能力远非电镀铬镀层所能比拟。经化学镀镍的零件，在 400℃ 温度下热处理后，镀层硬度可高达 900HV，具有耐磨、耐疲劳、抗擦伤性能。目前广泛用于电子、航空、航天、机械、精密仪器、日用五金、电器和化学工业中。

第四节　表面磷化处理

一、表面磷化处理基本原理

金属零件在磷酸盐水溶液内进行表面化学处理后,表面上会生成一种磷酸盐保护膜。这种化学转化膜稳定且不溶于水,与基体金属具有良好的附着力。这一表面处理方法,称为零件的表面磷化处理。

金属零件磷化处理液采用可溶性的磷酸二氢盐类,通常应用马日夫盐,化学式为 $x\text{Fe}(\text{H}_2\text{PO}_4)_2 \cdot y\text{Mn}(\text{H}_2\text{PO}_4)_2$ 的溶液或磷酸二氢锌,化学式为 $\text{Zn}(\text{H}_2\text{PO}_4)_2$ 的溶液。处理时,在金属零件表面上会发生下列化学反应过程:

$$\text{Me}(\text{H}_2\text{PO}_4)_2 \rightleftharpoons \text{MeHPO}_4 + \text{H}_3\text{PO}_4$$

$$3\text{MeHPO}_4 \rightleftharpoons \text{Me}_3(\text{PO}_4)_2 + \text{H}_3\text{PO}_4$$

$$3\text{Me}(\text{H}_2\text{PO}_4)_2 \rightleftharpoons \text{Me}_3(\text{PO}_4)_2 + 4\text{H}_3\text{PO}_4$$

当 pH 升高,游离酸度下降,化学反应向右进行,使所生成的不溶性磷酸盐在零件表面上沉积下来。其反应结果,使零件表面上形成一层与基体金属牢固结合的磷酸盐表面膜。

经过磷化处理的零件,视其使用要求,可进行一系列不同的后处理工艺。

1. 耐蚀性零件

为减少与介质接触的面积,以提高其耐蚀性,可对磷化层微孔隙进行封闭处理。可采用铬酸盐溶液浸渍,使表层孔隙封闭。

2. 摩擦副零件

磷化后的零件可浸渍润滑油或润滑脂,利用其表面层微孔隙的贮油能力,可显著降低摩擦系数,改善润滑性,减少磨损。

3. 冷冲压拉深件

磷化处理后的零件,可浸渍皂液,常用浓度为 10～30g/L、pH 为 9 的钾皂溶液浸渍,可显著提高成品率,改善应力集中现象和塑变区域的分布状态,减少转折部位的应变量和破损率。

二、表面磷化处理的工艺步骤

1. 前处理工艺

净化表面,清除污垢,去油污,除锈斑,使零件表面呈现新鲜金属表面状态。其具体步骤与前节所讲的前处理具体工艺相同。

2. 磷化处理工艺

将净化后的零件浸入可溶性磷酸盐溶液内,常用马日夫盐[磷酸二氢锰铁盐 $x\text{Fe}(\text{H}_2\text{PO}_4)_2 \cdot y\text{Mn}(\text{H}_2\text{PO}_4)_2$]、硝酸锌[$\text{Zn}(\text{NO}_3)_2 \cdot 6\text{H}_2\text{O}$](2∶3)的 10% 的水溶液,在 90～98℃温度下保温 15～20min 进行磷化处理,在零件表面上生成一薄层磷酸盐镀层(为方便起见,可购已配制好的市售工艺液)。

3. 后处理工艺

(1) 用作耐腐蚀件时,可在 10% 铬酸钠(Na_2CrO_4)水溶液内浸渍 15min 左右,进行封闭处理或随即进行高压静电喷塑。

（2）用作摩擦件时，可将磷化后的工件浸渍在润滑油或润滑脂内，以提高其表面的润滑性。

（3）对冷冲压拉深件，可将磷化处理后的工件浸渍在 10～30g/L、pH 为 9 的皂液内处理，以改善深冲性能。

三、表面磷化处理的特点与应用

磷酸盐膜不溶于水，在大气环境下化学性稳定，可用作防锈保护层。磷酸盐膜层是多孔结构，孔隙率达 0.15%～0.5%，具有良好的吸附能力，不仅可以吸附或贮油，还可作为喷塑和涂饰件的前处理工艺。例如磷化-涂塑工艺是新兴的绿色产业，以代替对健康有害并污染环境的溶剂漆膜，它结合牢固，既没有挥发性溶剂的气味，也不会污染环境。

磷化处理后表面具有良好的润滑性，较低的摩擦系数，是薄板冲压、拉深，以及冷拉无缝管、冷拔钢丝的前处理和工序间处理的工艺方法。

磷化膜在 200～300℃时仍具有一定的耐蚀性，直到温度达到 450℃时，膜层防蚀能力才显著下降。磷化表面膜与金属本体不同，具有良好的耐热性和绝缘性能，耐压达 380V，却又不会影响金属件本体的导电性能、磁性和力学性能，所以又可用作高性能硅钢片浸涂凡立水（清漆）前的前处理工艺。

第五节　表面渗镀处理

一、表面渗镀处理基本原理

以高温扩散的工艺方法将异种元素原子渗入零件材料的表面，形成新的表面镀覆层，称为渗镀。可用于零件表面渗镀的工艺方法很多，有固体渗镀、液体渗镀和气体渗镀等。现以固体渗镀为例阐述其基本原理。

图 14-4 为固体渗镀时用的渗箱，由低碳钢钢板焊制而成，内填渗剂粉末，零件埋入渗剂中。渗剂由所需渗入的元素粉末、催渗剂和防烧结剂组成。渗箱加盖密封后入炉经高温加热。箱内渗剂中的催渗剂一般为卤化物，如 NH_4Cl、NH_4Br、NH_4I 等。加热时，卤化物分解，所生成的 N_2 和 H_2 使渗箱内呈还原性气氛；同时，卤素与所需渗入的元素粉末（设为化合价二价的元素 B）反应生成氯化物（BCl_2）：

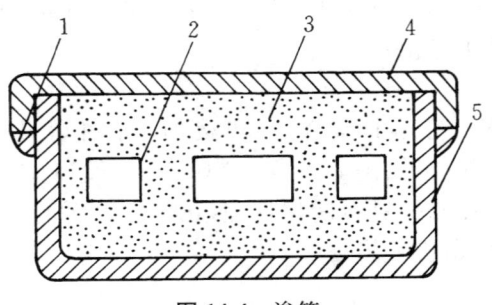

图 14-4　渗箱

1—密封火泥；2—零件；3—渗剂；4—箱盖；5—箱体

$$NH_4Cl \rightleftharpoons NH_3 + HCl$$
$$2NH_3 \rightleftharpoons 3H_2 + N_2$$
$$2HCl + B \rightleftharpoons BCl_2 + H_2$$

在高温下,所生成的卤化物 BCl_2 气化,与零件材料表面的元素(设为化合价二价的材料)A 产生化学反应,从而与基体材料形成表面合金镀层。

由上述可知,渗镀时渗层的形成包括了下列过程:

(1) 凭借渗剂中催渗剂卤化物气体的置换作用、还原作用或热分解作用生成渗入元素的活性原子。

(2) 化学反应生成的活性原子先吸附在零件表面自由能较高的部位上,随后陆续被零件表面材料所吸收,吸收过程包括活性原子溶入基体表面的材料内,形成了表面固溶体层或金属间化合物层。

(3) 随着渗剂原子的不断吸附和吸收,已溶入零件表面材料内的渗剂原子在高温下向基体材料内部扩散,与此同时,基体材料原子也向渗层里面扩散,从而使渗层不断地持续增厚,这就是扩散过程,也是渗层的成长过程。

二、表面渗镀处理的工艺步骤

1. 前处理工艺

净化表面,清除污垢,去油污,除锈斑,使零件表面呈现新鲜金属表面状态。其具体步骤与前节所讲的前处理具体工艺相同。

2. 渗镀处理工艺

根据渗入元素的不同,渗镀处理工艺可分为渗锌、渗铬、渗铝、渗硼,以及多元共渗等。下面以渗硅为例阐述其处理工艺。

渗箱内填入渗剂,渗剂由硅铁粉占 60% 左右、催渗剂氯化铵(NH_4Cl)占 2%、防烧结剂石墨粉占 38%,清净剂氟化钠 0.5%~1.0%,以提高渗硅层表面的光洁程度。

工件埋入渗剂内,上盖合箱,密封后送入高温炉内,将炉温升至高温,保温,按所需渗层厚度确定保温时间,一般每小时可达 0.4mm 左右。

高温下,硅铁与 NH_4Cl 反应生成四氯化硅:

$$2NH_4Cl \longrightarrow 2HCl + 3H_2 + N_2$$
$$4HCl + Si \longrightarrow SiCl_4 + 2H_2$$

当 $SiCl_4$ 与工件材料表面接触时,就发生了下列一系列化学反应:

$$3SiCl_4 + 4Fe \longrightarrow 4FeCl_3 + 3[Si]$$
$$SiCl_4 + 2Fe \longrightarrow 2FeCl_2 + [Si]$$
$$SiCl_4 + 2H_2 \longrightarrow 4HCl + [Si]$$
$$SiCl_4 \longrightarrow 2Cl_2 + [Si]$$

于是,初生态原子[Si]具有极高的化学活泼性,吸附到工件表面,通过固溶作用、化合作用而与工件材料原子形成键结合,恒温下高温扩散作用使渗层持续扩大,不断增厚,达到所需镀层厚度为止。随炉冷却至室温。

3. 后处理工艺

出炉后的渗件，在水中冲洗，清除残留渗剂粉末，再以热水洗净，干燥。然后，根据零件的技术要求，经切削加工达到所需的尺寸精度和表面粗糙度要求。

三、表面渗镀处理的特点与应用

渗镀的特点在于表面镀层的形成完全凭借加热扩散作用。渗镀元素与基体金属之间通过冶金作用形成新的合金，因而结合十分牢固。

根据所渗入的异种元素原子种类的不同，可以在同一种材料的零件表面获得不同的组织和性能，从而可使零件具备减摩、耐磨性能，防锈、耐腐蚀性能，抗氧化、抗高温性能等。

零件经过渗硅表面处理后，减摩、耐磨性能将大为提高。例如某炼钢厂平炉加料机导板，材料为 ZHMn58-2-2，原来使用 2.5 个月磨损 6.5mm，经渗硅处理后，使用 2.5 个月后磨损仅 0.3mm，使用寿命延长了三倍。某轴承厂单轴六角自动车床的拨块，材料为 ZQSn6-6-3，工作速度 750m/min，拨块使用寿命仅一个月，磨损量达 8mm 之多，经渗硅后，使用两个月仅磨损 2mm，寿命延长了十倍之多。

第六节　表面处理先进工艺

一、电刷镀

1. 电刷镀基本原理

电刷镀是在零件表面上电沉积金属镀层的工艺。其工作原理与电镀一样，只是施镀方式不同。如图 14-5 所示，经前处理后的零件接负极，镀笔接正极，在镀笔包套内浸满镀液，包套与工件表面作相对运动。在电场力的作用下，镀液中的金属离子渐渐沉积于工件表面，还原成金属镀层。

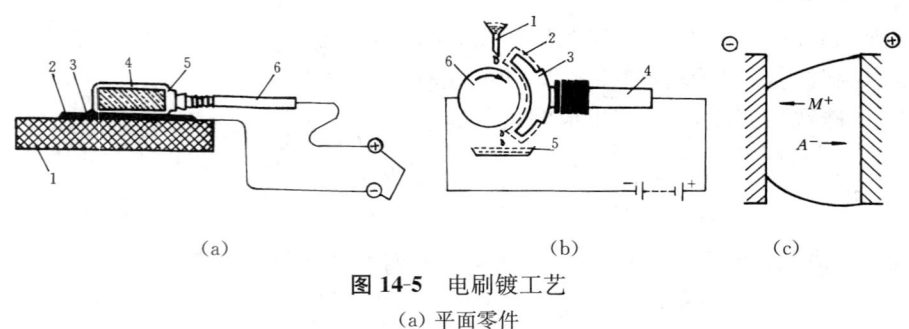

图 14-5　电刷镀工艺

(a) 平面零件

1—工件；2—镀层；3—镀液；4—包套；5—阳极；6—镀笔

(b) 圆柱零件

1—镀液；2—阳极；3—包套；4—镀笔；5—回收盘；6—工件

(c) 基本原理图

A^-：阴离子；M^+：金属离子

2. 电刷镀工艺特点及应用

（1）与电镀相比，不仅去掉了镀槽，使设备简单，尤其是不含电镀液的剧毒组分（氰化物)。且镀液回收使用,故对环境影响极小。

(2) 镀层质量好,与基体结合力强,镀层孔隙率比电镀层低75%,耐疲劳破裂,工艺过程温度低(<70℃),不会引起工件变形和组织变化。

(3) 镀层种类多,适用性强,不仅可镀覆槽镀所能镀的所有金属,还能镀槽镀不能镀的贵金属、软金属和成分变化的合金镀层与复合镀层。

(4) 电刷镀沉积速度比电镀高5~50倍,而能耗仅为槽镀的十几分之一到几十分之一。

电刷镀工艺灵活,操作方便,镀笔形状可按需要制成各种形式。因此对零件大小、形状均没有限制。可对零件整体或局部镀覆,以提高其耐蚀、耐磨性能。电刷镀可用以修复机械加工失误的超差零件,还可以在现场加工或修复局部磨损的大型设备。

二、喷涂

1. 喷涂基本原理

喷涂是将所需的涂覆材料雾化成微粒状,喷射在零件表面形成涂层的工艺。

喷涂可分为热喷涂和静电喷涂等。热喷涂中的热源为气体火焰、电弧、电子束、激光束等,使喷涂材料熔化,用压缩空气等使熔融液态材料雾化,喷涂于零件表面。静电喷涂是利用高压静电引力将涂覆材料粉末喷涂在零件表面,然后根据涂层材料类型,在适当的温度下进行热处理,以获得均匀、平整与基体牢固结合,并具有所需色泽的涂层。

图14-6、图14-7分别为火焰线材,火焰粉末喷涂;图14-8为电弧线材喷涂,它用于熔点高的涂层材料;对于熔点很高的涂层材料可采用爆炸喷涂,如图14-9所示;图14-10为高压静电喷涂。

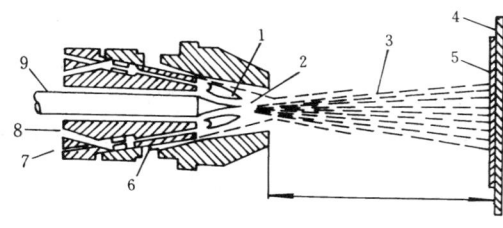

图 14-6　火焰线材喷涂

1—火焰;2—熔融材料;3—雾滴;4—工件;5—涂层;
6—雾化气体;7—可燃气体;8—氧;9—线材(棒料)

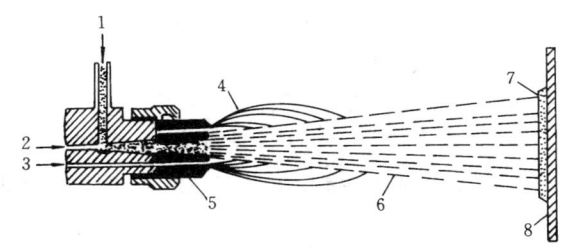

图 14-7　火焰粉末喷涂

1—粉末;2—氧气;3—可燃气体;4—火焰;5—喷嘴;
6—雾滴;7—涂层;8—基体

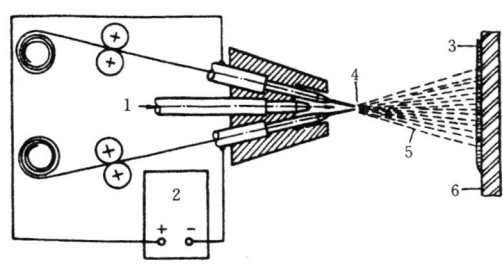

图 14-8　电弧线材喷涂

1—干燥压缩空气;2—直流电源;3—涂层;4—电弧;
5—雾滴;6—基体

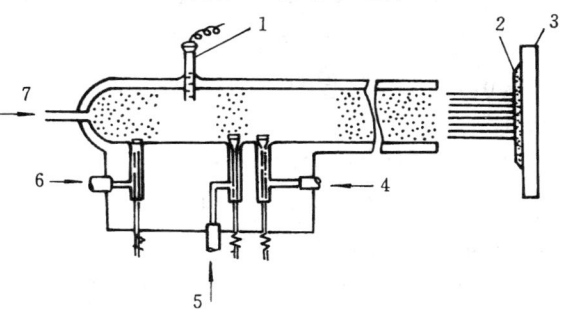

图 14-9　爆炸喷涂

1—火花塞;2—涂层;3—工件;4—氧气;5—可燃气体;
6—氮气;7—粉末

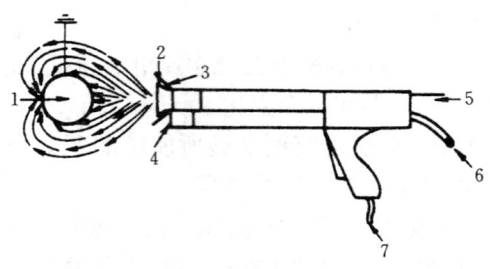

图 14-10　高压静电喷涂

1—工件；2—旋转钟形喷口；3—空气罩；4—高电压导体；
5—高电压导线；6—涂料粉末；7—干燥压缩空气

2. 喷涂工艺特点与应用

（1）涂覆层与基体材料的工艺适应性强，涂层材料可以是金属及其合金，也可以是塑料、陶瓷和复合材料；基体材料可以是金属及其合金，也可以是非金属，如陶瓷、塑料、石膏、木材、纸张等。

（2）工艺灵活，操作方便，零件大小不受限制；可以整体涂覆，也可局部涂覆；可在真空环境下或可控气氛下，也可在大气空间内施工；涂层厚度可视需要而定，如高压静电喷涂涂层厚度可以薄至 0.1mm，而火焰喷涂等可以达到 2.0mm 以上。

（3）对基体材料的组织、应力分布状态影响较小。生产率高，每小时可喷涂 50kg 以上涂覆材料。

对露置钢铁构件、容器等表面喷涂保护层，可以防锈耐腐蚀；露置石质塑像或建筑物上喷涂具有低沾污性的有机硅树脂涂层，可防止空气中的微生物孢子侵染，免长青苔，又易清洗；家电用具壳体经磷化处理后，采用高压静电喷涂塑料粉末，再经热处理后可形成均匀、致密的塑料涂层。在航空航天工业中，对喷气发动机燃烧室衬里采用等离子金属-陶瓷粉末喷涂，形成复合涂层，解决高温氧化、蠕变和热震问题；对火箭喷嘴表面喷涂金属钨，以提高其耐高温和耐腐蚀性能；在宇宙飞船外壳喷涂氧化物陶瓷涂层，使其具有隔热、绝热的性能等。

三、真空镀膜

1. 真空镀膜基本原理

真空镀膜又名气相沉积，它是在真空环境下，使镀覆材料通过气相（气态）状态下发生的物理、化学反应，在零件表面沉积成一层功能性或装饰性镀层的工艺。镀层厚度通常为 2～10μm。按反应过程的性质，气相沉积分为物理气相沉积（PVD）和化学气相沉积（CVD）两大类。

（1）物理气相沉积（PVD）　在高真空工作室内，使镀覆材料熔融蒸发，汽化成原子态，部分呈离子态和分子态，沉积于零件表面上而形成镀层。按镀覆材料微粒向零件表面输送过程的不同，目前有真空蒸发镀膜、溅射镀膜和离子镀膜三类。

真空蒸发镀膜是在真空条件下用物理方法加热镀覆材料，使之蒸发、升华而逸出表面的原子、分子飞向处于较低温度的零件表面，凝聚成膜，如图 14-11 所示。

溅射镀膜是在真空条件下以离子轰击镀覆材料表面，使其原子、分子获得足够的能量而逸出表面，飞溅到被镀零件的表面上，凝聚成膜，如图 14-12 所示。

离子镀膜是在真空条件下用物理方法加热镀覆材料使之蒸发或升华,再以电子轰击或气体放电等方法使蒸发或升华了的原子、分子电离成离子,在电场力作用下,这些离子夹杂着未电离的原子、分子飞向被镀零件表面上,凝聚成膜,如图 14-13 所示。

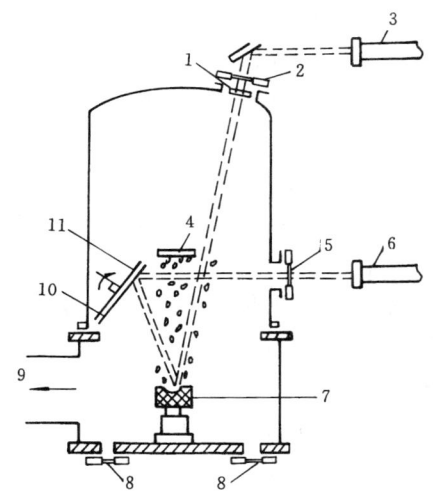

图 14-11　真空蒸发镀膜
1—蒸发防护镜；2—透镜；3、6—CO_2 激光器；4—工件；5—透镜；7—坩埚；8—监控孔；9—抽气系统；10—保护片；11—旋转反射镜

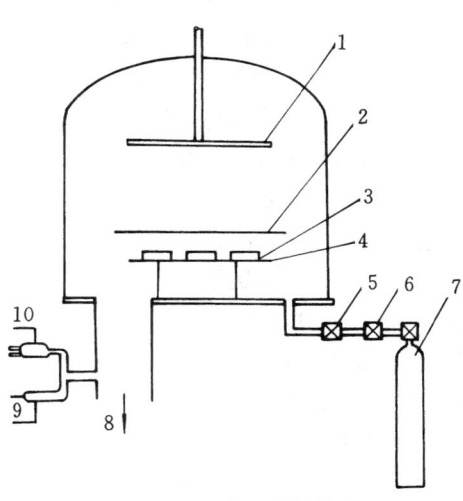

图 14-12　真空溅射镀膜
1—阴极；2—活动挡板；3—工件；4—阳极(接地)；5—截止阀；6—调节阀；7—Ar 气瓶；8—抽气系统；9—低真空规；10—高真空规

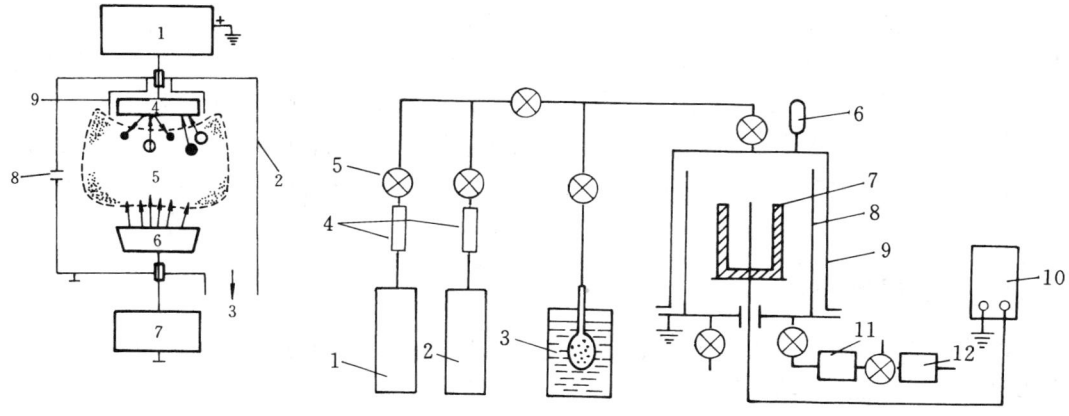

图 14-13　离子镀膜
1—工件偏压源；2—真空室；3—抽真空；4—工件；5—等离子区；6—离子源；7—离子源电源；8—惰性气体；9—接地屏蔽

图 14-14　等离子体增强化学气相沉积
1—高纯氮气；2—高纯氢气；3—四氯化钛瓶及恒温器；4—气体流量计；5—阀门；6—真空规；7—被镀工件；8—热屏；9—真空室；10—直流高压电源；11—冷阱；12—机械真空泵

(2) 化学气相沉积(CVD)　在真空反应室内,使多种化学物质受热汽化,发生分解、还原、置换、氧化或聚合反应,在零件表面上生成一层固体镀膜。图 14-14 为化学气相沉积法的最新形式。

第十四章　零件的表面处理　359

2. 真空镀膜的工艺特点及应用

物理气相沉积因沉积温度都在600℃以下，故不会引起零件基体的表面层材料软化变质。高速钢、模具钢和不锈钢件沉积后通常不需要再进行热处理，各种金属和合金都可使用，又无化学副反应生成污染物质，故比化学气相沉积应用更为广泛。

化学气相沉积法当前大多采用还原反应过程，在真空反应室内使金属卤化物与还原性介质发生气相反应，如还原性介质氢与甲烷将卤化物四氯化钛还原，生成碳化钛(TiC)。与物理气相沉积(PVD)相比，其主要缺点是沉积时要求基板(零件表面)温度较高，如沉积氮化物、硼化物、碳化物作为硬质耐磨、耐蚀等功能性薄膜时，零件表面需加热到900℃以上；用于大规模集成电路沉积硅单晶层时，则温度更高，零件易变形，材料性能发生变化；还需注意反应副产物对环境的污染，以及易燃、易爆气体等安全问题。

由于TiN、TiCN镀层都呈金黄色膜，$0.5\mu m$厚的镀层即可取代$1\mu m$厚的黄金镀层；SiC镀层呈黑色，$1\sim2\mu m$厚度已能达到耐磨和装饰性要求。真空镀膜工艺广泛用于手表表壳、表带、钢笔、眼镜架和镜框等日用品上制备硬质耐磨装饰性镀层。TiN、TiC和TiCN镀层在切削工具上也被广泛采用，在钻头、丝锥、铣刀、模具、拉刀、齿轮等刀具上镀覆$2\sim5\mu m$厚度镀层，可使刀具寿命提高3~10倍。利用真空镀膜工艺在扬声器振动膜片上镀覆金刚石膜，可以增强共振作用。真空镀膜工艺还用于航空航天工业，用离子镀膜工艺镀覆人造卫星上转动部件摩擦副表面，可大大提高其减摩、耐磨和润滑性能。

第七节　塑料制品表面处理

塑料制品的表面处理主要是通过对制品表面的修整和装饰加工来达到制品的外观要求。塑料制品经过表面处理，不仅能增加外观的美感，而且还能赋予塑料制品一些新的功能。例如，在丙烯腈-丁二烯-苯乙烯聚合物(ABS塑料)制品表面镀金属后，不仅使其具有金属样的外观，而且使制品增加了抗磨、耐大气老化和抗静电的新性能。因此，表面处理是提高塑料使用价值并扩大其应用范围不可缺少的加工工艺。塑料制品可采用的表面处理工艺很多，目前生产中较为广泛应用的是机械整饰、涂装、印刷、箔压印、植绒和镀金属等。

一、机械整饰

机械整饰是指用各种机械加工技术，对塑料制品的表面状态进行改造处理的总称。常用的机械整饰方法有车削、铣削、锉削、磨削、抛光和滚光等。

1. 车、铣削
车削、铣削常用于塑料制品的表面成形加工。

2. 锉削
锉削用于小批量塑料制品的整饰，如除毛刺、修整棱边、修出小的斜面、修平浇道痕迹，以及钻孔和攻丝后的孔口整修等。大批量塑料制品的整修加工，应尽量采用转鼓滚光等高效方法除去飞边和毛刺，只有在其他高效方法难以奏效时，才采用手工操作的锉削加工方法。

3. 磨削
用砂带、砂轮或砂纸对塑料制品表面进行磨削的方法最常用于塑料制品飞边和浇口痕迹的清除，有时也用于表面的磨平和磨出斜面与圆角以及微修尺寸与粗化表面等。砂带磨削制品时,可以是干磨也可以是湿磨。湿磨的优点是无磨屑飞扬和无过热危险,砂带的使用寿命长、堵塞少和磨出的表面较为细致等;其缺点是磨削加工后的制品必须经过清洗与干燥。干磨的优缺点与湿磨正好相反,磨削过程中,应注意防止过热和磨削过的制品表面变色。

4. 滚光

滚光也称转鼓滚光,是利用转鼓对小型塑料制品进行表面机械整饰的工艺。其作用是使棱角变圆、除去飞边和浇口痕迹、微修尺寸与锉光表面等。转鼓通常用木材或金属板制成,内衬橡皮等软性材料,为增强锉磨效果,转鼓应当是多面体,鼓内可隔离为若干室,以便同时处理几种不同颜色与形状的塑料制品。

5. 抛光

用表面附有磨蚀料或抛光膏的旋转布轮,对塑料制品表面进行机械整饰的作业,总称为抛光。按抛光目的与效果的不同,又有灰抛、磨削抛光和增泽抛光之分。

灰抛主要用于清除热塑性塑料制品不规则表面上不能用湿磨去掉的冷疤和斑痕;磨削抛光是指将粗糙的制品表面整修成平滑的表面;增泽抛光的目的是将塑料制品平滑的表面整饰为光泽的表面。

二、涂装

涂装是指用涂料覆盖物体表面,并在其上形成附着膜的工艺。塑料制品表面经过涂装后,不仅能使其外观增加美感,而且可延长其使用寿命和赋予制品多方面新的性能。例如,表面上涂刷木纹漆后,可使塑料制品外观具有木材的质感,在不耐日光照射的塑料制品表面涂耐候性强的涂料后,可使其适合户外使用。

按涂料在制品表面上分布情况的不同,塑料制品常采取覆盖涂装、美术涂装和填嵌涂装三种不同的涂装方法。覆盖涂装是在整个塑料制品表面涂满涂料的方法,常用于改变板、管等塑料型材和人造革的表面颜色和质感,或需借助涂膜提高塑料模塑制品的电绝缘性和耐候性等。美术涂装常称作"漆花",是仅在塑料制品表面指定地方涂布涂料,以便由涂膜形成图案和文字的涂装方法。漆花工艺常借助截花板实现,截花板为一按设计的图案或文字镂空的薄板,涂装时将其紧贴在制品表面,用喷枪喷出的漆滴沉积到未被截花板遮盖之处并成膜后,即可得到与截花板上镂空处相同的漆膜图案或文字。若要得到多色漆花图案,就必须用多个截花板,分几次用不同颜色的涂料进行喷涂。填嵌涂装常简称为"填漆",是用黏度适中的彩色液体涂料涂在塑料制品表面上已成型好的图案凹纹之中,从而形成低于表面的涂膜图案的涂装方法。填嵌涂装形成的图案重现性好,能长久存在,但填嵌均系手工操作,涂装成本较高。

三、印刷

印刷是用油墨和印版使承印物表面印上图形和文字的工艺。就塑料印刷而言,印件就是塑料制品。为提高对油墨的附着性,塑料制品的印刷表面在印刷前要进行必要的处理。按所用印版的不同,印刷有凹版、凸版、平版和孔版印刷四个大的类别,目前塑料制品印刷采用最多的是照相凹版印刷,其次是橡胶凸版印刷和属于孔版印刷类的丝网版印刷。

照相凹版是用照相显影技术将原稿图文转移到镀铜的印辊表面,并用腐蚀方法使图文部分凹蚀,形成凹版。当印辊在油墨盒中滚过,整个版面沾上油墨,刮刀刮去辊面上油墨使其成为空白区,而凹下的部分仍为油墨所填满,当印辊轻压承印物薄膜时,即将凹下部分所含油墨转移到对油墨有一定附着力的薄膜面上,从而在其上形成与原稿相同的图文,见图14-15。

凸版印刷所用印版的特点是图文部分高于空白部分。所谓橡胶凸版是指印版由橡皮材料制成。凸版印刷可采取平压、圆压和轮转压三种方式进行,图14-16为塑料薄膜橡胶凸版轮转印刷示意。这种方法的印刷过程是:盛在油墨盘中的油墨,通过浸渍辊和网纹辊将一定厚度的墨层传递到版辊上的凸起部分,当承印物塑料薄膜通过版辊与压辊的间隙时,版辊凸起部分的墨层即转移到薄膜表面上形成与原稿相同的图文。

丝网印刷在原理上不同于凹版和凸版印刷,不是靠印版上墨层的转移,而是靠油墨"漏过"印版而在承印物表面上形成图文。丝网印刷的印版常用有机纤维丝网或金属丝网制造,其制版方法与油印中刻蜡纸的原理相同,多借助特制胶膜将网上非图文部分的网眼堵塞,只保留图文部分的网眼让油墨通过,图14-17为在塑料制品表面进行丝网印刷的示意。这种方法的印刷过程与用蜡纸油印很相似,印刷时需先将油墨放到张挂在版框上的网版上,然后用橡皮刮板以一定的角度在网版上加压滑动,油墨通过未堵塞的网眼被挤到制品表面形成与原稿相同的图文。这种印刷过程可用手工操作,也可用机械来完成,当图文为多色时,应分几次分别用不同的网版和不同颜色的油墨进行印刷。

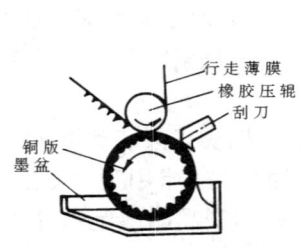

图 14-15 照相凹版印刷示意

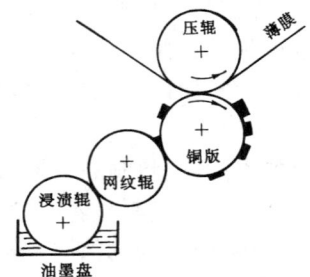

图 14-16 橡胶凸版轮转印刷示意

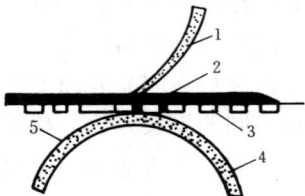

图 14-17 塑料制品曲面上的丝网印刷

1—涂刷器(橡皮刮板);2—油墨;
3—丝网;4—承印物;5—图纹
(墨层)

四、箔压印

箔压印也称热转印或烫印,是用刻有图案或文字的热模,将烫印箔(或称彩箔)上的装饰膜层,在加压的瞬间转移到塑料制品表面上的作业。以往曾将这种装饰工艺称作"烫金",是因为它起源于在印刷品上烫以金色的图案或文字。目前烫印图案和文字的颜色已不限于金黄色,还可得到白、蓝、绿、红和紫等多种色彩;而且采用不同组成的彩箔,既可使制品表面得到具有金属光泽的彩色浮凸图案和文字,也可使制品表面具有各种材料的纹理,如大面积烫印木纹和大理石纹等。采用不同的压印工具,不仅能加工出在平面内的和浮凸出的表面图案和文字,还可做出微压入塑料制品表面的各种图纹。

五、植绒

植绒是指在涂有胶黏剂的塑料制品表面上散布作为绒毛的短纤维后,经干燥或固化使绒毛整齐地固定在制品表面的装饰加工作业。塑料制品表面经过植绒后,可取得装饰和保护的双重效果。植绒后的膜、片塑料型材既可再用热成型技术等制成各种绒面立体产品,也可直接用作室内天花板和各种外壳件的罩面装饰。植绒的具体实施方法很多,有手撒法、机械法、交流电静电法和直流电静电法等多种不同的操作,其中以直流电静电法在生产中的应用最为广泛。按作为植绒基材的塑料制品形状划分,有膜与片等平面状型材植绒和立体状单件模塑制品植绒两种方法,前者的加工过程类似于纺织行业的人造革生产,后者的加工过程则与金属零件的粉末静电喷涂相似,无论哪一种植绒方法,其加工工艺过程,一般都由绒毛预处理、基材表面涂胶、植绒操作和绒毛固定等操作组成。

六、镀金属

塑料镀金属也称塑料制品表面"上金",是各种使塑料制品表面上加盖金属薄层的装饰加工方法的总称。在塑料制品表面上镀金属:一是使其获得类似金属表面的外观;二是改进其表面的性能,如提高表面硬度、机械强度、耐水性、耐溶剂性、抗大气老化性和抗静电性等;三是可成为兼具塑料和金属两者特性的复合材料制品,如在同一塑料制品上可将塑料的电绝缘性、隔热性和耐蚀性与表面金属层的导电性、可焊性和电屏蔽性结合起来;四是为废旧塑料的利用增加了一个新的途径,如可用各种回收的塑料注塑制品表面镀金属生产装饰件。在塑料制品表面上镀金属的方法有常规电镀、真空蒸镀、喷镀等。

主 要 参 考 书

[1] 胡大超等主编.金工实习.上海:上海科学技术出版社,2000
[2] 孙以安等主编.金工实习教学指导.上海:上海交通大学出版社,1998
[3] 孙以安等主编.金工实习.上海:上海交通大学出版社,1999
[4] 盛善权主编.机械制造.北京:机械工业出版社,1999
[5] 盛善权主编.机械制造基础.北京:机械工业出版社,1984
[6] 张万昌等主编.机械制造实习.北京:高等教育出版社,1991
[7] 张力真主编.金属工艺学实习教程.北京:高等教育出版社,1985
[8] 金禧德主编.金工实习.北京:高等教育出版社,1992
[9] 王珣、卞铭甲主编.实用金工基础.上海:上海交通大学出版社,1993
[10] 机械电子工业部.电焊工基本操作技能.北京:机械工业出版社,1992
[11] 楼宇新编.化工机械制造工艺与安装修理.北京:化学工业出版社,1992
[12] 金同庆主编.特种加工.北京:航空工业出版社,1986
[13] 陈传梁主编.特种加工技术.北京:北京科技出版社,1989
[14] 刘晋春,赵家齐主编.特种加工.北京:机械工业出版社,1994
[15] 谢希德主编.当代科技新学科.重庆:重庆出版社,1993
[16] 李子东编.实用胶粘技术.北京:新时代出版社,1992